工业和信息化部“十四五”规划教材

伺服系统与工业机器人

主　编　李　鑫
副主编　邱　亚　蒋　琳
参　编　陈　薇　陈　梅　赵吉文　孙　伟
　　　　高理富　孙　越

机械工业出版社

本书分为上下两篇，共13章。上篇有7章，分别阐述伺服系统的相关概念、工作原理、控制以及伺服系统的应用，以台达伺服系统为例进行说明，加深读者的理解。下篇有6章，分别对工业机器人的相关概念、运动学、动力学以及系统进行了详细的解释，并以机器人在不同行业中的工作情况为例分类阐述，加强读者对机器人技术的理解。本书的内容能使读者轻松掌握伺服系统和机器人的核心知识及应用设计的实用方法。这些知识是广大机器人技术人员需要掌握的核心关键知识。希望本书能够为读者更深入地学习伺服系统和工业机器人技术起到抛砖引玉的作用。

本书可作为高等学校机器人工程、自动化、智能制造工程等相关专业的教材，也可供从事伺服系统、机器人等领域相关研究的人员参考使用。

图书在版编目（CIP）数据

伺服系统与工业机器人 / 李鑫主编 .—北京：机械工业出版社，2023.12
工业和信息化部“十四五”规划教材
ISBN 978-7-111-74492-4

Ⅰ.①伺…　Ⅱ.①李…　Ⅲ.①工业机器人－伺服系统－高等学校－教材
Ⅳ.① TP242.2

中国国家版本馆 CIP 数据核字（2024）第 002053 号

机械工业出版社（北京市百万庄大街 22 号　邮政编码 100037）
策划编辑：吉　玲　　责任编辑：吉　玲　聂文君
责任校对：甘慧彤　薄萌钰　韩雪清　　封面设计：严娅萍
责任印制：李　昂
河北泓景印刷有限公司印刷
2024 年 3 月第 1 版第 1 次印刷
184mm×260mm・18.5 印张・446 千字
标准书号：ISBN 978-7-111-74492-4
定价：59.80 元

电话服务　　网络服务
客服电话：010-88361066　　机　工　官　网：www.cmpbook.com
010-88379833　　机　工　官　博：weibo.com/cmp1952
010-68326294　　金　书　网：www.golden-book.com
封底无防伪标均为盗版　　机工教育服务网：www.cmpedu.com

前 言

智能制造能够极大地提高生产效率，在汽车、新能源、半导体等行业得到广泛应用，中国制造2025、工业4.0、先进制造等政策均表明工业机器人已成为智能制造的重要力量。机器人技术和产业的迅猛发展，产生了大量的人才需求，同时，开设机器人工程相关专业的本科院校数量也在不断增加，急需机器人相关领域的教材。伺服系统是机器人的重要组成部分，是其实现精确定位、精准运动的必要机构；是机器人本体研发及机器人应用研究必须要掌握的技术之一。基于上述原因，本书应运而生。

编者基于团队多年的教学经验与科研成果，同时借鉴国内外相关教材，将伺服系统与工业机器人技术相融合，面向自动化、机器人工程等相关专业编写了本书。本书分为上下两篇，共13章。上篇有7章，阐述了伺服系统的基本概念、工作原理、测量元件、控制结构等，介绍了伺服系统的典型应用案例。上篇将理论知识与行业特点、工程应用相结合，引导读者从系统应用的角度出发深入理解伺服系统的基本知识。下篇有6章，阐述了工业机器人的国内外发展及趋势、控制系统构成、运动学及动力学、编程语言及典型应用案例。下篇描述了伺服系统对工业机器人运动精准度和快速性的影响，引导读者从研发的角度理解工业机器人的基本知识。对机器人学熟悉的读者可以跳过下篇中的第9章和第10章。

本书由合肥工业大学李鑫、邱亚、蒋琳统稿，合肥工业大学陈薇、陈梅、孙伟、赵吉文、孙越，中国科学院合肥物质科学研究院智能机械研究所高理富编写了部分章节。其中邱亚主要编写了第3章、第7章、第8章、第12章、第13章，蒋琳主要编写了第4章、第5章、第6章和第11章，其余各章主要由李鑫编写。

感谢中国电子科技集团公司第八研究所孙兵高级工程师、安徽皖南电机股份有限公司孙悦高级工程师、中国大唐集团科学技术研究总院有限公司华东电力试验研究院田龙刚高级工程师、合肥水泥研究设计院有限公司褚彪博士、原北京电机总厂才家刚高级工程师等对本书提出的建议和意见。感谢合肥工业大学电气与自动化工程学院先进控制技术研究所研究生徐佳红、张亚丽、李松、李俊伟、贾泽峰、解俊哲、侯谋、周雨、刘海军、赵军、康志伟、张晓庆、廖凯文、朱浩宇、侯杨成、王娟、李海、袁文定、张里、项其清、邵军康等在本书编写过程中所做的资料整理等工作。另外，还要感谢书中引注和未曾引注的所有文献作者的辛勤工作。

本书可作为高等学校机器人工程、自动化、智能制造工程等相关专业的教材，也可供从事伺服系统、机器人等领域相关研究的人员参考使用。限于编者水平及现阶段对伺服系统和工业机器人的认知，虽然对书稿进行了反复研究推敲，但难免仍会存在疏漏与不足之处，恳请读者批评指正。

编 者

目录

前言

上篇 伺服系统

下篇 工业机器人

上篇

伺 服 系 统

第1章

伺服系统概述

1.1 伺服系统的定义与发展

1.1.1 伺服系统的定义

“伺服”（Servo）一词源于希腊语“奴隶”，意为服从与跟随。人们想把伺服机构当作得心应手的“驯服”工具，即服从控制信号的要求而运动。在信号来到之前静止不动，当信号消失能及时停止。由于它的“伺服”性能，因此而得名伺服系统。

伺服系统（Servo System）又称随动系统，是输出变量精确地跟随或复现输入变量的系统。在很多情况下，伺服系统专指被控制量（系统的输出变量）是机械位移或位移速度、加速度的反馈控制系统。

伺服系统由控制器、驱动器、伺服电动机、检测单元及传动机构等组成。机电伺服控制系统核心控制器的作用是在保证系统有足够稳定裕度的前提下，提高系统跟随指令信号的准确性和快速性。

伺服系统最初用于国防军工，如火炮的控制、船舰和飞机的自动驾驶、导弹发射等，后来逐渐推广到国民经济的许多部门，如自动机床、无线跟踪控制等。伺服系统在火炮中的应用如图1-1所示。

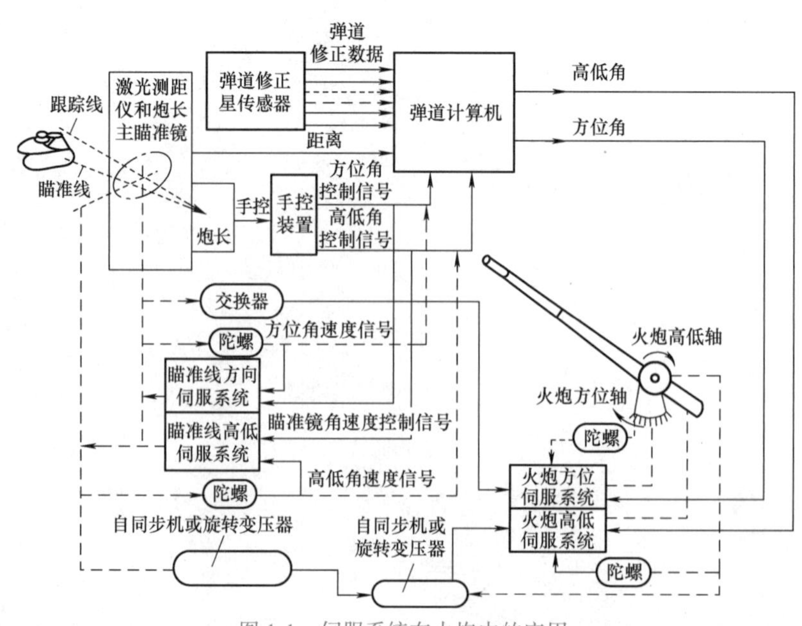

图1-1 伺服系统在火炮中的应用

采用伺服系统主要是为了达到以下几个目的：

1）以小功率指令信号控制大功率负载，火炮控制和船舵控制就是典型的例子。

2）在没有机械连接的情况下，由输入轴控制位于远处的输出轴，实现远距离同步传动，如轧机和长距离多段传送带的伺服系统。

3）使输出机械位移精确地执行某控制器发出的运动指令。这些指令可以是预先编制的，也可以是随机产生的，如数控机床和行走的机器人。

伺服系统按所用驱动元件的类型可分为液压伺服系统、气动伺服系统和电气伺服系统。前两者特色明显，但应用范围有一定的局限性。而电气伺服系统的能源可以用最方便、最灵活的电能，其驱动元件是按特定需要设计和选用的电动机，系统性能优异，因此电气伺服系统成为应用最广泛的伺服系统。本书中如不特别说明，所提到的伺服系统指电气伺服系统。

1.1.2　伺服系统的发展历史

伺服系统的发展经历了从最早的液压、气动到如今的电气化，其中电气伺服系统经历了从直流发展到交流的过程。

1. 国外伺服系统发展史

在 20 世纪 60 年代以前，是液压伺服系统的全盛时期。

在 20 世纪 60 年代直流伺服电动机诞生，随着直流伺服电动机技术不断发展，实用性不断提高，在相关领域获得广泛应用。20 世纪 70 年代是直流伺服系统应用最广泛的时期。但是直流伺服电动机的机械结构复杂，维修工作量大，电刷、换向器等则成为直流伺服驱动技术发展的瓶颈。

20 世纪 70 年代末至 80 年代初期，随着微处理器技术、大功率高性能半导体技术和电动机永磁性材料制造工艺的发展及其性价比日益提高，交流伺服电动机及控制系统逐渐成为主导产品。交流伺服控制技术已成为工业自动化技术的基础技术之一，并逐步替代了直流伺服系统，成为当今伺服控制的主流。

1978 年，德国 Rexroth 公司的 Indramat 分部在汉诺威贸易博览会上正式推出 MAC 永磁交流伺服电动机和驱动系统，这标志着新一代交流伺服技术已进入实用化阶段。到 20 世纪 80 年代中后期，各公司都已有完整的系列产品。整个伺服装置市场都转向了交流伺服系统。早期的模拟系统在诸如零漂、抗干扰性、可靠性、精度和柔性等方面存在不足，尚不能完全满足运动控制的要求。近年来随着微处理器、新型数字信号处理器（Digital Signal Processing，DSP）的应用，出现了数字控制系统，控制部分可完全由软件进行控制。到目前为止，高性能的伺服系统大多采用永磁同步型交流伺服电动机，控制驱动器多采用快速、准确定位的全数字位置伺服系统。

2. 国内伺服系统发展史

20 世纪 70 年代，伺服系统首先被应用于国防科技、军工等高端制造行业；80 年代后，伺服系统开始在一些高端民用制造中得到尝试；90 年代后，由于稀土永磁材料的发展、电力电子及微电子技术的进步，交流伺服电动机的驱动技术很快从模拟式过渡到全数字式。由于交流伺服电动机的驱动装置采用了先进的全数字式驱动控制技术，硬件结构简单，参数调整方便，产品生产的一致性、可靠性增加，同时集成复杂的电动机控制算法和智能化控制功能，如增益自动调整、网络通信功能等，进一步拓展了交流伺服电动机的适用领域。此后我国具有自主知识产权的全数字式伺服驱动器开始规模化生产制造。随着各行业，如机床、印刷设备、包装设备、烟草机械、纺织设备、激光加工设备、机器人、自动化生产线等对工艺精度、加工效率和工作可靠性等要求的不断提高，对交流伺服电动机的需求迅猛增长，交流伺服系统得到广泛应用，并逐步替代原有直流有刷伺服电动机和步进电动机。国内不仅大量应用着交流伺服系统，与此同时国产伺服驱动器与伺服电动机也在逐渐推向市场。

目前国内主要的伺服厂家有台达、汇川、南京埃斯顿、广州数控、华中数控、兰州电机厂、东元、和利时等。

1.2 伺服系统的组成

伺服系统主要由伺服控制器、伺服驱动器、伺服电动机、检测单元、传动机构等组成，如图 1-2 所示。

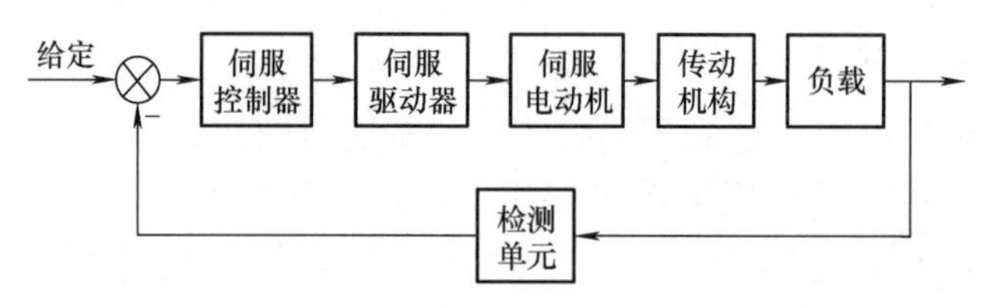

图 1-2 伺服系统的组成

1. 伺服控制器

伺服控制器是整个运动控制的核心，用于执行逻辑控制和运动控制，采集现场信息并与现场其他设备进行通信。实现形式有模拟式和数字式两种。模拟控制器常用运算放大器及相应的电气元器件实现，具有物理概念清晰、控制信号流向直观等优点，其控制规律体现在硬件电路和所用的器件上，因而线路复杂、通用性差，控制效果受到器件性能、温度等因素的影响。数字控制器硬件电路标准化程度高、制作成本低，而且不受器件温度的影响。控制规律体现在软件上，修改起来灵活方便。此外，还拥有信息存储、数据通信和故障诊断等模拟控制器无法实现的功能。随着微处理器、大规模和超大规模集成电路的发展，目前伺服控制器多采用数字式实现，如工业控制计算机、可编程控制器、DSP 或单片机等。

2. 伺服驱动器

伺服驱动器直接驱动伺服电动机，是控制器和伺服电动机之间的桥梁。它将控制器的控制信号转换为更高功率的电流或电压信号，因此也称为放大器。随着对运动控制系统的性能要求越来越高，为了减少驱动器和控制器之间的频繁信息交换，在最近的趋势中，驱动器和控制器之间的界线逐渐变得模糊，驱动器可以执行控制器中的许多功能，如伺服的电流环、速度环和位置环控制，而控制器用来实现复杂的运动曲线规划、多轴协调等。

关于伺服驱动器的内容在本书后面的章节还会进行详细的讲解。

3. 伺服电动机

伺服电动机又称为执行电动机，在自动控制系统中作为执行器件。它将输入的电压信号变换成转轴的角位移或角速度输出。输入的电压信号又称为控制信号或控制电压。改变控制电压可以影响伺服电动机的转速及转向。

执行器件一般指各种电动机或液压、气动伺服机构等，如图 1-3 所示。

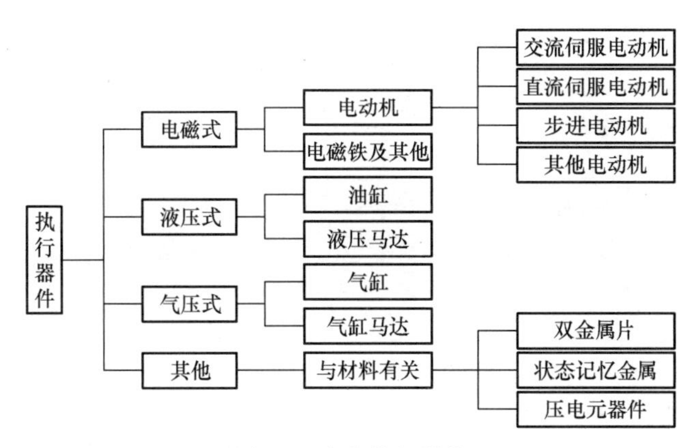

图 1-3　伺服执行器件

4. 检测单元

检测单元为伺服系统提供反馈信息，主要用于提供被控对象的位置、速度等信息。一般来说，检测单元包括各种传感器、信息的转化等部分。常见的检测装置有编码器、旋转变压器、光栅等，在第 4 章详细阐述。检测单元的精度直接影响控制效果。对检测元件有以下几方面要求：①抗干扰性能高，可以在复杂环境下工作；②能够满足系统所需的精度要求；③成本低，性价比高；④使用简单，方便后期维护。

5. 传动机构

电动机和负载之间通过传动机构连接，它能够帮助负载完成要求的运动轨迹。常见的传动机构有带轮、齿轮箱、传送带、滚珠丝杠、直线带传动等。

1.3　伺服系统的分类

伺服系统分类如图 1-4 所示。

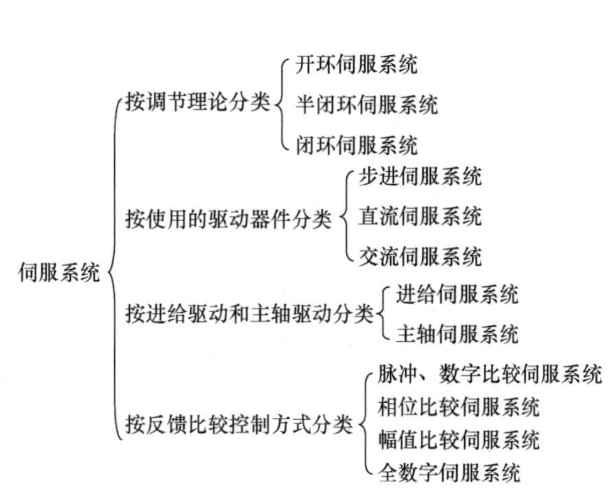

图 1-4　伺服系统分类

1.3.1　按调节理论分类

1. 开环伺服系统

这是一种比较原始的伺服系统。这类数控系统将零件的加工程序处理后，输出指令给伺服系统，驱动机床运动，无须来自位置传感器的反馈信号。最典型的系统就是采用步进电动机的伺服系统，如

图 1-5 所示。它一般由环形分配器、步进电动机功率放大器、步进电动机、配速齿轮和丝杠螺母传动副等组成。数控系统每发出一个指令脉冲，经驱动电路功率放大后，驱动步进电动机旋转一个固定角度（即步距角），再经传动机构带动工作台移动。这类系统信息流是单向的，即进给脉冲发出去后，实际输出值不再反馈回来，所以称为开环控制。

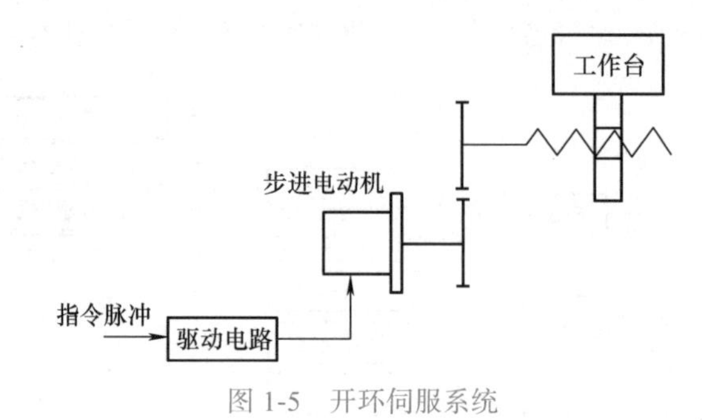

图 1-5　开环伺服系统

2. 半闭环伺服系统

大多数数控机床是半闭环伺服系统。这类系统用安装在进给丝杠轴端或电动机轴端的角位移测量元件（如旋转变压器、脉冲编码器、圆光栅等）来代替安装在机床工作台上的直线测量元件，用测量丝杠或电动机轴旋转角位移来代替测量工作台直线位移，其原理如图 1-6 所示。因这种系统未将丝杠螺母副、齿轮传动副等传动装置包含在闭环反馈系统中，所以称之为半闭环控制系统。它不能补偿位置闭环系统外的传动装置的传动误差，却可以获得稳定的控制特性。这类系统介于开环与闭环之间，精度没有闭环高，调试却比闭环方便，因而得到了广泛的应用。

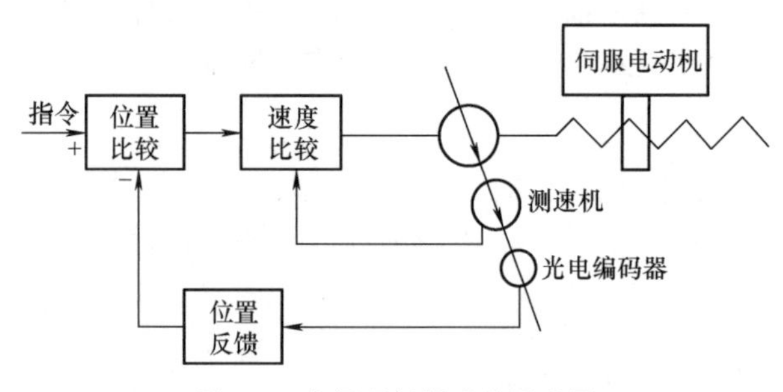

图 1-6　半闭环伺服系统原理图

3. 闭环伺服系统

这类伺服系统带有检测装置，直接对工作台的位移量进行检测，其原理如图 1-7 所示，当数控装置发出位移指令脉冲，经电动机和机械传动装置使机床工作台移动时，安装在工作台上的位置检测器把机械位移变成电参量，反馈到输入端，与输入信号相比较，得到的差值经过放大和变换，最后驱动工作台向减少误差的方向移动，直到差值等于零为止。这类控制系统因为把机床工作台纳入了位置控制环，故称为闭环控制系统。常见的测量元件有旋转变压器、感应同步器、光栅、磁栅和编码盘等。目前闭环系统的分辨率多数为 1μm，定位精度可达 +0.005 ～ +0.01mm，高精度系统分辨率可达 0.lμm。系统精度只取决于测量装置的制造精度和安装精度。该系统可以消除包括工作台传动链在内的误差，因而定位精度高、调节速度快。但由于该系统受进给丝杠的拉压刚度、扭转刚度、摩擦阻尼特性和间隙等非线性因素的影响，给调试工作造成很大困难。若各种参数匹配不当，将会引起系统振荡，造成不稳定，影响定位精度，而且系统复杂且成本高。因此该系统适用于精度要求很高的数控机床，如镗铣床、超精车床、超精铣床等。

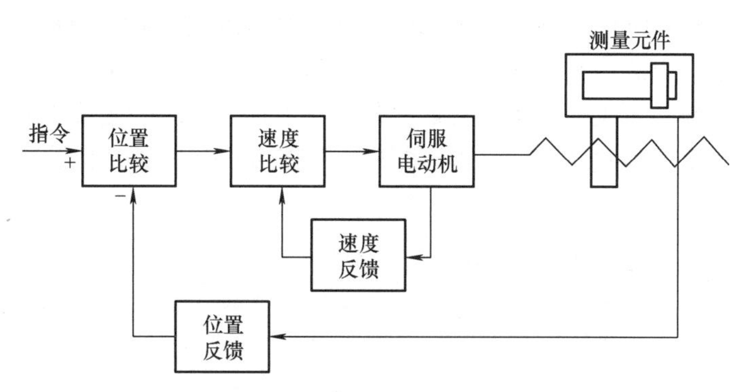

图 1-7　闭环伺服系统原理图

1.3.2　按使用的驱动器件分类

1. 步进伺服系统

步进伺服系统亦称为开环位置伺服系统，如图 1-5 所示，其驱动器件为步进电动机。功率步进电动机盛行于 20 世纪 70 年代，控制系统的结构最简单，控制最容易，维修最方便，控制为全数字化（即数字化输入指令脉冲对应着数字化的位置输出），这完全符合数字化控制技术的要求，数控系统与步进电动机的驱动控制电路结为一体。

随着计算机技术的发展，除功率驱动电路之外，其他硬件电路均可由软件实现，从而简化了系统结构，降低了成本，提高了系统的可靠性。但步进电动机的耗能太大，速度也不高，当其在脉冲当量 δ 为 1μm 时，最高移动速度仅有 2mm/min，且功率越大移动速度越低，所以步进电动机主要用于速度与精度要求不高的经济型数控机床及旧设备改造中。

2. 直流伺服系统

直流伺服系统常用的伺服电动机有小转动惯量直流伺服电动机和永磁直流伺服电动机（也称为大转动惯量宽调速直流伺服电动机）。小转动惯量伺服电动机最大限度地减少了电枢的转动惯量，所以能获得最好的快速性，在早期的数控机床上应用较多，现在也有应用。小转动惯量伺服电动机一般都设计成有高的额定转速和低的转动惯量，所以应用时要经过中间机械传动（如减速器）才能与丝杠相连接。近年来，力矩电动机有了新的发展，永磁直流伺服电动机的额定转速很低，如可在 1r/min 甚至在 0.1r/min 下平稳地运转，甚至可以在堵转状态下运行。这样低速运行的电动机，其转轴可以和负载直接耦合，省去了减速器，简化了结构，提高了传动精度。因此，自 20 世纪 70 年代至 80 年代中期，这种直流伺服系统在数控机床上的应用占了绝对统治地位，至今，许多数控机床上仍使用这种电动机的直流伺服系统。永磁直流伺服电动机的缺点是有电刷，限制了转速的提高，一般额定转速为 1000 ～ 1500r/min，而且结构复杂，价格较贵。

3. 交流伺服系统

交流伺服系统使用交流异步伺服电动机（一般用于主轴伺服电动机）和永磁同步伺服电动机（一般用于进给伺服电动机）。由于直流伺服电动机存在着有电刷等一些固有缺点，使其应用环境受到限制。交流伺服电动机没有这些缺点，且转子转动惯量比直流电动机小，使其动态响应好。在同样体积下，交流电动机的输出功率比直流电动机提高10% ～ 70%。而且，交流电动机的容量可以比直流电动机造得大，所以交流电动机能达到更高的电压和转速。因此，交流伺服系统得到了迅速发展，已经形成潮流。从 20 世纪 80 年代后期开始，大量使用交流伺服系统，有些国家的厂家，已全部使用了交流伺服系统。

1.3.3　按进给驱动和主轴驱动分类

1. 进给伺服系统

进给伺服系统是指通常所说的伺服系统，它包括速度控制环和位置控制环。进给伺服系统完成各坐标轴的进给运动，具有定位和轮廓跟踪功能，是数控机床中要求最高的伺服控制系统。

2. 主轴伺服系统

机床的主轴驱动和进给驱动有很大的区别。一般来说，主轴控制只是一个速度控制系统，实现主轴的旋转运动，提供切削过程中的转矩和功率，且保证任意转速的调节，完成在转速范围内的无级变速，无须丝杠或其他直线运动的装置。

此外，对于刀库的位置控制，是为了在刀库的不同位置选择刀具，与进给坐标轴的位置控制相比，性能要低得多，故称为简易位置伺服系统。

1.3.4　按反馈比较控制方式分类

1. 脉冲、数字比较伺服系统

脉冲比较伺服系统如图 1-8 所示。在数控机床中，插补器给出的指令是数字脉冲。如果选择磁尺、光栅、光电编码器等元件作为机床移动部件位移量的检测装置，输出的位置反馈信号亦是数字脉冲。这样，给定量与反馈量的比较就是直接的脉冲比较，由此构成的伺服系统就称为脉冲比较伺服系统，该系统是闭环伺服系统中的一种控制方式。

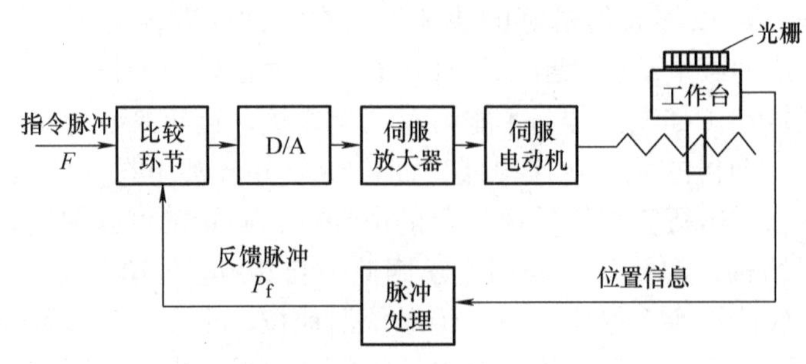

图 1-8　脉冲比较伺服系统

该系统比较环节采用的是可逆计数器，当指令脉冲为正，反馈脉冲为负时，计数器做加法运算；当指令脉冲为负，反馈脉冲为正时，计数器做减法运算。指令脉冲为正时，工作台正向移动；指令脉冲为负时，工作台反向移动。

指令脉冲 F 来自插补器，反馈脉冲 P_f 来自检测元件光电编码器。两个脉冲源是相互独立的，而脉冲频率随转速变化而变化。脉冲到来的时间不同或执行加法计数与减法计数发生重叠，都会产生误操作。为此，在可逆计数器前还有脉冲分离处理电路。

当可逆计数器为 12 位计数器时，允许计算范围是 –2048 ～ +2047。外部输入信号有加法计数脉冲输入信号 UP、减法计数脉冲输入信号 DW 和清零信号 CLR。

12 位可逆计数器的值反映了位置偏差。该计数值经 12 位 D/A 转换，输出双极性模拟电压，作为伺服系统速度控制单元的速度给定电压，由此可实现根据位置偏差控制伺服电动机的转速和方向，即控制工作台向减少偏差的位置进给。

当计数器清零时，相当于 D/A 转换器输入数字量为 800H，D/A 输出量为 $U_{gn}=0$，电动机处于停转状态；当计数器值为 FFFH 时，D/A 输出量为 $+U_{REF}$ 最大值；当计数器值为 000H 时，D/A 输出量为 $-U_{REF}$ 最小值。U_{REF} 为 D/A 装置的基准电压。改变 U_{REF} 的数值或调整 D/A 输出电路中的调整电位器，即可获得速度控制单元要求的控制电压极性和转速满刻度电压值。

脉冲、数字比较伺服系统结构简单，容易实现，整机工作稳定，在一般数控伺服系统中应用十分普遍。

2. 相位比较伺服系统

在高精度的数控伺服系统中，旋转变压器和感应同步器是两种应用广泛的位置检测元件。根据励磁信号的不同形式，它们都可以采取相位工作方式或幅值工作方式。如果位置检测元件采用相位工作方式，控制系统中要把指令信号与反馈信号都变成某个载波的相位，然后通过二者相位比较，得到实际位置与指令位置的偏差。由此可以说，如果旋转变压器或感应同步器为相位工作状态下的伺服系统，指令信号与反馈信号的比较就采用相位比较方式，该系统就称为相位比较伺服系统，简称为相位伺服系统。由于这种系统调试比较方便，精度又高，特别是抗干扰性能好，因而在数控系统中得到较为普遍的应用，是数控机床常用的一种位置控制系统。

图 1-9 所示为采用感应同步器作为位置检测元件的相位比较伺服系统的原理框图。数控装置送来的进给指令脉冲 F 首先经脉冲调相器变换成相位信号，即变换成重复频率为 f_0 的指令位置 $P_A(\theta)$。感应同步器采用相位工作状态，以定尺的相位检测信号经整形放大后得到的 $P_B(\theta)$ 作为位置反馈信号，$P_B(\theta)$ 代表机床移动部件的实际位置。这两个信号在鉴相器中进行比较，它们的相位差 $\Delta\theta$ 就反映了实际位置和指令位置的偏差。由此偏差信号经放大后驱动机床移动部件按指令位置进给，实现精确的位置控制。

感应同步器装在机床工作台上。当指令脉冲 $F=0$ 时，工作台处在静止状态。$P_A(\theta)$ 和 $P_B(\theta)$ 是两个同频同相的脉冲信号，经鉴相器进行相位比较，输出的相位差 $\Delta\theta=0$，此时伺服放大器输入为零，伺服电动机的输出亦为零，工作台维持静止状态。

当指令脉冲 $F\neq0$ 时，工作台将从静止状态向指令位置移动。如果设 F 为正，经过脉冲调相器 $P_A(\theta)$ 产生正的相移 $+\theta$，鉴相器输出的相位差 $\Delta\theta=P_A(\theta)-P_B(\theta)=+\theta-0=+\theta>0$，此时，

伺服电动机应按指令脉冲方向使工作台做正向移动以消除 $P_A(\theta)$ 和 $P_B(\theta)$ 的相位差。反之，若设 F 为负，则 $P_A(\theta)$ 产生负的相移 $-\theta$。鉴相器输出的相位差 $\Delta\theta=-\theta-0=-\theta<0$，此时，伺服电动机应按指令脉冲方向使工作台做反向移动。因此，反馈脉冲 $P_B(\theta)$ 的相位必须跟随指令脉冲 $P_A(\theta)$ 的相位做相应的变化，直到 $\Delta\theta=0$ 为止。

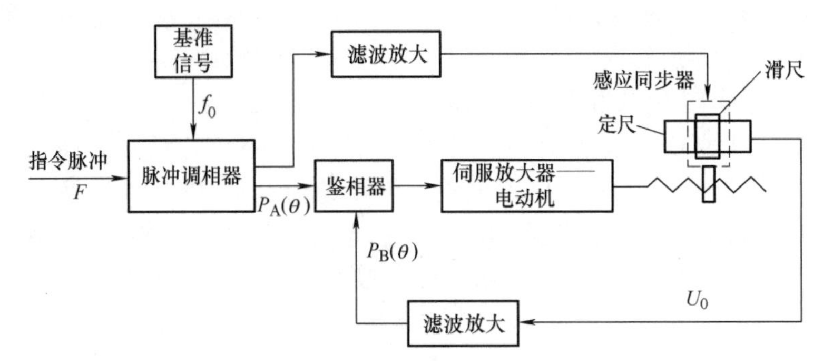

图 1-9　相位比较伺服系统原理框图

位置控制系统要求 $P_A(\theta)$ 相位的变化应满足指令脉冲的要求，而伺服电动机应有足够大的驱动转矩使工作台向指令位置移动，位置检测元件则应及时地反映实际位置的变化，改变反馈脉冲信号 $P_B(\theta)$ 的相位，满足位置闭环控制的要求。一旦 F 为零，正在运动着的工作台就应迅速制动，这样 $P_A(\theta)$ 和 $P_B(\theta)$ 在新的相位值上继续保持同频同相的稳定状态。

相位比较伺服系统适用于感应式检测元件（如旋转变压器感应同步器）的工作状态，可得到满意的精度。此外，由于相位比较伺服系统的载波频率高，响应快，抗干扰性强，因而很适于用作连续控制的伺服系统。

3. 幅值比较伺服系统

如图 1-10 所示，位置检测元件旋转变压器或感应同步器采用幅值工作状态，输出模拟信号，其特点是幅值大小与机械位移量成正比。将此信号作为位置反馈信号与指令信号比较而构成的闭环系统就称为幅值比较伺服系统，简称幅值伺服系统。

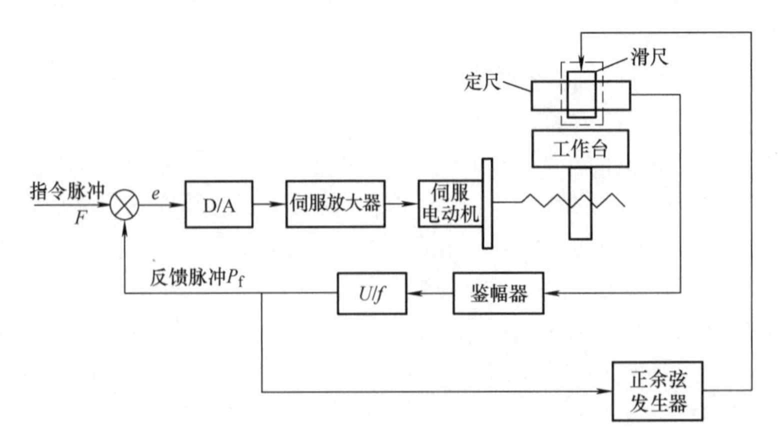

图 1-10　幅值比较伺服系统

在幅值伺服系统中，必须把反馈通道的模拟量转换成相应的数字信号，才可以完成与指令脉冲的比较。幅值伺服系统实现闭环控制的过程与相位伺服系统有许多相似之处。幅值系统工作前，指令脉冲 F 与反馈脉冲 P_f 均没有幅值，比较器输出为0，这时，伺服电动机不会转动。当指令脉冲 F 建立后，比较器输出不再为零，其数据经D/A转换后，向速度控制电路发出电动机运转的信号，电动机转动并带动工作台移动。同时，位置检测元件将工作台的位移检测出来，经鉴幅器和电压频率变换器处理，转换成相应的数字脉冲信号，其输出一路作为位置反馈脉冲 P_f，另一路送入检测元件的励磁电路。当指令脉冲与反馈脉冲两者相等时，比较器输出为零，说明工作台实际移动的距离等于指令信号要求的距离，电动机停转，停止带动工作台移动；若两者不相等，说明工作台实际移动距离不等于指令信号要求的距离，电动机就会继续运转，带动工作台移动，直到比较器输出为零时再停止。

在以上三种伺服系统中，相位比较系统和幅值比较系统从结构和安装维护上比脉冲、数字比较系统复杂且要求高，所以一般情况下脉冲、数字比较伺服系统应用得广泛，而且相位比较系统又比幅值比较系统应用得多。

4. 全数字伺服系统

随着微电子技术、电力电子技术、计算机技术和伺服控制技术的发展，数控机床的伺服系统已开始采用高速度、高精度、大功率的全数字伺服系统。利用微机实现调节控制，增强软件控制功能，排除模拟电路的非线性误差和调整误差以及温度漂移等因素的影响，可大大提高伺服系统的性能，使伺服控制技术从模拟方式、混合方式走向全数字方式，并为实现最优控制、自适应控制创造条件。由位置、速度和电流构成的三环反馈全数字化，软件处理实现数字PID，使用灵活，柔性好。数字伺服系统采用了许多新的控制技术和改进伺服性能的措施，使控制精度和品质大大提高。再加上开发高精度、快速检测元件以及高性能的伺服电动机，使目前交流伺服系统的变速比达到10000:1，使用日益增多。永磁同步电动机因无电刷和换向器零部件，加速性能要比直流伺服电动机高两倍，维护也方便，已经用于高速数控机床中。

1.4 伺服系统的性能要求及影响其性能的因素

1.4.1 伺服系统的性能要求

伺服系统的任务是要求输出量能够准确地跟随输入量的变化，因此，输出响应的快速性、灵活性和准确性是伺服系统的主要特征，常见的伺服系统指标如下所述。

1）最小运动增量：伺服系统能可靠提供的最小运动。该指标不同于分辨率。分辨率是运动系统中可检测到的最小位置增量，也被称为显示分辨率或编码分辨率，一般由反馈装置的输出确定。但是由于传动链中的滞环、回差等因素影响，大多数系统不能使最小运动增量等于分辨率，除非反馈装置可以直接测量运动本身，所以这两个指标不能混淆。分辨率主要是基于控制器检测和显示的最小增量数值。

2）灵敏度：指的是能够产生输出运动的最小输入。它也被定义为输出量与输入量之比。

3）准确度：又称精度，即在给定输入下理想位置与实际位置之差的最大期望值。运动装置的精度在很大程度上取决于实际位置的测量，这个术语可以更直观地说成不准确度。例如，一个运动系统要求移动 10mm，而实际上只移动了 9.99mm（由一个精度很高的测量仪器测得），那么不准确度就是 0.01mm。

4）精密度：一般定义为对于完全相同的输入，系统多次运行输出的 95% 的结果在偏差范围内。重复性则是系统在多次运行中达到命令指定位置的能力，可见两个指标虽然说法不同，但具有相同的本质。注意，精密度与精度是不同的。

5）调整时间：为运动系统接收指令后第一次进入并保持在可接受的指令位置误差范围内所需要的时间。

6）超调：为欠阻尼系统中过校正行为的度量，这在位置伺服系统中是应尽量避免的。

7）振动：为当设备的运行速度接近机械系统的自然频率时，导致的结构振动或振铃现象，振铃也可由系统中速度或位置的突然改变引起。这种振荡将减小有效转矩并导致电动机和控制器之间的失步。

8）稳态误差：为控制器完成校正行为后实际位置与指令位置之间的差值。

9）跟踪误差：为位置反馈设备测得的实际位置与控制器通过命令要求的理想位置之间的瞬时差值。

10）误差：为所获得的性能参数和理想结果之间的差值。伺服系统中的各种误差可分为两大类：一类是轴上误差，即与传输方向上某些参数有关的误差，如精度；另一类是非轴上误差，即与自由约束度有关的误差，如螺距误差等。

针对上述指标可以将伺服系统的基本要求归纳为以下几点：

1）稳定是指系统在给定输入或外界干扰作用下，经过短暂的调节过程后达到新的或者回复到原有的平衡状态。通常要求在承受额定转矩变化时，静态速降应小于 5%，动态速降应小于 10%。

2）伺服系统的精度是指输出量能跟随输入量的精确程度。例如，精密加工的数控机床要求的定位精度或轮廓加工精度以及进给跟踪精度都比较高。精度也是伺服系统静态特性与动态特性指标是否优良的具体表现。伺服系统的精度一般为 0.001 ～ 0.01mm（1 ～ 10μm），高精度伺服系统可达 0.00001 ～ 0.0001mm（0.01 ～ 0.1μm）。

3）快速响应是伺服系统动态品质的标志之一，即要求跟踪指令信号的响应要快，一方面要求过渡过程的时间短，一般在 200ms 以内，甚至小于几毫秒，且速度变化时不应有超调；另一方面是当负载突变时，要求过渡过程的前沿陡，即上升率要大，恢复时间要短，且无振荡。

4）低速大转矩和调速范围宽，即在低速时进给驱动要求大转矩输出。例如，机床加工时为了适应不同的加工条件，不但要求在低速时有较大的转矩，还要求数控机床进给能在很宽的范围内无级变化。这就要求伺服电动机有很宽的调速范围和优异的调速特性。目前，先进的水平是在进给脉冲当量为 1μm 的情况下，进给速度在 0 ～ 4m/s 范围内连续可调。

1.4.2 影响伺服系统性能的因素

1. 电动机

电动机是伺服系统的重要组成部分，电动机执行能力的好坏将决定整个伺服系统的控制特性。常见的伺服电动机可以分为直流调速电动机与交流调速电动机。和直流电动机相比，交流伺服电动机没有直流电动机的换向器和电刷等带来的缺点，同时，电动机的转动惯量、转子阻抗、电刷结构以及散热等都会影响伺服系统的性能。

2. 编码器

编码器作为控制的反馈元件，也是影响系统精度的重要因素。首先，编码器的脉冲数会直接影响系统的定位和速度控制精度；其次，编码器的最高转速也制约电机的最大转速。目前，用于伺服控制系统的编码器通常为光电编码器，分为增量式、绝对值、正余弦以及旋转变压器等类型。编码器的抗干扰能力会给系统的稳定性带来直接的影响。对于永磁同步电动机，正确的转子位置识别也是控制的前提，因此，编码器能提供给驱动器正确的转子位置，也是控制的关键。

3. 驱动器

驱动器是伺服控制的核心。根据电动机类型的不同，驱动器也分为不同的种类，如晶体管放大驱动器、直流驱动器及交流驱动器，目前工控行业比较常见的是交流驱动器。例如，西门子公司推出的 Sinamics S120 驱动器，其实是通过 SPWM 方式来控制电动机的，其控制方式是空间矢量控制。通常情况下，电流环与速度环都是在驱动器中实现的，而位置控制可以在运动控制器中完成，也可以在驱动器中实现。电流环与速度环的闭环特性是衡量一个控制系统性能的标准，如电流环与速度环的采样周期，速度环与电流环的带宽，控制回路上的各种滤波、延迟等，都会影响系统的精度与动态响应能力。

4. 运动控制器

运动控制是在驱动器的速度环基础上，增加了位置控制、齿轮同步、凸轮、插补等运动控制功能的控制方式。

运动控制器对驱动器的控制方式有三种，即数字通信方式、模拟量方式、脉冲方式。

1）数字通信方式：分辨率高，信号传输快速、可靠，可以实现高性能的灵活控制，需要通信协议。例如，西门子的 Simotion 与驱动器之间的数据交换采用基于 Profibus 或 Profinet 的 Profidrive 协议。还有其他一些欧系公司采用 CAN 总线的方式，日系安川公司推出了基于 MECHATROLINK 总线的驱动产品，通过以上的总线方式，实现了传动与运动控制器之间的数据传输控制，特别适合于需要各轴间的协调同步和插补控制的应用，除了实现机械所必需的转矩、位置、速度控制功能以外，还可实现要求精度极高的相位协调控制等。

2）模拟量方式：分辨率低，信号可靠性与抗干扰性能差，但兼容性好。例如，西门子的运动控制器 Simotion 与第三方驱动器之间的控制可以通过模拟量的方式来实现。

3）脉冲方式：可靠性高，快速性差，灵活性差。驱动对象为步进电动机。

在系统选型配置过程中，运动控制器对驱动器的控制方式是设计者需要考虑的重要因素。通信是最稳定、快捷的控制方式，同时要考虑通信的传输速度。通信周期受通信速率与数据量大小的制约，以西门子的运动控制器 Simotion 为例，在传输速率为 1.5Mbit/s 的情况下，控制 6 个以上的轴时，系统的通信周期默认为 3ms。同时，受通信周期的限制，运动控制器的插补周期与位置环采样周期通常为通信周期的整数倍。对于运动控制器来说，其插补周期与位置环采样周期是衡量系统性能的关键。

5. 机械传动

电动机通常靠机械传动结构（如联轴器、齿轮箱、丝杠、传送带、机械凸轮等）与负载相接，如图 1-11 所示。这样，联轴器的刚性、齿轮间隙、传送带的松紧都会影响系统的控制精度。例如，对于直线移动的执行部件，电动机通常靠同步带轮或者丝杠进行连接，同步带轮的啮合间隙或者丝杠螺母的滚珠与滚道间隙等，都会对直线运动位移精度造成影响。而对于机械凸轮，必须保证速度或加速度边界条件，才能使系统不至于产生机械谐振。

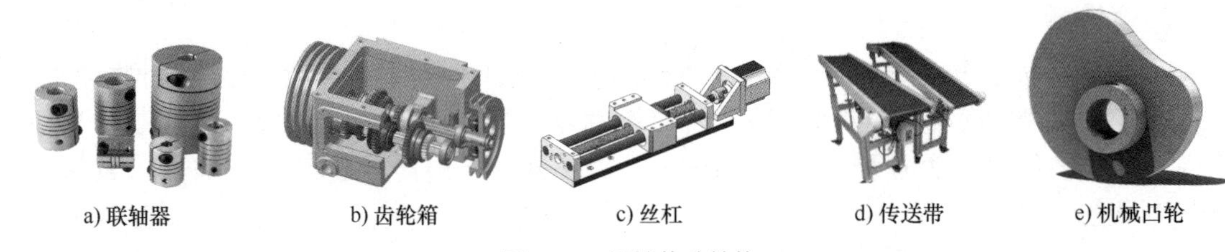

图 1-11　机械传动结构

6. 负载

作为控制的最终对象，负载对系统性能的影响也不可忽略。负载转动惯量的大小会影响系统的动态特性，如转动惯量大，其加速与停止过程中会要求系统的输出转矩大，要求驱动器的驱动能力高。另外，负载与电动机的转动惯量比也会影响系统的性能，转动惯量比越小，控制越容易，但电动机的效率越低；转动惯量比大，会给系统的高频带来谐振点，从而增加控制难度。关于负载与电动机转动惯量比的分配，可以参考 Bosch Rexroth 公司给出的“适配标准”：快速定位 <2∶1，修正定位 <5∶1，高速率变换 <10∶1。

7. 安装

待上述对象都得到确认后，现场装置的安装也会给整个系统带来新的问题，例如，如何做好系统的接地，如何避免 EMC 干扰，使用合适的屏蔽电缆等，都是系统设计不可忽视的问题。例如，在编码器的电缆屏蔽层没有真正接地的情况下，反馈信号会夹杂着噪声，这种噪声对控制的精度有很大的影响，甚至会导致装置停机。

8. 系统的成套性

在整个运动控制系统的设计中，建议使用者尽可能采用同一厂家的产品，包括运动控制器、驱动器、伺服电动机等，保证系统的成套性，因为这样能够避免如连线、配置、通信等方面的问题。单独购买各部件所带来的问题首先是连接顺序的复杂化，电动机、驱动终端和反馈设备（包括编码器、分解器、霍尔式传感器等）可以有多种不同的连接次序。采用同供应商的电动机和驱动器还有一个好处，就是能更好地安装、调试软件，并确保其兼容性。另外，每一款电动机的参数都不一致，与其匹配的驱动器都有其默认参数，从电动机参数的识别方式来看，驱动器也有专有的识别方式。对于第三方电动机，驱动器所能够识别的程序可能不够准确；而在精密的运动控制系统中，一个参数的差别可能会影响电动机的驱动性能，从而影响控制精度。

1.5　伺服系统的应用场合及发展趋势

1.5.1　应用场合

伺服系统最初被应用到导航和军事领域，如火炮、雷达控制，后来逐渐进入到工业领域和民用领域。工业应用主要包括高精度数控机床、机器人和其他广义的数控机械，如纺织机械、印刷机械、包装机械、医疗设备、汽车制造、冶金机械、橡胶机械、自动化流水线等各种专用设备。

在军事领域，伺服系统常用于雷达跟踪控制。雷达是一种通过电磁波来探测目标的电子设备，伺服通过比较目标角度与雷达当前角度的偏差形成反馈控制，帮助雷达实现对目标的搜索和自动跟踪，如图 1-12 所示。其探测原理是当目标在雷达视角上飞行时，通过伺服系统驱动天线波束连续跟踪照射目标，然后对连续接收的目标反射回波进行信号处理，获得目标的飞行参数。通过测量接收回波时天线所处的位置得到目标的方位和俯仰角，测量回波与发射波的时延得到目标的斜距，根据回波频率偏移量得到目标的径向速度。伺服系统在连续跟踪目标时的动态响应速度和跟踪精度直接影响雷达整体的过渡过程品质和测角精度。

在工业领域，轧钢机速度控制是伺服应用的典型实例。轧钢机是实现金属轧制过程的机械设备，工人将钢管放入送料口后，通过按钮开关给 PLC 一个开关量信号，触发轧机机头转动，转动一圈后接近开关得到信号，触发主传动送料伺服电动机转动，钢管往前送料，依此进行动作，实现将粗钢管轧成细钢管的工艺要求，如图 1-13 所示。其原理是调速系统根据速度指令 U_n^* 和速度反馈 U_n 的偏差进行调节，其输出是电流指令的给定信号 U_i^*。电流调节根据 U_i^* 和电流反馈 U_i 的偏差进行调节，其输出是功率变换器件（UPE）的控制信号 U_c，进而调节 UPE 的输出，即电动机的电枢电压。由于转速不能突变，电枢电压改变后，电枢电流跟着发生变化，相应的电磁转矩也跟着变化，由 $T_e-T_L=J\mathrm{d}n/\mathrm{d}t$ 知，只要 T_e 与 T_L 不相等，转速就会相应的变化。整个过程到电枢电流产生的转矩与负载转矩达到平衡，转速不变后，达到稳定。随着轧钢工业的迅速发展，钢材品种及产量也不断增加，对轧钢机的轧制速度和轧制负荷要求大大提高。轧钢机的整套装备，包括主要设备、辅助设备、起重运输设备和附属设备等，匹配上伺服电动机跟驱动器，则整套设备的承载能力增强，精度更高，寿命更长。

图 1-12　雷达

图 1-13　轧钢机

在电力行业，伺服系统也常用于解决输电线路污闪问题。输电线路污闪主要是由于电源表面附着的污秽物受环境条件影响，导致其表面的绝缘性能下降，并且不断出现放电的一种现象。而污闪会导致绝缘子的绝缘水平降低，严重时会严重影响绝缘子的绝缘作用，造成电流回流、电线的降容抗作用受到影响，从而会导致电流损失增加，发生某些特殊状况，如遭到雷击、导致线路跳闸等严重的影响。由于人工作业的风险性极高，故防污闪机器人应运而生。其中，伺服系统通过驱动器控制伺服电动机精确、有效地实现不同类型、多场景的线路防污闪治理要求，提高作业效率，减小人为作业的风险性，有效降低配电架空线路的跳闸等故障概率，如图 1-14 所示。可以通过无线通信将命令下发至机器人来进行动作控制，同时实时接收上传数据，通过机器人伺服系统采用的控制算法控制伺服电动机进行相应操作。通常该机器人还具有限位报警、故障急停、掉电自锁等功能。伺服控制的好坏直接影响机器人运行的稳定性及动作的精确性。

图 1-14　防污闪设备

在水利行业，伺服系统可用于船闸的同步控制，如图 1-15 所示。船闸是“通航建筑物”的一种，利用向两端有闸门控制的航道内灌、泄水，以升降水位，使船舶能克服航道上的集中水位落差。船闸由闸首、闸室、输水系统、闸门、阀门、引航道等部分以及相应的机电控制设备组成。当船舶由下游向上游行驶时，室内水位降至与下游水位齐平，然后打开下游闸首的闸门，船进闸室，关闸门，灌水，待水位升高到与上游水位齐平后，开上游闸首闸门，船即可出闸通过上游引航道驶向上游。当船由上游向下游行驶时，过闸操作程序则与此相反。伺服系统通过控制器对执行机构给定 AO 信号使闸门运行起来，通过控制 AO 信号的大小控制闸门开关速度。伺服控制不好会导致闸门运行振动，速度或快或慢等现象，会对闸门系统造成机械冲击和振动损坏，影响闸门开关动作的稳定性及动作的精确性。

图 1-15　船闸

1.5.2　发展趋势

从当前伺服驱动产品的应用来看，交流伺服电动机和交流伺服控制系统逐渐成为主导产品，数字化交流伺服系统的应用越来越广，用户对伺服驱动技术的要求也越来越高。在实际应用中，精度更高、速度更快、使用更方便的交流伺服产品已经成为主流产品。总的来说，伺服系统的发展趋势可以概括为以下几个方面。

1. 专用化

随着科技的进步、行业的发展、原材料的上涨以及人工成本的增加，各行业都对设备的性能提出了更高的要求，如柔性产线、高效率、高精度、多机联动等。受限于系统成本、工程师的技术能力、运动控制器 / 伺服系统的整合能力等因素，针对某一行业或设备专门开发定制的伺服驱动器越来越受到用户的青睐。特别是在机床、纺织机械、注塑机械等行业。专用伺服既有伺服系统执行机构的功能，又有适合这个行业或设备的运动控制功能，满足行业客户的集成化、智能化、差异化需求。

2. 驱控一体化

驱控一体化是指将伺服系统中的驱动器与上位机控制器集成在一起，实现缩小体积、减轻重量和提高性能的目的。驱控一体化集成可在有效提高伺服系统灵活性、可靠性的同时降低成本，使伺服系统在更短的时间内完成复杂的控制算法，通过共享内存即时传输更多的控制、动态信息，提高内部通信速度。

3. 网络化

即构建网络和总线伺服系统。现场总线是一种应用于生产现场，在现场设备之间、现场设备和控制装置之间实施双向、串行、多节点的数字通信技术。构建总线伺服是实现工业物联网的必要途径之一。最新的伺服系统都配置了标准的串行通信接口（如 RS-232C 或 RS-485 接口等）和专用的局域网接口。标准网络接口的设置显著地增强了伺服单元与其他控制设备间的互联能力，也便于将数台甚至数十台伺服单元与上位计算机连接成为整个系统。通过网络及时了解伺服系统的参数及实时运行情况，并可根据嵌入的预测性维护技术，及时了解如电流、负载的变化情况，实现实时预警。专用网络接口的设置便于伺服系统内部设备的连接，例如，S120 采用模块化结构设计，集成了新型通信接口 DRIVE-

CLIQ，通过该接口 S120 可以连接电动机和编码器等组件，每一个组件都有一个电子铭牌，所有组件可通过 DRIVE-CLIQ 电缆被自动识别。

4. 小型化

随着不断地改进作业，如今的新型伺服系统更加的高度集成化，其将保护、驱动、功率开关集成到一个功率智能模块上，实现高度集成化和多功能化。同一个控制单元，只要通过软件设置系统参数，就可以改变其性能，既可以使用电动机本身配置的传感器构成半闭环调节系统，又可以通过接口与外部的位置、速度或力矩传感器构成高精度的全闭环调节系统。高度的集成化还显著地缩小了整个控制系统的体积，使得伺服系统的安装与调试工作都得到了简化。最新型的伺服控制系统已经开始使用智能控制功率模块（Intelligent Power Modules，IPM）。这种器件将输入隔离、能耗制动、过温、过电压、过电流保护及故障诊断等功能全部集成于一个不大的模块之中。它的应用显著地简化了伺服单元的设计，并实现了伺服系统的小型化和微型化。

5. 高速度、高精度、高性能化

高动态响应能力、快速精准定位是伺服系统的核心竞争力。随着芯片运算能力和集成度的提升、编码器技术的升级，电动机控制算法、自适应算法均能不断优化，伺服系统的性能也在稳步提升。电动机的改进、驱动方式的改进和具备更高运行速率的 DSP 等是伺服驱动系统向着高速、高精、高性能化迈进的先决条件。

6. 智能化

智能化是当前一切工业控制设备的流行趋势，伺服驱动系统作为一种高级的工业控制装置当然也不例外。最新数字化的伺服控制单元通常都设计为智能型产品，它们的智能化特点表现在以下几个方面，首先，它们都具有参数记忆功能，系统的所有运行参数都可以通过人机对话的方式由软件来设置，保存在伺服单元内部，通过通信接口，这些参数甚至可以在运行途中由上位计算机加以修改，应用起来十分方便；其次，它们都具有故障自诊断与分析功能，无论什么时候，只要系统出现故障，就会将故障的类型以及可能引起故障的原因通过用户界面清楚地显示出来，这就降低了维修与调试的复杂性。除以上特点之外，有的伺服系统还具有参数自整定的功能。众所周知，闭环调节系统的参数整定是保证系统性能指标的重要环节，也是需要耗费较多时间与精力的工作。带有自整定功能的伺服单元可以通过几次试运行，自动将系统的参数整定出来，并自动实现其最优化。对于使用伺服单元的用户来说，这是新型伺服系统最具吸引力的特点之一。未来的伺服随着科技的进步和研发，智能化的趋势会更加明显。

7. 多轴化

随着近年来电子制造、半导体、机器人等行业的发展，设备的复杂程度越来越高，需要的伺服驱动器轴数逐渐增加，但是传统伺服驱动器轴和轴之间的线缆耦合较多，影响设备的可靠性，增加了维护成本，也使系统总成本增加。这就促进了伺服驱动器的多轴化。多轴伺服系统对伺服驱动器之间互联的线缆进行内部高度集成，只用一根网线可实现所有电动机、数字信号、模拟信号的控制和传感，不仅大幅度降低了系统总成本和维护成本，最大程度上提高了设备的可靠性，也把设备的小型化、高度集成化特性发挥到了极致。

8. 通用化

通用型驱动器配置有大量的参数和丰富的菜单功能，便于用户在不改变硬件配置的条件下，方便地设置成 VF 控制、无速度传感器开环矢量控制、闭环磁通矢量控制、永磁无刷交流伺服电动机控制及再生单元等多种工作方式，适用于各种场合，可以驱动不同类型的电动机，如异步电动机、永磁同步电动机、无刷直流电动机、步进电动机，也可以适应不同的传感器类型甚至无位置传感器。可以使用电机本身配置的反馈构成半闭环控制系统，也可以通过接口与外部的位置、速度或力矩传感器构成高精度全闭环控制系统。

习题与思考题

1. 什么叫伺服系统？伺服系统与变频器的区别是什么？
2. 伺服系统的作用是什么，主要的特点是什么？
3. 伺服系统的分类有哪些？
4. 伺服系统由哪几部分组成的？每部分的作用是什么？
5. 常见的伺服系统指标有哪些？
6. 影响伺服系统的性能因素有哪些？

第 2 章 伺服电动机

2.1 伺服电动机概述

按照“伺服”的概念，伺服电动机并非单指某一类型的电动机，只要是在伺服控制系统中能够满足任务所要求的精度、快速响应性以及抗干扰性的电动机，就可以称之为伺服电动机。通常控制电动机为能够达到伺服控制的性能要求，都需要具有位置 / 速度检测部件。表 2-1 所示为电动机的分类。

表 2-1　电动机的分类

<table>
<tr><td rowspan="14">电动机</td><td colspan="2" rowspan="3">直流电动机</td><td colspan="2">电磁式直流电动机</td></tr>
<tr><td rowspan="2">永磁式直流电动机</td><td>有刷直流电动机</td></tr>
<tr><td>无刷直流电动机</td></tr>
<tr><td rowspan="7">交流电动机</td><td rowspan="3">感应电动机 IM（异步电动机）</td><td rowspan="2">三相异步电动机</td><td>笼型转子异步电动机</td></tr>
<tr><td>绕线转子异步电动机</td></tr>
<tr><td colspan="2">单相 / 两相异步电动机</td></tr>
<tr><td rowspan="4">同步电动机 SM</td><td colspan="2">永磁式同步电动机</td></tr>
<tr><td colspan="2">电磁式同步电动机</td></tr>
<tr><td colspan="2">磁阻电动机</td></tr>
<tr><td colspan="2">磁滞电动机</td></tr>
<tr><td rowspan="4">步进电动机</td><td colspan="3">磁阻反应式步进电动机 VR</td></tr>
<tr><td colspan="3">永磁式步进电动机 PM</td></tr>
<tr><td colspan="3">混合式步进电动机 HB</td></tr>
<tr><td colspan="3">齿极式步进电动机</td></tr>
</table>

伺服电动机可以是交流异步电动机、交流永磁同步电动机，也可以是直流电动机或步进电动机，当然还可以是直线电动机，但常用的伺服电动机多半是交流永磁同步电动机。

2.2 步进电动机

2.2.1 步进电动机的工作原理

步进电动机的工作原理是基于电磁感应原理。步进电动机和一般旋转电动机一样，分为定子和转子两大部分。定子主要由定子铁心和绕组以及机壳、出线装置组成，定子铁心由硅钢片叠成，装上一定相数的定子绕组，输入脉冲电流对多相定子绕组轮流进行通电励磁。转子铁心用硅钢片叠成或用软磁性材料做成凸极结构。转子本身没有励磁绕组的称为“反应式”步进电动机，用永磁体提供转子磁场的称为“永磁式”步进电动机。目前以反应式步进电动机用得较多。下面以三相反应式步进电动机为例来说明反应式步进电动机的工作原理。

图 2-1 所示为三相反应式步进电动机工作原理图。其定子有六个均匀分布的磁极，每两个相对磁极组成一相，即有 U_1–U_2、V_1–V_2、W_1–W_2 三相，磁极上绕有励磁绕组。转子具有均匀分布的四个齿。当 U_1、V_1、W_1 三个磁极的绕组依次通电时，则 U_1、V_1、W_1 三对磁极依次产生磁场吸引转子转动。

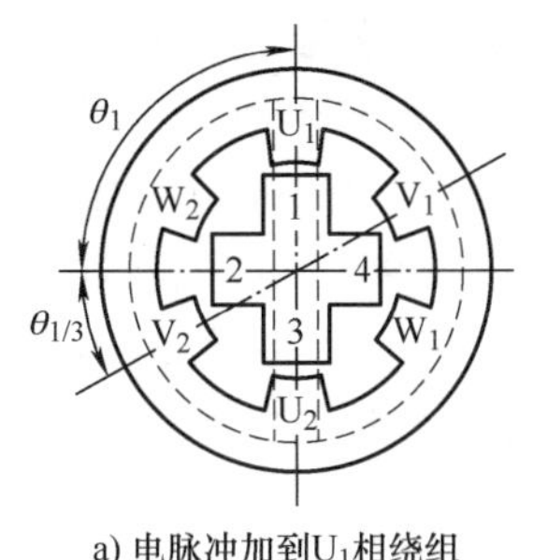

a) 电脉冲加到U_1相绕组

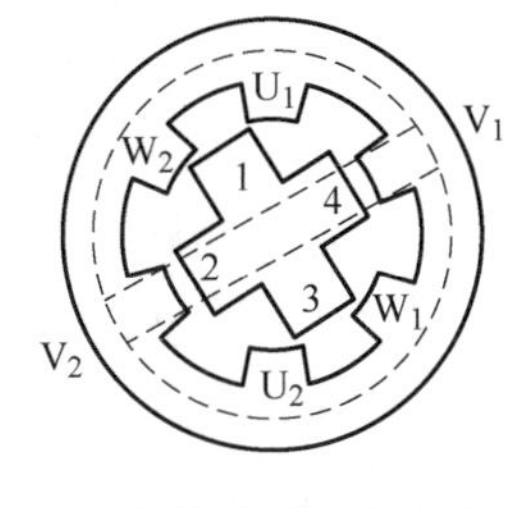

b) 电脉冲加到V_1相绕组

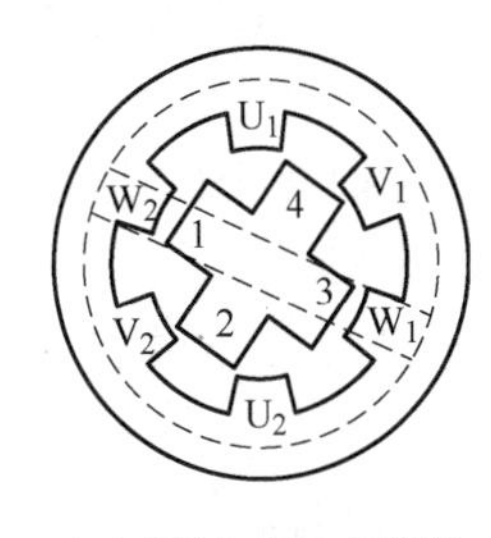

c) 电脉冲加到W_1相绕组

图 2-1　三相反应式步进电动机工作原理图

如图 2-1a 所示，如果先将电脉冲加到 U_1 相绕组，定子 U_1 相磁极就产生磁通，并对转子产生磁拉力，使转子的 1、3 两个齿与定子的 U_1 相磁极对齐。然后再将电脉冲通入 V_1 相绕组，V_1 相磁极便产生磁通。由图 2-1b 可以看出，这时转子 2、4 两个齿与 V_1 相磁极靠得最近，于是转子便沿着逆时针方向转过 30° 角，使转子 2、4 两个齿与定子 V_1 相磁极对齐。如果按照 $U_1 \rightarrow V_1 \rightarrow W_1 \rightarrow U_1$ 的顺序通电，转子则沿逆时针方向一步步地转动，每步转过 30° 角，这个角度就叫步距角。显然，单位时间内通入的电脉冲数越多（即电脉冲频率越高），电动机转速越高。如果按 $U_1 \rightarrow W_1 \rightarrow V_1 \rightarrow U_1$ 的顺序通电，步进电动机将沿顺时针方向一步步地转动。从一相通电换接到另一相通电称为一拍，每一拍转子转动一个步距角。像上述的步进电动机，三相绕组依次单独通电运行，换接三次完成一个通电循环，称为三相单三拍通电方式。除了三相单三拍外，还有“双三拍”和“三相六拍”等。

1）“双三拍”：如果使两相绕组同时通电，即按 $U_1V_1 \rightarrow V_1W_1 \rightarrow W_1U_1 \rightarrow U_1V_1$ 顺序通电，这种通电方式称为三相双三拍，其步距角仍为 30°。但振荡弱，稳定性好。

2）“三相六拍”：按照 $U_1 \rightarrow U_1V_1 \rightarrow V_1 \rightarrow V_1W_1 \rightarrow W_1 \rightarrow W_1U_1 \rightarrow U_1$ 顺序通电，换接六次完成一个通电循环。这种通电方式的步距角为 15°，其工作原理图如图 2-2 所示，若将电脉冲首先通入 U_1 相绕组，转子齿 1、3 与 U_1 相磁极对齐，如图 2-2a 所示。然后再将电脉冲同时通入 U_1、V_1 相绕组，这时 U_1 相磁极拉着 1、3 两个齿，V_1 相磁极拉着 2、4 两个齿，使转子沿着逆时针方向旋转。转过 15° 角时，U_1、V_1 两相的磁拉力正好平衡，转子静止于如图 2-2b 所示的位置。如果继续按 $V_1 \rightarrow V_1W_1 \rightarrow W_1 \rightarrow W_1U_1 \rightarrow U_1$ 的顺序通

电，步进电动机就沿着逆时针方向以 15° 步距角一步步转动。

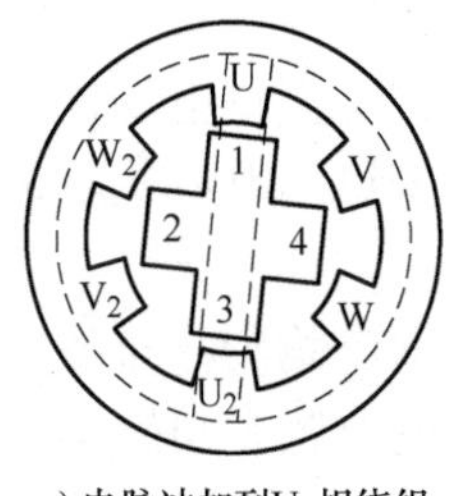

a) 电脉冲加到U_1相绕组

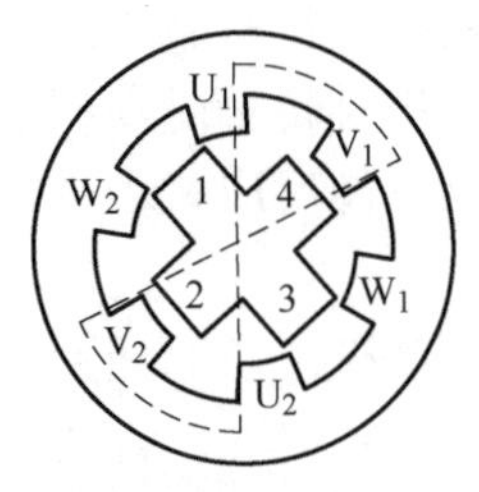

b) 电脉冲加到U_1、V_1相绕组

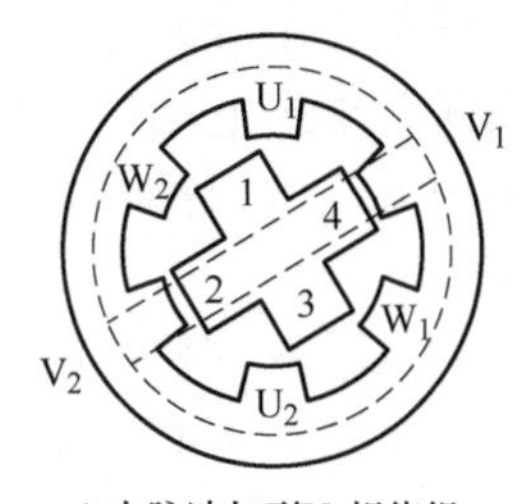

c) 电脉冲加到V_1相绕组

图 2-2　三相六拍反应式步进电动机工作原理图

步进电动机的步距角越小，意味着它所能达到的位置精度越高。通常的步距角是 1.5° 或 0.75°，为此需要将转子做成多极式的，并在定子磁极上制成小齿。定子磁极上的小齿和转子磁极上的小齿大小一样，两种小齿的齿宽和齿距相等。当一相定子磁极的小齿与转子的齿对齐时，其他两相磁极的小齿都与转子的齿错过一个角度。按着相序，后一相比前一相错开的角度要大。如转子上有 40 个齿，则相邻两个齿的齿距角是 360°/40=9°。若定子每个磁极上制成五个小齿，当转子齿和 U_1 相磁极小齿对齐时，V_1 相磁极小齿则沿逆时针方向超前转子齿 1/3 齿距角，即超前 3°，而 W_1 相磁极小齿则超前转子 2/3 齿距，即超前 6°。按照此结构，当励磁绕组按 $U_1 \to V_1 \to W_1$ 顺序进行三相三拍通电时，转子按逆时针方向以 3° 步距角转动；如果按照 $U_1 \to U_1V_1 \to V_1 \to V_1W_1 \to W_1 \to W_1U_1 \to U_1$ 顺序以三相六拍通电时，步距角将减小一半，为 1.5°。若通电顺序相反，则步进电动机将沿着顺时针方向转动。

从上述内容可知，步距角的大小与通电方式和转子齿数有关，其大小为

$$\alpha = \frac{360°}{zm} \tag{2-1}$$

式中，z 为转子齿数；m 为运行拍数，通常等于相数或相数的整数倍。

若步进电动机通电的脉冲频率为 f（脉冲数 / 秒），则步进电动机的转速为

$$n = \frac{60f}{mz} \tag{2-2}$$

式中，n 的单位为 r/min。

步进电动机也可以制成四相、五相、六相或更多的相数，以减小步距角来改善步进电动机的性能。为了减少制造电动机的困难，多相步进电动机常做成轴向多段式（又称顺轴式）。如五相步进电动机的定子沿轴向分为 A、B、C、D、E 五段。每一段是一相，在此段内只有一对定子磁极。在磁极的表面上开有一定数量的小齿，各相磁极的小齿在圆周方向互相错开 1/5 齿距。转子也分为五段，每段转子具有与磁极同等数量的小齿，但它们在圆周方向并不错开。这样，定子的五段就是电动机的五相。

与三相步进电动机相同，五相步进电动机的通电方式也可以是五相五拍、五相十拍等。但是，为了提高电动机运行的平稳性，多采用五相十拍的通电方式。

2.2.2　步进电动机的特点与分类

1. 步进电动机的特点

步进电动机是一种将电脉冲信号变换成相应的角位移或直线位移的机电执行元件。步进电动机实际上是一个数字 / 角度转换器，也是一个串行的数 / 模转换器。输入一个电脉冲，电动机就转动一个固定的角度，称为“一步”，这个固定的角度称为步距角。步进电动机的运动状态是步进形式的，故称为“步进电动机”。从步进电动机定子绕组所加的电源形式来看，与一般交流和直流电动机也有区别，既不是正弦波，也不是恒定直流，而是脉冲电压、电流，所以有时也称为脉冲电动机。控制输入脉冲数量、频率及电动机各相绕组的通电顺序，可得到各种需要的运行特性。步进电动机有如下特点：

1）电动机输出轴的角位移与输入脉冲数成正比；转速与脉冲频率成正比；转向与通电相序有关。当它转一周后，没有累积误差，具有良好的跟随性。

2）由步进电动机与驱动电路组成的开环数控系统，既非常简单、廉价，又非常可靠。同时，它也可以与角度反馈环节组成高性能的闭环数控系统。

3）步进电动机的动态响应快，易于起停、正反转及变速。

4）步进电动机存在振荡和失步现象，必须对控制系统和机械负载采取相应的措施。

5）步进电动机自身的噪声和振动较大，带惯性负载的能力较差。

2. 步进电动机的分类

从结构特点进行分类，一般常使用的步进电动机主要有 VR 型、PM 型、混合（HB）型三种类型，分述如下：

1）磁阻反应式步进电动机，也称为 VR 型步进电动机。它的转子结构由软磁材料或钢片叠制而成。定子的线圈通电后产生磁力，吸引转子旋转。该电动机在无励磁时不会产生磁力，故不具备保持转矩的特点。这种 VR 型电动机转子转动惯量小，适用于高速下运行。

2）永磁型步进电动机，也称为 PM 型步进电动机。它的转子采用了永磁体。按照步距角的大小可分为大步距角和小步距角两种。大步距角形的 PM 型步进电动机的步距角为 90°，仅限于小型机种使用，具有自起动频率低的特点，常用于陀螺仪等航空管制机器、计算机打字机、流量累计仪表和远距离显示器装置上。小步距角形的 PM 型步进电动机的步距角小，有 7.5°、11.5° 等类型，由于采用钣金结构，其价格便宜，属于低成本型的步进电动机。

3）混合（HB）型。混合（HB）型步进电动机是将 PM 型和 VR 型组合起来构成的电动机，它具有高精度、大转矩和步距角小等优点。步距角多为 0.9°、1.8°、3.6° 等，应用范围从几牛顿米的小型机到数千牛顿米的大型机。

按转子的运动方式，步进电动机又可分为旋转式步进电动机、直线式步进电动机、平面式步进电动机三种。其中平面式步进电动机大多由四组直线运动的步进电动机组成，在励磁绕组电脉冲的作用下，可以在 X 轴和 Y 轴两个互相垂直的方向上运动，实现平面运动。

步进电动机的型号命名一般有四部分组成，其中机座号表示机壳外径，产品名称代码见表 2-2。其中，电磁式步进电动机是指由外电源建立励磁磁场的步进电动机；永磁感应子式步进电动机即混合式步进电动机；印制绕组步进电动机是指具有印制绕组的步进电动机；滚切式步进电动机是指转子在定子内表面上滚动步进的步进电动机。例如，某电动机型号为 36BF02，其表示机座外径为 36mm 的反应式步进电动机。

表 2-2　步进电动机产品名称代码

产品名称	代号	含义
电磁式步进电动机	BD	步，电
永磁式步进电动机	BY	步，永
永磁感应子式步进电动机	BYG	步，永，感
反应式步进电动机	BF	步，反
印制绕组步进电动机	BN	步，印
直线步进电动机	BX	步，线
滚切式步进电动机	BG	步，滚

2.2.3　步进电动机的主要参数

1. 步距角和静态步距误差

步距角也称为步距，用符号 θ_b 表示。它的大小由式（2-3）决定。目前我国步进电动机的步距角为 0.36° ～ 90°。常用的为 7.5°/15°、3°/6°、1.5°/3°、0.9°/1.8°、0.75°/1.5°、0.6°/1.2°、0.36°/0.72° 等几种。

$$\theta_b=\frac{\text{齿距}}{\text{拍数}}=\frac{\text{齿距}}{Km}=\frac{360°}{Kmz} \tag{2-3}$$

式中，z 为转子的齿数；K 为状态系数，K= 拍数 / 相数；m 为相数。

不同的应用场合对步距角大小的要求不同，它的大小直接影响步进电动机的起动和运行频率，因此在选择步进电动机的步距角时，若通电方式和系统的传动比已初步确定，则步距角应满足

$$\theta_b \leqslant i\alpha_{min} \tag{2-4}$$

式中，i 为传动比；α_{min} 为负载轴要求的最小位移增量。

步距角 θ_b 也可用分辨率来表示。分辨率 b_s 等于 360° 除以步距角 θ_b，即每转步进了多少步。例如，θ_b=15°，其分辨率 b_s 为每转 24 步。若需要做 15° 的步进运动，则需选用小于等于 15° 步距角的电动机。若选用 3° 步距角的电动机，则需走 5 步来实现 15° 的步进运动，这样运动时的振动会减小，位置误差也减小，但要求运行频率提高，其控制成本也会增加。

从理论上讲，每一个脉冲信号应使电动机转子转过相同的步距角。但实际上，由于定、转子的齿距分布不均匀，定、转子之间的气隙不均匀或铁心分段时的错位误差等，实际步距角与理论步距角之间会存在偏差，这个偏差称为静态步距角误差。累积误差是指在

一圈范围内，从任意位置开始，经任意步后转子角位移误差的最大值。在多数情况下，采用累积误差来衡量精度。

2. 最大静转矩

步进电动机的静特性是指步进电动机在稳定状态（即步进电动机处于通电状态不变，转子保持不动的定位状态）时的特性，包括静转矩、矩角特性及静态稳定区。

静转矩是指步进电动机处于稳定状态下的电磁转矩。它是绕组内电流和失调角的函数。在稳定状态下，如果在转子轴上加负载转矩使转子转过一个角度 θ，并能稳定下来，这时转子受到的电磁转矩与负载转矩相等，该电磁转矩即为静转矩，而角度 θ 即为失调角。对应于某个失调角时，静转矩最大，称为最大静转矩 T_{jmax}。可从矩角特性上反映 T_{jmax}，如图 2-3 所示，当失调角 $\theta=\pi/2$ 时，将有最大静转矩。

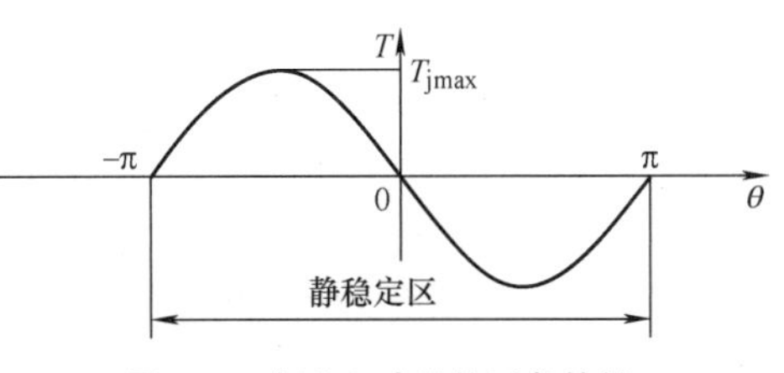

图 2-3　步进电动机的矩角特性

从矩角特性可知，当失调角 θ 在 $-\pi$ ～ $+\pi$ 的范围内，若去掉负载，转子仍能回到初稳定平衡位置。区域 $-\pi<\theta<+\pi$ 称为步进电动机的静态稳定区。但是，失调角 θ 超出这个范围，转子则不可能自动回到初始零位。当 $\theta=\pm\pi$ 时，虽然此处的转矩为零，可是这些点称为不稳定点。

多相通电时的矩角特性和最大静态转矩是按照叠加原理根据各相通电时的矩角特性叠加起来求出。例如，三相步进电动机常用单一双相通电的方式。当两相通电时，由于正弦量可以用相量相加的方法求和，因此两相通电时的最大静态转矩可用相量图求取。用相量 T_U 和 T_V 分别表示 U 相和 V 相单独通电时的最大静态转矩，两相通电时的最大静态转矩 T_{UV} 为

$$T_{UV}=2T_{max}\cos\frac{\pi}{m} \tag{2-5}$$

式中，$T_{UV}=T_U=T_V$。

从式（2-5）可知，对于三相步进电动机，$T_{UV}=T_U=T_V$，即两相通电时的最大静态转矩值与单相通电时的最大静态转矩值相等。此时三相步进电动机不能靠提高通电相数来提高转矩。

当三相通电时的最大静态转矩

$$T_{UVW}=\left(1+2\cos\frac{2\pi}{m}\right)T_{max} \tag{2-6}$$

式中，$T_{UVW}=T_U=T_V=T_W$。

这时 $T_{UVW}=1.618T_{max}$，由于采用了两相—三相通电方式，最大静态转矩提高了，而且矩角特性形状相同，对步进电动机运行稳定性有利。

在使用步进电动机时，一般电动机轴上的负载转矩应满足 $T_L=(0.3\sim0.5)T_{max}$，起动转矩 T_s（即最大负载转矩）总是小于最大静态转矩 T_{jmax}。

3. 矩频特性

当步进电动机控制绕组的电脉冲时间间隔大于电动机机电过渡过程所需的时间时，步进电动机进入连续运行状态，这时电动机产生的转矩称为动态转矩。步进电动机的最大动态转矩和脉冲频率的关系，称为矩频特性，即 $T_{dm}=F(f)$，如图 2-4 所示。由图 2-4 可知，步进电动机的动态转矩随着脉冲频率的升高而降低。

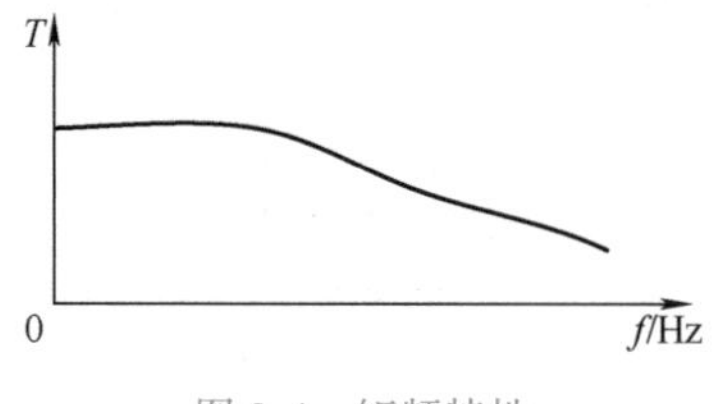

图 2-4　矩频特性

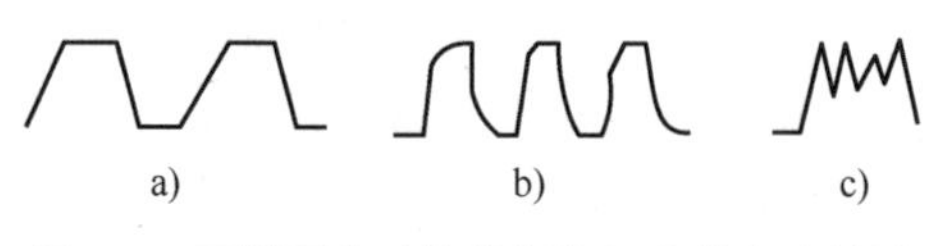

图 2-5　不同频率时的控制绕组中的电流波形

步进电动机的控制绕组是一个电阻电感元件，其电流按指数函数增长。当电脉冲频率低时，电流可以达到稳定值，如图 2-5a 所示；随着频率升高，达到稳定值的时间缩短，如图 2-5b 所示；当频率高到定值时，电流就达不到稳定值，如图 2-5c 所示，故电动机的最大动态转矩小于最大静转矩，而且脉冲频率越高，动态转矩也就越小。对于某一频率，只有当负载转矩小于它在该频率时的最大动态转矩，电动机才能正常运转。

为了提高步进电动机的矩频特性，必须设法减小控制绕组的电气时间常数 τ。为此，要尽量减小它的电感，使控制绕组的匝数减少。所以步进电动机控制绕组的电流一般都比较大。有时也在控制绕组回路中串接个较大的附加电阻，以降低回路电气时间常数。但这样就增加了在附加电阻上的功率损耗，导致步进电动机及系统的效率降低。这时可以采用双电源供电，即在控制绕组电流的上升阶段由高压电源供电，以缩短达到稳定值的时间，然后再改为低压电源供电以维持其电流值，这样可大大提高步进电动机的矩频特性。

4. 起动频率和连续运行频率

步进电动机的工作频率一般包括起动频率、制动频率和连续运行频率。对同样的负载转矩来说，正、反向的起动频率和制动频率是一样的，所以一般技术数据中只给出起动频率和连续运行频率。

失步包括丢步和越步。丢步是指转子前进的步距数小于脉冲数；越步是指转子前进的步距数多于脉冲数。丢步严重时，转子将停留在一个位置上或围绕一个位置振动。

步进电动机的起动频率 f_{st} 是指在一定负载转矩下能够不失步起动的最高脉冲频率。f_{st} 的大小与驱动电路和负载大小有关。步距角 θ_b 越小，负载（包括负载转矩与转动惯量）越小，则起动频率越高。

步进电动机的连续运行频率 f_c 是指步进电动机起动后，当控制脉冲频率连续上升时，能不失步运行的最高频率。它的值也与负载有关。步进电动机的运行频率比起动频率高得多，这是因为在起动时除了要克服负载转矩外，还要克服轴上的惯性转矩。起动时转子的角加速度大，它的负担要比连续运转时的重。若起动时脉冲频率过高，电动机就可能发生丢步或振荡。所以起动时，脉冲频率不宜过高。起动后，再逐渐升高脉冲频率。这种情况下，电动机的运行频率就远大于起动频率。

2.2.4　步进电动机参数举例

图 2-6 为某步进电动机的命名规则。

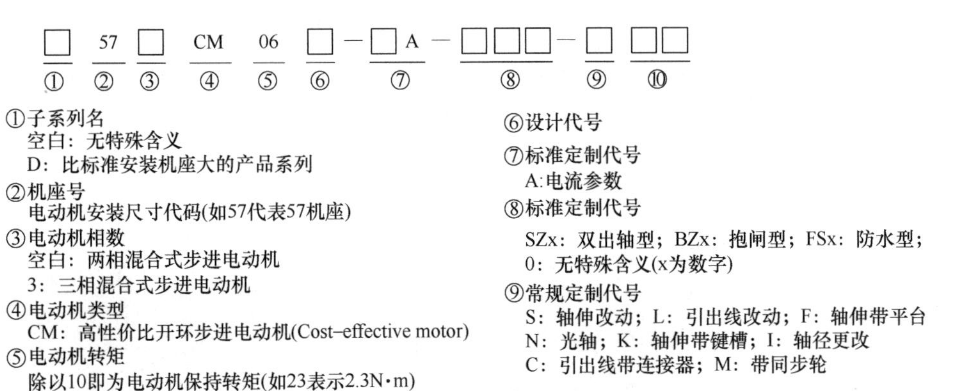

图 2-6　某步进电动机的命名规则

以其中一款 57CM06 步进电动机为例来看下其主要参数：步距角为两相 1.8°；机座号为 57mm；额定电流为 3A；电阻为 0.7Ω/ 相；电感为 1.4mH/ 相；保持转矩为 0.6N・m；转子转动惯量为 120g・cm^2，其矩频特性如图 2-7 所示。

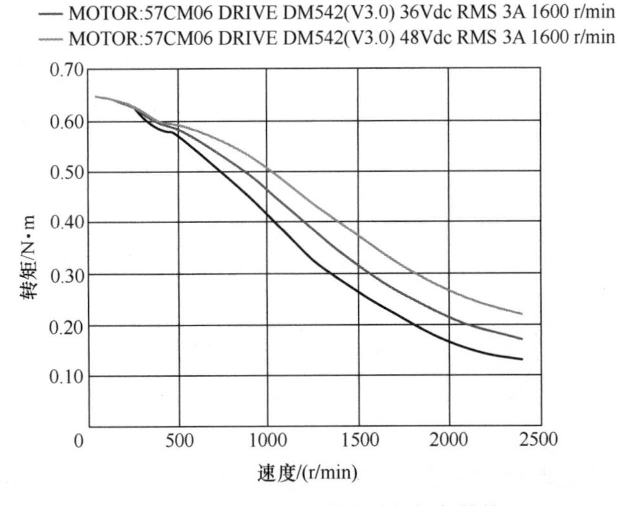

图 2-7　57CM06 步进电动机矩频特性

2.3　直流伺服电动机

2.3.1　直流伺服电动机的工作原理

直流电动机的结构如图 2-8 所示，主要包括三大部分：

1）定子：定子磁场由定子的磁极产生。根据产生磁场的方式，可分为永磁式和电励磁式。永磁式磁极由永磁材料制成，励磁式磁极由冲压硅钢片叠压而成，外绕线圈，通以直流电流便产生恒定磁场。

2）转子：又叫电枢，由硅钢片叠压而成，表面嵌有线圈，通以电流时，在定子磁场作用下产生带动负载旋转的电磁转矩。

3）电刷与换向器：为使所产生的电磁转矩保持恒定方向，转子能沿固定方向均匀地连续旋转，电刷与外加直流电源相接，换向片与电枢导体相接。

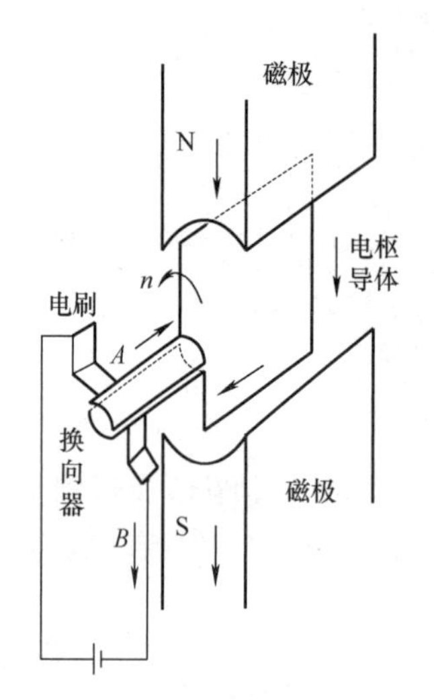

图 2-8　直流电动机的结构

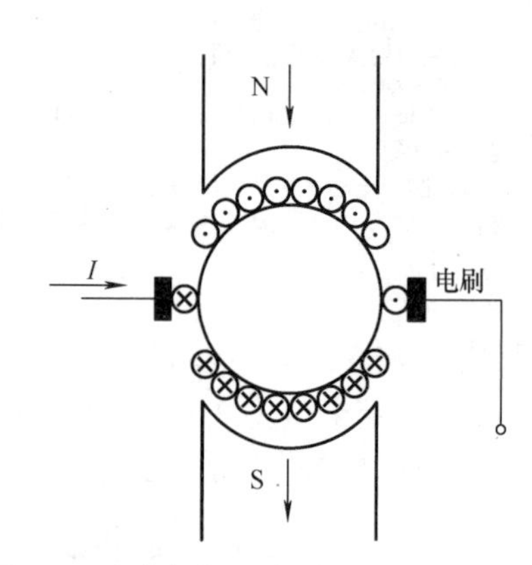

图 2-9　直流伺服电动机的工作原理示意图

直流伺服电动机的结构与普通小型直流电动机相同，不过由于直流伺服电动机的功率不大，因此也可由永磁体制成磁极，省去励磁绕组。其励磁方式几乎只采取他励式（永磁式亦认为是他励式）。

在伺服系统中使用的直流伺服电动机，按转速的高低可分为两类：高速直流伺服电动机和低速大转矩宽调速电动机。目前在数控机床进给驱动中采用的直流电动机，主要是20 世纪 70 年代研制成功的大转动惯量宽调速直流伺服电动机。这种电动机分为电励磁和永磁体励磁两种，占主导地位的是后者。

直流伺服电动机的工作原理和普通直流电动机相同。只要在其励磁绕组中有电流通过且产生了磁通，当电枢绕组中通过电流时，这个电枢电流与磁通相互作用产生的转矩就会使伺服电动机投入工作。

图 2-9 所示为直流伺服电动机的工作原理示意图。由于电刷和换向器的作用，使得转子绕组中的任何一根导体，只要一转过中性线，由定子 S 极下的范围进入了定子 N 极下的范围，那么这根导体上的电流一定要反向；同理，由定子 N 极下的范围进入了定子 S 极下的范围，导体上的电流也要发生反向。因此转子的总磁动势（主磁极磁动势与电枢磁动势）正交。转子磁场与定子磁场相互作用产生了电动机的电磁转矩，从而使电动机转子转动。

直流伺服电动机既可以采用电枢控制，也可以采用磁场控制，一般多采用前者。励磁绕组接于恒定电压 U_f，电枢绕组接于控制电压 U_c，此时电枢绕组也称为控制绕组。直流伺服电动机的机械特性 $n=f(T)$ 可表示为

$$n = \frac{U_c}{C_e\phi} - \frac{R_a}{C_e C_m \phi^2} T \tag{2-7}$$

式中，C_e 为电势常数；C_m 为转矩常数；R_a 为电枢绕组电阻；ϕ 为每极的磁通。

设 $\phi=C_\phi U_f$ 为比例系数，又规定控制电压 U_c 与励磁电压 U_f 之比为信号系数，即 $a=U_c/U_f$，则

$$n = \frac{U_c}{C_e C_\phi} a - \frac{R_a}{C_e C_m C_\phi^2 U_f} T \tag{2-8}$$

当控制电压 U_c 与励磁电压 U_f 相等时，即 $a=1$，$n=0$，堵转转矩为

$$T_0 = \frac{C_m C_\phi U_f^2}{R_a} \tag{2-9}$$

当 $T=0$，$a=1$ 时可得到空载理想转矩，即

$$n_0 = \frac{1}{C_e C_\phi} \tag{2-10}$$

$$\frac{n}{n_0} = a - \frac{T}{T_0} \tag{2-11}$$

从式（2-8）和式（2-11）可以看出，当信号系数 a 为常数时，直流伺服电动机的机械特性和调速特性都是线性的，从而可以绘出直流伺服电动机的机械特性，如图 2-10a 所示，其调速特性如图 2-10b 所示。

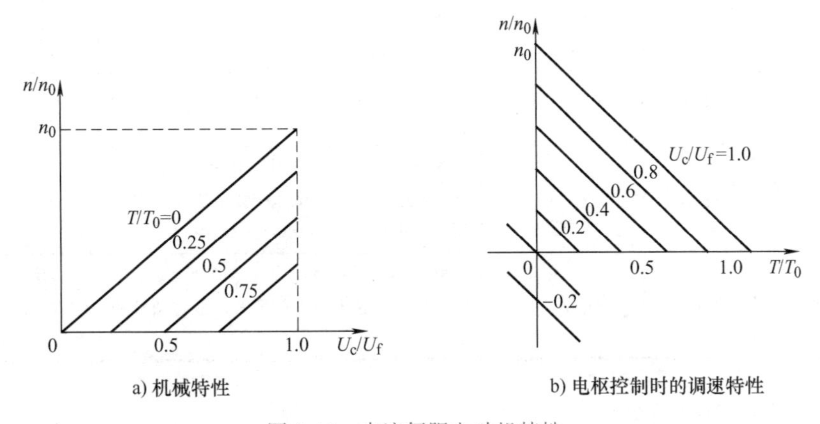

图 2-10　直流伺服电动机特性

2.3.2　直流伺服电动机的特点与分类

1. 直流伺服电动机的特点

直流伺服电动机通过电刷和换向器产生的整流作用，使磁场磁动势和电枢电流磁动势正交，从而产生转矩。直流伺服电动机的输出转速与输入电压成正比，并能实现正反向

速度控制。

同交流伺服电动机相比，直流伺服电动机起动转矩大，调速广且不受频率及极对数限制（特别是电枢控制的），机械特性线性度好，从零转速至额定转速具备可提供额定转矩的性能，功率损耗小，具有较高的响应速度、精度和频率及优良的控制特性。

但直流电动机也有它的缺点，因为直流电动机要产生额定负载下恒定转矩的性能，则电枢磁场与转子磁场必须维持 90°，这就要借助电刷及换向器，电刷和换向器的存在增大了摩擦转矩，换向火花带来了无线电干扰，除了会造成组件损坏之外，使用场合也受到限制，寿命较短，需要定期维修，使用维护较麻烦。

若使用要求频繁起停的随动系统，则要求直流伺服电动机起动转矩大；在连续工作制的系统中，则要求伺服电动机寿命较长。使用时要特别注意先接通磁场电源，然后加电枢电压。

为了适应各种不同随动系统的需要，直流伺服电动机从结构上做了许多改进，如无槽电枢伺服电动机、空心杯形电枢伺服电动机、印制绕组电枢伺服电动机、无刷直流执行伺服电动机、扁平形结构的直流力矩电动机等。直流伺服电动机的特点及应用范围见表 2-3。

表 2-3　直流伺服电动机的特点及应用范围

名称	产品型号	励磁方式	性能特点	应用范围
一般直流执行电动机	SZ 或 SY	电磁式、永磁式	具有下垂的机械特性和线性调节特性，对控制信号响应速度快	一般直流伺服系统
无槽电枢直流电动机	SWC	电磁式、永磁式	具有一般直流执行电动机的特点，而且转动惯量和机电时间常数好，换向良好	需要快速动作、功率较大的直流伺服系统
空心杯型电枢执行电动机	SYK	永磁式	具有一般直流执行电动机的特点，而且转动惯量和机电时间常数非常小，低速运转平滑，换向好	需要动作快速的直流伺服系统
印制绕组直流执行电动机	SN	永磁式	转动惯量小，机电时间常数小，低速运转性能好	用于低速、起动和反转频繁的控制系统
无刷直流执行电动机	SW	永磁式	既保持了一般直流执行电动机的优点，又克服了换向器和电刷带来的缺点，寿命长、噪声低	要求噪声低、对无线电不产生干扰的控制系统
直流力矩电动机	SYL	永磁式	可以不经过减速机构直接带动负载，反应速度快、速度特性硬度大，能在堵转和低速下运行	适用于对速度和位置控制精度要求很高的系统

2. 直流伺服电动机的分类

直流伺服电动机分为有刷和无刷电动机两类。

有刷电动机成本低、结构简单、起动转矩大、调速范围宽、控制容易；需要维护和更换电刷、产生电磁干扰、对环境有要求。因此它可以用于对成本敏感的普通工业和民用场合。

无刷直流电动机响应快、速度高、转动惯量小、转矩稳定；电子换相方式灵活，可以方波换相或正弦波换相，电动机免维护、寿命长。但其成本较高，控制较为复杂，适合高转速小负载应用场合。

2.3.3　直流伺服电动机的主要参数

直流伺服电动机主要电气参数如下所述。

1）额定功率指电动机输出的机械功率，也就是电磁功率减去内部机械损耗后剩余的机械功率。

2）额定电压是电动机电枢上加载的直流电压。

3）额定电流是指电动机在额定电压下，按照额定功率运行时的电流。

4）额定转速是指电动机在额定功率下的转速。

5）额定转矩是额定条件下电动机轴端的输出转矩。

6）最大转矩：伺服电动机在瞬间遇到超过额定转矩的负载时，驱动器会瞬间增大电动机的转矩输出，以期能带动负载。瞬间能达到的最大输出转矩称为“瞬时最大转矩”，一般为额定转矩的 2 ～ 3 倍。

7）转子转动惯量：指转子本身的转动惯量。一般来说，小转动惯量的电动机制动性能好，起动、加速和停止的反应很快，适合于一些轻负载、高速定位的场合。如果负载比较大或是加速特性比较大，而选择了小转动惯量的电动机，可能对电动机轴损伤太大，选择时应该考虑负载的大小和加速度的大小等因素。

8）空载转速指电动机在额定电压下的空载转速，空载转速理论上与电动机上施加的电压成正比。

9）空载电流指额定电压下电动机空载时的电流，如果是有刷电动机，取决于换向系统摩擦力的大小，对于其他电动机一般取决于转子的动平衡以及轴承质量的好坏。空载电流是一个综合性的指标，可以反映电动机的质量水平。

10）转矩常数指在电动机绕组上加 1A 的电流，电动机可以输出的转矩。

11）转速常数指每在电动机绕组上加 1V 的电压，电动机的转速可以增加多少，可以精确地在绕组上施加电压来控制电动机的转速。

12）反电动势常数：反电动势是指由反抗电流发生改变的趋势而产生电动势。直流电动机的反电动势系数定义为：在额定励磁条件下，电动机单位转速产生的反电动势。

13）电动机使用环境参数有工作温度、储存温度、湿度、振动、海拔、绝缘耐热等级、外壳防护等级等。

14）工作温度：表示电动机运行时适用的环境温度，温度区间越宽表示其适用的使用环境越宽。储存温度：表示电动机未运行，适于存放的环境温度。使用环境湿度：不冻结、不出现凝露时的湿度范围。

15）振动：环境振动是指特定环境条件引起的所有振动，通常是由远近许多振动源产生的振动组合。

16）海拔：海拔会对绝缘介质强度产生影响，空气压力或空气密度的降低，引起绝缘强度的降低。在海拔 5000m 范围内，每升高 1000m，平均气压将降低 7.7 ～ 10.5kPa，绝缘强度将降低 8% ～ 13%。海拔也影响介质冷却效应，即产品温升的影响，空气压力或空气密度的降低引起空气介质冷却效应的降低。对于以自然对流、强迫通风或空气散热器为主要散热方式的电工产品，由于散热能力的下降，温升增加。海拔还会对电动机的功率产生影响，由于海拔高，空气稀薄，转子和定子之间的间隙的导磁能力差，直接影响到电动机的额定功率输出。电动机带动负荷的能力减小，同时发热量也增大，从而引起效率降低。

17）电动机绝缘耐热等级：电动机的绝缘等级是指其所用绝缘材料的耐热等级。按照耐热温度值从低到高排列分别为：A、E、B、F、H 和 N。它们的允许工作温度分别为：105℃、120℃、130℃、155℃、180℃和 200℃。使用者在电动机工作时应该保证不使电动机绝缘材料超过该温度才能保证电动机正常工作。

18）IP 等级：IP（Ingress Protection）是国际用来认定防护等级的代号，是针对电气设备外壳对异物侵入的防护等级，来源是国际电工委员会的标准 IEC 60529，这个标准在 2004 年也被采用为美国国家标准。IP 等级由两个数字所组成，第一个数字表示防尘；第二个数字表示防水，数字越大表示其防护等级越佳，见表 2-4。例如，IP65，其中“6”表示完全防止粉尘进入；“5”表示任何角度低压喷射水对设备无有害影响。

表 2-4　防护等级

防尘等级（第一个 X 表示）	防水等级（第二个 X 表示）
0：无专门防护 1：防止直径大于 50 mm 的固体侵入 2：防止直径大于 12 mm 的固体侵入 3：防止直径大于 2.5 mm 的固体侵入 4：防止直径大于 1 mm 的固体侵入 5：能防止触及或接近壳内带电或转动部件；虽不能完全防止灰尘侵入，但进尘量不足以影响电动机的正常运行 6：完全防止尘埃侵入	0：无专门防护 1：垂直滴水应无有害影响 2：当电动机从正常位置向任何方向倾斜至 15° 以内任一角度时，垂直滴水应无有害影响 3：与铅垂线成 60° 范围内的淋水应无有害影响 4：承受任何方向的溅水应无有害影响 5：承受任何方向的喷水应无有害影响 6：承受猛烈的海浪冲击或强烈喷水时，电动机的进水量应不达到有害的程度 7：当电动机浸入规定压力的水中经规定时间后，电动机的进水量应不达到有害的程度 8：电动机在制造厂规定的条件下能长期潜水 9：当高温高压水流从任意方向喷射在电动机外壳时，应无有害影响

2.3.4　直流伺服电动机参数举例

图 2-11 为某低压直流伺服电动机的命名规则。

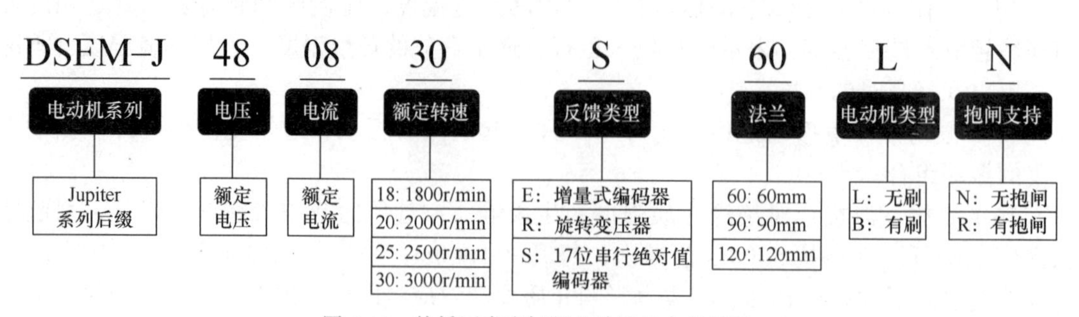

图 2-11　某低压直流伺服电动机的命名规则

以其中一款 DSEM–J482030E90L 直流伺服电动机为例，其参数见表 2-5。

表 2-5 直流伺服电动机参数

电动机型号	DSEM-J482030E90L	单位
额定电压	48	V（直流）
额定电流	20	A
额定转矩	2.2	N・m
额定转速	3000	r/min
额定功率	0.75	kW
转动惯量	0.621	kg・cm²
电压常数	12.7	V/（kr/min）
转矩常数	0.12	N・m/A
空载电流	0.55	A
编码器	标配 2500 线增量式编码器，可选旋转变压器或 17 位绝对值编码器	
环境要求	工作温度：0 ～ 40℃；储存温度：-25 ～ 65℃；湿度：85%RH 或以下（无结露）；海拔小于等于 1000m；户外（无阳光直射），无腐蚀气体、无易燃气体、无油雾、无尘埃	

2.4 交流伺服电动机

2.4.1 交流伺服电动机的工作原理

本节将介绍交流异步伺服电动机和交流同步伺服电动机的工作原理。

1. 交流异步伺服电动机的工作原理

普通异步电动机的机械特性曲线如图 2-12 中曲线 1 所示。由电机学原理可知，它的稳定运行区间仅在转差率 s 从略大于 0 到 s_m（产生最大转矩时的转差率，称为临界转差率）这一范围内。普通感应电动机由于转子电阻 r' 较小，s_m 为 0.1 ～ 0.2，所以其转速可调范围很小。考虑到临界转差率 s_m 与转子电阻成正比，而最大转矩与转子电阻无关，随着转子电阻的增大，机械特性曲线变化情况如图 2-12 所示。

普通异步电动机的机械特性曲线如图 2-12 中曲线 1 所示。由电机学原理可知，它的稳定运行区间仅在转差率 s 从 0 到 s_m 这一范围内。普通感应电动机由于转子电阻 r' 较小，s_m 为 0.1 ～ 0.2，所以其转速可调范围很小。考虑到临界转差率 s_m 与转子电阻成正比，而最大转矩与转子电阻无关，随着转子电阻的增大，机械特性曲线变化情况如图 2-12 所示。

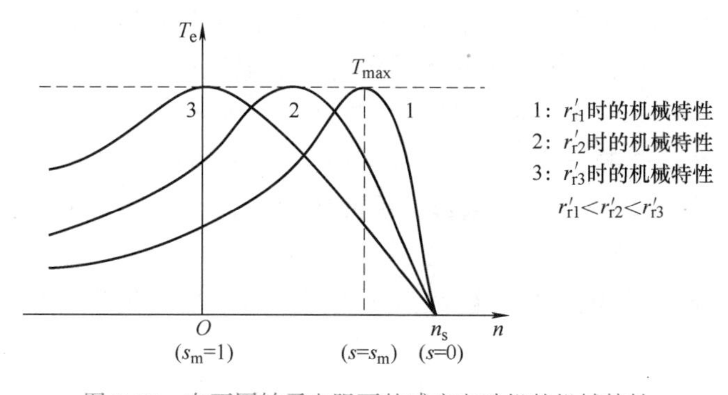

图 2-12 在不同转子电阻下的感应电动机的机械特性

2. 交流同步伺服电动机的工作原理

永磁同步伺服电动机（Permanent Magnet Synchronous Motor，PMSM），是交流永磁伺服电动机的一种。永磁同步电动机的转子可以制成一对磁极的，也可制成多对极的，现以一对磁极（两极）电动机为例说明其工作原理。

图 2-13 所示为一对磁极的永磁电动机的工作原理示意图。当电动机的定子绕组通上交流电源后，就产生旋转磁场，在图中以一对旋转磁极 N、S 表示。当定子磁场以同步转速 n_s 逆时针方向旋转时，根据异性极相吸的原理，定子旋转磁极就吸引转子磁极，带动转子旋转，转子的旋转速度与定子磁场的旋转转速 n_s 相等。当电动机转子上的负载转矩增大时，定、转子磁极轴线间的夹角 θ 就相应增大；反之，则夹角 θ 减小。定、转子磁极间的磁力线如同具有弹性的橡皮筋一样，随着负载的增大和减小而拉长和缩短。虽然定、转子磁极轴线之间的夹角会随负载的变化而改变，但只要负载不超过某极限，转子就始终跟着定子旋转磁场以同步转速 n_s 转动，即转子转速为

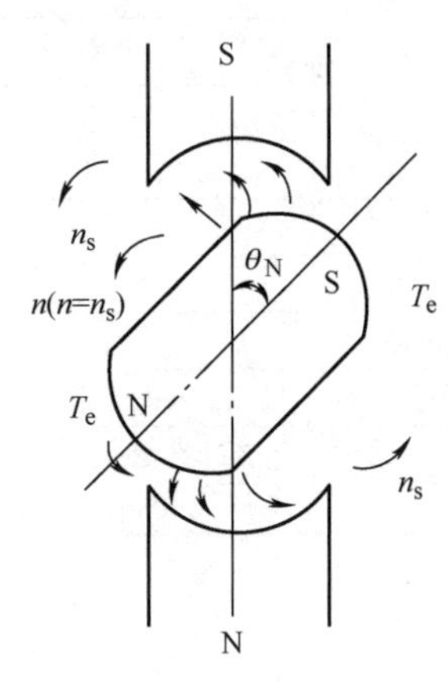

图 2-13　永磁同步电动机的工作原理示意图

$$n = n_s = \frac{60f}{p} \tag{2-12}$$

式中，f 为电源频率；p 为电动机极对数。

由式（2-12）可知，转子转速仅取决于电源频率和极对数。略去定子电阻，永磁同步电动机的电磁转矩为

$$T_e = \frac{mpE_0U}{\omega_s X_d}\sin\theta + \frac{mpU^2}{2\omega_s}\left(\frac{1}{X_d} - \frac{1}{X_q}\right)\sin 2\theta \tag{2-13}$$

式中，m 为电动机相数；p 为电动机极对数；ω_s 为电动机角速度；U、E_0 分别为电源电压和空载反电动势有效值；X_d、X_q 分别为电动机直轴、交轴同步电抗；θ 为功角或转矩角。

图 2-14 所示为永磁同步电动机的电磁转矩功角特性曲线，简称为矩角特性曲线。图中曲线 1 为式（2-13）中第 1 项由永磁磁场与定子电枢反应磁场相互作用产生的永磁转矩；曲线 2 为式（2-13）中第 2 项，即由电动机 d、q 轴磁路不对称而产生的磁阻转矩，曲线 3 为曲线 1 和曲线 2 的合成。由于永磁同步电动机的直轴同步电抗 X_d 一般小于交轴同步电抗 X_q，磁阻转矩为一负正弦函数，因而矩角特性曲线上最大转矩值对应的转矩角大于 90°。

矩角特性上的最大转矩值 T_{emax} 被称为永磁同步电动机的失步转矩。如果电动机轴上负载转矩超过此值，则电动机将失步，甚至停转。

一般来讲，永磁式同步电动机的直接起动比较困难。其主要原因是，刚合上电源起

动时，虽然气隙内产生了旋转磁场，但转子还是静止的，转子在惯性的作用下，跟不上旋转磁场的转动。因此定子和转子两个磁极之间存在着相对运动，转子所受到的平均转矩为零。例如，在图 2-15a 所表示的瞬间，定、转子磁极间的相互作用倾向于使转子逆时针方向旋转，但由于惯性的影响，转子受到作用后不能马上转动；当转子还来不及转起来时，定子旋转磁场已转过 180°，到达了如图 2-15b 所示的位置，这时定、转子磁极的相互作用又趋向于使转子依顺时针方向旋转。所以转子所受到的转矩方向时正时反，其平均转矩为零。因而，永磁式同步电动机往往不能自起动。从图 2-15 还可看出，在同步伺服电动机中，如果转子的转速与旋转磁场的转速不相等，转子所受到的平均转矩也总是零。

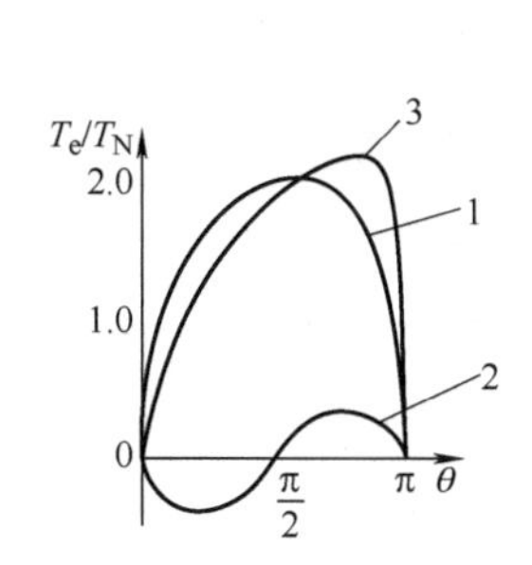

图 2-14 永磁同步电动机的矩角特性曲线

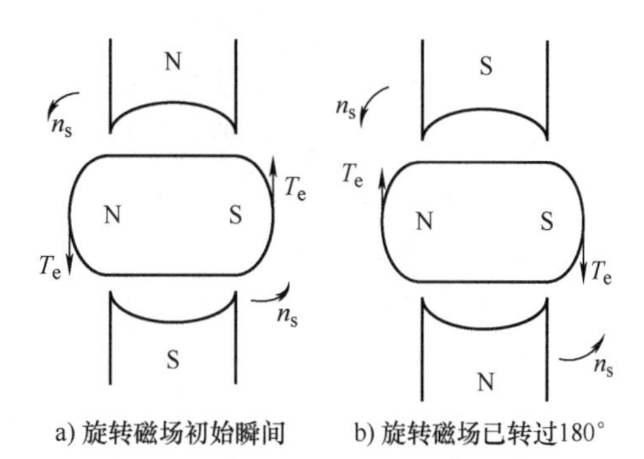

图 2-15 同步伺服电动机的起动转矩

从上面的分析可知，影响永磁式同步电动机不能自起动是因为转子本身存在惯性，定、转子磁场之间转速相差过大。为了使永磁式同步电动机能自行起动，在转子上一般都装有起动绕组。当永磁式同步电动机起动时，依靠该笼型起动绕组，就可使电动机如同异步电动机工作时一样产生起动转矩，使转子转动起来。等到转子转速上升到接近同步转速时，定子旋转磁场就与转子永磁体相互吸引把转子牵入同步，转子与旋转磁场一起以同步转速旋转。如果电动机转子本身惯性不大，或者是多极的低速电动机，定子旋转磁场转速不是很大，那么永磁式同步电动机不另装起动绕组还是能自起动的。

2.4.2 交流伺服电动机的特点与分类

1. 交流伺服电动机的特点

在控制上，现代交流伺服系统一般都采用磁场矢量控制方式，它使交流伺服驱动系统的性能完全达到了直流伺服驱动系统的性能，这样的交流伺服系统具有下述特点：

1）系统在极低速度时仍能平滑地运转，而且具有很快的响应速度。

2）在高速区仍然具有较好的转矩特性，即电动机的输出特性“硬度”好。

3）可以将电动机的噪声和振动抑制到最小的限度。

4）具有很高的转矩惯量比，可实现系统的快速起动和制动。

5）通过采用高精度的脉冲编码器作为反馈器件，采用数字控制技术，可大大提高系统的位置控制精度。

6）驱动单元一般都采用大规模的专用集成电路，系统的结构紧凑、体积小、可靠性高。

交流伺服系统的性能指标主要包括调速范围、定位精度、稳速精度、动态响应和运行稳定性五方面。我国现阶段的伺服系统与国外先进水平还有一定的差距。首先，国外高性能伺服电动机的响应频率已经高达900Hz，而国产的绝大部分产品的频率都在200～500Hz，差距是非常明显的。其次，国产产品在系统运行的稳定性方面和世界先进水平也存在较大差距。最后，国外对伺服控制技术的封锁，使得以软形式进行伺服控制的伺服系统的核心技术与世界先进水平存在较大的差距，严重制约了我国高性能伺服系统的发展，因此研发最先进的永磁同步电动机伺服控制技术已经成为这一领域当前最为迫切的任务之一。

现代交流伺服系统首先被应用到具有高精度控制要求的宇航和军事领域，如火箭发动机、导弹发射车和雷达控制等方面。随着技术的不断进步，生产精度和自动化要求的不断提高，这一技术逐渐进入到工业和民用领域，并得到迅速发展和广泛应用。在工业方面主要用于高精度数控机床、智能机器人以及其他的数控机械。在数控机床中的部分高端产品已经开始采用永磁交流直线伺服系统。由于科技和经济的不断发展，工业生产中对于工业机械的高精度要求以及工业机械向自动化、数字化和智能化不断发展。同时，由于机电一体化技术的不断成熟，自动驾驶技术和智能化楼宇的出现标志着这一技术已经逐步走进人们的日常生活。因此，交流伺服系统在未来必将得到越来越广泛的应用。

交流伺服技术的发展方向为数字化、高集成化、智能化，以及模块化和网络化。

2. 交流伺服电动机的分类

交流伺服系统按其采用的驱动电动机的类型分为同步电动机和异步电动机。

采用永磁体磁场的同步电动机（SM)，不需要磁化电流控制，只需要检测磁铁转子的位置即可。由于它不需要磁化电流控制，故比异步型伺服电动机容易控制，转矩产生机理与直流伺服电动机相同。其中，永磁同步电动机交流伺服系统在技术上已趋于完全成熟，具备了十分优良的低速性能，并可实现弱磁高速控制，拓宽了系统的调速范围，适应了高性能伺服驱动的要求。随着永磁材料性能的大幅度提高和价格的降低，其在工业生产自动化领域中的应用将越来越广泛，目前已成为交流伺服系统的主流。

交流异步电动机即感应式伺服电动机（IM）。由于感应式异步电动机结构坚固、制造容易、价格低廉，因而具有很好的发展前景，代表了将来伺服技术的方向。但由于该系统采用矢量变换控制，相对永磁同步电动机伺服系统来说控制比较复杂，而且电动机低速运行时还存在着效率低、发热严重等有待克服的技术问题，目前并未得到普遍应用。

2.4.3　交流伺服电动机的主要参数

交流伺服电动机的主要参数可分为电气参数、机械参数和环境参数，其中环境参数部分与直流电机相同，可查看2.3.3节的介绍。

1. 电气参数

（1）电压

技术数据表中励磁电压和控制电压指的都是额定值。励磁电压允许变动范围为 ±5%左右。电压太高，电动机会发热；电压太低时输出功率会明显下降，加速时间增长等。伺服电动机使用时，应注意到励磁绕组两端电压会高于电源电压，而且随转速升高而增大，其值如果超过额定值太多，会使电动机过热。控制绕组的额定电压有时也称最大控制电压，在幅值控制条件下加上这个电压就能得到圆形旋转磁场。

（2）相数

相数是指电动机内部的线圈组数，目前常用的有二相、三相、四相、五相电动机。电动机相数不同，其步距角也不同，一般二相电动机的步距角为 0.9°/1.8°、三相的为 0.75°/1.5°、五相的为 0.36°/0.72°。在没有细分驱动器时，用户主要靠选择不同相数的电动机来满足步距角的要求。

（3）额定输出功率

当电动机处于对称状态时其输出功率 P 随转速 n 变化的情况如图 2-16 所示。当转速接近空载转速 n_0 的一半时，输出功率最大。通常就把这点规定为交流伺服电动机的额定状态。对应这个状态下的转矩和转速称为额定转矩 T_N 和额定转速 n_N。

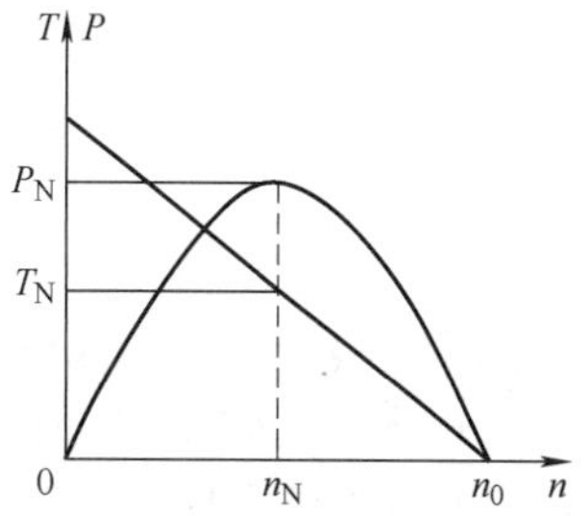

图 2-16　输出功率随转速变化图

（4）额定转速

额定转速是指电动机在额定电压、额定频率下，输出端有额定功率输出时，转子的转速，单位为转 / 分（r/min）。由于生产机械对转速的要求不同，需要生产不同磁极数的异步电动机，因此有不同的转速等级。最常用的是四个极的异步电动机（n_0=1500r/min）。电动机转速与频率的公式为

$$n = \frac{60f}{p} \tag{2-14}$$

式中，n 为电动机的转速（r/min）；f 为电源频率（Hz）；p 为电动机旋转磁场的极对数。

（5）额定功率因数

异步电动机的功率因数是衡量在异步电动机输入的视在功率（即容量，等于三倍相电流与相电压的乘积）中，真正消耗掉的有功功率所占比重的大小，其值为输入的有功功率与视在功率之比。三相异步电动机的功率因数较低，在额定负载时为 0.7 ～ 0.9，而在轻载和空载时更低，空载时只有 0.2 ～ 0.3。因此，必须正确选择电动机的容量，防止“大马拉小车”，并力求缩短空载的时间。

（6）起动转矩

电动机加上额定电压，刚起动（转速为零）时的转矩称为起动转矩。它是衡量电动机起动性能的重要技术指标之一。起动转矩越大，电动机加速度越大，起动过程越短，也越能带重负载起动，起动性能越好。反之，若起动转矩小，起动困难，起动时间长，会使电动机绕组易过热，甚至起动不起来，更不能重载起动。因此，国家规定电动机的起动转矩不能小于一定的范围。一般常用电动机的起动转矩为 1.2 ～ 2.2 倍额定转矩。

（7）最大转矩

电动机从起动到正常运转的过程中，电磁转矩是不断变化的，其中有一个最大值，称为最大转矩或临界转矩。

最大转矩是衡量电动机短时过载能力的一个重要技术指标。最大转矩越大，电动机承受机械荷载冲击能力越大。如果电动机在带负载运行中发生了短时过载现象，当电动机

的最大转矩小于过负载时的负载转矩时，电动机便会停转，发生所谓“闷车”现象。最大转矩一般也用额定转矩的倍数来表示。最大转矩与额定转矩的比值，称作异步电动机的过载能力，用 λ 表示。

对电动机的过载能力，国家标准规定了一定的范围。一般三相异步电动机的过载能力为 1.8 ～ 2.3。

（8）转子转动惯量

伺服电动机转动惯量是伺服电动机的一项重要指标。它指的是转子本身的转动惯量，对于电动机的加减速来说相当重要。转动惯性大小与物质质量的关系如下：

$$J = \int r^2 \mathrm{d}m \tag{2-15}$$

式中，r 为转动半径；m 为刚体质量转动惯量。

电动机的转子转动惯量是电动机本身的一个参数。单从响应的角度来讲，电动机的转子转动惯量应越小越好。但是，电动机总是要接负载的，负载一般可分为两大类，一类为负载转矩，另一类为负载转动惯量。

一般来说，小转动惯量的电动机制动性能好，起动、加速和停止的反应很快，适合于一些轻负载、高速定位的场合。如果负载比较大或是加速特性比较大，而选择了小转动惯量的电动机，可能对电动机轴损伤太大，应该根据负载的大小加速度的大小等因素来选择合适惯量的电动机。

（9）额定电流

额定电流是指电动机在额定电压和额定频率下，按照额定功率运行时的电流。以三相电动机为例，三相电动机的额定电流指的是电动机电源引入线的线电流，对于星形联结的电动机，线电流就等于相电流，对于三角形联结的电动机，线电流等于 $\sqrt{3}$ 倍的相电流。额定电流 I_{N} 的计算公式如下：

$$I_{\mathrm{N}} = \frac{P_{\mathrm{N}}}{\sqrt{3} U_{\mathrm{N}} \eta_{\mathrm{N}} \cos \varphi_{\mathrm{N}}} \tag{2-16}$$

式中，P_{N} 为电动机额定功率；U_{N} 为电动机的额定线电压；η_{N} 为电动机额定负载时效率；$\cos\varphi_{\mathrm{N}}$ 为电动机额定负载时功率因数。

（10）堵转电流

电动机堵转时的电流称为堵转电流。以交流永磁同步电动机为例，定子三相绕组电压为额定电压，转速为 0 时，流经三相绕组的电流为堵转电流。堵转电流通常是电流的最大值，可作为设计电源和放大器的依据。

（11）机械时间常数

机械时间常数 τ_{m} 是指电动机具有较大转动惯量的转子，在恒转矩驱动下，空载转速由 t=0 上升到 63.2% 稳定转速所需时间，计算公式如下：

$$\tau_{\mathrm{m}} = \frac{2\pi J_0 n_0}{60 T_{\mathrm{k}}} \tag{2-17}$$

式中，J_0 为转动惯量；n_0 为空载转速；T_{k} 为起动转矩。

（12）转矩常数

转矩常数是指在规定条件下，电动机通入单位电流时所产生的平均电磁转矩。即电动机的电磁转矩与电动机绕组电流成正比。

$$K_{\mathrm{t}} = T_{\mathrm{e}}/I \tag{2-18}$$

式中，K_{t} 为转矩常数；T_{e} 为电磁转矩；I 为电枢绕组的电流。

2. 机械参数

主要机械参数有质量、径向最大载荷和轴向最大载荷等。

1）质量：指电动机本身的质量，通常以 kg 为单位。作为判断电动机优劣的重要指标之一，电动机质量对电动机性能和成本均有影响。

2）径向最大载荷：指在径向方向 (垂直于电动机轴轴线的任何方向) 施加到轴上的最大力。径向负载也称为“悬臂负载”，因为负载可能“悬挂”在轴上。径向载荷随悬臂载荷安装点与其支撑轴承之间的距离而变化。如果超过允许的径向载荷，则轴可能开始弯曲并最终断裂。

3）轴向最大载荷：指在轴向方向 (与电动机轴同轴或平行) 施加到轴上的最大力。轴向载荷也称为“推力载荷”，因为推力和轴向载荷是作用在完全相同的轴上的力。例如，电动机轴向载荷 100N 表示电动机可以在其轴上悬挂 100N 载荷 (轴朝下)，或者在其轴上支撑载荷 (轴向上)。如果超过允许的轴向载荷，则电动机或齿轮箱轴承可能会老化并最终失效。

2.4.4 交流伺服电动机参数举例

图 2-17 给出了某伺服电动机 ECMA 系列的型号说明。

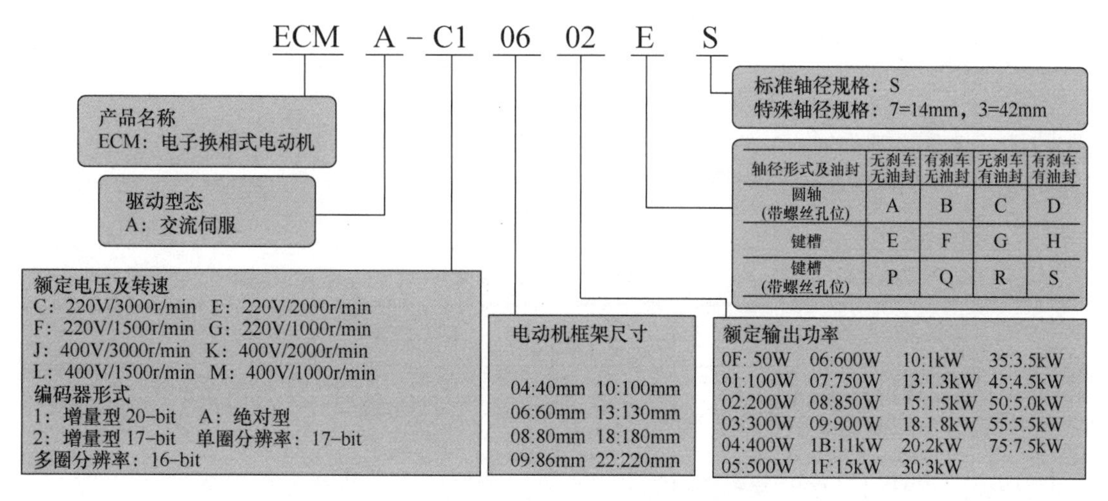

图 2-17 某伺服电动机 ECMA 系列的型号说明

以其中一款 ECMAC10602ES 交流伺服电动机为例，其参数见表 2-6。

表 2-6　ECMAC10602ES 交流伺服电动机主要参数

参数	数值	参数	数值
额定功率 /kW	0.4	电气常数 /ms	4.3
额定转矩 /N・m	1.27	绝缘等级	B 级（CE）
最大转矩 /N・m	3.82	绝缘电阻	100MΩ，DC 500V 以上
额定转速 / (r/min)	3000	绝缘耐电压	AC 1.8kV，1s
最高转速 / (r/min)	5000	质量 /kg（不带刹车）	1.6
额定电流 /A	2.6	径向最大荷重 /N	196
瞬时最大电流 /A	7.8	轴向最大荷重 /N	68
转子转动惯量 / ($\times 10^{-4}$kg・m^2)（不带刹车）	0.277	使用环境温度 /℃	0 ～ 40℃
机械常数 /ms	0.53	保存环境温度 /℃	-10 ～ 80℃
转矩常数 KT/ (N・m/A)	0.49	使用环境湿度	20% ～ 90%RH（不结露）
电压常数 KE/ [mV/ (r/min)]	17.4	保存环境湿度	20% ～ 90%RH（不结露）
电动机绕阻 /Ω	1.55	耐振性等级	2.5G
电动机电感 /mH	6.71	IP 等级	IP65

2.5　三大类伺服电动机的区别

三大类伺服电动机的区别见表 2-7。

表 2-7　三大类伺服电动机的区别

电动机类型	主要特点	构造与工作原理	控制方式
直流伺服电动机	只需接通直流电即可工作，控制简单；起动转矩大、转速和转矩容易控制；需要定时维护和更换电刷，使用寿命短、噪声大	由永磁体定子、线圈转子、电刷和换向器构成。通过电刷和换向器使电流方向不断随着转子的转动角度而改变，实现连续旋转运动	转速控制采用电压控制方式，因为控制电压与电动机转速成正比。转矩控制采用电流控制方式，因为控制电流与电动机转矩成正比
交流伺服电动机	没有电刷和换向器，不需维护，也没有产生火花的危险；驱动电路复杂、价格高	按结构分为同步电动机和异步电动机，异步电动机转速不等于同步转速，存在转差，而同步电动机不存在转差	分为电压控制和频率控制两种方式。异步电动机通常采用电压控制方式
步进电动机	直接用数字信号进行控制，与计算机之间的连接比较简单；没有电刷，维护方便、寿命长；起动、停止、正转、反转容易控制。 缺点是能量转换效率低易失步等	按产生转矩的方式可分为永磁体式（PM）、可变磁阻式（VR）和混合式（HB）。PM 式产生的转矩较小，多用于计算机外围设备和办公设备；VR 式能够产生中等转矩，而 HB 式能够产生较大转矩，因此应用最广	单相励磁：精度高，但易失步。 双相励磁：输出转矩大，转子过冲小，是常用方式，但效率低； 单—双相励磁：分辨率高、运转平稳

2.6　伺服系统转动惯量及转矩的计算

伺服电动机规格大小的选定必须依电动机所驱动的机构特性而定。所谓特性，就是电动机输出轴负载的转动惯量大小、机构的配置方式、效率和摩擦转矩等。如果没有负载特性及数据，又没有可供参考的机构，就很难决定选用的伺服电动机规格。

因此需要首先计算出伺服系统中的负载转动惯量及希望的旋转加速度，由此推算加 / 减速所需转矩。由机构安装形式及摩擦转矩推算出匀速运动时的负载转矩；然后推算停止运动时的保持转矩，如垂直运动对抗重力而保持的转矩。最后，根据转矩需求选用合适的电动机。接下来本节将介绍负载转动惯量及转矩的计算。

2.6.1　负载转动惯量的计算

计算负载转动惯量的目的就是为计算加 / 减速转矩。知道了转动惯量与转矩的关系，就容易由转动惯量求出使旋转对象加速或减速的转矩。

任何旋转物体均有转动惯量存在，而转动惯量大小直接反应旋转时加 / 减速所需的转矩大小及时间长短。因此，选用电动机时必须计算出电动机的负载转动惯量，才能据此选择所需电动机的规格。选定电动机后，如果无法在希望的加速时间达到预定转速，必定是电动机输出转矩不符合负载的需求，必须加大电动机的输出转矩。如果机构控制系统的加速时间确实很短，当然可选用较小型号的电动机来驱动，但相对的运行效率必定较差。

$$T = J\frac{\mathrm{d}\omega}{\mathrm{d}t} \tag{2-19}$$

式中，$\mathrm{d}\omega/\mathrm{d}t$ 为弧度量旋转加速度（rad/s）；T 为转矩（N • m）；J 为转动惯量（kg • m^2）。

根据不同公司伺服电动机使用手册提供的机构运行模式进行分类，不同的配置有不同的负载惯量计算公式，依实际情况选择套用即可求出机构的负载转动惯量，再依负载转动惯量求出机构运行所需的电动机输出转矩，据此选用合适的电动机。

1. 圆筒状物体旋转，旋转轴在物体中心

如图 2-18 所示，负载转动惯量的计算如下：

$$J_{\mathrm{LO}} = \frac{\pi\rho L}{32}(D_1^4 - D_2^4) = \frac{W}{8}(D_1^2 - D_2^2) \tag{2-20}$$

式中，J_{LO} 为负载轴上的负载转动惯量（kg • cm^2）；ρ 为圆筒材料的密度（kg/cm^3）；L 为圆筒的长度（cm）；D_1 为圆筒的外径（cm）；D_2 为圆筒的内径（cm）；W 为圆筒的质量（kg）。不同材料的参考密度：铁为 7.86×10^{-3}kg/cm^3、铝为 2.7×10^{-3}kg/cm^3、铜为 8.96×10^{-3}kg/cm^3。

2. 圆筒状物体旋转，旋转轴不在物体中心

如图 2-19 所示，负载转动惯量的计算如下：

$$J_{\mathrm{LO}} = \frac{W}{8}(D^2 - 8R^2) \tag{2-21}$$

式中，J_{LO} 为负载轴上的负载转动惯量（$kg \cdot cm^2$）；D 为圆筒的外径（cm）；R 为圆筒的旋转半径（cm）；W 为圆筒的质量（kg）。

3. 长方体物体旋转，旋转轴不在长方体中心轴上

如图 2-20 所示，负载惯量的计算如下：

$$J_{LO} = W\left(\frac{a^2}{3} + \frac{b^2}{3} + R^2\right) \tag{2-22}$$

式中，J_{LO} 为负载轴上的负载转动惯量（$kg \cdot cm^2$）；W 为圆筒的质量（kg）；R 为圆筒的旋转半径（cm）；a、b 分别如图 2-20 所示（cm）。

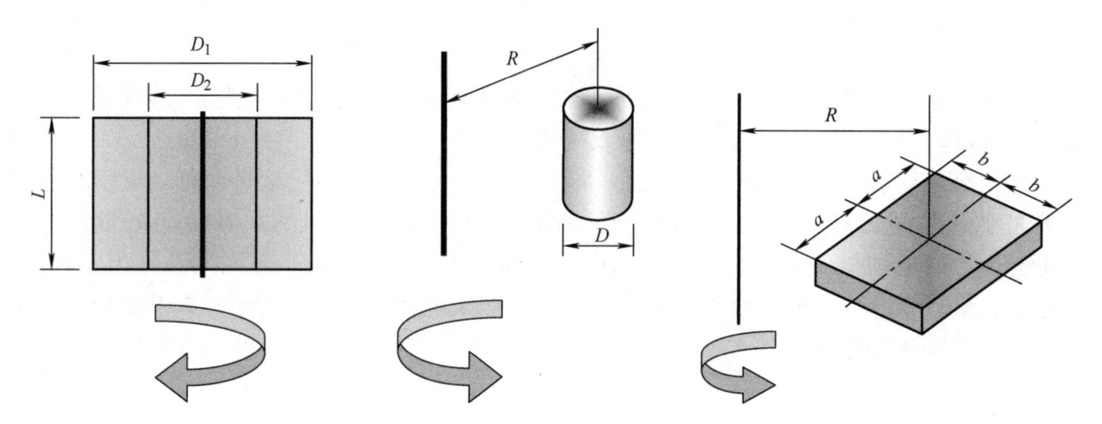

图 2-18　圆筒状物体旋转　　图 2-19　非对称圆筒状物体旋转　　图 2-20　非对称长方体物体旋转

4. 直线运动物体

如图 2-21 所示，负载转动惯量的计算如下：

$$J_L = W\left(\frac{V}{2\pi N \times 10}\right)^2 = W\left(\frac{\Delta S}{20\pi}\right)^2 \tag{2-23}$$

式中，J_L 为伺服电动机轴换算负载转动惯量（$kg \cdot cm^2$）；V 为直线运动物体速度（mm/min）；ΔS 为伺服电动机每转一周直线物体的移动量（mm）；W 为圆筒的质量（kg）；N 为伺服电动机的旋转速度（r/min）。

直线运动的驱动机构，可以是滚珠丝杠，也可以是皮带。

5. 悬吊物体

如图 2-22 所示，负载惯量的计算如下：

$$J_L = W\left(\frac{D}{2}\right)^2 + J_P \tag{2-24}$$

式中，J_L 为伺服电动机轴换算负载转动惯量（$kg \cdot cm^2$）；W 为圆筒的质量（kg）；D 为带轮的直径（cm）；J_P 为带轮的转动惯量（$kg \cdot cm^2$）。

以上转动惯量计算公式符合大部分机构设计的需求，选用伺服电动机或步进电动机时，可选用相近情况进行计算。实际上的应用可能更加复杂，例如，电动机输出一般经过

减速器减速，此时减速器的转动惯量也必须加以考虑。

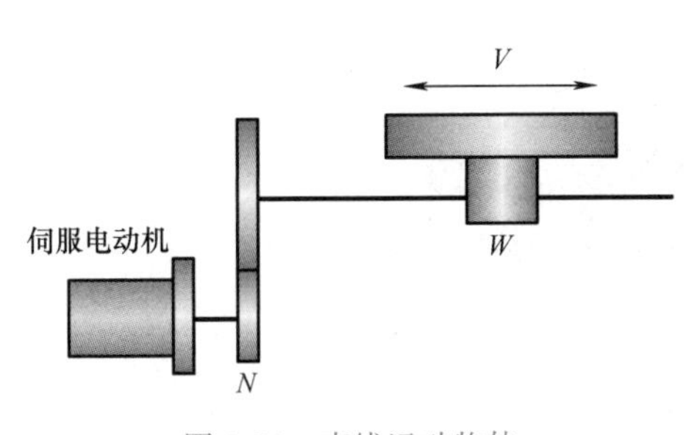

图 2-21　直线运动物体

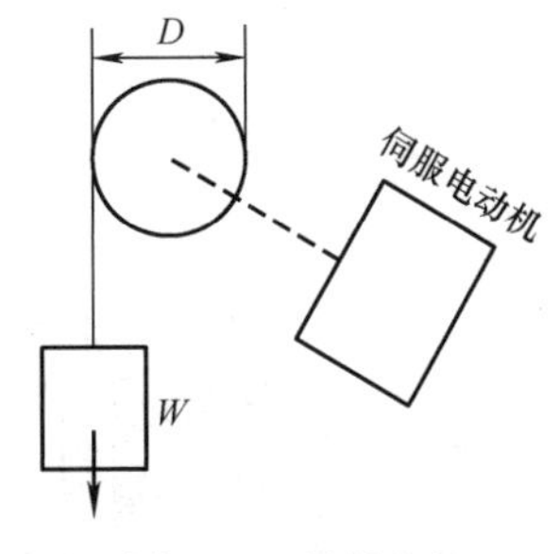

图 2-22　悬吊物体

6. 机构经加速或减速后负载转动惯量的计算

机构经加速或减速后，所要计算的惯量就有所不同，传动元件本身所产生的转动惯量也必须计算在内。如图 2-23 所示，负载转动惯量的计算如下：

$$J_L = J_{11} + (J_{21} + J_{22} + J_A)\left(\frac{N_2}{N_1}\right)^2 + (J_{31} + J_B)\left(\frac{N_3}{N_1}\right)^2 \qquad (2\text{-}25)$$

式中，J_L 为伺服电动机轴换算负载转动惯量（kg・cm²）；J_A、J_B 为负载 A、B 的转动惯量（kg・cm²）；J_{11} ～ J_{31} 为减速齿轮的转动惯量（kg・cm²）；N_1 ～ N_3 为各轴的旋转速度（r/min）。

由上式可知，经减速后转动惯量成为减速后与减速前速度之比的二次方倍，速度减慢则转动惯量变小，速度加快则转动惯量变大。配合机构负载转动惯量的计算公式，就可计算出电动机输出轴所面对的负载转动惯量。

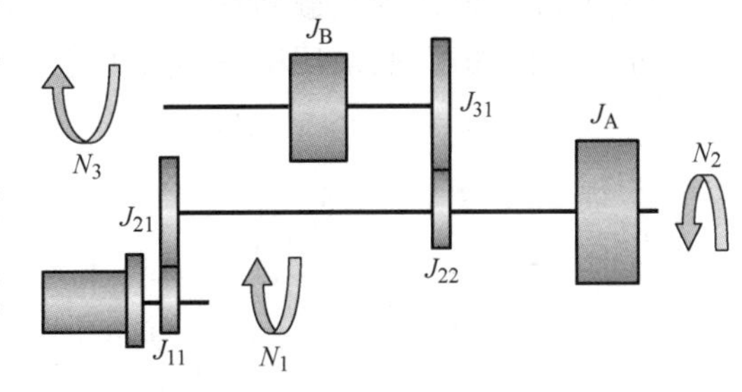

图 2–23　加速或减速机构

2.6.2　负载转矩的计算

匀速运动时，需要转矩来克服摩擦力及外力造成的负载转矩。下列状况可供计算时选用。

1. 直线运动负载转矩

如图 2-24 所示，负载转矩的计算如下：

$$T_L = \frac{FV}{2\times10^3\pi\eta N} = \frac{F\Delta S}{2\times10^3\pi\eta} \qquad (2\text{-}26)$$

$$F = F_C + \mu(Wg + F_O) \qquad (2\text{-}27)$$

式中，F 为直线运动轴方向的力（N）；T_L 为负载转矩（N・m）；F_C 为运动轴方向的作用力（N）；F_O 为运动部分向桌面的挤压力（N）；W 为可动部分的全部质量（kg）；μ 为摩擦系数；

η 为驱动部分的效率；V 为可动部分的速度（mm/min）；N 为伺服电动机的旋转速度（r/min）；g 为重力加速度（9.8m/s^2）；ΔS 为伺服电动机每转一周的位移量（mm）。

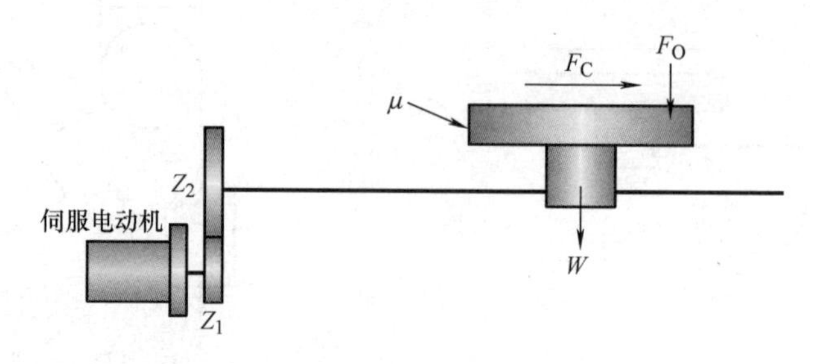

图 2-24　直线运动负载

2. 旋转运动负载转矩

如图 2-25 所示，负载转矩的计算如下：

$$T_L = \frac{T_{LO}}{\eta n} + T_F \tag{2-28}$$

式中，T_L 为负载转矩（N·m）；T_{LO} 为负载轴上的负载转矩（N·m）；T_F 为旋转摩擦负载转矩（N·m）；η 为驱动部分的效率；n 为减速比 N_2/N_1，（$n>1$ 为减速，$n<1$ 为加速）。

关于负载轴上的负载转矩 T_{LO}，如果带动的是被切削工件，切削工作进行时会产生很大的负载转矩；如果切削完成，只有旋转运动，与外界无接触，应没有负载转矩 T_{LO} 产生。

3. 上下垂直运动负载转矩

如图 2-26 所示，上升时，

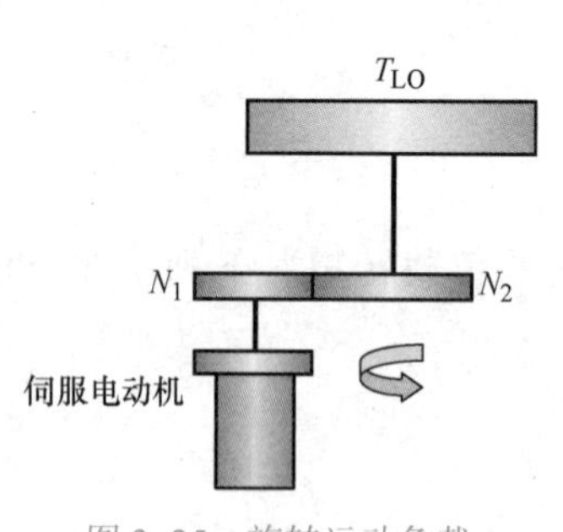

图 2–25　旋转运动负载

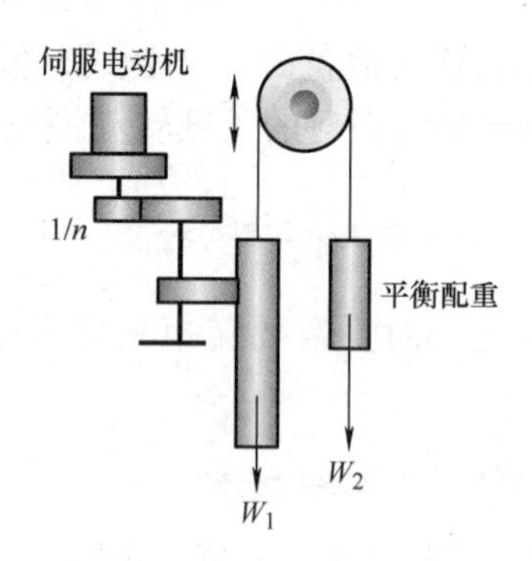

图 2-26　上下垂直运动负载

$$T_L = T_U + T_F \tag{2-29}$$

下降时，

$$T_L = -T_U \eta^2 + T_F \tag{2-30}$$

不平衡转矩为

$$T_{\mathrm{U}}=\frac{(W_1-W_2)gV}{2\times10^3\pi\eta N}=\frac{(W_1-W_2)g\Delta S}{2\times10^3\pi\eta} \tag{2-31}$$

可动部分摩擦转矩为

$$T_{\mathrm{F}}=\frac{\mu(W_1+W_2)g\Delta S}{2\times10^3\pi\eta} \tag{2-32}$$

式中，T_{F} 为可动部分摩擦负载转矩（N·m）；T_{U} 为不平衡转矩（N·m）；T_{L} 为负载转矩（N·m）；W_1 为负载质量（kg）；W_2 为平衡配重质量（kg）；η 为驱动部分的效率；μ 为摩擦系数；V 为可动部分速度（mm/min）；N 为伺服电动机的旋转速度（r/min）；g 为重力加速度（9.8m/s^2）；ΔS 为伺服电动机每转一周的位移量（mm）。

垂直配置的运动机构必定会有不平衡转矩 T_{U}，只是量的大小不同。静止时，T_{U} 就是电动机的保持转矩。

4. 加速转矩或减速转矩

通常依据负载惯量的计算结果预选适用电动机规格。电动机数据表内提供了相关参数，建议选用电动机转动惯量大于负载惯量的 1/10。事实上，如果电动机运动定位频率较高，电动机惯量必须提高至负载转动惯量的 1/3 以上，这是因为运动定位频率较高时需要较短的加速时间来配合，而转动惯量较大的电动机通常有较大的输出转矩，可更快地加速；如果运动定位频率低，电动机转动惯量小于 1/10 负载转动惯量也可以使用。选用电动机转动惯量的建议比例并非是绝对的，而且电动机规格等级也不会密集到可选用的电动机转动惯量正好符合要求，所以选用时可能发生需要负载转动惯量 1/10 以上的偏差，但数据表中最恰当电动机的转动惯量确为负载转动惯量 1/4 以上，这是合理的选用范围。加 / 减速转矩计算公式中包含电动机本身转动惯量，在电动机规格未确定前，可依据上述建议比例初选一种电动机规格，将其转动惯量值代入公式计算出加 / 减速转矩，再验证所选用的电动机规格是否适用；如果不适用，再选用其他型号电动机进行验算，直到符合条件为止。

经过假定电动机规格适用的初步判定，可进一步根据电动机的输出转矩判断其是否符合要求。当假定电动机最大输出转矩大于加速转矩时，初步判定为适用，然后再考虑其他要求。加 / 减速时间及转矩的关系如图 2-27 所示。

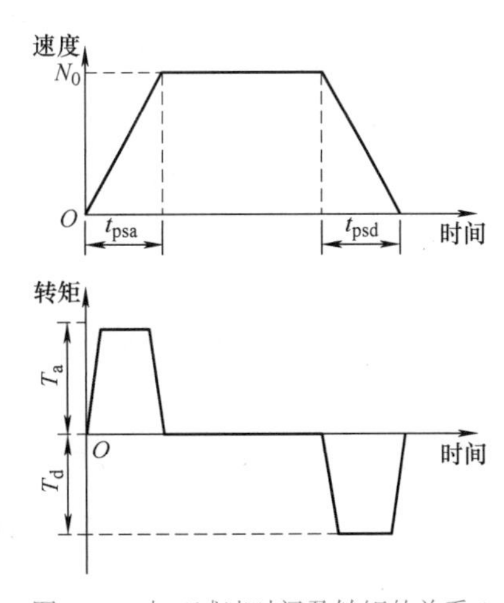

图 2-27　加 / 减速时间及转矩的关系 1

由电动机转动惯量、负载转动惯量及依用户要求设置于控制器的加 / 减速时间与最高转速，可由下列公式推算出电动机所要输出的加 / 减速转矩。

$$T_{\mathrm{a}}=\frac{(J_{\mathrm{M}}+J_{\mathrm{L}})N_0}{9.55\times10^4 t_{\mathrm{psa}}} \tag{2-33}$$

$$T_{\mathrm{d}}=\frac{(J_{\mathrm{M}}+J_{\mathrm{L}})N_0}{9.55\times10^4 t_{\mathrm{psd}}} \tag{2-34}$$

式中，T_a 为加速转矩（N·m）；T_d 为减速转矩（N·m）；J_L 为伺服电动机轴换算负载转动惯量（$kg \cdot cm^2$）；J_M 为电动机转动惯量（$kg \cdot cm^2$）；N_0 为电动机转速（r/min）；t_{psa} 为加速时间（s）；t_{psd} 为减速时间（s）。N_0 与 t_{psa} 及 t_{psd} 相互配合，电动机于 t_{psa} 时间内由 0 加速至 N_0 转速，于 t_{psd} 时间内由 N_0 转速减速至 0。

由上述两式可看出，相同输出转矩下，负载转动惯量越大，需要的加 / 减速时间越长。因此，进行高频率定位时必须尽可能降低运动部分的转动惯量，也就是减小质量或旋转半径。

在此需注意的是，加 / 减速时间在设计系统初期配合运行效率即已确定，再据此计算加 / 减速转矩，进而选择电动机规格。不要先选择电动机规格再确定加 / 减速时间，否则可能无法达到希望的运行效率，或超过需求规格太多、增加不必要的成本。

5. 运动转矩

初步选定电动机规格后，再考虑加 / 减速时需要的其他转矩，除了克服旋转惯性的加速外，还必须克服运动摩擦转矩负载。

匀速运动需要转矩来克服摩擦转矩及前述的负载转矩。实际运行中，摩擦转矩为固定方向，加速转矩大于减速转矩，因此电动机的最大输出转矩只要能满足加速转矩，减速转矩自然能满足要求。当然有例外状况，如果减速时间较加速时间短，减速转矩就可能超过加速转矩，此时必须将减速转矩纳入选用考虑。加 / 减速时间及转矩的关系如图 2-28 及式（2-35）～式（2-37）所示。

$$T_1 = T_{Ma} = T_a + T_L \quad (2\text{-}35)$$

$$T_2 = T_L \quad (2\text{-}36)$$

$$T_3 = T_{Md} = -T_d + T_L \quad (2\text{-}37)$$

式中，T_1 为加速转矩；T_2 为匀速转矩；T_3 为减速转矩。选用电动机的最大输出转矩必须大于加速转矩 T_1 的要求。

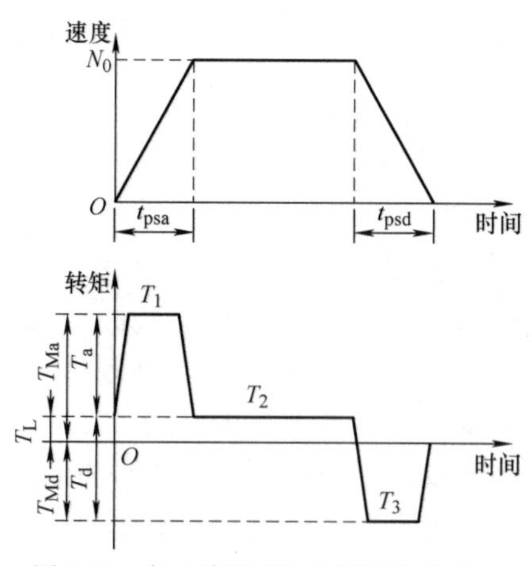

图 2-28　加 / 减速时间及转矩的关系 2

6. 瞬时负载转矩

电动机实际运行及停止时所输出的转矩是随时间而变化的，因此必须计算出连续瞬时负载转矩，选用的电动机额定转矩必须大于连续瞬时负载转矩；或调整加 / 减速时间。

降低加 / 减速转矩，使连续瞬时负载转矩小于电动机额定转矩（不同于最大输出转矩）。

如图 2-29 所示，连续瞬时负载转矩的计算如下：

$$T_{rms}=\sqrt{\frac{T_{Ma}^2t_{psa}+T_L^2t_e+T_{Md}^2t_{psd}+T_{LH}^2t_1}{t_f}} \tag{2-38}$$

式中，t_{psa} 为加速时间；t_e 为匀速时间；t_{psd} 为减速时间；t_1 为停止时间；t_f 为运行周期；T_{Ma} 为加速转矩；T_L 为负载转矩；T_{Md} 为减速转矩；T_{LH} 为保持转矩。

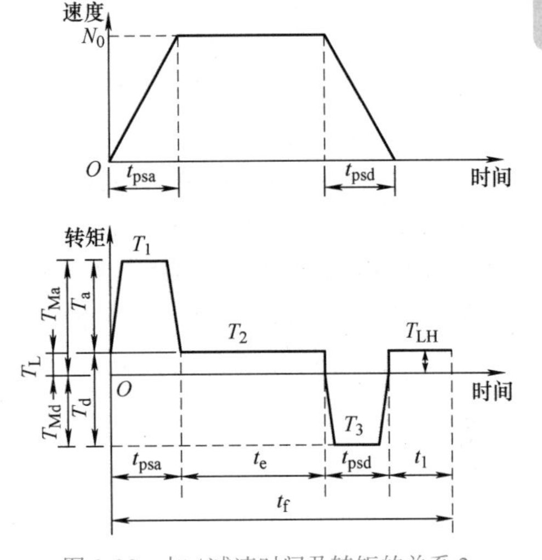

图 2-29　加 / 减速时间及转矩的关系 3

前文提到加 / 减速时间在系统设计初期已经决定，运行周期 t_f 涉及设备效率，因此不可任意变动。如果电动机选用有误而必须延长加 / 减速时间，势必会压缩运行周期内其他时间；被迫加长 t_f，影响范围很大，必须谨慎。

式（2-38）所需的各项转矩均可由前面章节计算公式求得。当机构垂直运动时，保持转矩 T_{LH} 等于式（2-31）的不平衡转矩 T_U。有外力加入时，也要考虑外力的影响，例如，机械手臂，当抓取与没抓取物体时是有差别的。

2.6.3　伺服电动机的选用

每种型号电动机的规格项内均有额定转矩、最大转矩及电动机转动惯量等参数，各参数与负载转矩及负载转动惯量间必定有相关联系存在，选用电动机的输出转矩应符合负载机构的运动条件要求，如加速度的快慢、机构的质量、机构的运动方式（水平、垂直、旋转）等；运动条件与电动机输出功率无直接关系，但是一般电动机输出功率越高，相对输出转矩也会越高。

因此，不但机构质量会影响电动机的选用，运动条件也会改变电动机的选用。转动惯量越大时，需要越大的加速及减速转矩，加速及减速时间越短时，也需要越大的电动机输出转矩。

选用伺服电动机规格流程如图 2-30 所示。步骤如下所述：

1）明确负载机构的运动条件要求，即加 / 减速的快慢、运动速度、机构的质量和机构的运动方式等。

2）依据运行条件要求选用合适的负载惯量计算公式，计算出机构的负载转动惯量。

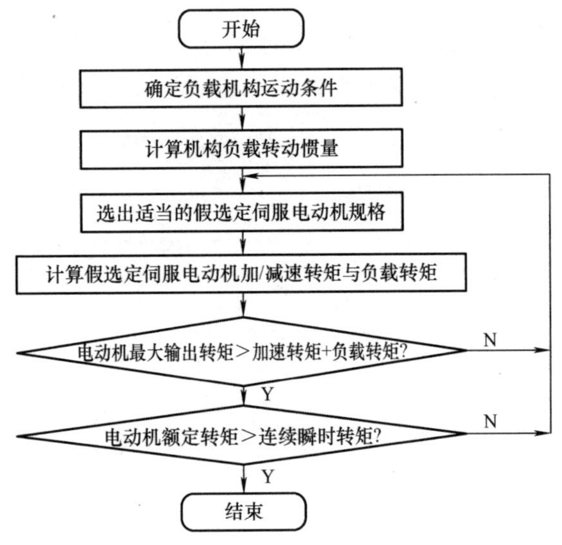

图 2-30　伺服电动机选型流程图

3）依据负载转动惯量与电动机转动惯量选出适当的假选定电动机规格。

4）结合初选的电动机转动惯量与负载转动惯量，计算出加速转矩及减速转矩。

5）依据负载质量、配置方式、摩擦系数、运行效率计算出负载转矩。

6）初选电动机的最大输出转矩必须大于加速转矩 + 负载转矩；如果不符合条件，必须选用其他型号计算验证直至符合要求。

7）依据负载转矩、加速转矩、减速转矩及保持转矩，计算出连续瞬时转矩。

8）初选电动机的额定转矩必须大于连续瞬时转矩，如果不符合条件，必须选用其他型号计算验证直至符合要求。

9）完成选定。

电动机选用实例：滚珠丝杠驱动的水平运动平台如图 2-31 所示，质量为 20kg，电动机每转一圈丝杠移动 4mm（经减速齿轮减速 1/2 后），滚珠丝杠转动惯量为 5.88kg • cm^2，减速齿轮转动惯量可忽略不计。希望加速时间为 0.2s、匀速时间为 1s、减速时间为 0.2s、停止时间为 2s，试选用适当的伺服电动机。

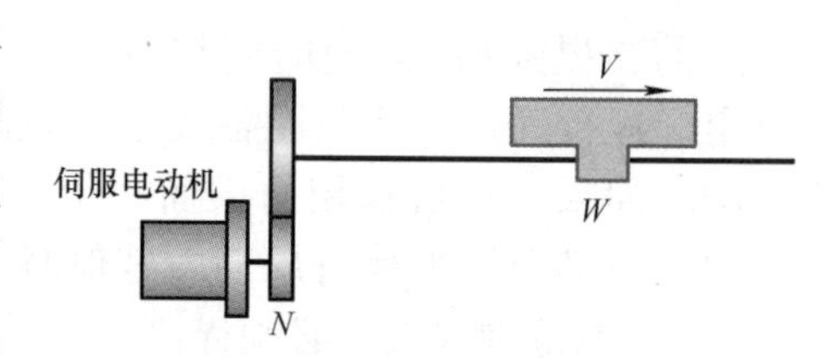

图 2-31　滚珠丝杠驱动的水平运动平台

1. 计算转动惯量

根据式（2-23），ΔS=4mm、W=20kg，平台转动惯量为

$$J_{\mathrm{L}} = W(\Delta S / 20\pi)^2 = 20\times(4/20\pi)^2\mathrm{kg{\bullet}cm^2} = 0.081\mathrm{kg{\bullet}cm^2}$$

经丝杠减速后的转动惯量为 $5.88\times0.5^2\mathrm{kg{\bullet}cm^2} = 1.47\mathrm{kg{\bullet}cm^2}$

负载转动惯量为（0.081+1.47）kg • cm^2=1.551kg • cm^2

如果按大于 1/10 负载转动惯量选用电动机，则电动机转动惯量为 0.35kg • cm^2、最大转矩为 1.9N • m、额定转矩为 0.64N • m。

2. 计算负载转矩

根据式（2-26）和式（2-27），设运动轴方向的作用力 F_{C}=0N、运动部分向桌面挤压力 F_{O}=0N，摩擦系数 μ=0.1、驱动部分的效率 η=0.8，则直线运动轴方向的力为

$$F = F_{\mathrm{C}} + \mu(Wg + F_{\mathrm{O}}) = 0.1\times(20\times9.8+0)\mathrm{N} = 2\mathrm{N}$$

负载转矩为

$$T_{\mathrm{L}} = F\Delta S/(2\times10^3\pi\eta) = 0.79\times10^{-6}\mathrm{N{\bullet}m}$$

3. 计算加速转矩

根据式（2-33）加速转矩为

$$T_{\mathrm{a}} = \frac{(J_{\mathrm{M}} + J_{\mathrm{L}})N_0}{9.55\times10^4 t_{\mathrm{psa}}} = 0.298\mathrm{N{\bullet}m}$$

4. 与选用电动机转矩比较

加速转矩 T_{a}+ 负载转矩 T_{L}< 最大转矩（1.9N • m），因此选用电动机符合加速要求。

5. 计算连续瞬时转矩

根据式（2-38），加速时间 t_{psa}=0.2s、匀速时间 t_e=0.2s、减速时间 t_{psd}=0.2s、停止时间 t_1=0.2s、运行周期 t_f=（0.2+1+0.2+2）s=3.4s、加速转矩 T_{Ma}=0.298N·m、负载转矩 T_L= 0.79×10^{-6}N•m、减速转矩 T_{Md}=0.298N·m、保持转矩 T_{LH}=0、连续瞬时转矩为

$$T_{rms}=\sqrt{\frac{T_{Ma}^2t_{psa}+T_L^2t_e+T_{Md}^2t_{psd}+T_{LH}^2t_1}{t_f}}=0.072\text{N}\cdot\text{m}$$

6. 选用结果

0.072N·m< 额定转矩（0.64N·m），因此选用电动机规格符合额定转矩要求。以此运行条件，还可根据计算结果选用较小型号电动机。

1）电动机转动惯量为 0.063kg·cm^2、最大转矩为 0.48N·m、额定转矩为 0.16N·m。

2）加速转矩 T_a+ 负载转矩 T_L=0.298N·m < 最大转矩（0.48N·m）。

3）连续瞬时转矩 T_{rms}=0.072N·m < 额定转矩（0.16N·m）。

4）电动机转动惯量与负载转动惯量比为 0.063/1.551=1/24。电动机可以使用，但必须考虑安全系数、使用寿命等外在因素。如果无空间限制等特殊要求，应选用规格参数较充裕的电动机。从成本考虑，同级相近规格型号的价格也相近，成本增加不多若规格参数较充裕，机构修改时可减少更换电动机的可能。

2.7 伺服电动机的安全与寿命

为了伺服电动机、负载设备及人员的安全，同时为了提高伺服电动机的使用寿命，伺服电动机在安装使用时有一些注意事项如下所述。

1）使用时要注意伺服电动机油和水的保护，根据使用场合选择是否带油封的电动机，例如，伺服电动机连接到一个减速齿轮，使用伺服电动机时应当加油封，以防止减速齿轮的油进入伺服电动机。

2）伺服电动机电缆使用时要减轻应力，尤其是在电缆出口处或连接处确保电缆不因外部弯曲力或自身质量而受到转矩或垂直负荷，电缆的弯头半径做到尽可能大。

3）伺服电动机允许的轴端负载：在安装和运转时加到伺服电动机轴上的径向和轴向负载需要在伺服允许范围内。最好使用柔性联轴器，以便使径向负载低于允许值，如使用双板簧联轴器。

4）伺服电动机安装 / 拆卸耦合部件（联轴器、带轮、链轮等）到伺服电动机轴端时，不要用锤子直接敲打轴端，另外一定要注意对伺服电动机编码器的保护（编码器属于高精密产品，受到外部的振动及敲打之后，容易损坏）。轴键需要使用与伺服电动机匹配的轴键，安装时要竭力使轴端对齐到最佳状态（对不好可能导致振动或轴承损坏）。

1. 伺服电动机有哪些类型？

2. 什么是步进电动机的步距角？矩频特性是什么样的？
3. 直流伺服电动机工作原理是什么？
4. 绘制直流伺服电动机的机械特性曲线。
5. 交流伺服电动机有哪些主要参数？
6. 伺服电动机参数中若标明是 IP54 代表什么含义？
7. 什么是转子转动惯量？如何计算？
8. 伺服电动机根据什么来选型？给出其选型主要步骤。

第3章

伺服驱动器

本章主要从伺服驱动器的结构与工作原理出发，3.1 节介绍了伺服驱动器的作用、分类及发展，并以当前市场上应用最多的交流伺服驱动器为主要介绍背景；3.2 节详细阐述了交流伺服驱动器的结构与工作原理；3.3 节阐述了交流伺服驱动器的主要参数及选型；3.4 节主要针对交流伺服驱动器的各种接口进行了描述；3.5 节简单阐述了伺服驱动器的安全与寿命。通过本章的学习，目的是为了让读者对伺服驱动器的结构有一个较为全面的认知，并以交流伺服驱动器为具体研究对象，使读者能够掌握交流伺服驱动器的原理、构成以及使用方法。

3.1 伺服驱动器的概述

伺服驱动器是用来控制伺服电动机的一种控制器，其作用类似于变频器作用于普通交流电动机，属于伺服系统的一部分，主要应用于高精度的定位系统。一般是通过位置、速度和转矩三种方式对伺服电动机进行控制，实现高精度的传动系统定位，目前是传动技术的高端产品。为了驱动伺服电动机，需要用尽可能小的损耗来调节电压、电流和频率，这必须依靠伺服来实现。

伺服驱动器根据执行机构的电动机为直流或者交流分为直流伺服驱动器和交流伺服驱动器。直流伺服驱动器是针对直流电动机、无刷电动机开发设计的控制器，可对电动机的各种运动功能进行精确的控制，其电路采用直流电动机伺服控制芯片，集成度高、体积小、功率密度大、工作稳定可靠。在早期，直流电动机的起动和调速性能好、调速范围广、过载能力较强、受电磁干扰影响小、具有良好的起动特性、调速特性和转矩比较大等诸多特点以及交流电动机的多变量和非线性特点，在控制上更难实现等因素使得直流电动机控制系统在伺服领域占据主导地位。但随着电力电子技术、集成电路技术、交流电动机控制技术的发展，交流伺服系统具有了与直流伺服系统相媲美的优异性能，而且可靠性更高、高速性能更好、维修成本更低，产品一经开发就被迅速推广，目前已经在数控机床、工业机器人等高速、高精度控制领域全面取代传统的直流伺服系统。当下主流的是交流伺服驱动器，本章主要介绍交流伺服驱动器。

交流伺服驱动器的结构主要包含主功率部分和控制部分。目前应用最多的是间接电压型驱动器，其主要组成部分为：整流电路（对电网的交流电源进行整流后给逆变电路和控制电路提供所需的直流电源）、中间电路（对整流电路的输出进行平滑以减少电压或电流波动）、开关电源电路（对直流电流进行变流处理）、逆变电路（将直流中间电路输出的直流电压转换为具有所需频率的交流电压）。

目前主流的伺服驱动器采用数字信号处理器作为控制核心，可以实现比较复杂的控制算法，实现数字化、网络化和智能化。功率器件普遍采用以智能功率模块（IPM）为核心设计的驱动电路，IPM内部集成了驱动电路，同时具有过电压、过电流、过热、欠电压等故障检测保护电路，在主回路中还加入软起动电路，以减小起动过程对驱动器的冲击。功率驱动单元首先通过三相全桥整流电路对输入的三相电进行整流，得到相应的直流电，再通过三相正弦PWM电压型逆变器来驱动三相永磁式同步交流伺服电动机。功率驱动单元的整个过程可以简单地说就是从AC—DC—AC的过程。

伺服驱动器是现代运动控制的重要组成部分，被广泛应用于工业机器人及数控加工中心等自动化设备中。尤其是应用于控制交流永磁同步电动机的伺服驱动器已经成为国内外研究热点。当前交流伺服驱动器设计中普遍采用基于矢量控制的电流、速度、位置三闭环控制算法。该算法中速度闭环设计合理与否，对于整个伺服控制系统，特别是速度控制性能的发挥起到关键作用。近几年，伺服驱动器的发展并没有停滞，考虑到传统伺服系统基于一台驱动器控制一台电动机的架构。设计者们在考虑交流多轴伺服驱动器的实现，并在市场上得到较大突出性的成果，如台达的ASDA-M系列，采用在逆变环节同时接出三台电动机的策略，如图3-1所示。多轴伺服驱动器具有多轴同步插补功能，即多轴同步控制，又称多轴系统同步控制，指在大多数多轴传动系统应用中使各轴之间保持一定的同步运行关系。多轴系统是非线性、强耦合的多输入多输出系统。多轴同步控制的主要性能指标有：速度比例同步、位置（或角度）同步和绝对值误差小于某限幅值。

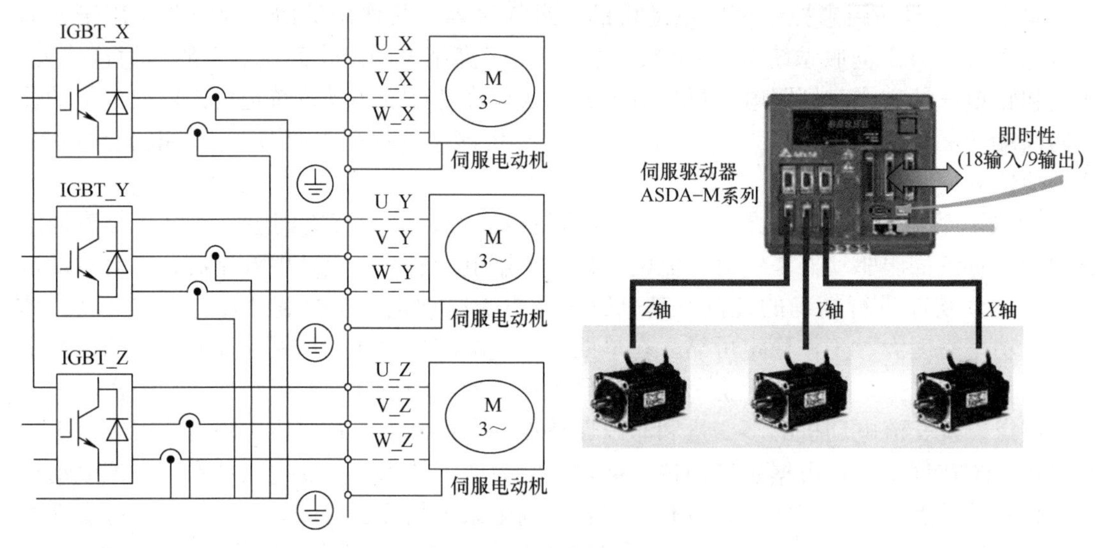

图3-1 交流多轴伺服驱动器

3.2 交流伺服驱动器的结构与工作原理

3.2.1 交流伺服驱动器的结构

交流伺服驱动器的实际电路非常复杂，其基本原理结构框图如图3-2所示，包括主电路和控制部分。图3-2上半部分是由电力电子器件构成的主电路（整流环节、中间环节和逆变环节），R、S、T是三相交流电源输入端，U、V、W是伺服驱动器三相交流电输出端。图3-2下半部分是控制电路，包括信号采集与处理、闭环控制、操作显示、保护等。

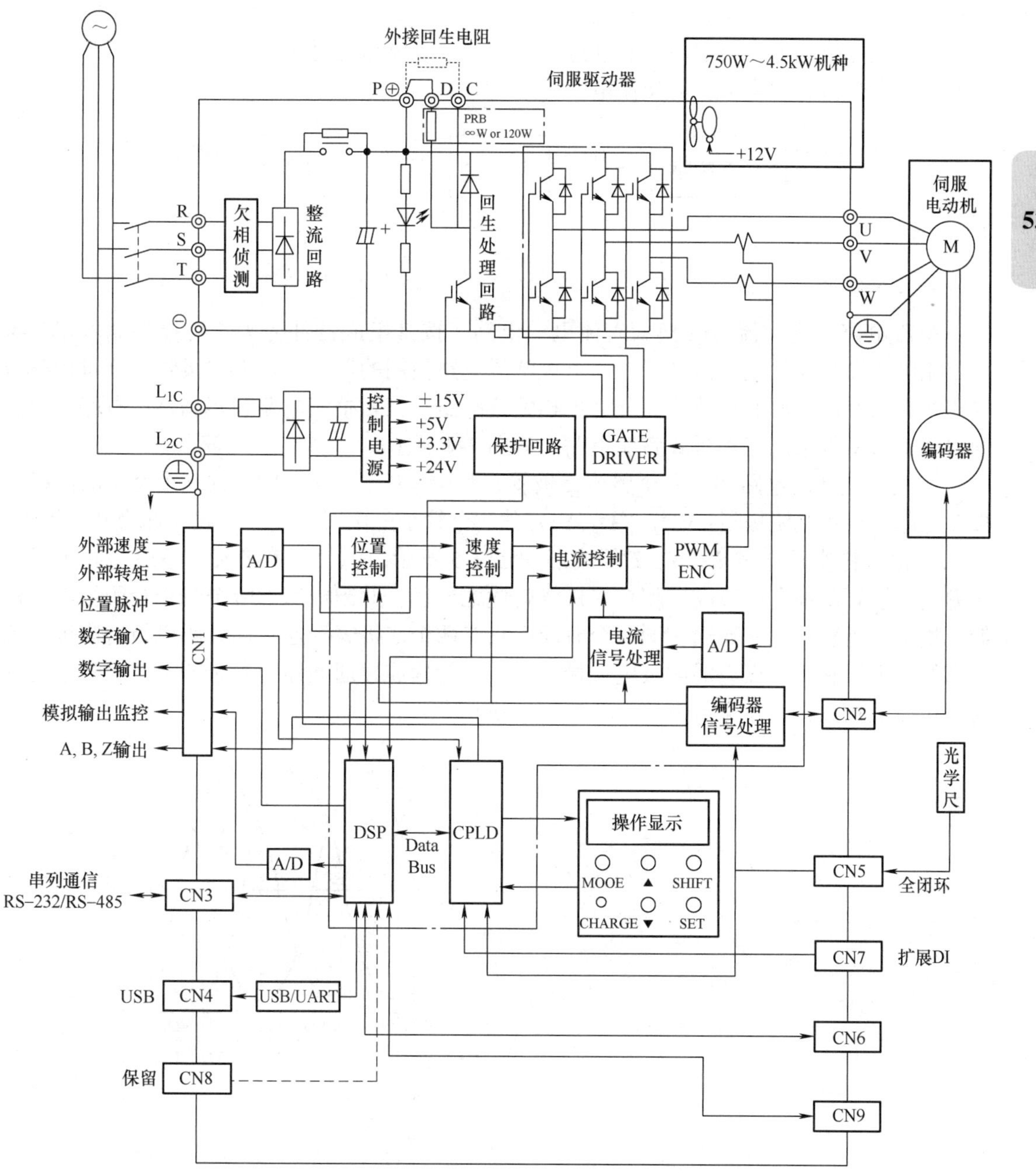

图 3-2　交流伺服驱动器基本原理结构框图

3.2.2　交流伺服驱动器的工作原理

交流伺服驱动器驱动交流伺服电动机，为了能够对电压的幅值、波形与频率进行有效控制，绝大多数场合都是先将交流电转换为直流电，然后再将直流转换为交流的变流方式，并称之为“交－直－交”变流。

由图 3-3 可知，伺服驱动器主回路实际上由整流电路、中间电路（称为直流母线控制电路）与逆变电路三部分组成。整流电路用于提供逆变所需要的稳定直流电；中间电路是为了对直流母线的电压与电动机制动进行控制；逆变电路通过对功率管的通断控制，将直流电转变为幅值、频率可变的交流电。

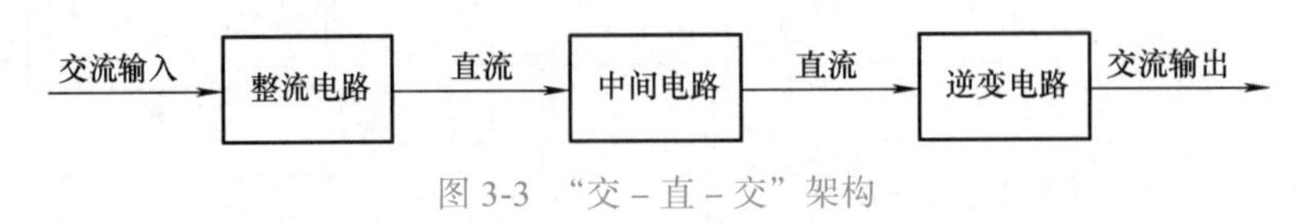

图 3-3 “交－直－交”架构

1. 整流电路

整流电路是把交流电转换为直流电的电路。按其组成器件分为不可控整流电路、半控整流电路和全控整流电路。其中不可控整流电路使用的器件为功率二极管，不可控整流电路按输入交流电源的相数不同分为单相整流电路、三相整流电路和多相整流电路。交流伺服驱动器中常采用三相桥式整流电路，如图 3-4 所示。

三相桥式整流电路共有六个整流二极管，其中 VD_1、VD_3、VD_5 共三个管子的阴极连接在一起，称为共阴极组：VD_2、VD_4、VD_6 共三个管子的阳极连接在一起，称为共阳极组。

三相对称交流电源 R、S、T 的波形如图 3-5 所示，R、S、T 接入电路后，共阴极组的哪个二极管阳极电位最高，哪个二极管就优先导通；共阳极组的哪个二极管阴极电位最低，哪个二极管就优先导通。同一个时间内只有两个二极管导通，即共阴极组的阳极电位最高的二极管和共阳极组的阴极电位最低的二极管构成导通回路，其余四个二极管承受反向电压而截止。在三相交流电压自然换相点换相导通。

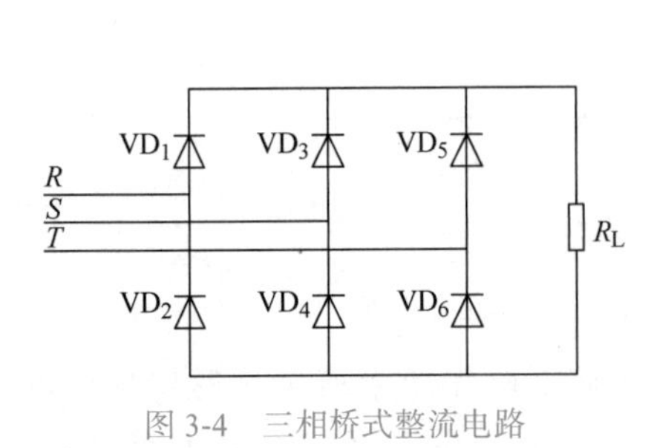

图 3-4 三相桥式整流电路

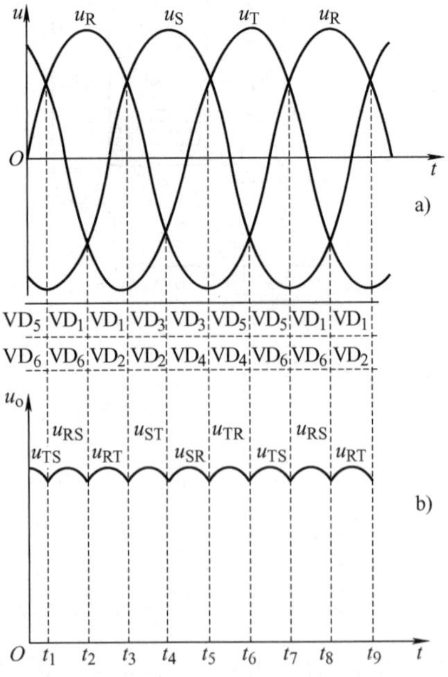

图 3-5 三相桥式整流电路的电压波形

把三相交流电压波形在一个周期内六等分，如图 3-5a 中 t_1、t_2、……、t_6 所示。在 0–t_1 期间，电压 $u_T>u_R>u_S$，因此电路中 T 点电位最高，S 点电位最低，于是二极管 VD_5、VD_6 先导通，电流的通路是 $T \rightarrow VD_5 \rightarrow R_L \rightarrow VD_6 \rightarrow S$，忽略二极管正向压降，负载电阻 R_L 上得到电压 $u_o=u_{TS}$。二极管 VD_5 导通后，使 VD_1、VD_3 阴极电位为 u_T，承受反向电压截止。同理，VD_6 导通，二极管 VD_4、VD_2 也截止。

在自然换相点 t_1 稍后，电压 $u_R>u_T>u_S$，于是二极管 VD_5 与 VD_1 换相，VD_5 截止，VD_1 导通，VD_6 仍旧导通，即在 $t_1 \sim t_2$ 期间，二极管 VD_6、VD_1 导通，其余截止，电流通路是 $R \rightarrow VD_1 \rightarrow R_L \rightarrow VD_6 \rightarrow S$，负载电阻 R_L 上的电压 $u_o=u_{RS}$。

在自然换相点 t_2 稍后，电压 $u_R>u_S>u_T$，即在 $t_2 \sim t_3$ 期间，二极管 VD_1、VD_2 导通，其余截止，电流通路是 $R \rightarrow VD_1 \rightarrow R_L \rightarrow VD_2 \rightarrow T$，负载电阻 R_L 上的电压 $u_o=u_{RT}$。

依此类推，得到电压波形如图 3-5b 所示。二极管导通顺序：（VD_5、VD_6）→（VD_1、VD_6）→（VD_1、VD_2）→（VD_2、VD_3）→（VD_3、VD_4）→（VD_4、VD_5）→（VD_5、VD_6），共阴极组三个二极管 VD_1、VD_3、VD_5 在 t_1、t_3、t_5 换相导通；共阳极组三个二极管 VD_2、VD_4、VD_6 在 t_2、t_4、t_6 换相导通。一个周期内，每只二极管导通 1/3 周期，即导通角为 120°，负载电阻 R_L 两端电压 u_o 等于变压器二次绕组线电压的包络值，极性始终是上正下负。

通过计算可得到负载电阻 R_L 上的平均电压为

$$U_o=2.34U_2 \tag{3-1}$$

式中，U_2 为相电压的有效值。

2. 中间电路

（1）滤波电路

虽然利用整流电路可以从电网的交流电源得到直流电压或直流电流，但这种电压或电流含有频率为电源频率 6 倍的纹波，如果将其直接供给逆变电路，则逆变后的交流电压、电流纹波很大。因此，必须对整流电路的输出进行滤波，以减少电压或电流的波动。这种电路称为滤波电路。

1）电容滤波。通常用大容量电容对整流电路输出电压进行滤波。由于电容量比较大，一般采用电解电容。为了得到所需的耐电压值和容量，往往需要根据伺服驱动器容量的要求，将电容进行串并联使用。

二极管整流器在电源接通时，电容中将流过较大的充电电流（亦称浪涌电流），有可能烧坏二极管，故必须采取相应措施。图 3-6 给出了几种抑制浪涌电流的方式。

采用大电容滤波后再送给逆变器，这样可使加于负载上的电压值不受负载变动的影响，基本保持恒定。该驱动器电源类似于电压源，因而称为电压型驱动器。电压型驱动器电路框图如图 3-7 所示。逆变电压波形为方波，而电流的波形经电动机绕组感性负载滤波后接近于正弦波，如图 3-8 所示。

2）电感滤波。采用大容量电感对整流电路输出电流进行滤波，称为电感滤波。由于经电感滤波后加于逆变器的电流值稳定不变，所以输出电流基本不受负载的影响，电源外特性类似电流源，因而称为电流型驱动器。

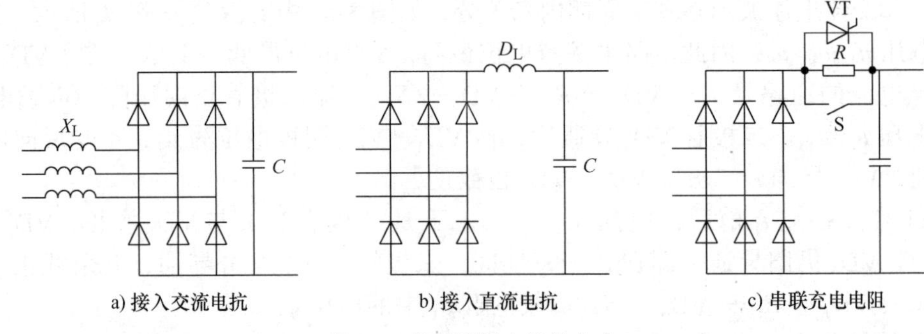

图 3-6　抑制浪涌电流的方式

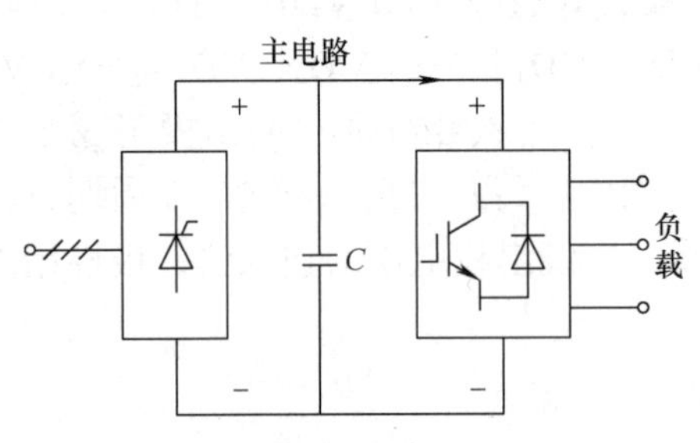

图 3-7　电压型驱动器的电路框图

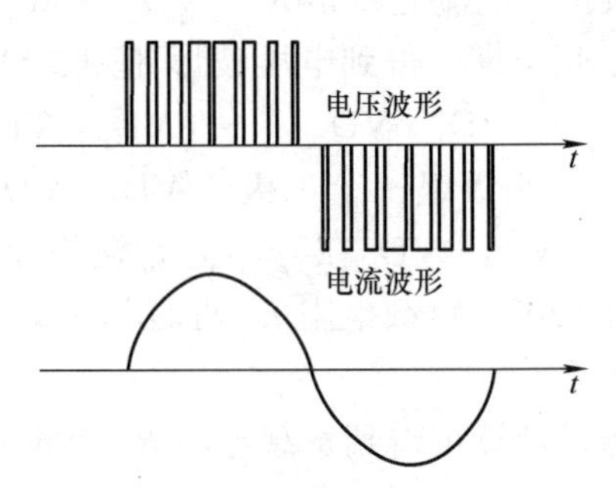

图 3-8　电压型驱动器的电压和电流波形

电流型驱动器的电路框图如图 3-9 所示。电流型驱动器逆变电流波形为方波，而电压波形接近于正弦波，如图 3-10 所示。

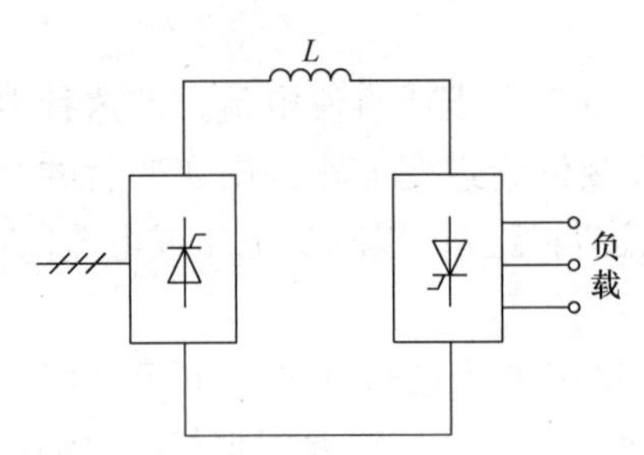

图 3-9　电流型驱动器的电路框图

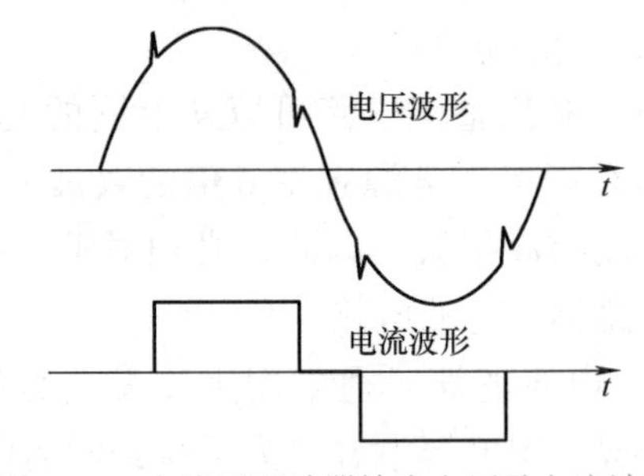

图 3-10　电流型驱动器输出电压及电流波形

（2）制动电路

利用设置在直流回路中的制动电阻吸收电动机的再生电能的方式称为动力制动或再生制动。制动电路可为制动电阻或制动单元，图 3-11 所示为制动电路的原理图。制动电路接于整流器和逆变器的 P、N 之间，图中的制动单元包括晶体管 VT、二极管 VD_B 和制动电阻 R_B。如果回馈能量较大或要求强制动，还可以选用接于 P、R 两点上的外接制动电阻 R_{EB}。当电动机制动时，能量经逆变器回馈到直流侧，使直流侧滤波电容上的电压升高，当该值超过设定值时，即自动给 VT 施加基极信号，使之导通，将 R_B（R_{EB}）与电容器并联，则存储于电容中的再生能量经 R_B（R_{EB}）消耗掉。已选购动力制动单元的伺服驱动器，可以通过特定功能码进行设定。大多数伺服驱动器的软件中预置了这类功能。此外，图 3-11 中的 VT、VD_B 一般设置在伺服驱动器内。制动电阻一般置于柜外，无论是动力制动单元或是制动电阻，在订货时均需向厂商特别注明，是作为选购件提供给用户的。

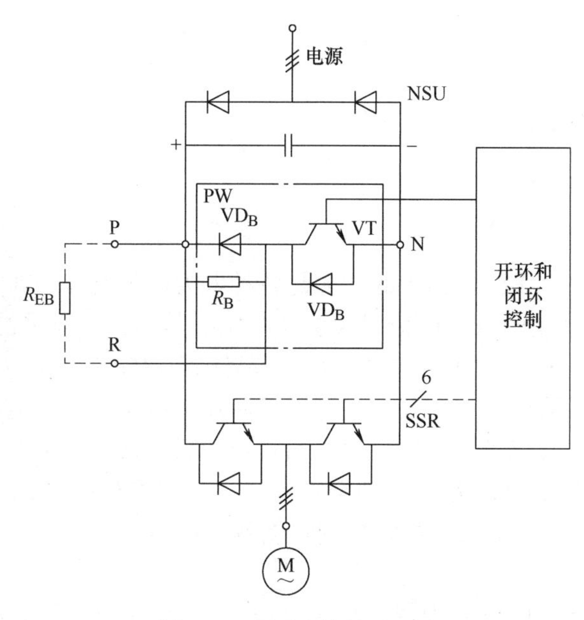

图 3-11　制动电路的原理图

3. 逆变电路

逆变电路是将直流电转换为交流电的电路，是伺服驱动器的核心部件之一。按直流电源的性质分为电流型逆变器和电压型逆变器。电流型逆变器由于需要在直流侧串联一个大电感，使开关管截止时所承受的电压比电压型逆变器高得多。电流型逆变器输出电流为矩形波，输出电压近似为正弦波，功率器件的开关时间比较长，通用于容性负载，如果要用于感性负载时还必须在输出侧并联很大的相间电容。电压型逆变器的直流电侧并联有大电容滤波，直流电源可近似看作恒压源，逆变器输出电压为矩形波，输出电流近似正弦波，功率器件的开关时间比较短，适合应用于感性负载，当用于容性负载时会使输出的电机电流变成脉冲状，因此不能应用。永磁同步电动机是感性负载，再结合两者在电动机的机械特性、动态性能及器件的开关时间等方面的对比，伺服驱动器逆变结构一般选用电压型逆变结构，这也是市场上的伺服驱动器大多是采用 PWM 电压型逆变器的原因。

图 3-12a 所示为单相桥式逆变电路，四个桥臂由开关构成，输入为直流电压 E，负载为电阻 R。当将开关 S_1、S_4 闭合，S_2、S_3 断开时，电阻上得到左正右负的电压；间隔一段时间后将开关 S_1、S_4 打开，S_2、S_3 闭合，电阻上得到右正左负的电压。以频率场交替切换 S_1、S_4 和 S_2、S_3，在电阻上就可以得到如图 3-12b 所示的电压波形。显然这是一种交变的电压，随着电压的变化，电流也从一个支路转移到另外一个支路，通常将这一过程称为换相。

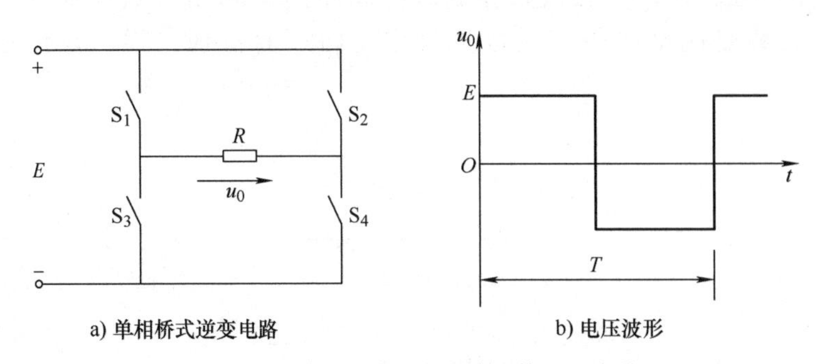

a) 单相桥式逆变电路 b) 电压波形

图 3-12 单相桥式逆变电路及其电压波形

在实际应用中，图 3-12a 电路中的开关是各种电力电子器件。逆变电路常用的开关器件有：普通型和快速型晶闸管、门极可关断（GTO）晶闸管、电力晶体管（GTR）、功率 MOS 场效应晶体管（MOSFET）、绝缘栅双极型晶体管（IGBT）等。普通型和快速型晶闸管作为逆变电路的开关器件时，因其阳极与阴极两端加有正向直流电压，只要在它的门极加正的触发电压，晶闸管就可以导通。但晶闸管导通后门极就失去控制作用，要让它关断就困难了，故必须设置关断电路。如用全控器件，可以在器件的门极（或称为栅极、基极）加控制信号使其导通和关断，换相控制自然就简单多了。

（1）半桥逆变电路

图 3-13a 为半桥逆变电路原理图，直流电压 U_d 加在两个串联的容量足够大的相同电容的两端，并使两个电容的连接点为直流电源的中性点，即每个电容上的电压为 $U_d/2$。由两个导电臂交替工作使负载得到交变电压和电流，每个导电臂由一个电力晶体管与一个反并联二极管所组成。

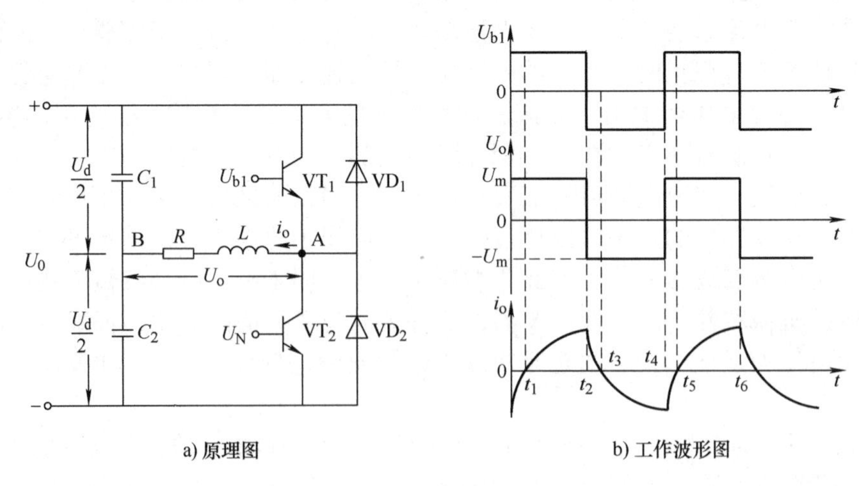

a) 原理图 b) 工作波形图

图 3-13 半桥逆变电路原理图及其工作波形

电路工作时，两个电力晶体管 VT_1、VT_2 基极加交替正偏和反偏的信号，两者互补导通与截止。若电路负载为感性，其工作波形如图 3-13b 所示，输出电压为矩形波，幅值为 $U_m=U_d/2$。负载电流 i_o 波形与负载阻抗角有关。设 t_2 时刻之前 VT_1 导通，电容 C_1 两端的电压通过导通的 VT_1 加在负载上，极性为右正左负，负载电流 i_o 由右向左。t_2 时刻给

VT_1 加关断信号，给 VT_2 加导通信号，则 VT_1 关断，但感性负载中的电流 i_o 方向不能突变，于是 VD_2 导通续流，电容 C_2 两端电压通过导通的 VD_2 加在负载两端，极性为左正右负。当 t_3 时刻 i_o 降至零时，VD_2 截止，VT_2 导通，i_o 开始反向。同样在 t_4 时刻给 VT_2 加关断信号，给 VT_1 加导通信号后，VT_2 关断，i_o 方向不能突变，由 VD_1 导通续流。t_5 时刻 i_o 降至零时，VD_1 截止，VT_1 导通，i_o 开始反向。

由以上分析可知，当 VT_1 或 VT_2 导通时，负载电流与电压同方向，直流侧向负载提供能量；而当 VD_1 或 VD_2 导通时，负载电流与电压反方向，负载中电感的能量向直流侧反馈，反馈回的能量暂时储存在直流侧电容器中，电容器起缓冲作用。由于二极管 VD_1、VD_2 是负载向直流侧反馈能量的通道，故称反馈二极管；同时 VD_1、VD_2 也起着使负载电流连续的作用，因此又称为续流二极管。

（2）全桥逆变电路

全桥逆变电路可看作两个半桥逆变电路的组合，其原理图如图 3-14a 所示。直流电压 U_d 接有大电容 C，使电源电压稳定。电路中有四个桥臂，桥臂 1、4 和桥臂 2、3 组成两对。工作时，设 t_2 时刻之前 VT_1、VT_4 导通，负载上的电压极性为左正右负，负载电流 i_o 由左向右。t_2 时刻给 VT_1、VT_4 加关断信号，给 VT_2、VT_3 加导通信号，则 VT_1、VT_4 关断，但感性负载中的电流 i_o 方向不能突变，于是 VD_2、VD_3 导通续流，负载两端电压的极性为右正左负。当 t_3 时刻 i_o 降至零时，VD_2、VD_3 截止，VT_2、VT_3 导通，i_o 开始反向。同样在 t_4 时刻给 VT_2、VT_3 加关断信号，给 VT_1、VT_4 加导通信号后，VT_2、VT_3 关断，i_o 方向不能突变，由 VD_1、VD_4 导通续流。t_5 时刻 i_o 降至零时，VD_1、VD_4 截止，VT_1、VT_4 导通，i_o 开始反向，如此反复循环，两对交替各导通 180°。其输出电压 u_o 和负载电流 i_o 如图 3-14b 所示。

经数学分析或实际测试，均可得出基波幅值 U_{o1m} 和基波有效值 U_{o1} 分别为

$$U_{o1m}=1.27U_d \tag{3-2}$$

$$U_{o1}=0.9U_d \tag{3-3}$$

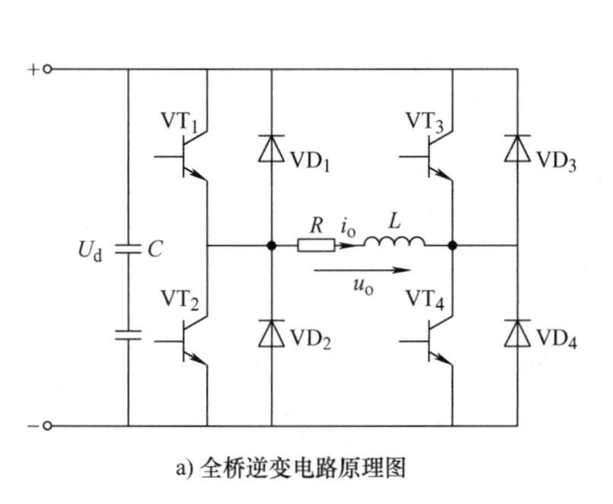

a) 全桥逆变电路原理图

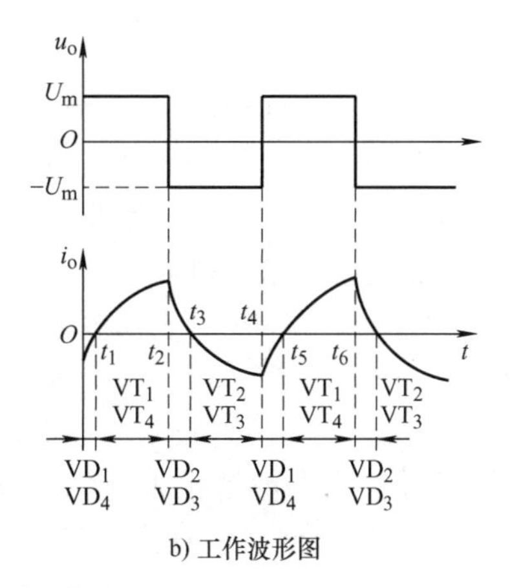

b) 工作波形图

图 3-14　全桥逆变电路及其工作波形

3.3 交流伺服驱动器的参数与选型

3.3.1 交流伺服驱动器的主要参数

交流伺服驱动器的主要电气参数如下所述。

1）额定功率：指驱动器能够连续输出的有效功率，也就是在正常的工作环境下可以持续工作的最大功率。

2）电压：交流伺服驱动器电源电压一般有单相 220V、三相 380V 和三相 220V。单相电一般多用于低功率，三相电则多用于功率偏大的伺服驱动器。

3）容许电压变动率：伺服驱动器能够正常工作的输入电压允许变化的范围一般是 -15% ～ 10%。

4）输入电流：驱动器输入的电源电流就叫输入电流。

5）额定输出电流：驱动器的额定电流定义是指驱动器能够长时间运行时所对应的最大电流。

6）瞬时最大输出电流：一般工业级伺服驱动器的瞬时最大输出电流约为其额定输出电流的 2 ～ 3 倍，瞬时最大输出电流直接关系到驱动系统的加速能力、伺服刚性与频宽，因此是重要的性能指标。

7）驱动器的功率损耗：指驱动器输入功率和输出功率的差额，包括主回路损耗、再生电阻损耗及控制回路损耗。

3.3.2 交流伺服驱动器的选型

在工业应用中，选择伺服意味着在应用中选择合适的驱动器和电动机。其选择的标准是基于提供足够的推力和稳定的伺服驱动器。选择一个伺服驱动的方法可以是由选型软件建立的选型方案组成。在典型的情况下，一台机器的设计者要选择一个驱动器，使得一台机器能够在其最大的生产力下运行，以下的内容都是为了实现这一目标而要加以考虑的。

（1）转动惯量

在选择伺服驱动器时，折合到电动机轴上的负载转动惯量是一个重要的考虑因素，因为折合到电动机上的负载转动惯量在实际中对机器的影响是减小了电机的调节带宽。电动机负载的额外增加会改变伺服驱动的补偿，并使驱动的带宽下降。折合到电机上的总负载转动惯量是负载重量、机器的滑动台、滚珠丝杠、电机联轴器、驱动辊和齿轮箱的转动惯量总和。并且还有一些对于伺服驱动来说可以忽略的转动惯量。

（2）驱动转矩

驱动转矩是在选择伺服驱动器时一个重要的考虑因素。为了确保伺服驱动器能够提供足够的机械推力和电动机加速的加速转矩，加速转矩是由伺服驱动器的位置环所控制的。加速转矩是折合到电动机总转动惯量和设定加速度的乘积。为了保持对于加速转矩的实际限制，机器滑动台的加速度不应该高于 1.5g（g=9.8m/s^2）。

（3）稳定性

稳定性伺服驱动器必须满足的要求，以确保在所有的工作条件下它都是稳定的。虽然在电动机的选型要求中没有“稳定”这一项，但是有一些参数会直接关系到伺服电动机的稳定性（如负载转动惯量的变化和驱动器中机械及电气时间常数），选型过程可以标示出非常规环境下的应用。

（4）驱动的分辨率及刚性

对于机床而言，还有加工轮廓的要求，但是伺服驱动器有时提供不了很小的加工精度，因此时常需要改变电动机的传动比。电气传动的驱动分辨率是与电动机传动比成反比的，也就是说电动机配的减速机减速比越大（传动比越小），驱动的分辨率越高。同时驱动分辨率与滚珠丝杠的导程成正比。减速比值越大，导程越细（导程个数越多），驱动的分辨率就越好。在对驱动进行选型时，使用减速机将大大提高加工精度。同样，更细的滚珠丝杠导程（in/r 或 mm/r），也可以提高加工精度。此外，由驱动力引起的机器滑动台位移导致的驱动刚性变化是按传动比的二次方增加的，刚性的变化也与滚珠丝杆的导程有关。因此，在对伺服驱动进行选型时，要重视考虑运用传动比和较细导程带来的优势（in/r 或 mm/r）。

（5）其他

在伺服驱动器的选型中，还要考虑能提供多大的推力、机器寿命有多长以及能提供多长的间歇时间等因素。这些参数可以作为驱动器选型的一部分。设计者还需要知道驱动器可以承受多大的过载以及过载的时间会有多长，大多数的伺服驱动器供应商可以提供这些信息，这些信息应该作为考虑驱动器选型的一部分。

在实际使用中，伺服电动机和伺服驱动器一般是配套使用的，可以根据前面章节的方法选择好伺服电动机后再根据厂家的推荐表选择对应的伺服驱动器。

3.4　交流伺服驱动器的接口与典型电路

伺服驱动器的接口有主回路接口、控制回路电源输入接口、IO 接口、编码器接口、通信接口等。接下来以 ASDA-A2 伺服驱动器为例详细介绍伺服驱动器的接口，伺服驱动器接口概况如图 3-15 所示，驱动器接口见表 3-1。

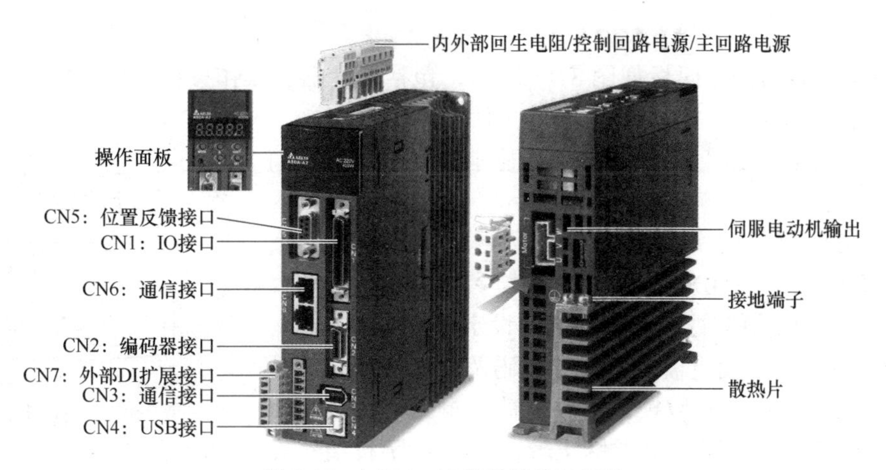

图 3-15　ASDA-A2 驱动器接口概况

表 3-1 驱动器接口

<table>
<tr><th>端子记号</th><th>名称</th><th colspan="3">说明</th></tr>
<tr><td>L1c、L2c</td><td>控制回路电源输入端</td><td colspan="3">连接单相交流电源</td></tr>
<tr><td>R、S、T</td><td>主回路电源输入端</td><td colspan="3">连接三相交流电源</td></tr>
<tr><td rowspan="6">U、V、W
FG</td><td rowspan="6">电动机连接线</td><td colspan="3">连接至电动机</td></tr>
<tr><td>端子记号</td><td>线色</td><td>说明</td></tr>
<tr><td>U</td><td>红</td><td rowspan="3">电动机三相主电源电力线</td></tr>
<tr><td>V</td><td>白</td></tr>
<tr><td>W</td><td>黑</td></tr>
<tr><td>FG</td><td>绿</td><td>连接至驱动器的接地处⏚</td></tr>
<tr><td rowspan="3">P ⊕、D、C、⊖</td><td rowspan="3">回生电阻端子或刹车单元</td><td colspan="2">使用内部电阻</td><td>P ⊕、D 端短路，P ⊕、C 端开路</td></tr>
<tr><td colspan="2">使用外部电阻</td><td>电阻接于 P ⊕、C 两端，且 P ⊕、D 端开路</td></tr>
<tr><td colspan="2">使用外部刹车单元</td><td>将刹车单元的 P ⊕、⊖分别连接于伺服驱动器的 P ⊕、⊖两端，且 P ⊕、D 与 P ⊕、C 开路</td></tr>
<tr><td>⏚</td><td>接地端子</td><td colspan="3">连接至电源地线以及电动机的地线</td></tr>
<tr><td>CN1</td><td>I/O 连接器</td><td colspan="3">连接上位控制器</td></tr>
<tr><td>CN2</td><td>编码器连接器</td><td colspan="3">连接电动机的编码器</td></tr>
<tr><td>CN3</td><td>通信端口连接器</td><td colspan="3">连接 RS-485 或 RS-232。</td></tr>
<tr><td>CN4</td><td>USB 端口（Type B））</td><td colspan="3">连接个人计算机</td></tr>
<tr><td>CN5</td><td>位置反馈信号接头</td><td colspan="3">连接外部光学尺或编码器，成一全闭回路。</td></tr>
<tr><td>CN6</td><td>CANopen 通信端口</td><td colspan="3">RJ45 接头</td></tr>
<tr><td>CN7</td><td>扩充 DI 接头</td><td colspan="3">扩充 DI 接头连接器</td></tr>
</table>

3.4.1 操作面板

伺服驱动器的操作面板如图 3-16 所示，包括显示器、操作按键（MODE 键、UP 键、DOWN 键、SHIFT 键、SET 键）及电源指示灯。

① 显示器：五组七段显示器用于显示监视值、参数值及设定值。

② MODE 键：切换监视模式、参数模式及异警显示，在编辑模式时，按 MODE 键可以切 换至参数模式。

③ UP 键：变更监视码、参数码及设定值。

④ DOWN 键：变更监视码、参数码及设定值。

⑤ SHIFT 键：在参数模式下，可改变群组码；在编辑模式下，闪烁字符左移可用于修正较高的设定字符值；在监视模式下，则可切换高低位数显示。

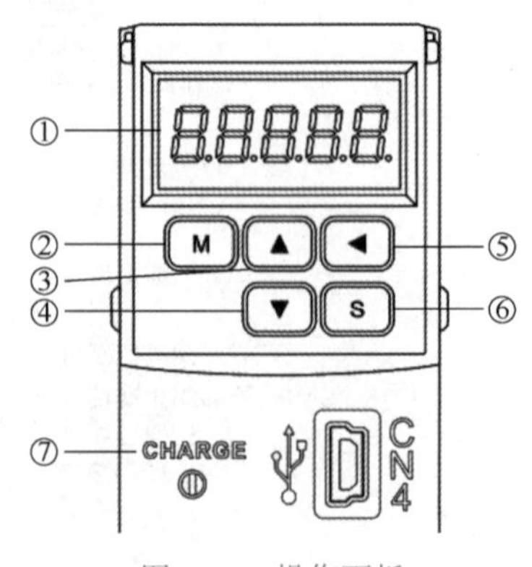

图 3-16 操作面板

⑥ SET 键：显示及储存设定值。在监视模式下，可切换十进制 / 十六进制的显示；在参数模式下，按 SET 键可进入编辑模式。

⑦ 电源指示灯：主电源回路电容量的充电显示。

3.4.2 主回路接口

伺服驱动器主回路接口有电源输入端 R、S、T，输出端 U、V、W，其中 U、V、W 连接伺服电动机。电源输入有单相与三相两种，其中三相电源接线如图 3-17 所示，电源通过断路器 MCCB 接到滤波器，滤波器输出接到接触器，接触器 MC 输出接到伺服驱动器 R、S、T 端子。

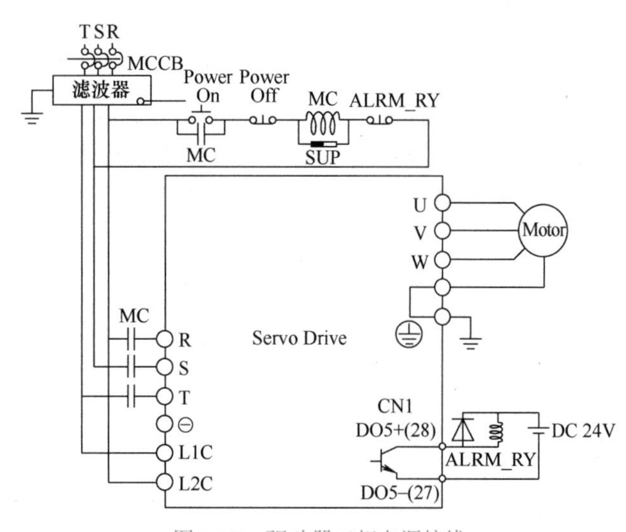

图 3-17 驱动器三相电源接线

接线时要注意当电源切断时不能接触 R、S、T 及 U、V、W 这六条大电力线，此时驱动器内部大电容含有大量的电荷，等到操作面板上的电源指示灯熄灭时才能接触。另外 R、S、T 及 U、V、W 这六条大电力线不要与其他信号线靠近，尽可能间隔 30cm 以上。

3.4.3 制动接口

1. 回生电阻原理

回生电阻也称再生电阻、制动电阻，当伺服电动机制动的时候，该伺服电动机处于发电状态。这意味着能量将会返回到伺服驱动器的直流母线上。因为直流母线包含电容，所以直流母线电压会上升。电压增加的多少取决于开始制动时电动机的动能以及直流母线上电容的容量。如果制动动能大于直流母线上的电容量，同时直流母线上没有其他驱动器容纳该能量，那么驱动器将会通过制动电阻来消耗该能量，或者将其反馈给供电电源。制动电阻主要是用来消耗伺服电动机制动（急停）时产生的能量，不然可能会烧坏驱动器。

驱动器的制动电阻是否外置由驱动器的容量决定，一般是 7.5kW 以下内置。容量大的驱动器，其制动电阻和开关管需要大面积散热器，内置受驱动器壳体和散热限制，就必须外置。

电动机的快速制动或准确停车，一般采用动力制动和再生制动。对于动力制动方式，系统所需的制动转矩在电动机额定转矩的 20% 以下且制动并不快时，则不需要外接制动电阻，仅电动机内部的有功损耗，就可以使直流侧电压限制在过电压保护的动作值以下。反之，则需要选择制动电阻来耗散电动机再生的这部分能量。

2. 回生电阻的选择

（1）制动转矩的计算

$$T_{\mathrm{B}}=(GD_{\mathrm{M}}{}^{2}+GD_{\mathrm{L}}{}^{2})(n_{1}-n_{2})/375t_{减}-T_{\mathrm{L}} \tag{3-4}$$

式中，T_B 为制动转矩；GD_M 为电动机的飞轮距（N·m）；GD_L 是负载折算到电动机轴上的飞轮距（N·m）；n_1、n_2 分别是减速前、后的速度（r/min）；$t_{减}$为减速时间（s）；T_L 是负载转矩（N·m）。

（2）制动电阻的计算

在用外接制动电阻进行制动时，外接电阻应能吸取负载位能所转变的电能的 80%，其中 20% 可通过电动机以热能耗散的形式被消耗，此时制动电阻值为

$$R_{EB} = U_{CD}^2 / 1.047(T_B - 0.2T_M)n_1 \tag{3-5}$$

式中，R_{EB} 为制动电阻（Ω）；U_{CD} 是直流电压（V）；T_M 是电动机额定转矩（N·m）。

伺服驱动器内部都配有回生电阻，ASDA-A2 系列伺服驱动器内置回生电阻表见表 3-2，当系统需要的回生电阻超过内置容量后则需要外接电阻。选择外置回生电阻时需要注意匹配的电阻阻值以及足够大的功率。

表 3-2　ASDA-A2 系列伺服驱动器内置回生电阻表

伺服驱动器 /kW	内建回生电阻规格		最小容许电阻规格 /Ω
	电阻值（P1-52）/Ω	容量（P1-53）/W	
0.1	—	—	30
0.2	—	—	30
0.4	40	40	30
0.75	40	60	20
1.0	40	60	20
1.5	40	60	20
2.0	20	100	10
3.0	20	100	10
4.5	20	100	10
5.5	—	—	8
7.5	—	—	5
11	—	—	5
15	—	—	5

3. 回生电阻的接口

ASDA-A2 系列伺服驱动器的回生电阻接口图如图 3-18 所示，端子含义见表 3-3。当电动机的出力矩和转速的方向相反时，代表能量从负载端传回至驱动器内，此能量回馈到直流侧会引起直流侧滤波电容上的电压升高，这时就必须通过内部回生电阻或者外接电阻消耗，也可以外接刹车单元。

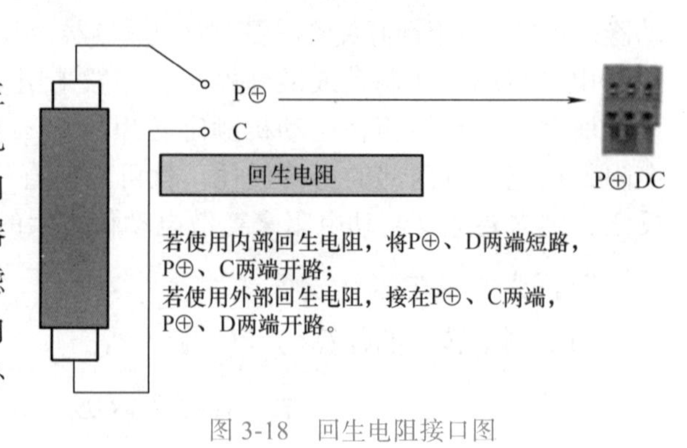
P⊕
C
回生电阻
P⊕ DC
若使用内部回生电阻，将P⊕、D两端短路，
P⊕、C两端开路；
若使用外部回生电阻，接在P⊕、C两端，
P⊕、D两端开路。

图 3-18　回生电阻接口图

表 3-3　回生电阻端子介绍

端子记号	名称	说明	
P ⊕、D、C、⊖	回生电阻端子或刹车单元	使用内部电阻	P ⊕、D 端短路，P ⊕、C 端开路
		使用外部电阻	电阻接于 P ⊕、C 两端，且 P ⊕、D 端开路
		使用外部刹车单元	将刹车单元的 P ⊕、⊖分别连接于伺服驱动器的 P ⊕、⊖两端，且 P ⊕、D 与 P ⊕、C 开路

3.4.4　IO 接口

伺服驱动器 IO 接口一般有脉冲输入口、脉冲输出口、模拟量输入口、模拟量输出口、数字量输入接口、数字量输出接口、电源接口等。ASDA-A2 伺服驱动器 IO 接口采用 CN1 连接器表示，该连接器为 50 针，如图 3-19 所示，将该 IO 端子以原理图形式表达，如图 3-20 所示。

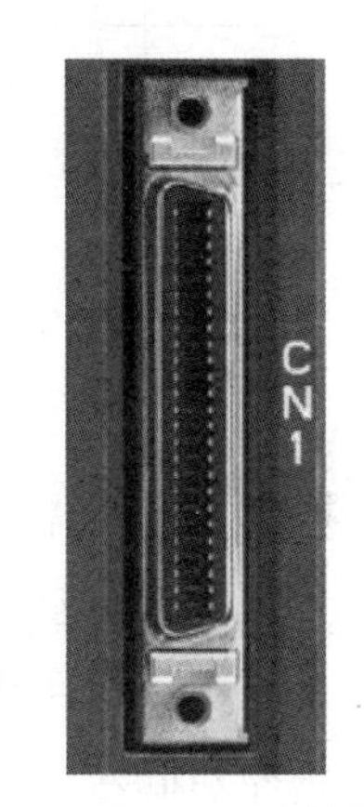

图 3-19　CN1 连接器

1. 脉冲输入口

位置脉冲可以用差动（单相最高脉冲频率 500kHz）或集电极开路（单相最高脉冲频率 200kHz）方式输入。当位置脉冲使用集电极开路方式输入时，必须将指令脉冲的外加电源端子（引脚 39、35）连接至一外加电源，作为提升准位用，脉冲命令输入接线图如图 3-21 所示，脉冲采用差动输入接线图如图 3-22 所示。

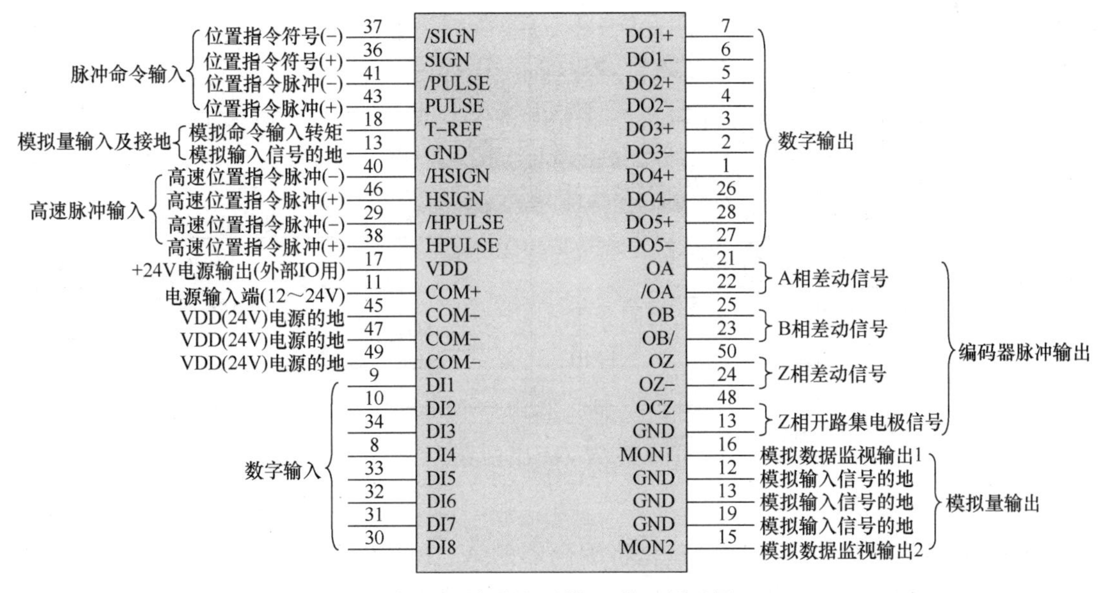

图 3-20　伺服驱动器 IO 接口原理图

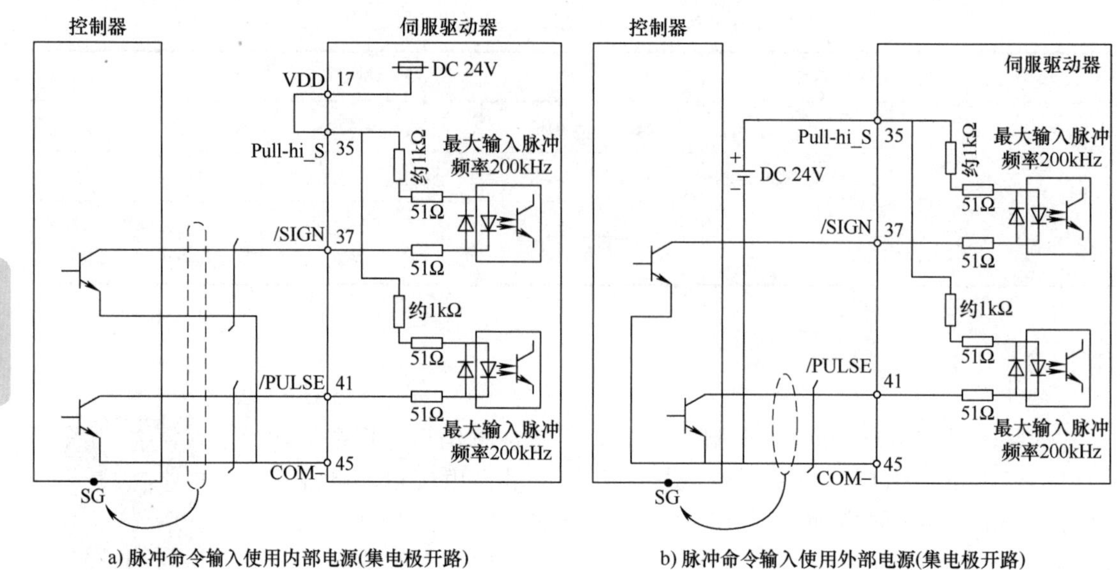

图 3-21　脉冲命令输入接线图

2. 高速脉冲输入口

高速位置脉冲只接受差动（+5V）方式输入，单相最高脉冲频率 4MHz，命令的形式有 AB 相、正转脉冲列及逆转脉冲列、脉冲加方向这三种脉冲方式，可由参数 P1–00（外部脉冲列输入形式设定）来选择，默认为脉冲加方向。高速脉冲输入口接线方式如图 3-23 所示。

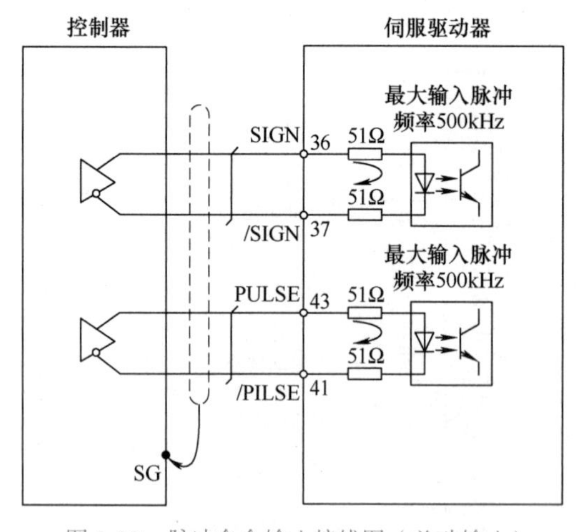

图 3-22　脉冲命令输入接线图（差动输入）

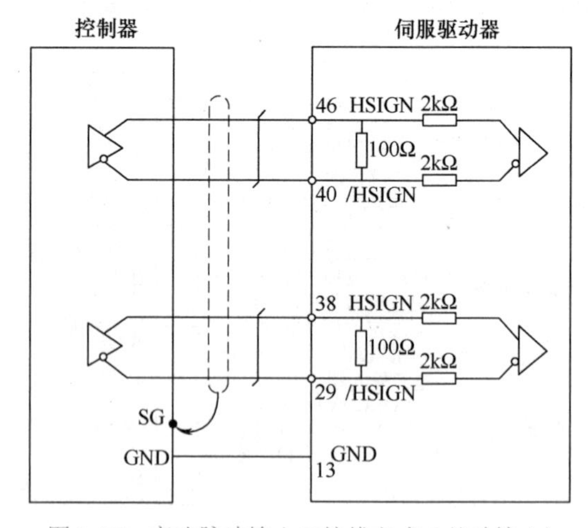

图 3-23　高速脉冲输入口接线方式（差动输入）

3. 脉冲指令输出口

伺服驱动器的脉冲指令输出口是将编码器的 A、B、Z 信号以差动方式输出，或者 OCZ 输出即 Z 相采用集电极开路输出，如图 3-24 ～图 3-26 所示。

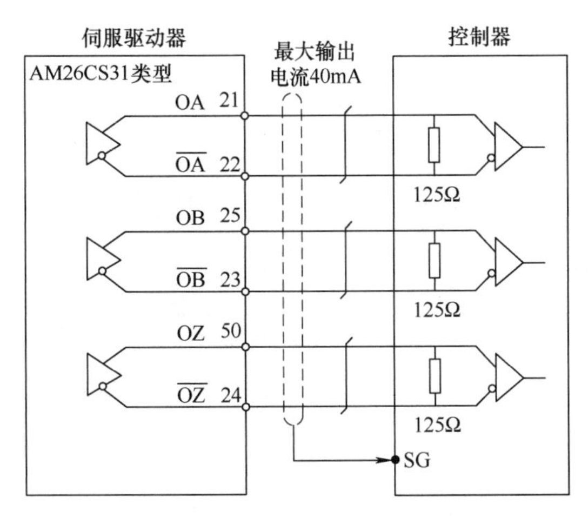

图 3-24　编码器位置输出（差动）

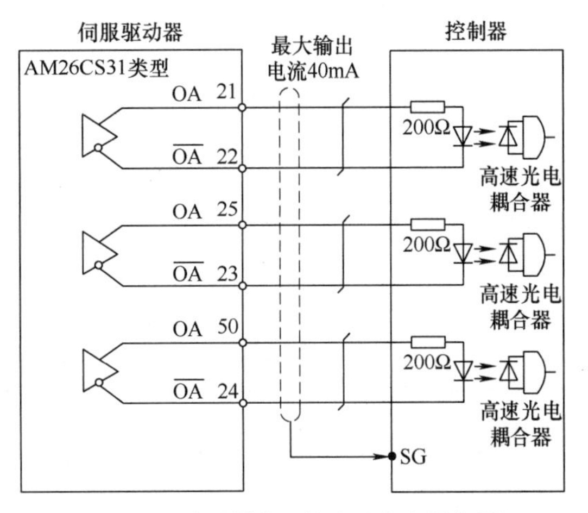

图 3-25　编码器位置输出（光电耦合器）

4. 数字量输入口

由于伺服驱动器的操作模式繁多，而各种操作模式所需用到的 I/O 信号不尽相同，为了更有效率地利用端子，本伺服驱动器的八组数字量输入接口采用可任意规划的方式，即使用者可自由选择 DI/DO 的信号功能，其中常见的 DI 输入（数字量输入）信号有伺服启动、脉冲清除、异常重置等信号，具体可根据参数 P2-10 ～ P2-17 来设定。数字量输入引脚及参数配置见表 3-4。默认的 DI 信号可以符合一般应用的需求，实际使用时用户可根据自己需求选择合适的功能，具体可以查阅伺服说明书中的 DI 信号说明来进行配置。

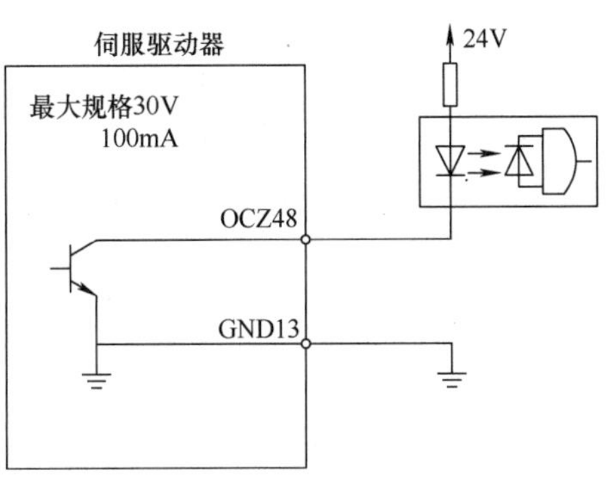

图 3-26　编码器 OCZ 输出（集电极 Z 脉冲输出）

表 3-4　数字量输入引脚及参数配置

引脚	引脚名称	对应参数	参数功能	参数默认值	DI 信号名称	含义
9	DI1	P2-10	数字输入接脚 DI1 功能规划	0x0101	SON	此信号接通时，伺服启动（Servo On）
10	DI2	P2-11	数字输入接脚 DI2 功能规划	0x0104	CCLR	清除脉冲计数缓存器，此信号导通时驱动器的位置累积脉冲误差量被清零
34	DI3	P2-12	数字输入接脚 DI3 功能规划	0x0116	TCM0	内部缓存器转矩命令选择
8	DI4	P2-13	数字输入接脚 DI4 功能规划	0x0117	TCM1	内部缓存器转矩命令选择
33	DI5	P2-14	数字输入接脚 DI5 功能规划	0x0102	ARST	发生异常后，造成异常原因已排除后，此信号接通则驱动器显示的异常信号清除

（续）

引脚	引脚名称	对应参数	参数功能	参数默认值	DI 信号名称	含义
32	DI6	P2–15	数字输入接脚 DI6 功能规划	0x0022	NL（CWL）	逆向运转禁止极限（常闭接点）
31	DI7	P2–16	数字输入接脚 DI7 功能规划	0x0023	PL（CCWL）	正向运转禁止极限（常闭接点）
30	DI8	P2–17	数字输入接脚 DI8 功能规划	0x0021	EMGS	此信号接通时，电机紧急停止（常闭接点）

数字量输入接口接线见表 3-5。

表 3-5　数字量输入接口接线

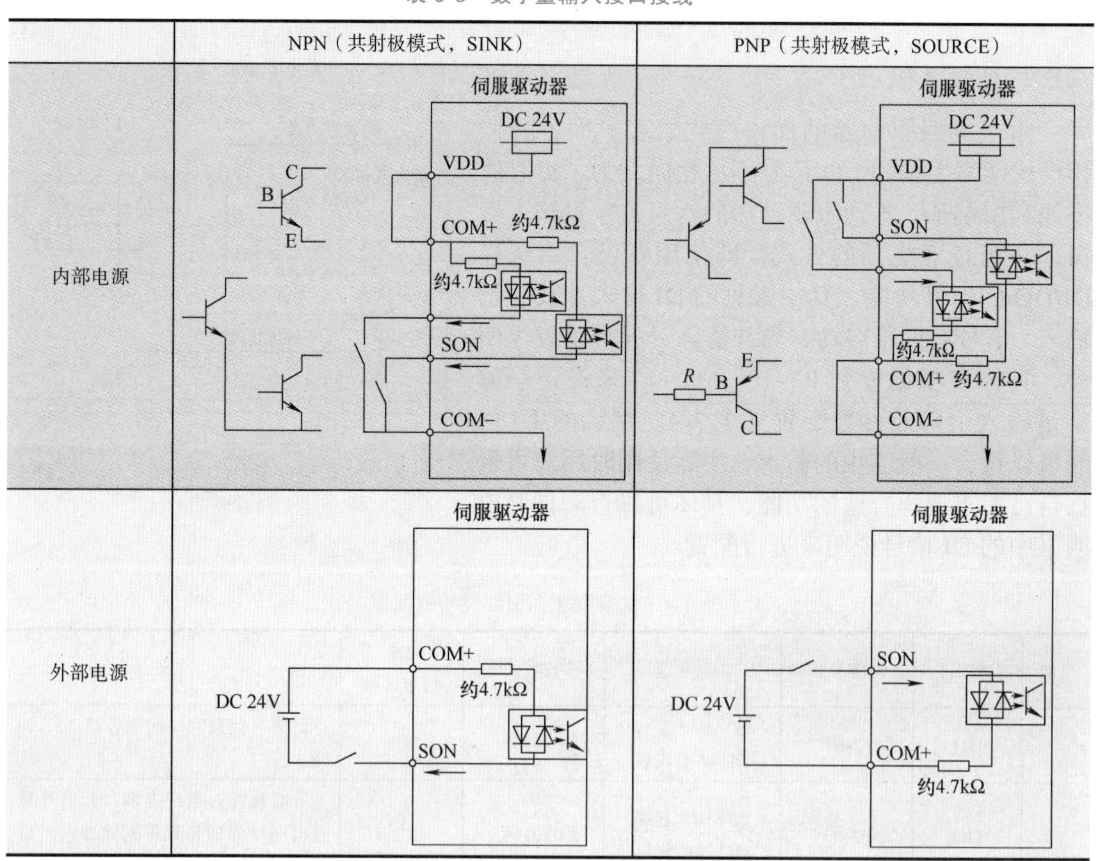

5. 数字量输出口

与数字量输入口类似，为了与上位控制器的沟通更有弹性，伺服驱动器的五组数字量输出接口可任意规划，使用时根据参数 P2–18 ～ P2–22 来设定。

数字量输出（DO）引脚及参数配置见表 3-6。默认的 DO 信号可以符合一般应用的需求，实际使用时用户可根据自己需求选择合适的功能，具体可以查阅伺服说明书中的 DO 信号说明来进行配置。

表 3-6　数字量输出引脚及参数配置

引脚	引脚名称	对应参数	参数功能	参数默认值	DO 信号名称	含义
7	DO1+	P2-18	数字输出引脚 DO1 功能规划	0x0101	SRDY	当驱动器通电后，控制回路与电机电源回路均无异警（ALRM）发生时输出为 ON
6	DO1-					
5	DO2+	P2-19	数字输出引脚 DO2 功能规划	0x0104	ZSPD	当电动机运转速度低于零速度（参数 P1-38）的速度设定时，此引脚输出信号
4	DO2-					
3	DO3+	P2-20	数字输出引脚 DO3 功能规划	0x0116	HOME	当完成原点复归，此引脚输出信号为 ON
2	DO3-					
1	DO4+	P2-21	数字输出引脚 DO4 功能规划	0x0117	TPOS	当电动机命令与实际位置的误差（PULSE）小于参数 P1-54 设定值时，此输出为 ON
26	DO4-					
28	DO5+	P2-22	数字输出引脚 DO5 功能规划	0x0102	ALRM	当伺服发生警示时，此引脚输出信号（除了正反极限，紧急停止，通信异常，低电压）
27	DO5-					

DO 接线见表 3-7，当驱动电感性负载时需装上二极管（容许电流 40mA 以下，冲击电流 100mA 以下）。

表 3-7　DO 接线

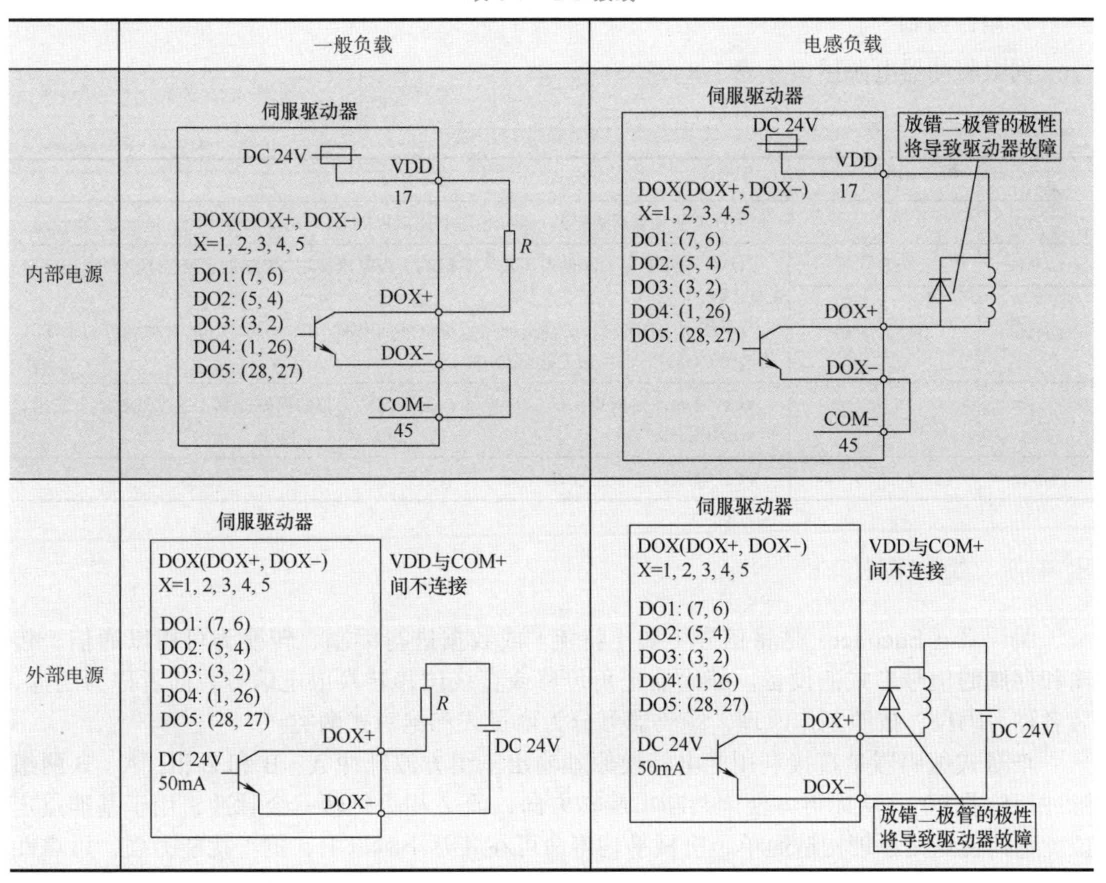

6. 模拟量输入输出接口

模拟量输入口有电压和转矩两路指令输入，其中电压输入模拟量接口可以输入速度或位置命令。模拟量输入接线如图 3-27 所示。模拟量输出口用于表示电动机的运转状态，如转速与电流，使用时可利用参数 P0−03 来选择所需要监视的数据，该信号以电源的地（GND）为基准，接线图如图 3-28 所示。

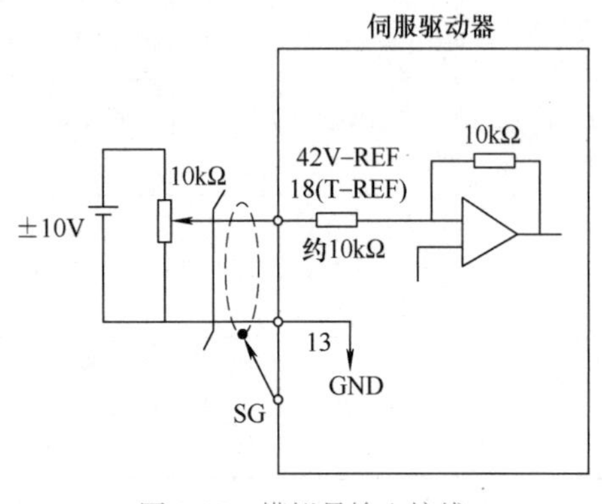

图 3-27　模拟量输入接线

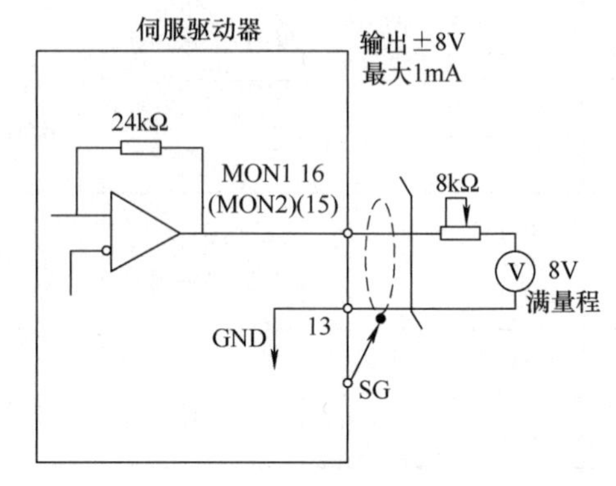

图 3-28　模拟量输出接线

参数 P0−03 表示模拟输出监控，默认为 0，表示监视电动机速度，还可以设置成不同的参数值用于监视电动机转矩、脉冲命令频率、速度命令、转矩命令等。

7. 电源接口

伺服驱动器电源接口见表 3-8。

表 3-8　伺服驱动器电源接口

名称	引脚	含义
VDD	17	VDD 是驱动器所提供的 +24V 电源，用以提供 DI 与 DO 信号使用，可承受 500mA
COM+	11	COM+ 是 DI 与 DO 的电压输入共同端，当电压使用 VDD 时，必须将 VDD 连接至 COM+ 若不使用 VDD 时，必须由使用者提供外加电源（12 ～ 24V），此外加电源的正端必须连至 COM+，而负端连接至 COM−
COM−	45、47、49	
VCC	20	VCC 是驱动器所提供的 12V 电源，用以提供简易的模拟命令（速度或转矩）使用，可承受 100mA
GND	12，13，19，44	VCC 电压的基准是 GND

3.4.5　编码器接口

编码器（Encoder）是将信号（如比特流）或数据进行编制、转换为可用以通信、传输和存储的信号形式的设备。编码器把角位移或直线位移转换成电信号，前者称为码盘，后者称为码尺。按照工作原理，编码器可分为增量式和绝对式两类。

增量式编码器是直接利用光电转换原理输出三组方波脉冲 A、B 和 Z 相；A、B 两组脉冲相位差 90°，从而可方便地判断出旋转方向，而 Z 相为每转一个脉冲，用于基准点定位。它的优点是原理构造简单，机械平均寿命可在几万小时以上，抗干扰能力强，可靠性高，适合于长距离传输。其缺点是无法输出轴转动的绝对位置信息。

绝对式编码器是直接输出数字的传感器，在它的圆形码盘上沿径向有若干同心码盘，每条道上有透光和不透光的扇形区相间组成，相邻码道的扇区树木是双倍关系，码盘上的码道数是它的二进制数码的位数，在码盘的一侧是光源，另一侧对应每一码道有一光电器件，当码盘处于不同位置时，各光电器件根据受光照与否转换出相应的电平信号，形成二进制数。这种编码器的特点是不要计数器，在转轴的任意位置都可读出一个固定的与位置相对应的数字码。

A2 伺服驱动器的 CN2 接口实现编码器的信号接线，CN2 编码器信号线有两种形式，如图 3-29 所示。

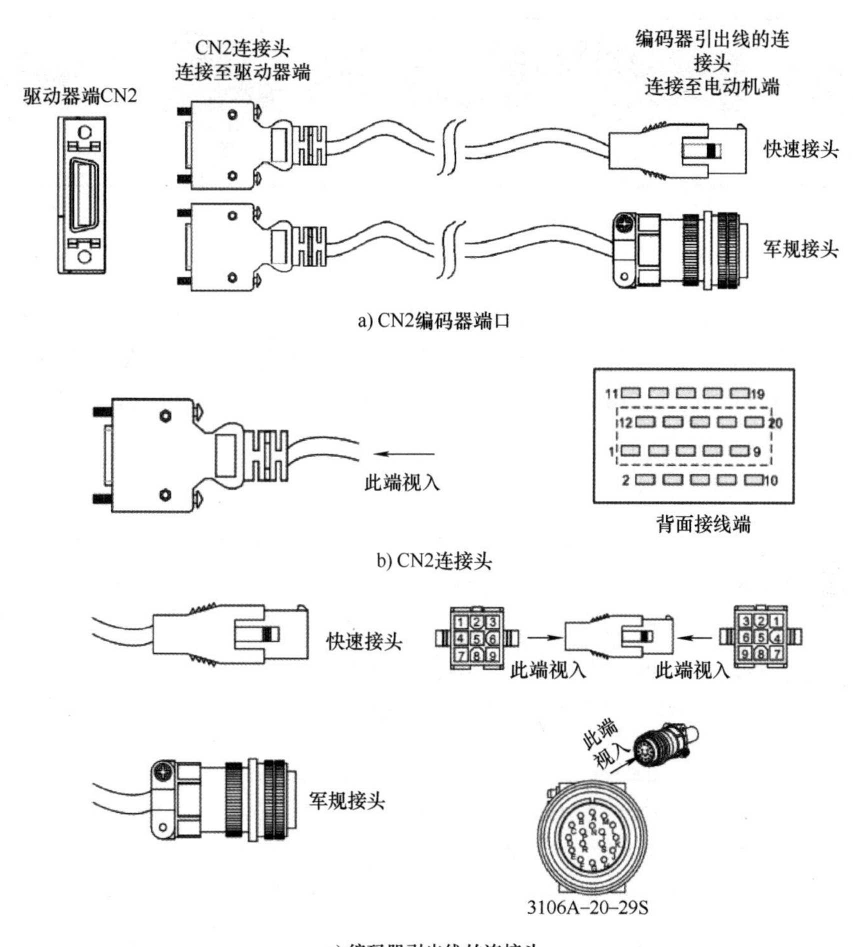

图 3-29　编码器信号线

各信号的意义说明见表 3-9。

CN2 编码器信号线的两端，即 CN2 连接头和编码器引出线的连接头，其 Shielding 及接地芯线必须确实连接于对应的接脚上，才能够有效达到屏蔽及接地的作用。CN2 编码器连接头的屏蔽施工办法见表 3-10。

表 3-9　驱动器信号意义

驱动器接头端 CN2			编码器引出线的连接头		
引脚号	端子记号	机能、说明	军规接头	快速接头	颜色
5	T+	串行通信信号输入 / 输出（+）	A	1	蓝
4	T-	串行通信信号输入 / 输出（-）	B	4	蓝黑
14，16	+5V	电源 +5V	S	7	红 / 红白
13，15	GND	电源地线	R	8	黑 / 黑白
Shell	Shielding	屏蔽	L	9	—

表 3-10　CN2 编码器连接头的屏蔽施工办法

（1）剥线	（2）连线	（3）固定线	（4）装入外壳	（5）锁紧外壳

3.4.6　通信接口

伺服驱动器通过通信接口与 PLC、HMI 或计算机相连，用户可利用不同的通信协议来操作驱动器或读取驱动器的运行状态。常见的通信协议有 EtherCAT、PROFIBUS、以太网、无线、CANopen、MODBUS 以及 DMCNET 等多种。下面对其逐一介绍。

1. EtherCAT 通信

EtherCAT 是由德国的 Beckhoff 公司开发的，并且在 2003 年年底成立了 ETG（Ethernet Technology Group）工作组。EtherCAT 是一个可用于现场级的超高速 I/O 网络，它使用标准的以太网物理层和常规的以太网卡，传输介质可为双绞线或光纤。

一般常规的工业以太网都是采用先接收通信帧，进行分析后作为数据送入网络中各个模块的通信方式，而 EtherCAT 的以太网协议帧中已经包含了网络中各个模块的数据。EtherCAT 协议标准帧结构如图 3-30 所示，应用如图 3-31 所示。

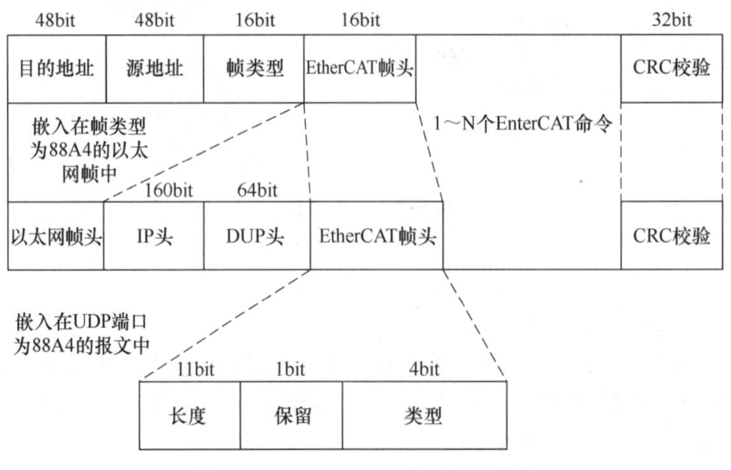

图 3-30　EtherCAT 协议标准帧结构

数据的传输采用移位同步的方法进行，即在网络的模块中得到其相应地址数据的同时，数据帧可以传送到下一个设备，相当于数据帧通过一个模块时输出相应的数据后，马上转入下一个模块。由于这种数据帧的传送从一个设备到另一个设备延迟时间仅为微秒级，所以与其他以太网解决方法相比，性能比得到了提高。在网络段的最后一个模块中结束了整个数据传输的工作，形成了一个逻辑和物理环形结构。所有传输数据与以太网的协议相兼容，同时采用双工传输，提高了传输的效率。

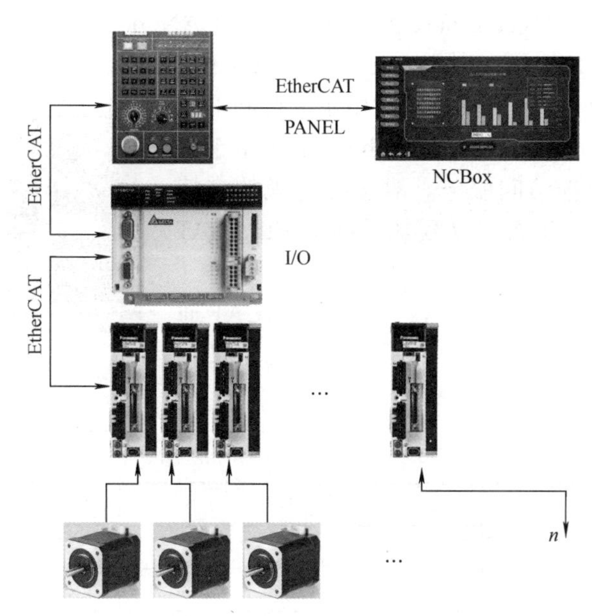

图 3-31　EtherCAT 的应用

EtherCAT 特点有：

1）普通以太网相关的技术都可以应用于 EtherCAT 网络中。EtherCAT 设备可以与其他的以太网设备共存于同一网络中。普通的以太网卡、交换机、路由器等标准组件都可以在 EtherCAT 中使用。

2）支持多种拓扑结构：线形、星形、树形。可以使用普通以太网使用的电缆或光缆。当使用 100Base-TX 电缆时，允许两个设备之间的通信距离达 100m。当使用 100BASE-FX 模式，使用两对光纤在全双工模式下，单模光纤能够达到 40km 的传输距离，多模光纤能够达到 2km 的传输距离。EtherCAT 还能够使用 Beckhoff 公司自己设计的低压差分信号（Low Voltage Differential Signaling，LVDS）线来低延时地通信，通信距离能够达到 10m。

3）广泛的适用性。任何带有普通以太网控制器的设备都有条件作为 EtherCAT 主站，如嵌入式系统、普通的 PC、控制板卡等。

4）高效率、刷新周期短。EtherCAT 从站对数据帧的读取、解析、过程数据的提取与插入完全由硬件来实现，这使得数据帧的处理不受 CPU 的性能、软件的实现方式等影响，时间延迟极小、实时性很高。同时 EtherCAT 可以达到小于 100μs 的数据刷新周期。

5）能够压缩大量设备数据。EtherCAT 以太网帧中能够压缩大量的设备数据，这使得 EtherCAT 网络有效数据率可达到 90% 以上。据测试 1000 个 I/O 更新时间仅 30μs，其中还包括 I/O 周期时间。而容纳 1486B（相当于 12000 个 I/O）的单个以太网帧的刷新时间紧 300μs。

6）同步性能很好。EtherCAT 使用高分辨率的分布式时钟使各从站节点间的同步精度能够远小于 1μs。

7）无须从属子网。很复杂的节点或只有一两位的数字 I/O 都能被用作 EtherCAT 从站。

8）多种应用层协议接口。EtherCAT 拥有多种应用层协议接口来支持多种工业设备行规：COE（CANopen Over EtherCAT）用来支持 CANopen 协议，SOE（SERCOE Over EtherCAT）用来支持 SERCOE 协议，EOE（Ethernet Over EtherCAT）用来支持普通的以太网协议，FOE（File Over EtherCAT）用于上传和下载固件程序或文件，AOE（ADS Over EtherCAT）用于主从站之间非周期的数据访问服务。对多种行规的支持使得用户和设备制造商很容易从现场总线向 EtherCAT 转换。

以交流伺服驱动器 ASDA A2 -E 的 EtherCAT 通信端口为例，其接口图如图 3-32 所示，接口的定义见表 3-11。

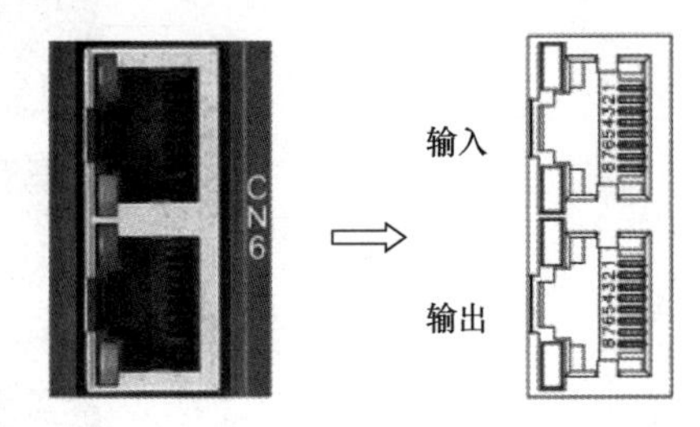

图 3-32 EtherCAT 接口

表 3-11 EtherCAT 接口的定义

端子号	名称	定义 / 说明
1	TX+	Transmit+
2	TX-	Transmit-
3	RX+	Receive+
4	—	—
5	—	—
6	RX-	Receive-
7	—	—
8	—	—

2. PROFIBUS 通信

PROFIBUS（Process Fieldbus）是由 Siemens 等公司组织开发的一种国际化的、开放的、不依赖于设备生产商的现场总线标准。其先后成为德国和欧洲的现场总线标准（DIN 19245 和 EN50170），并于 2000 年成为 IEC 61158 国际现场总线标准之一，2001 年成为我国的机械行业标准 JB/T 10308.3—2001。其特点有：

1）最大传输信息长度为 255B，最大数据长度为 244B，典型长度为 120B。

2）网络拓扑为线形、树形或总线型，两端带有有源的总线终端电阻。

3）传输速率取决于网络拓扑和总线长度，从 9.6kbit/s 到 12Mbit/s 不等。

4）站点数取决于信号特性，例如，屏蔽双绞线每段为 32 个站点（无转发器），最多 127 个站点（带转发器）。

5）传输介质为屏蔽 / 非屏蔽或光纤。

6）当用双绞线时，传输距离最长可达 9.6km；用光纤时，最大传输长度为 90km。

7）传输技术为 DP 和 FMS 的 RS–485 传输、PA 的 IEC1158–2 传输和光纤传输。

8）采用单一的总线访问协议，包括主站之间的令牌传递方式和主站与从站之间的主从方式。

9）数据传输服务包括循环和非循环两类。

PROFIBUS 应用实例如图 3-33 所示，数据处理层与现场设备层之间通过 PROFIBUS–DP 进行通信。

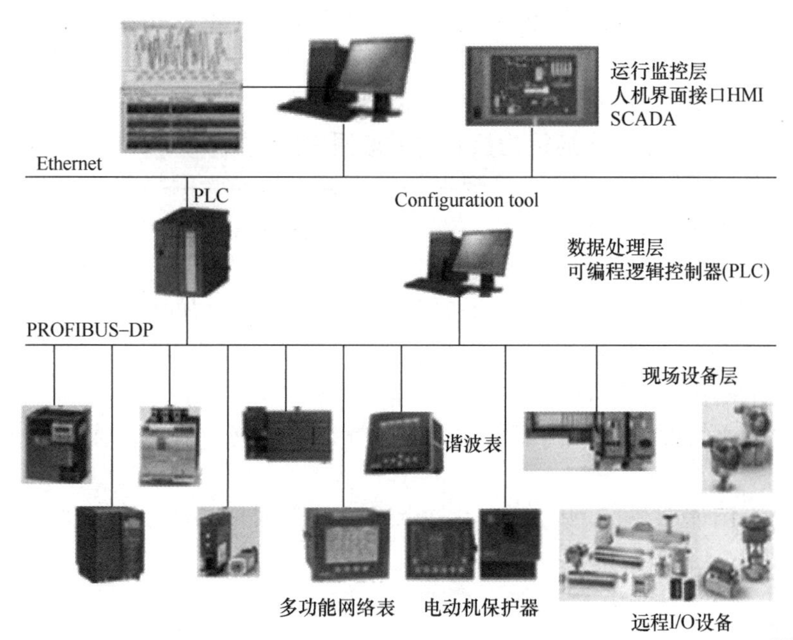

图 3-33　PROFIBUS 的应用

标准 PROFIBUS–DP 接口为 DB9（9–PIN connector），如图 3-34 所示，这是 PROFIBUS 的标准连接器，用以连接 PROFIBUS–DP 网络，其接口定义见表 3-12。

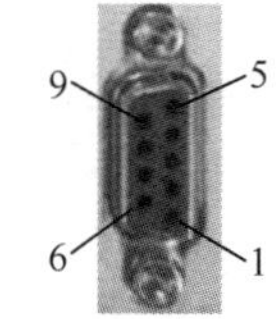

图 3-34　PROFIBUS 的接口

表 3-12　PROFIBUS 接口的定义

端子号	名称	定义 / 说明
1	—	未指定
2	—	未指定
3	Rxd/TxD–P	接收 / 发送数据资料 P（B）
4	—	未指定
5	DGND	数据参考接地（C）
6	VP	电源电压（正压）
7	—	未指定
8	Rxd/TxD–N	接收 / 发送数据资料 N（A）
9	—	未指定

3. 以太网

以太网（Ethernet）指的是由 Xerox 公司创建并由 Xerox、Intel 和 DEC 公司联合开发的基带局域网规范，是当今现有局域网采用的最通用的通信协议标准。以太网络使用 CSMA/CD（载波监听多路访问及冲突检测）技术，并以 10Mbit/s 的速率运行在多种类型的电缆上。以太网与 IEEE 802.3 系列标准相类似。包括标准的以太网（10Mbit/s）、快速以太网（100Mbit/s）和 10G（10Gbit/s）以太网，它们都符合 IEEE 802.3。

其拓扑结构主要分为总线型和星形两种。

总线型：所需的电缆较少、价格便宜、管理成本高，不易隔离故障点、采用共享的访问机制，易造成网络拥塞。早期以太网多使用总线型的拓扑结构，采用同轴缆作为传输介质，连接简单，通常在小规模的网络中不需要专用的网络设备，但由于它存在的固有缺陷，已经逐渐被以集线器和交换机为核心的星形网络所代替。

星形：管理方便、容易扩展、需要专用的网络设备作为网络的核心节点、需要更多的网线、对核心设备的可靠性要求高。采用专用的网络设备（如集线器或交换机）作为核心节点，通过双绞线将局域网中的各台主机连接到核心节点上，这就形成了星形结构。星形网络虽然需要的线缆比总线型多，但布线和连接器比总线型的要便宜。此外，星形拓扑可以通过级联的方式很方便地将网络扩展到很大的规模，因此得到了广泛的应用，被绝大部分的以太网所采用。

随着以太网通信的发展，其衍生发展成为标准以太网、快速以太网、千兆以太网以及万兆以太网。

以太网的应用如图 3-35 所示，其中 PC 通过以太网与 FANUC 机器人数控系统进行通信。

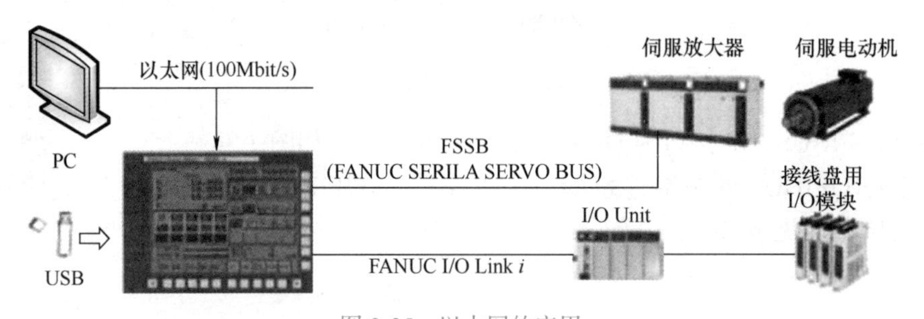

图 3-35　以太网的应用

4. 无线通信

无线通信是通过电磁波在自由空间传播以实现信息传输为目的的通信。无线通信的通信双方至少有一方以无线方式进行信息的交换和传输。无线通信可用来传输电报、电话、传真、图像数据和广播电视等通信业务。与有线通信相比，无线通信无须架设传输线路、不受通信距离限制、机动性能好、建立迅速。

无线通信以电磁波辐射的形式传播信息，传输信道为自由空间，省去了铺设线缆的费用，使用方便，接入灵活，通信距离远，不受地理条件限制等，然而无线通信是开放的信道，信道中的干扰无法得到有效控制，且无线通信终端往往所处位置各不相同，故无线通信较复杂。

通信方式是指通信双方或多方之间的工作形式和信号传输方式。根据不同的标准，无线通信方式也有不同的分类。

1）按通信对象数量的不同，通信方式可分为点到点之间的通信（两个对象之间的通信）、点到多点之间的通信（一个对象和多个对象之间的通信）和多点到多点之间的通信三种（多个对象和多个对象之间的通信），这三种通信方式的示意图如图 3-36 所示。

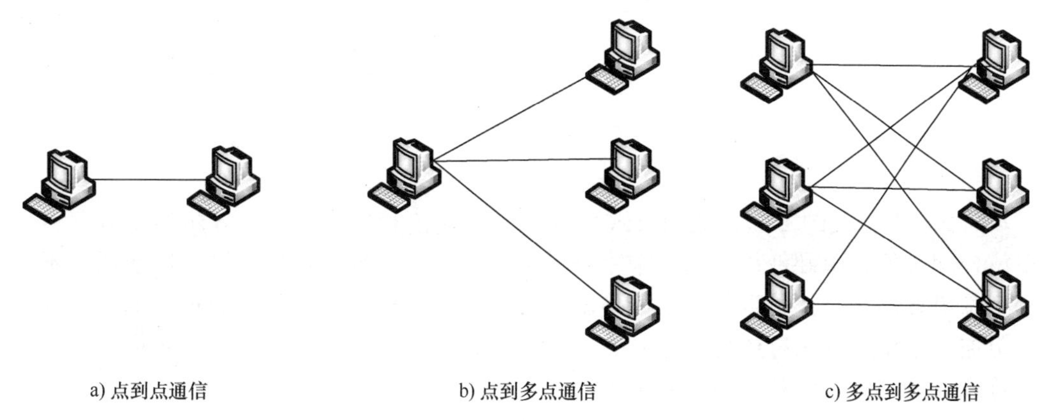

图 3-36　通信对象数量不同的通信方式示意图

2）按信号传输方向与传输时间的不同，任意两点间的通信方式可分为单工、半双工和双工通信方式，三种通信方式示意图如图 3-37 所示。

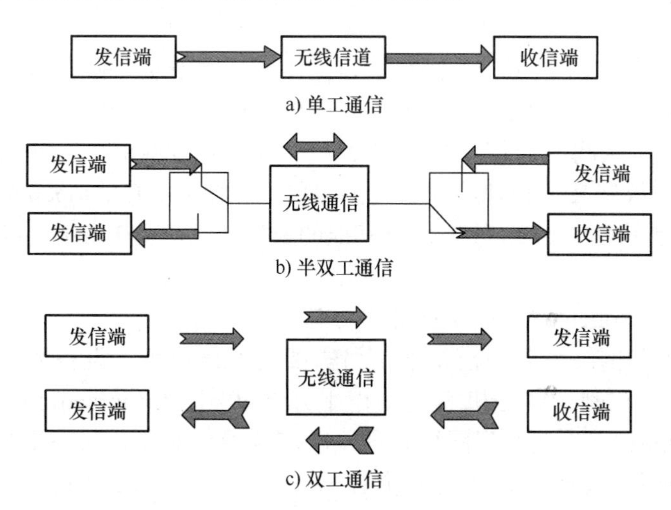

图 3-37　单工、半双工和双工通信方式示意图

3）按信号传输顺序的不同（主要指数字通信），通信方式可分为串行通信与并行通信。串行通信是指将表示一定信息的数字信号序列按信号变化的时间顺序一位接一位地从信源经过信道传输到信宿。并行通信是指将表示一定信息的数字信号序列按码元数分成 n 路（通常 n 为一个字长，如 8 路、16 路、32 路等），同时在 n 路并行信道中传输，信源一次可以将 n 位数据传送到信宿。如在传输数字信号 10011010 时，并行方式则将该序列的 8 位码用 8 路信道同时传输，如图 3-38 所示。

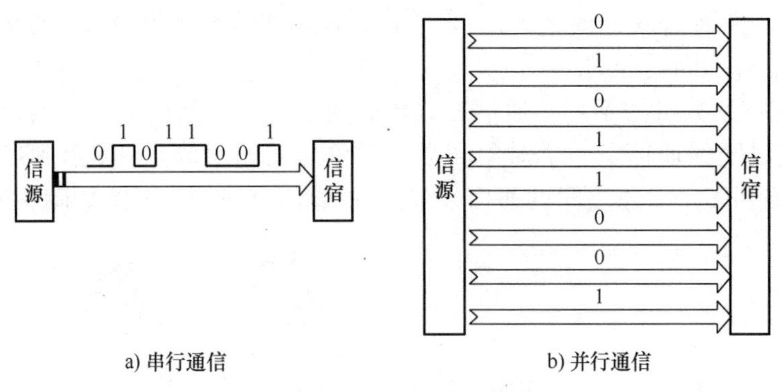

图 3-38　串行与并行通信方式示意图

4）按同步方式的不同，通信方式可分为同步通信和异步通信。异步通信以字符为通信单位，同步信息由硬件加在每一个字符的数据帧上。与异步通信不同，同步通信不是对每个字符单独同步，而是以数据块为传输单位并对其进行同步。每个数据块的头部和尾部都要附加一个特殊的字符或比特序列，以标志数据块的开始与结束，这里数据块是指由一批字符或二进制符号序列组成的数据。

5. CANopen 通信

CANopen 是一种架构在控制局域网路（Controller Area Network，CAN）上的高层通信协议，包括通信子协议及设备子协议，常在嵌入式系统中使用，也是工业控制常用到的一种现场总线。

CANopen 实现了 OSI 模型中的网络层以上（包括网络层）的协议。CANopen 标准包括寻址方案、数个小的通信子协议及由设备子协议所定义的应用层。CANopen 支援网络管理、设备监控及节点间的通信，其中包括一个简易的传输层，可处理资料的分段传送及其组合。CAN 协议定义了物理层和数据链路层，一般而言 CANopen 的数据链路层及物理层会用 CAN。除了 CANopen 外，也有其他的通信协议（如 Ether CAT）采用 CANopen 作为设备子协议。

以下是所有 CANopen 设备都要具备的功能。

通信单元处理和网络上其他模组通信所需要的通信协议。设备的启动及重置由状态机（State Machine）控制。状态机需包括以下几个状态：Initialization、Pre-operational、Operational 及 Stopped。当接收到网络管理（NMT）通信对象，状态机会转换到对应的状态。对象字典（Object Dictionary）是一个有 16 位元索引（Index）的变量阵列。每个变量可以（但非必须）有 8 位元的子索引（Subindex）。变量可用来调整设备的组态，也可以对应设备量测的资料或设备的输出。当状态机设定为 Operational 之后，设备的应用（Application）部分就会实现设备预期的机能。此部分可以由对象字典中的变量调整其设定，而资料由通信层传送或接收。

SUB-D9（9-PIN connector）为一标准 CANopen 接口，这是 CANopen 的标准连接器，用以连接 CANopen 网络。CANopen 的接口如图 3-39 所示，引脚定义见表 3-13。

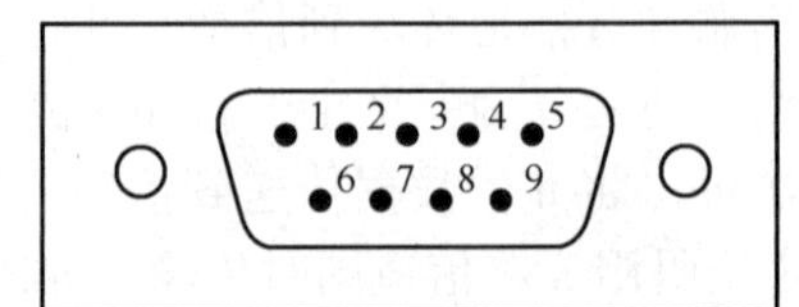

图 3-39　CANopen 的接口

表 3-13　CANopen 接口的定义

端子号	名称	定义 / 说明
1	—	保留
2	CAN_L	CAN_L 总线
3	CAN_GND	CAN 接地
4	—	保留
5	（CAN_SHLD）	可选的 CAN 屏蔽层
6	GND	接地，连接到引脚 3
7	CAN_H	CAN_H 总线
8	—	保留
9	（CAN_V+）	可选外部正电源

6. MODBUS 通信

MODBUS 通信有两种模式：ASCII（American Standard Code for Information Interchange）模式与 RTU（Remote Terminal Unit）模式，用户可通过参数 P3–02 设定所需的通信协议。除此两种通信模式外，此驱动器支持功能（Function）03H 读取多笔数据、06H 写入单笔字符、10H 写入多笔字符。

（1）ASCII 模式

ASCII 模式是数据在传输时使用美国标准通信交换码（ASCII），即在两个站（主站与从站）之间，若要传输数值 64H，则会送出 ASCII 码的 36H 信号代表‘6’，送出 ASCII 码的 34H 信号代表‘4’。

数字 0 至 9 与字母 A 至 F 的 ASCII 码，见表 3-14。

表 3-14　简单 ASCII 码对照

字符符号	‘0’	‘1’	‘2’	‘3’	‘4’	‘5’	‘6’	‘7’
对应 ASCII 码	30H	31H	32H	33H	34H	35H	36H	37H
字符符号	‘8’	‘9’	‘A’	‘B’	‘C’	‘D’	‘E’	‘F’
对应 ASCII 码	38H	39H	41H	42H	43H	44H	45H	46H

ASCII 模式通信的开头由冒号开始‘：’（ASCII 为 3AH），ADR 为两个字符的 ASCII 码，结尾则为 CR（Carriage Return）及 LF（Line Feed），在开头与结尾之间则为通信位置、功能码、数据内容、错误查核 LRC（Longitudinal Redundancy Check）等，见表 3-15。

（2）RTU 模式

每个 8–bit 数据由两个 4–bit 的十六进制字符所组成。若两站之间要交换数值 64H，则直接传数据 64H。此方式会比 ASCII 模式有较好的传输效率。

RTU（Remote Terminal Unit）模式通信的开头由一静止信号开始，结束则为另一静止信号，在开头与结尾之间则为通信位置、功能码、数据内容、错误查核 CRC（Cyclical Redundancy Check）等，通信结构见表 3-16。

表 3-15　ASCII 通信结构

Start	起始字符 ‘:’（3AH）
Slave Address	通信地址：1-byte 包含了 2 个 ASCII 码
Function	功能码：1-byte 包含了 2 个 ASCII 码
Data（n-1）	数据内容：n-word =2n-byte 包含了 4n 个 ASCII 码，n≤10
…….	
Data（0）	
LRC	错误查核：1-byte 包含了 2 个 ASCII 码
End 1	结束码 1：（0DH)(CR）
End 0	结束码 0：（0AH)(LF）

表 3-16　RTU 通信结构

Start	超过 10ms 的静止时段
Slave Address	通信地址：1-byte
Function	功能码：1-byte
Data（n-1）	数据内容：n-word =2n-byte，n≤10
…….	
Data（0）	
CRC	错误查核：2-byte
End 1	超过 10ms 的静止时段

以交流伺服驱动器 ASDA A2-L 为例，其提供两种常用通信接口：RS-232、RS-485。可使用参数（P3-05）设定。RS-232 较为常用，通信距离大约 15m。若选择使用 RS-485，可达较远的传输距离，且支持多组驱动器同时联机能力。以伺服驱动器 ASDA A2-L 的 CN3 通信端口为例，其接口图如图 3-40 所示，接口定义见表 3-17，与个人计算机通过 RS-232 的连接方式如图 3-41 所示。

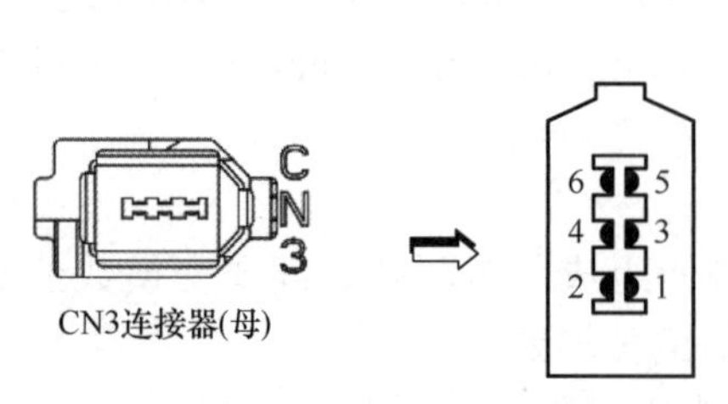

图 3-40　CN3 通信端信号接线

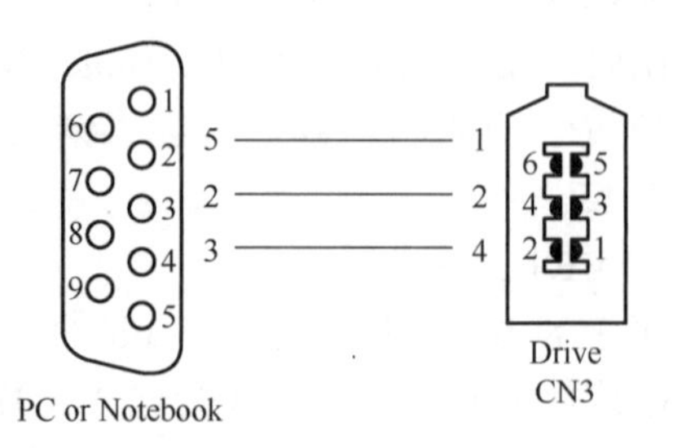

图 3-41　CN3 通信端口与个人计算机的连接方式

表 3-17　接口定义

引脚号	信号名称	端子记号	机能、说明
1	信号接地	GND	+5V 与信号端接地
2	RS-232 数据传送	RS-232_TX	驱动器端数据传送连接至 PC 的 RS-232 接收端
3	—	—	保留
4	RS-232 数据接收	RS-232_RX	驱动器端数据接收连接至 PC 的 RS-232 传送端
5	RS-485 数据传送	RS-485（+）	驱动器端数据传送差动“+”端
6	RS-485 数据传送	RS-485（-）	驱动器端数据传送差动“-”端

7. DMCNET 通信

DMCNET（Delta Motion Control Network）具有实时性能，是以 CiA 402 标准 CANopen 应用规范为基础，台达自行开发的高速运动控制总线，可在 1ms 内同时操控 12 轴的伺服驱动器，并支持多样化的运动控制模块（直线补间、圆弧补间、螺旋补间、连续补间）。特点：①使用通信网路，安装方便；②传输数据速率高达 20Mbit/s；③资料更新频率超过 2kHz；④通信周期小于 500μs。

DMCNET 是一种实时系统（Real Time System）、具有通信冗余（Redundancy）的功能，此轴卡更新 12 轴的命令只需 1ms，可接收 64bit 的双精度浮点数，让系统的运算更精准且操作方式更灵活多元，内建的回原点模式高达 35 种，12 轴可以同动，亦可分配为 4 组的 3 轴螺旋或直线补间，或分配为 6 组的 2 轴直线或圆弧补间，支持增量命令与绝对命令，速度命令则有 T 型与 S 型曲线，控制模式可为速度、扭力与位置控制，在同一条网络在线可连接伺服电动机、线性电动机、DIO、AIO 等装置，亦可搭配步进电动机或手摇轮使用。

3.4.7　典型电路

图 3-42 给出了位置模式（PT）典型电路。输入电源经过断路器、接触器接到伺服驱动器主回路 RST 端子上，伺服驱动器输出 UVW 接到伺服电动机，编码器返回信号接到伺服驱动器的 CN2 端子。

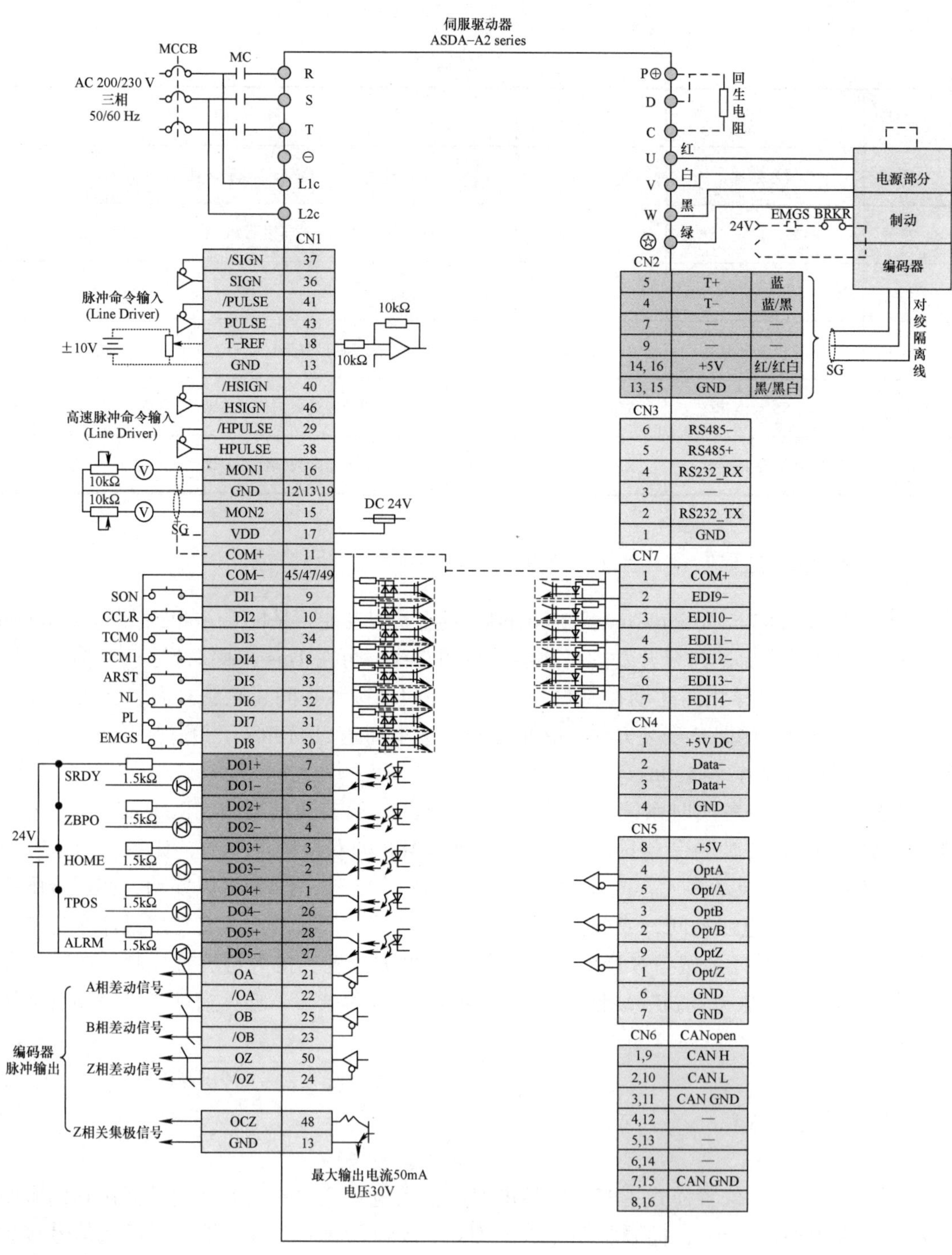

图 3-42　位置模式（PT）典型电路

3.5　伺服驱动器的安全与寿命

为了伺服驱动器及人员的安全，同时为了提高伺服驱动器的使用寿命，伺服驱动器在安装使用时有一些注意事项如下所述。

1）安装驱动器与运转环境的条件要在伺服驱动器允许范围内。

2）电缆走线：驱动器与电机连线不能拉紧，不能将动力线和信号线从同一管道内穿过，也不要将其绑扎在一起。配线时要将动力线和信号线留有一定的间隔，如将动力线与信号线间隔 30cm。对于信号线、编码器反馈线，需要使用多股绞合线以及多芯绞合整体隔离线。例如，某伺服驱动器其信号输入线最长为 3m，反馈线最长为 20m。

3）安装方向及尺寸：伺服驱动器安装时必须垂直安装，即让伺服驱动器的散热片垂直安装于墙面，不能倾倒放置，否则会造成故障。为了使冷却循环效果良好，安装交流伺服驱动器时其上下左右及相邻的物品和挡板必须保持足够的空间，多个驱动器安装时尽量避免上下排列使用，因下排驱动器在运转时所产生的热气上升，容易造成上排驱动器不必要的温度增加。单台驱动器和多台驱动器安装示意图如图 3-43 所示。

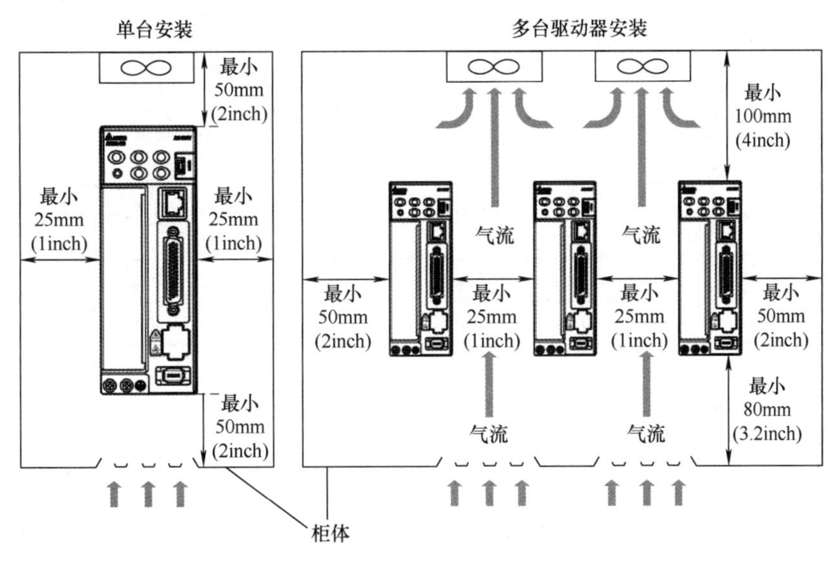

图 3-43 伺服驱动器安装示意图

4）伺服驱动器的检测，包括一般检测、操作前检测及运转前检测，检测内容见表 3-18。

表 3-18 驱动器检测内容

检测项目	检测内容
一般检测	定期检查伺服驱动器安装部位、伺服电动机轴心与机械连接处的螺丝、端子台与机械部位的螺丝是否有松动
	控制箱的间隙或通风扇设置，应避免油、水或金属粉等异状物的侵入，且应防止电钻的切削粉落入伺服驱动器内
	控制箱设置于有害气体或多粉尘的场所，应防止有害气体与粉尘的侵入
	制作检出器（编码器）线材或其他线材时，注意接线顺序是否有误，否则可能发生烧毁

（续）

检测项目	检测内容
操作前检测 （未供应控制电源）	为防止触电，伺服驱动器的接地保护端子必须确实连接控制箱的接地保护端子。如需配线时，请在电源切断 10min 后进行，或直接以放电装置进行放电
	配线端子的接续部位请实施绝缘处理
	配线应正确，避免造成损坏或发生异常动作
	螺丝或金属片等导电性物体、可燃性物体是否存在伺服驱动器内
	控制开关是否置于 OFF 状态
	伺服驱动器或外部的回生电阻，不可设置于可燃物体上
	为避免电磁制动器失效，请检查立即停止运转及切断电源的回路是否正常
	伺服驱动器附近使用的电子仪器受到电磁干扰时，请使用仪器降低电磁干扰
	请确定驱动器的外加电压准位是否正确
运转前检测 （已供应控制电源）	检出器（编码器）电缆应避免承受过大应力。当电机在运转时，注意接续电缆是否与机件接触而产生磨耗，或发生拉扯现象
	伺服电动机若有振动现象，或运转声音过大，请与厂商联络
	确认各项参数设定是否正确，依机械特性的不同可能会有不预期的动作。勿将参数做过度极端的调整
	重新设定参数时，请确定驱动器是否在伺服停止（SERVO OFF）的状态下进行，否则会成为故障发生的原因
	继电器动作时，若无接触的声音或其他异常的声音产生，请与厂商联络
	电源指示灯与 LED 显示是否有异常现象

习题与思考题

1. 伺服驱动器的基本结构包括哪几部分？
2. 伺服驱动器的主回路由哪几部分组成？各部分电路的功能是什么？
3. 伺服驱动器的主要参数有哪些？
4. 回生电阻的作用是什么？如何选择回生电阻？
5. 伺服驱动器数字量输入接口 NPN 模式和 PNP 模式的区别在哪里，请画图说明。
6. 列举伺服驱动器的通信接口种类。

第 4 章

伺服系统常用测量元件

4.1 概述

测量元件是伺服系统重要组成单元，为了实现伺服系统的伺服性能，测量元件应能实时地对被测对象的伺服参数（位移、速度、加速度、加加速度和力、转矩等机械量）进行检测。这就要求测量元件满足以下几点：工作可靠，抗干扰性强；能满足精度和动态响应的要求；使用及维护方便；成本低。

常用的检测（角）位移、（角）速度的测量元件有旋转变压器、感应同步器和编码器。常用的位置检测装置分类见表 4-1。

表 4-1 位置检测装置分类

类型	数字式		模拟式	
	增量式	绝对式	增量式	绝对式
回转型	光电盘、圆光栅	编码盘	旋转变压器、感应同步器、圆形磁尺	多级旋转变压器、旋转变压器组合
直线型	长光栅、激光干涉仪	编码尺	直线感应同步器、磁尺	绝对值式磁尺

4.2 编码器

在伺服控制系统中光电编码器是最常见的，光电编码器是种集光、机、电为一体的数字化检测装置，与其他同类用途的传感器相比，它具有精度高、测量范围广、体积小、质量小、使用可靠、易于维护等优点，广泛应用于交流伺服电动机的速度和位置检测。

近十几年来，光电编码器已发展为成熟的多规格、高性能的系列工业化产品，在数控机床、机器人、雷达、光电经纬仪、地面指挥仪、高精度闭环调速系统、伺服系统等诸多领域得到了广泛的应用。光电编码器可以定义为：一种通过光电转换，将输至轴上的机械、几何位移量转换成脉冲或数字量的传感器，它主要用于速度或位置（角度）的检测。典型的光电编码器由码盘、检测光栅、光电转换电路（包括光源、光电器件、信号转换电路）及机械部件等组成。

一般来说，根据光电编码器产生脉冲的方式不同，可以分为增量式、绝对式以及复合式三大类。按编码器运动部件的运动方式来分，可以分为旋转式和直线式两种。由于直线式运动可以借助机械连接转变为旋转式运动，反之亦然，因此，只有在那些结构形式和运动方式都有利于使用直线式光电编码器的场合才予以使用。旋转式光电编码器容易做成全封闭形式，易于实现小型化，具有较强的环境适用能力，因而在实际工业生产中得到广泛的应用。本书中如无特别说明，所提到的光电编码器则指旋转式光电编码器。

4.2.1 编码器结构与原理

1. 增量式光电编码器

增量式光电编码器提供了一种对连续位移量离散化、增量化以及位移变化（速度）的传感方法。增量式光电编码器的特点是每产生一个输出脉冲信号就对应于一个增量位移，它能够产生与位移增量等值的脉冲信号。增量式光电编码器测量的是相对于某个基准点的相对位置增量，而不能够直接检测出绝对位置信息。

如图 4-1 所示，增量式光电编码器主要由光源、码盘、检测光栅、光电检测器件和转换电路组成。在码盘上刻有节距相等的辐射状透光缝隙，相邻两个透光缝隙之间代表一个增量周期。检测光栅上刻有 A、B 两组与码盘相对应的透光缝隙，用以通过或阻挡光源和光电检测器件之间的光线，它们的节距和码盘上的节距相等，并且两组透光缝隙错开 1/4 节距，使得光电检测器件输出的信号在相位上相差 90°。当码盘随着被测转轴转动时，检测光栅不动，光线透过码盘和检测光栅上的透过缝隙照射到光电检测器件上，光电检测器件就输出两组相位相差 90° 的近似于正弦波的电信号，电信号经过转换电路的信号处理，就可以得到被测轴的转角或速度信息。

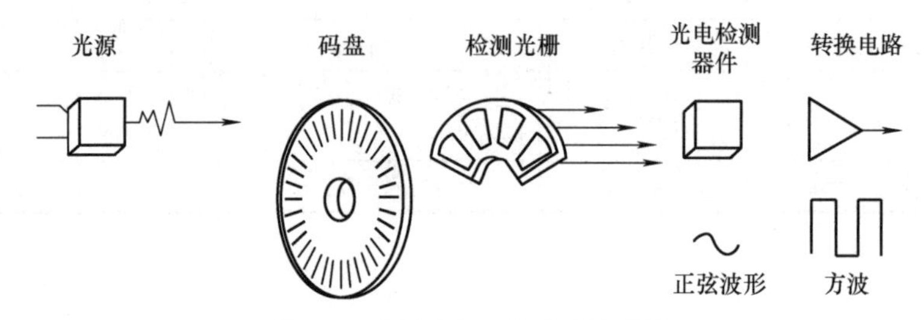

图 4-1　增量式光电编码器原理图

一般来说，增量式光电编码器输出 A、B 两相相位差为 90° 的脉冲信号（即所谓的两相正交输出信号），根据 A、B 两相的先后位置关系，可以方便地判断编码器的旋转方向，当码盘正转时，A 通道脉冲波形比 B 通道超前 π /2，而反转时，A 通道脉冲比 B 通道滞后 π /2。另外，码盘一般还提供用作参考零位的 N 相标志（指示）脉冲信号，码盘每旋转一周，会发出一个零位标志信号，如图 4-2 所示。

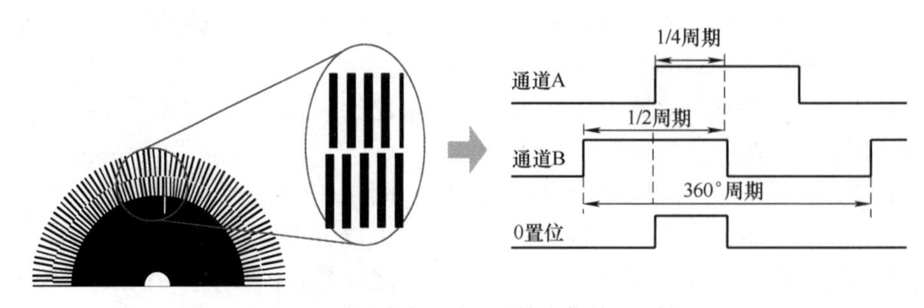

图 4-2　增量式光电编码器输出信号（正转）

增量式光电编码器优点是结构简单、响应迅速、易于实现小型化、抗干扰能力强、寿命长、可靠性高、适合远距离传输；缺点是无法输出转轴的绝对位置信息，掉电后容易造成数据损失，且有误差累积现象。在伺服控制应用中，系统重新上电后必须重新确定系统零点。

2. 绝对式光电编码器

旋转增量式编码器转动时输出脉冲，通过计数设备来知道其位置，当编码器不动或停电时，依靠计数设备的内部记忆来记住位置。这样，当停电后，编码器不能有任何的移动，当来电工作时，编码器输出脉冲过程中也不能有干扰而丢失脉冲，否则计数设备记忆的零点就会偏移，而且这种偏移的量是无从知道的，只有错误的生产结果出现后才能知道。实际上，工业控制由于使用的设备越来越多，干扰信号也越来越多而且越来越复杂，对于增量信号，更多的是干扰信号对于脉冲的多计与漏计无从判断，造成累计误差。

解决的方法是增加外部参考点，编码器每次经过参考点，将参考位置修正，写进计数设备的记忆位置。在参考点以前，是不能保证位置的准确性的。为此，在伺服控制中就有每次操作先找参考点、开机找零等方法。这样的方法对有些伺服控制项目不适用，例如，项目需求不允许开机找零（开机后就要知道准确位置），或连续工作而不允许经常去找零，于是就有了绝对式光电编码器的出现。

绝对式光电编码器的原理及组成部件与增量式光电编码器基本相同，与增量式光电编码器不同的是，绝对式光电编码器用不同的数码来指示每个不同的增量位置，它是一种直接输出数字量的传感器。

如图 4-3 所示，绝对式光电编码器的圆形码盘上沿径向有若干同心码道，每条码道上由透光和不透光的扇形区相间组成，相邻码道的扇区数目是双倍关系，码盘上的码道数就是它的二进制数码的位数。在码盘的一侧是光源，另一侧对应每一码道有一光电器件。当码盘处于不同位置时，各光电器件根据受光照与否转换出相应的电平信号，形成二进制数。显然，码道越多，分辨率就越高，对于一个具有 n 位二进制分辨率的编码器，其码盘必须有 n 条码道。

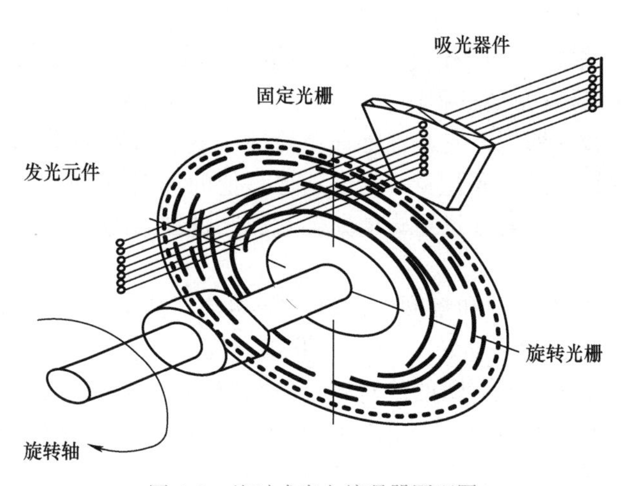

图 4-3　绝对式光电编码器原理图

根据编码方式的不同，绝对式光电编码器的两种类型码盘（二进制码盘和格雷码码盘）如图 4-4 所示。以四位二进制码盘为例，码盘上各圈圆环分别代表一位二进制的数字码道，在同一个码道上印制黑白等间隔图案，形成一套编码。黑色不透光区和白色透光区分别代表二进制的“0”和“1”。在一个四位光电码盘上，有四圈数字码道，每一个码道表示二进制的一位，里侧是高位，外侧是低位，在 360° 范围内可编数码数为 2^4=16 个。工作时，码盘的一侧放置电源，另一边放置光电接收装置，每个码道都对应有一个光电管及放大、整形电路。码盘转到不同位置，光电器件接收光信号，并转成相应的电信号，经放大整形后，成为相应数码电信号。但由于制造和安装精度的影响，当码盘回转在两码段交替过程中，会产生读数误差。例如，当码盘顺时针方向旋转，由位置“0111”变为“1000”时，这四位数要同时都变化，可能将数码误读成 16 种代码中的任意一种，如读成 1111、1011、1101、…、0001 等，产生了无法估计的很大的数值误差，这种误差称非单值性误差，如读成 0000，则产生了“粗大误差”。为了消除非单值性误差，可采用图 4-4b 的循环码盘（或称格雷码盘）。

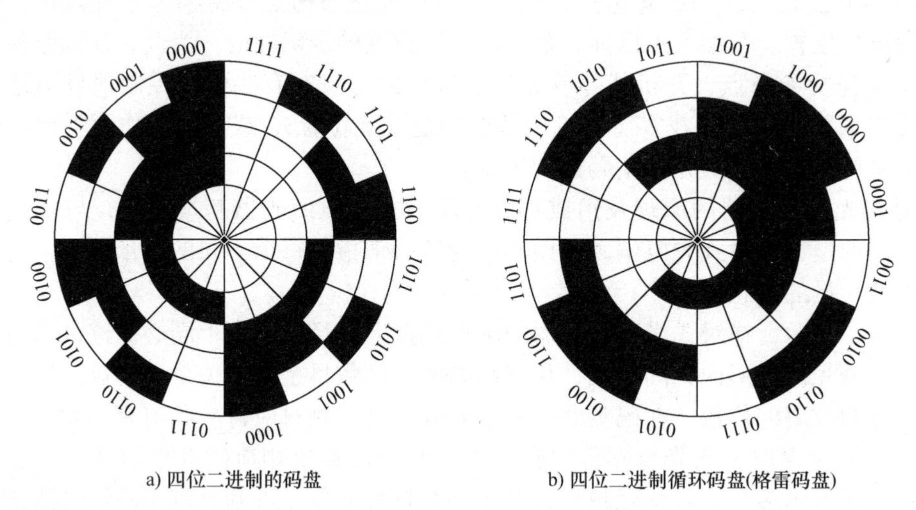

a) 四位二进制的码盘　　b) 四位二进制循环码盘(格雷码盘)

图 4-4　绝对式光电编码器码盘

循环码习惯上又称格雷码，它也是一种二进制编码，只有“0”和“1”两个数。这种编码的特点是任意相邻的两个代码间只有一位代码有变化，即“0”变为“1”或“1”变为“0”。因此，在两数变换过程中，所产生的读数误差最多不超过“1”，只可能读成相邻两个数中的一个数。所以，它是消除非单值性误差的一种有效方法。此外，循环码盘最低位的区段宽度要比二进制码盘宽一倍，这也是他的优点。其缺点是不能直接进行二进制算术运算，在运算前必须先通过逻辑电路转化成二进制编码。光电编码盘轴位和数码对照表见表 4-2。

绝对式编码器可分为单圈和多圈编码器，单圈绝对式编码器根据测量步数将机械角度的一圈分成一定数值，编码器转一圈后，重新计数，只能用于旋转范围 360° 以内的测量。如果用单圈编码器来实现多圈的绝对定位，系统必须能处理信号溢出。另外如果要测量旋转超过 360° 范围，还可以用多圈绝对值编码器。对于多圈绝对式编码器，当中心码盘旋转时，通过齿轮传动另一组码盘（或多组齿轮、多组码盘），在单圈编码的基础上再增加圈数的编码，以扩大编码器的测量范围。它同样是由机械位置确定编码，每个位置编码唯一不重复，且无须记忆。多圈编码器的优点是由于测量范围大，实际使用往往富裕较多，这样在安装时不必费劲找零点，将某一中间位置作为起始点就可以了，而大大简化了安装调试难度。绝对编码器的特点：具有固定零点、输出代码是轴角的单值函数、掉电后不会丢失信息、无累计误差，在高精度位置伺服系统中得到了广泛应用；其缺点是制造工艺复杂。

表 4-2　光电编码盘轴位和数码对照表

轴的位置	二进制码	循环码	轴的位置	二进制码	循环码
0	0000	0000	8	1000	1100
1	0001	0001	9	1001	1101
2	0010	0011	10	1010	1111
3	0011	0010	11	1011	1110
4	0100	0110	12	1100	1010
5	0101	0111	13	1101	1011
6	0110	0101	14	1110	1001
7	0111	0100	15	1111	1000

4.2.2　编码器的主要参数

1）电源电压：工作电压一般有 DC10 ～ 30V 和 DC5V ± 10% 两种。

2）耗流量（空载）：空载时的电流。

3）分辨率：编码器的分辨率是以编码器轴转动一周所产生的输出信号基本周期数来表示的，即脉冲数 / 转。

4）精度：是指编码器输出的信号数据对测量的真实角度的准确度，对应的参数是角分（′）、角秒（″）。

5）最高响应频率：一秒内能响应的最大脉冲数。

6）最高转速：可响应的最高转速，在此转速下发生的脉冲能被响应。

7）截止频率（-3dB、-6dB）：当输入信号的幅值不变，改变输入信号的频率使输出信号降至最大值的 0.707 倍，此输入信号的频率就是截止频率，也称 -3dB 截止频率。同理 -6dB 对应峰值功率的 25% 的频率。

8）信号输出方式：在大多数情况下，直接从编码器的检测器件获取的信号电平较低，波形也不规则，还不能适应于控制、信号处理和远距离传输的要求。所以，在编码器内还必须将此信号放大、整形。经过处理的输出信号一般近似于正弦波或矩形波。由于矩形波输出信号容易进行数字处理，所以这种输出信号在定位控制中得到广泛的应用。采用正弦波输出信号时基本消除了定位停止时的振荡现象，并且容易通过电子内插方法，以较低的成本得到比较高的分辨率。编码器的信号输出形式有：集电极开路输出、电压输出、线驱动输出、互补型输出和推挽式输出等。编码器的信号接收设备接口应与编码器对应。

9）机械转速（机械允许轴速）：编码器的机械转速以每分钟最多可以旋转的圈数来表示——r/min。

10）轴载重能力：轴所能承受径向和轴向载荷的能力。

4.2.3 编码器的输出信号

编码器的输出信号波形有正弦波（电流、电压）、方波（TTL、HTL），TTL 称晶体管逻辑（5V ± 0.25V），HTL 也称高压晶体管逻辑（10 ～ 24V）。方波输出又分为集电极开路输出（Open Collector）、电压输出（Voltage）、差分长线驱动（Line Driver）和推挽式输出（Totem Pole）等。

1）集电极开路输出。这种输出方式通过使用编码器输出侧的晶体管，将晶体管的发射极引出端子连接至 0V，断开集电极与 +Vcc 的端子并把集电极作为输出端。在编码器供电电压和信号接收装置的电压不一致的情况下，建议使用这种类型的输出电路。晶体管的极性分 NPN 与 PNP，后接收设备选型要与之匹配。以 NPN 的集电极开路输出为例，这种输出方式的信号只能与 PNP 接线方式的 PLC 直接相连。集电极开路输出电路简单经济，但选型面窄，传递距离根据放大管有远有近，但总体传递距离不远，且保护不够，较易损坏，大部分用在单机设备上而不是工程项目中。

2）电压输出。这种输出方式使用编码器输出侧的晶体管，将晶体管的发射极引出端子连接至 0V，集电极端子通过上拉电阻连接 +Vcc，集电极端子和上拉电阻之间作为输出端，可以连接到负载。在编码器供电电压和信号接收装置的电压一致的情况下，建议使用这种类型的输出电路。这是一种应对 PNP 或 NPN 形式的接收设备的权宜之计，以便两者都可以连接。然而，现在经济型 PLC 通常已经集成了这种电压接口。如果使用这种 PLC，最好选择集电极开路输出的编码器，或者电压型的极性相同的编码器。因为如果选择了 PNP+ 电压输出的编码器，而连接的 PLC 是 NPN+ 电压的，就会产生漏电流并导致错误。

3）差分长线驱动（有的欧洲的编码器用 TTL 来表示，是相对于后面介绍的 HTL 的）。这种输出方式将线驱动专用 IC 芯片（差分放大电路）用于编码器输出电路，由于它具有高速响应和良好的抗噪声性能，使得线驱动输出适宜长距离传输。大部分是 5V，提供 A+、B+、Z+ 及其 180° 反相的 A–、B–、Z–，读取时，以 A+ 与 A– 的差分值读取，对于共模干扰有抑制作用，传递距离较远，由于抗干扰能力较强，一般传输距离是 100m，在运动控制（数控机床）中用得较多。

4）推挽式输出（有的欧洲的编码器用 HTL 表示）。这种输出方式由上下一组 NPN+PNP 型的晶体管组成，当其中一个晶体管导通时，另外一个晶体管则关断。电流通过输出侧的两个晶体管向两个方向流入，并始终输出电流。因此它阻抗低，而且不太受噪声和变形波的影响。根据供电，输出有 10 ～ 30V，对于接收设备的兼容性强，信号强而稳定，如果再与差分长线驱动一样有反相信号的话，因信号电压高，传递距离远，差分传递及接收，抗干扰性能好，工程项目或大型设备中，首选推挽式输出，而在较远传递或大变频电机工况下，又要选具有反相输出的推挽式输出编码器，传输距离可达 300 ～ 400m（如 ABB 变频控制器就有这样的接口：A+/A–，B+/B–，Z+/Z–）。

4.2.4 编码器的应用

表 4-3 给出了几种增量式和绝对式光电编码器的技术指标。

表 4-3 几种编码器的技术指标

型号 编码器参数	欧姆龙增量式 E6B2–CWZ6C	西门子增量式 6FX2001–2	海德汉增量式 ERN1020	西克增量式 DBS60E–SFK0	堡盟绝对式 GM400	倍加福绝对式 ASV58N
电源电压	DC 5 ~ 24V （5% ~ 15%）	DC 5V ± 10% 或 10 ~ 30V	DC 5V±10%	DC 4.5 ~ 30V	DC 10 ~ 30V	DC 5V
空载电流	≤80mA	≤150mA	≤120mA	≤30mA	≤50mA（24V） ≤80mA（5V）	≤120mA
最高分辨率 （脉冲 / 转数）	2000	5000	3600	5000	每圈步数 14 位 圈数 16 位	每圈步数 14 位 圈数 14 位
精度（角秒）	—	+18 机械 × 3600/ 线数 z	栅距的 1/20	—	± 0.025°	—
最高响应频率	100kHz	—	—	300kHz	—	—
最大扫描频率	—	300kHz	300kHz	—	—	—
最大机械转速	6000r/min	12000r/min	12000r/min	9000r/min	10000r/min	12000r/min
起动转矩	0.00098N · m	0.01N · m	0.001N · m	0.012N · m	0.015N · m （IP54） 0.03N · m （IP65）	0.05N · m
转子转动惯量	—	2.9×10^{-6}kg · m^2	0.5×10^{-6}kg · m^2	33g · cm^2	20g · cm^2	—
极限频率 （截止频率）	—	≥180（–3dB） ≥450（–6dB）	—	—	—	—
信号输出方式	NPN 开路集 电极	差分长线驱动 RS422（TTL）	推挽式输出 HTL	推挽式输出 HTL	SSI：线驱动 RS422	SSI：线驱动 RS422
轴最大负载 轴向	30N	40N n≤6000r/min 10N n≥6000r/min	—	100N	20N	40N
轴最大负载 径向	20N	60N n≤6000r/min 20N n≥6000r/min	—	50N	40N	110N
抗振	≤150m/s^2	≤300m/s^2	≤100m/s^2	30g， 10 ~ 2000Hz	10g， 58 ~ 2000Hz	10g， 10 ~ 2000Hz
抗冲击	≤1000m/s^2	≤2000m/s^2	≤1000m/s^2	250g，3ms	250g，6ms	100g，3ms
环境温度	工作时： –10 ~ +70℃、 保存时： –25 ~ +85℃ （无结冰）	法兰接头或固定 电缆 –40 ~ +100℃ 柔性电缆 –10 ~ +100℃	静止电缆 –30 ~ +100℃ 活动电缆 –10 ~ +100℃	工作时： –30 ~ +85℃ 保存时： –40 ~ +100℃ （无包装）	工作时： –25 ~ +85℃	工作时： –40 ~ +85℃ 储存时： –40 ~ +85℃
环境湿度	工作时、保 存时： 各 35% ~ 85%RH （无结露）	—	—	90%（无结露）	95%（无结露）	—
防护等级	IP50	外壳 IP67 轴 IP64	IP64	外壳 IP67 轴 IP65	无轴封 IP54 带轴封 IP65	IP65

编码器的脉冲信号一般连接计数器、PLC、计算机，可用于计数、测速、位置测量等。本实例使用欧姆龙 NPN 输出增量式 E6B2-CWZ6C 编码器与高速计数器在相位差输入模式下连接实现计数功能。E6B2-CWZ6C 输出回路如图 4-5 所示。

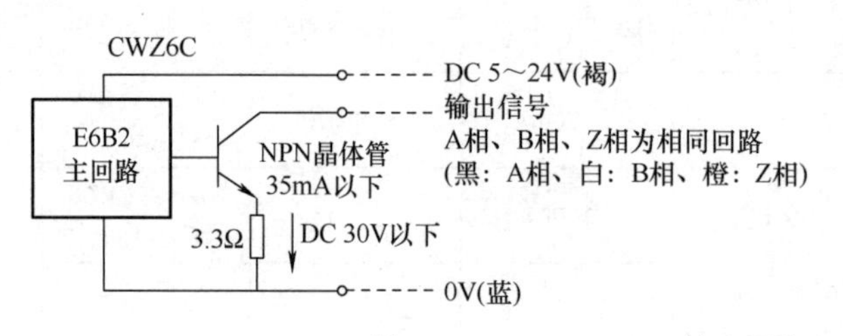

E6B2-CWZ6C, 3E, 5B, 5G	
线色	端子名
褐	电源(+Vcc)
黑	输出A相
白	输出B相
橙	输出Z相
蓝	0V

图 4-5　EB62-CWZ6C 输出回路

图 4-6 为接线原理图和实际接线图，棕（褐）色线接电源正极，蓝色线接电源负极，黑色线接输入 0.00，白色线接输入 0.01，橙色线接输入 0.04，因为 NPN 型输出为低电平有效，故而 PLC 的 COM 接电源正极。

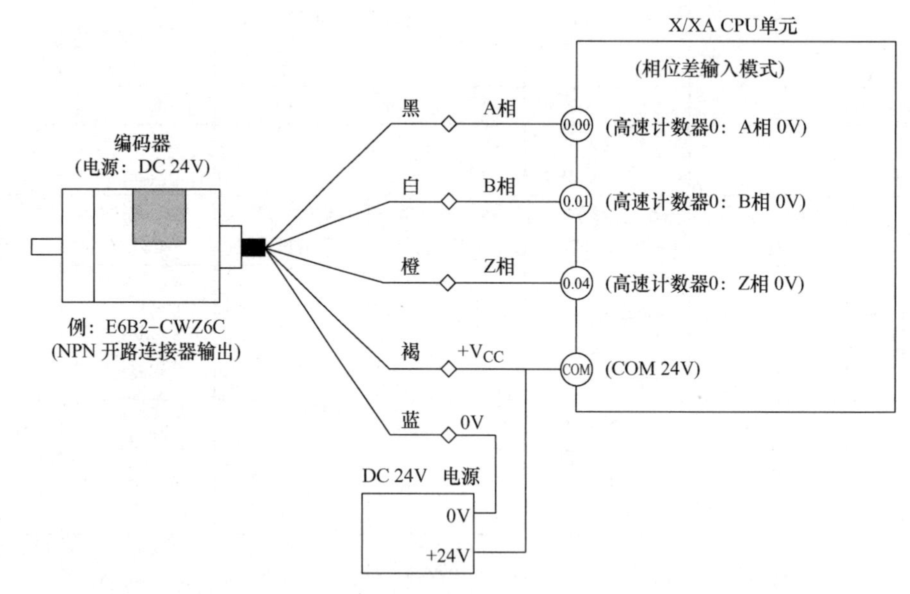

图 4-6　NPN 输出增量式接线原理图和实际接线图

4.3　旋转变压器

旋转变压器（Resolver/Transformer）简称“旋变”，也称作“解算器”或“分解器”，是一种精密角度、位置、速度检出装置，适用于所有使用旋转编码器的场合，特别是高温、严寒、潮湿、高速、高振动等旋转编码器无法正常工作的场合。早期的旋转变压器用于计算解答装置中，作为计算机中的主要组成部分之一。旋转变压器的输出电压是随转子转角变化的电气信号，通常是正弦、余弦、线性等。旋转变压器可用于伺服控制系统、机器人系统、航空航天等领域的角度、位置检测系统中。此外，旋转变压器也可用于坐标变换、三角运算和角度数据传输以及作为两相移相器用在角度 - 数字转换装置中。

旋转变压器和编码器的主要区别如下：

1）编码器采用脉冲计数，多为方波输出，旋转变压器是模拟量信号输出，输出正余弦再通过芯片解算出相位差。

2）旋转变压器的转速比较高，可以达到上万转。

3）旋转变压器的应用环境温度是 –55 ～ +155℃，编码器是 –10 ～ +70℃。

4）旋转变压器一般是增量的。

4.3.1　旋转变压器的结构

旋转变压器按用途的差异可分为计算用旋转变压器和数据传输用旋转变压器；按输出电压的转子转角之间的函数关系差异可分为正余弦旋转变压器、线性旋转变压器和比例旋转变压器等；按旋转变压器在由其构造的转角运算或相关变换及信号传输系统中的相对位置关系及具体作用可分为旋变发送机、旋变差动发送机和旋变变压器等；根据转子电信号引进、引出的方式，分为有刷旋转变压器和无刷旋转变压器；按转子旋转角度限制义可分为有限转角和无限转角两种类型；按极对数差异又可分为单对极和多对极旋转变压器。

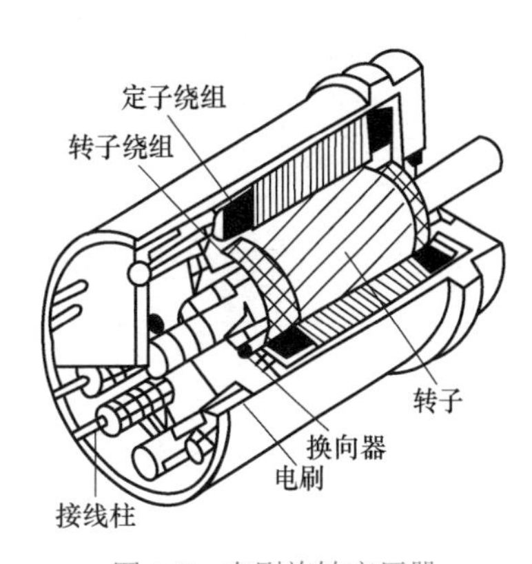

图 4-7　有刷旋转变压器

有刷旋转变压器的定、转子上都有绕组。转子绕组的电信号由转子上的集电环和定子上的电刷引进或引出，结构如图 4-7 所示。由于有刷结构的存在，使得旋转变压器的可靠性很难得到保证。目前这种结构形式的旋转变压器应用得很少。

目前无刷旋转变压器有两种结构形式：环形变压器式无刷旋转变压器和磁阻式旋转变压器。

1. 环形变压器式无刷旋转变压器

环形变压器式无刷旋转变压器的结构如图 4-8 所示。这种结构很好地实现了无刷、无接触。图 4-8 中 A 是典型的旋转变压器的定、转子，在结构上有与有刷旋转变压器一样的定、转子绕组做信号变换。B 是环形变压器。它的一个绕组在定子上，一个在转子上，同心放置。

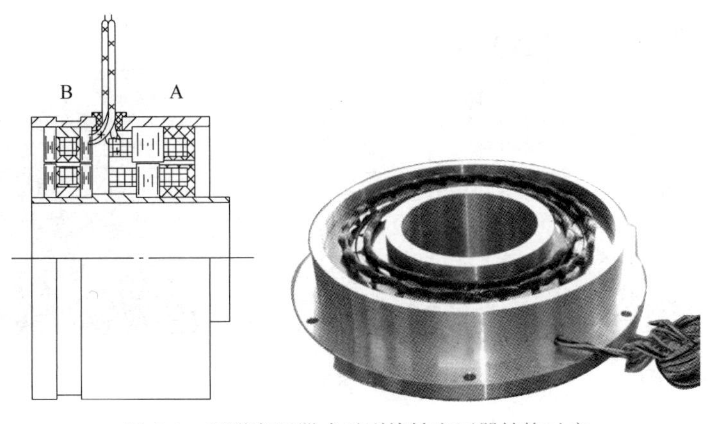

图 4-8　环形变压器式无刷旋转变压器结构示意

转子上的环形变压器绕组和做信号变换的转子绕组相连，它的电信号的输入输出由环形变压器完成。

2. 磁阻式旋转变压器

图 4-9 是一个 10 对极的磁阻式旋转变压器的示意图。磁阻式旋转变压器的励磁绕组和输出绕组放在同一套定子槽内，固定不动。但励磁绕组和输出绕组的形式不一样。两相绕组的输出信号仍然应该是随转角做正弦变化、彼此相差 90° 电角度的电信号。转子磁极形状做特殊设计，使得气隙磁场近似于正弦形。转子形状的设计也必须满足所要求的极数。可以看出，转子的形状决定了极对数和气隙磁场的形状。

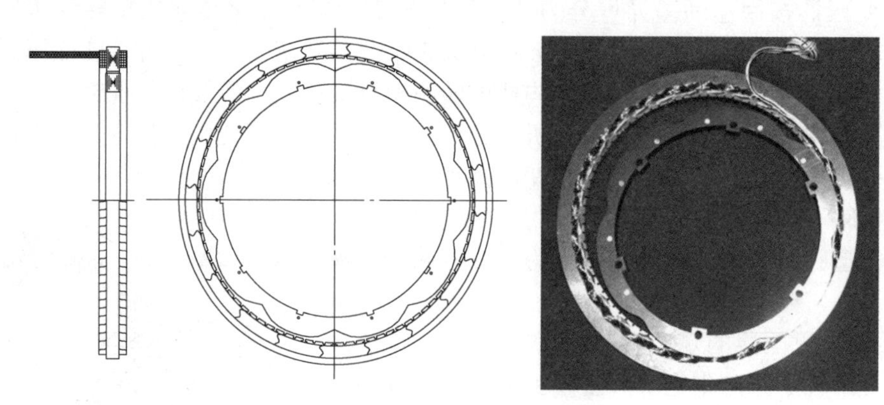

图 4-9　磁阻式旋转变压器结构示意

磁阻式旋转变压器一般都做成分装式，不组合在一起，以分装形式提供给用户，由用户自己组装配合。

旋转变压器按极对数差异又可分为单对极和多对极旋转变压器，其中多极旋转变压器的结构示意图如图 4-10 所示。图 4-10a、b 是共磁路结构，粗、精机定、转子绕组公用一套铁心。粗机是指单对磁极的旋转变压器，它的精度低；精机是指多对极的旋转变压器，精度高。其中图 4-10a 表示的是旋转变压器的定子和转子组装成一体，由机壳、端盖和轴承将它们连在一起，称为组装式；图 4-10b 的定转子是分开的，称为分装式；图 4-10c、d 是分磁路结构，粗、精机定、转子绕组各有自己的铁心。其中图 4-10c、d

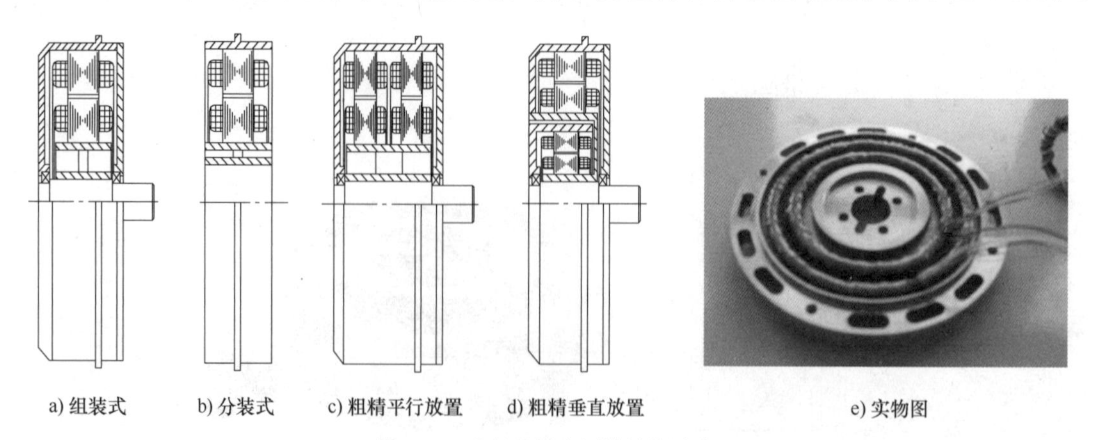

图 4-10　多极旋转变压器结构示意

都是组装式，只是粗、精机位置安放的形式不一样，图 4-10c 的粗、精机平行放置，图 4-10d 粗、精机是垂直放置，粗机在内腔。另外，很多时候也有单独的多极旋转变压器。应用时，若仍需要单对极的旋转变压器，则另外配置。

对于多极旋转变压器，一般都必须和单极旋转变压器组成统一的系统。在旋转变压器的设计中，如果单极旋转变压器和多极旋转变压器设计在同一套定、转子铁心中，而分别有自己的单极绕组和多极绕组。这种结构的旋转变压器称为双通道旋转变压器。如果单极旋转变压器和多极旋转变压器都是单独设计，都有自己的定、转子铁心。这种结构的旋转变压器称为单通道旋转变压器。

不同结构的旋转变压器的特点见表 4-4。

表 4-4　各种类型的旋转变压器性能、特点比较

类型	精度	工艺性	相位移	可靠性	结构	成本
有刷型	高	差	小	差	复杂	高
环变型	高	一般	比较大	好	一般	一般
磁阻型	低	好	大	最好	简单	低

表 4-4 指出，有刷型旋转变压器可以得到最小的电气误差、最大的精度。但是由于在结构上存在着电的滑动接触，因此可靠性差；环变型也可达到高的精度，工艺性、结构情况、可靠性以及成本都比较好；磁阻型旋转变压器的可靠性、工艺性、结构性以及成本都是最好的，但精度比其他两种低。

4.3.2　旋转变压器的工作原理

1. 工作原理

前面已经介绍过，旋转变压器有旋变发送机和旋变变压器之分。由于结构的关系，磁阻型旋转变压器只有旋变发送机，没有旋变变压器。旋变发送机的一次侧，一般在转子上设有正交的两相绕组，其中一相作为励磁绕组，输入单相交流电压；另一相短接，以抵消交轴磁通，改善精度。二次侧也是正交的两相绕组。旋变变压器的一次侧一般在定子上，由正交的两相绕组组成；二次侧为单相绕组，没有正交绕组。

旋变发送机的励磁绕组是由单相电压供电，电压可以写为式（4-1）形式。

$$U_1(t)=U_{1m}\sin\omega t \tag{4-1}$$

式中，U_{1m} 为励磁电压的幅值；ω 为励磁电压的角频率。

励磁绕组的励磁电流产生的交变磁通，在二次侧输出绕组中感生出电动势。当转子转动时，由于励磁绕组和二次侧输出绕组的相对位置发生变化，因而二次侧输出绕组感应电动势也发生变化。又由于二次侧输出的两相绕组在空间成正交的 90° 电角度，因而两相输出电压见式（4-2）。

$$\begin{aligned}U_{2Fs}(t)&=U_{2Fm}\sin(\omega t+\alpha_F)\sin\theta_F\\U_{2Fc}(t)&=U_{2Fm}\sin(\omega t+\alpha_F)\cos\theta_F\end{aligned} \tag{4-2}$$

式中，U_{2Fs} 为正弦相的输出电压；U_{2Fc} 为余弦相的输出电压；U_{2Fm} 为二次侧输出电压的幅值；α_F 为励磁方和二次侧输出方电压之间的相位角；θ_F 为发送机转子的转角。

可以看出，励磁方和输出方的电压是同频率的，但存在着相位差。正弦相和余弦相在电压相位上同相，但幅值彼此随转角分别做正弦和余弦函数变化。如图 4-11 所示。

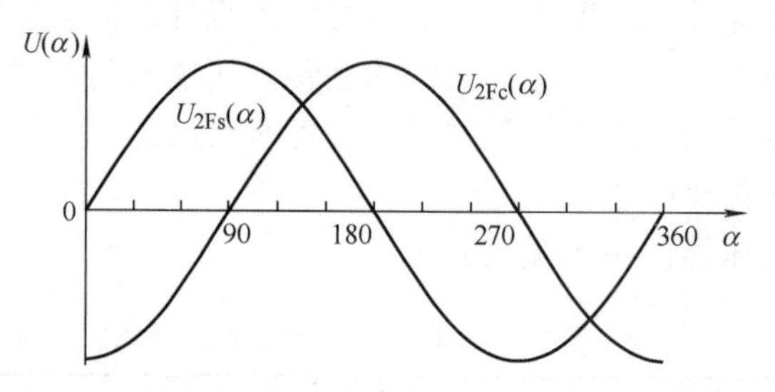

图 4-11　旋变发送机两相输出电压和转角的关系曲线

旋变发送机的两相二次侧输出绕组，和旋变变压器的一次侧两相励磁绕组分别相连。这样，式（4-2）所表示的两相电压也就成了旋变变压器的励磁电压，并在旋变变压器中产生磁通 φ_B。旋转变压器的单相绕组作为输出绕组，旋变发送机二次绕组和旋变变压器一次绕组中流过的电流为

$$
\begin{aligned}
I_A &= \frac{U_{2Fm}}{Z_F + Z_B}\sin\theta_F \\
I_B &= \frac{U_{2Fm}}{Z_F + Z_B}\cos\theta_F
\end{aligned}
\tag{4-3}
$$

由这两个电流建立的空间和成磁动势为

$$
F_F(x) = F_{2Fm}\left(\cos\theta_F \cos\frac{\pi}{\tau}x - \sin\theta_F \sin\frac{\pi}{\tau}x\right) = F_{2Fm}\cos\left(\theta_F + \frac{\pi}{\tau}x\right) \tag{4-4}
$$

式（4-4）表示在旋变发送机中，合成磁动势的轴线总是位于 θ_F 角上，亦即和励磁绕组轴线一致的位置上，和转子一起转动。可以知道，在旋变变压器中，合成磁动势的轴线相应地也是和 U 相绕组距 θ_F 角的位置上。只是由于电流方向相反，其方向也和在旋变发送机中相差 180°。若旋变变压器转子转角为 θ_B，则其单相输出绕组轴线和励磁磁场轴线夹角相差 $\Delta\theta=\theta_F-\theta_B$。那么，输出绕组的感应电动势应为

$$
U_{B2}(\Delta\theta) = U_{2Bm}\cos\Delta\theta \tag{4-5}
$$

将输出绕组在空间移过 90°。这样，在协调位置时，输出电动势为零。此时，输出电动势和失调角的关系成为正弦函数：

$$
U_{B2}(\Delta\theta) = U_{2Bm}\sin\Delta\theta \tag{4-6}
$$

从图 4-12 和式（4-6）可以看出，输出电动势有两个为零的位置，即 $\Delta\theta=0$ 和 $\Delta\theta=180°$。在 0 和 180° 范围内，电动势的时间相位为正，在 180° 和 360° 范围内，电动势的时间相位变化了 180°。$\Delta\theta=180°$ 的这个点属于不稳定点，因为在这个点上，电动势的梯度为负。当有失调角时，旋变变压器输出绕组电动势不为零，这个电动势控制伺服放大

器去驱动伺服电动机，驱使旋变变压器和其他装置转到协调位置。这时，输出绕组的输出为零，伺服电动机停止工作。因此，根据信号幅值大小和正、负方向工作的伺服电动机，总是把旋变变压器的转轴带到稳定工作点 $\Delta\theta=0$ 的位置上。

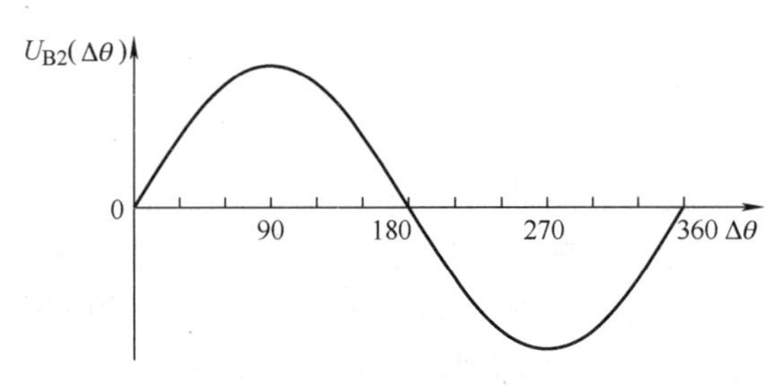

图 4-12　旋变变压器输出电动势和失调角的关系曲线

2. 旋转变压器角度位置伺服控制系统

图 4-13 是一个比较典型的角度位置伺服控制系统。XF 称作旋变发送机，XB 称作旋变变压器。旋变发送机发送一个与机械转角有关的、做一定函数关系变化的电气信号；旋变变压器接收这个信号，并产生和输出一个与双方机械转角之差有关的电气信号。伺服放大器接收旋变变压器的输出信号，作为伺服电动机的控制信号。经放大，驱动伺服电动机旋转，并带动接收方旋转变压器转轴及其他相连的机构，直至达到和发送机方一致的角位置。

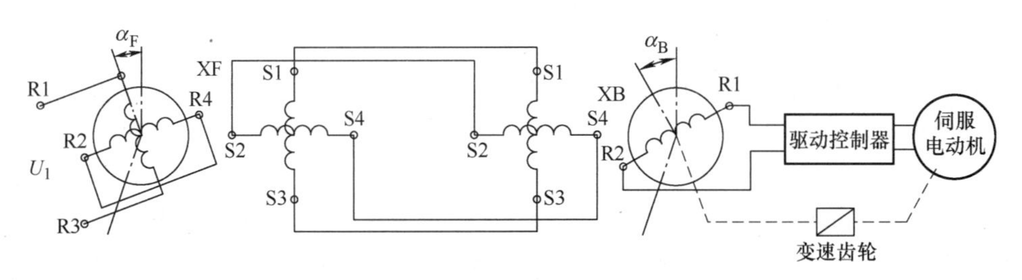

图 4-13　旋转变压器角度位置伺服控制系统

4.3.3　旋转变压器的主要参数

旋转变压器的主要参数有：

1）额定励磁电压和励磁频率：励磁电压都采用比较低的数值，一般在 10V 以下。旋转变压器的励磁频率通常采用 400Hz 及 5 ～ 10kHz。

2）变压比和最大输出电压：变压比是指当输出绕组处于感应最大输出电压的位置时，输出电压和一次侧励磁电压之比。

3）极对数：旋转变压器的极对数表示了转子和定子绕组的正弦分布在一次旋转中的重复频率。极对数越高，旋转变压器机械精度越高。对于多极对，绝对角度数据可能会丢失，但在对旋转变压器信号进行数字转换后，会获得更高的分辨率。

4）电气误差：输出电动势和转角之间应符合严格的正、余弦关系。如果不符，就会产生误差，这个误差角称为电气误差。根据不同的误差值确定旋转变压器的精度等级。不同的旋转变压器类型，所能达到的精度等级不同。多极旋转变压器可以达到高的精度，电气误差可以角秒（″）来计算；一般的单极旋转变压器，电气误差为 5′ ～ 15′；对于磁阻式旋转变压器，由于结构原理的关系，电气误差偏大。磁阻式旋转变压器一般都做到两对极以上。两对极磁阻式旋转变压器的电气误差，一般做到 60′（1°）以下。但是，在现代的理论水平和加工条件下，增加极对数，也可以提高精度，电气误差也可控制在数角秒（″）之内。

5）阻抗：一般而言，旋转变压器的阻抗随转角变化而变化，以及和一次侧、二次侧之间相互角度位置有关。因此，测量时应该取特定位置。有这样四个阻抗：开路输入阻抗、开路输出阻抗、短路输入阻抗、短路输出阻抗。在目前的应用中，作为旋转变压器负载的电子电路阻抗都很大，因而往往都把电路看作空载运行。在这种情况下，实际上只给出开路输入阻抗即可。

6）相位移：在二次侧开路的情况下，二次侧输出电压相对于一次侧励磁电压在时间上的相位差。相位差的大小，随着旋转变压器的类型、尺寸、结构和励磁频率不同而变化。一般小尺寸、频率低、极数多时相位移大，磁阻式旋转变压器相位移最大，环形变压器式的相位移次之。

7）零位电压：输出电压基波同相分量为零的点称为电气零位，此时所具有的电压称为零位电压。

8）基准电气零位：确定为角度位置参考点的电气零位点称作基准电气零位。

4.3.4　旋转变压器的输出信号及处理

旋转变压器的信号输出是两相正交的模拟信号，它们的幅值随着转角做正余弦变化，频率和励磁频率一致。这样一个信号还不能直接应用，这就需要角度数据变换电路，把这样一个模拟量变换成明确的角度量，这就是旋转变压器数字变换器（Resolver Digital Converter，RDC）电路。在数字变换中有两个明显的特征：①为了消除由于励磁电源幅值和频率的变化，所引起的二次侧输出信号幅值和频率的变化，从而造成角度误差，信号的检测采用正切法，即检测两相信号的比值：$\dfrac{\sin\theta}{\cos\theta}$，这就避免了幅值和频率变化的影响；②采用适时跟踪反馈原理测角，是一个快速的数字随动系统，属于无静差系统。

目前采用的大多都是专用集成电路，如美国 AD 公司的内置参考振荡器的 12 位数字 R/D 变换器（型号 AD2S1200、AD2S1205），也有分辨率可变的、10 位至 16 位的 R/D 变换器（型号 AD2S1210）。图 4-14 是旋转变压器和 RDC 的连接示意图，位置信号和速度信号都是绝对值信号，它们的位数由 RDC 的类型和实际需要决定（10 位到 16 位）。有两种形式的输出，串行或并行。上述的几种 RDC 芯片，还可将输出信号变换成编码器形式的输出，即正交的 A、B 和每转一个的 Z 信号。励磁电源同时接到旋转变压器和 RDC，在 RDC 中作为相位的参考。

利用 DSP（数字信号处理器）技术和软件技术，不用 RDC 芯片，直接用 DSP 做旋转变压器位置和速度变换，已经成为现实。如采用 TI 公司的 DSP 芯片 TMS320F240 就取得了成功。用 DSP 实现旋转变压器的解码，具有这样一些明显的优点：①降低成本，取消了专用的 RDC IC 芯片；②采用数字滤波器，可以消除速度带来的滞后效应。用软件实现带宽的变换，以折中带宽和分辨率的关系，并使带宽作为速度的函数；③抗环境噪声的能力更强。

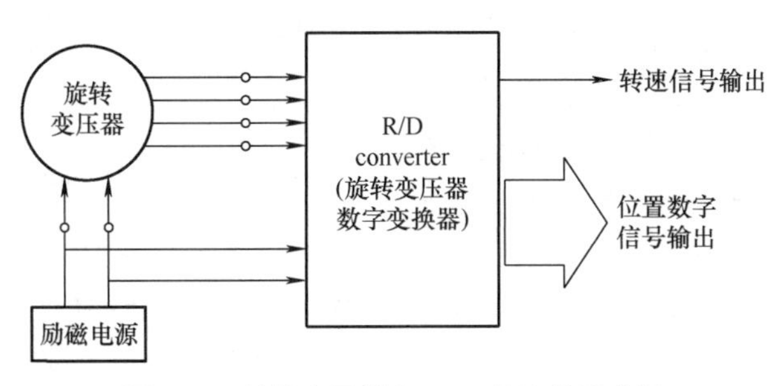

图 4-14 旋转变压器和 RDC 的连接示意图

4.3.5 旋转变压器的应用

在很多场合下，旋转变压器可以单独作为测角器件用，直接和角度信号变换单元连接，由角度变换单元输出角度信号数据。磁阻式旋变就是只起这个作用的。下面有关信号变换的部分将会说明。如图 4-15 所示，其为旋转变压器解码后的角度显示。

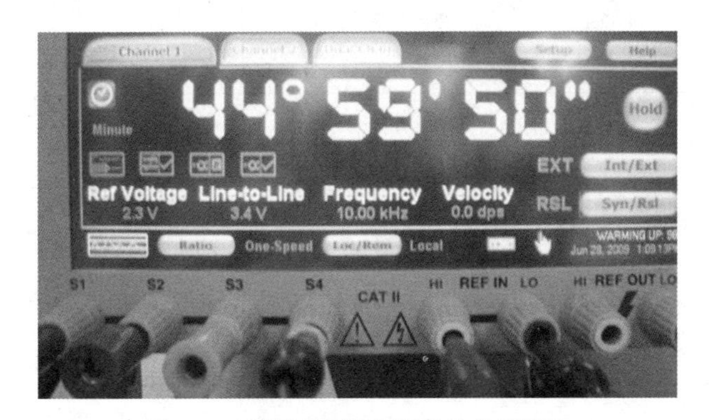

图 4-15 旋转变压器解码后的角度显示

表 4-5 给出了几种旋转变压器的技术指标。

表 4-5 几种旋转变压器的技术指标

型号 参数	西门子	SENGLE （胜格电气）	赢双	飞博尔
极对数	2/6/8	1：16	1：16	1 对级
励磁电压	2 ～ 8V	4V	26V	AC 7V
励磁频率	5 ～ 10kHz	2kHz	400Hz	10kHz
电压比	0.5 ± 5%	0.5 ± 10%	0.46 ± 10%	0.5 ± 5%
电气误差	840 ～ 240（"）	≤ ± 20'（粗机）± 50"（精机）	≤ ± 10'（粗机）、± 15"（精机）	≤ ± 10'
工作温度	—	-55 ～ 125℃	-40 ～ 155℃	-55 ～ 155℃

（续）

参数＼型号	西门子	SENGLE（胜格电气）	赢双	飞博尔
相位移	—	≤ ± 20°	+17°（粗机）、+43°（精机）	10°
允许转速 r/min	—	2000	60000	20000
输入阻抗	—	1000Ω ± 10%	（2170 ± 326）Ω（粗机）、（220 ± 33）Ω（精机）	140Ω ± 20%
输出阻抗	—	530Ω ± 10%	—	120Ω ± 20%

将旋转变压器接 HPG–40 旋变信号检测模块检测电机的旋转速度。该旋变检测模块支持多种不同电压比、幅值的旋转变压器，对外可提供两种同步分频信号输出：TTL 差分或 OC 信号输出，引脚见表 4-6。

表 4-6　旋转变压器信号检测模块引脚

X61	端子定义	用途	配线说明	推荐使用线缆规格
X61–1	EXC–	激励信号输出 –	双绞	8 芯双绞屏蔽线，截面积：0.5 ～ 1.0mm^2 建议选择大截面积的线缆，减少电源和信号在线缆上的损耗。 最大传输线缆长度 100m
X61–2	EXC+	激励信号输出＋		
X61–3	SIN+	旋转变压器信号输入 SIN+	双绞	
X61–4	SIN–	旋转变压器信号输入 SIN–		
X61–5	COS+	旋转变压器信号输入 COS+	双绞	
X61–9	COS–	旋转变压器信号输入 COS–		
X61–6	PTC/KTY84 温度传感器	温度传感器输入	双绞	
X61–8	COM	温度传感器参考地预留		
X61–7	NC	预留	—	

旋转变压器接线图如图 4-16 所示。

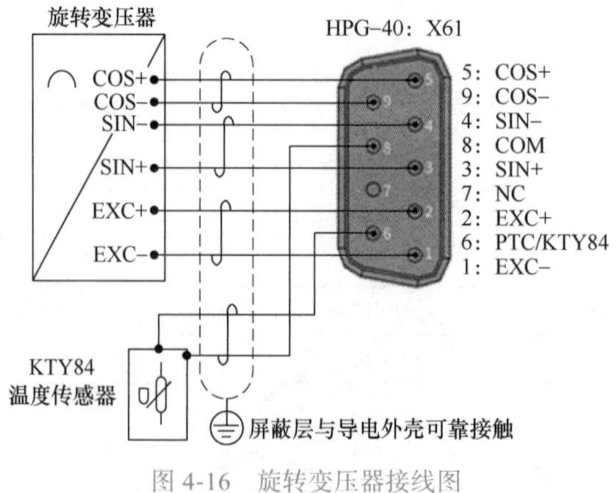

图 4-16　旋转变压器接线图

4.4　光栅

光栅尺也称为光栅尺位移传感器或光栅尺传感器，是通过利用光栅的光学原理工作的测量反馈装置。光栅尺可用作直线位移或者角位移的检测。其测量输出的信号为数字脉冲，具有检测范围大，检测精度高，响应速度快的特点。通常采用非接触式测量，作为伺服控制系统的位置检测元件以构成全闭环控制。例如，在数控机床中常用于对刀具和工件的坐标进行检测，来观察和跟踪走刀误差，以起到一个补偿刀具的运动误差的作用。图 4-17 所示是直线光栅尺外形。

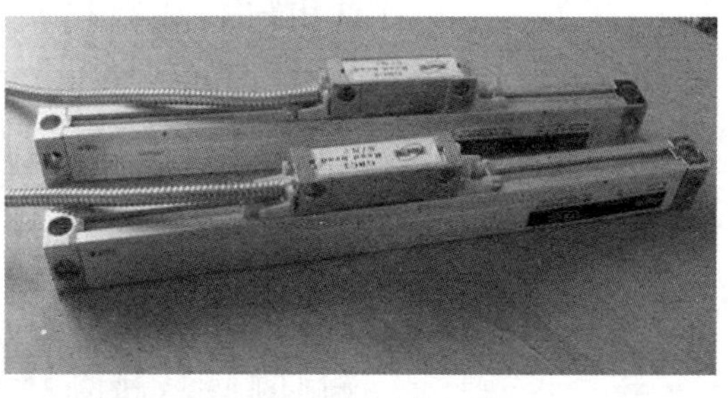

图 4-17　直线光栅尺外形

4.4.1　光栅结构

直线透射式光栅由标尺光栅和光栅读数头两部分组成，光栅读数头包括光源、透镜、光电器件、指示光栅等。如图 4-18 所示。

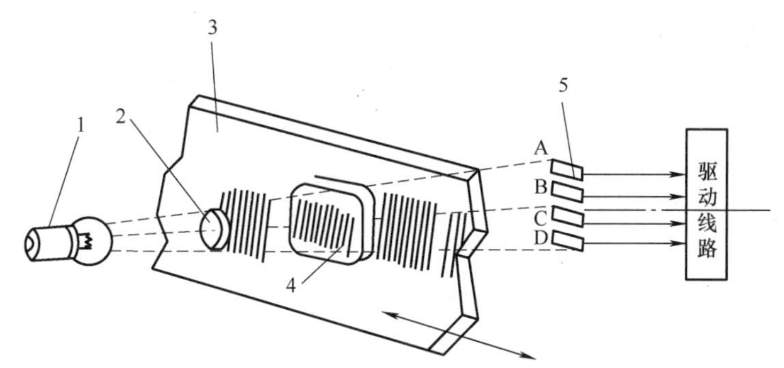

1—光源　2—透镜　3—标尺光栅　4—指示光栅　5—光电器件

图 4-18　直线透射式光栅尺结构图

标尺光栅和指示光栅也可称为长光栅和短光栅，它们的线纹密度相等。长光栅可安装在机床的固定部件上（如机床床身)，其长度应等于工作台的全行程；短光栅长度较短，随光栅读数头安装在机床的移动部件上。

4.4.2　光栅尺工作原理

在测量时，长短两光栅尺面相互平行地重叠在一起，并保持 0.01 ～ 0.1mm 的间隙，指示光栅相对标尺光栅在自身平面内旋转一个微小的角度 θ。当光线平行照射光栅时，由于光的透射和衍射效应，在与两光栅线纹夹角 θ 的平分线相垂直的方向上，会出现明暗交替、间隔相等的粗条纹——莫尔条纹，原理图如图 4-19 所示。

两条暗带或明带之间的距离称为莫尔条纹的间距 B，若光栅的栅距为 W，则 $B=\dfrac{W}{2\sin\dfrac{\theta}{2}}$，因为 θ 很小，则 $B\approx\dfrac{W}{\theta}$，由此可见，莫尔条纹的间距与光栅的栅距成正比。

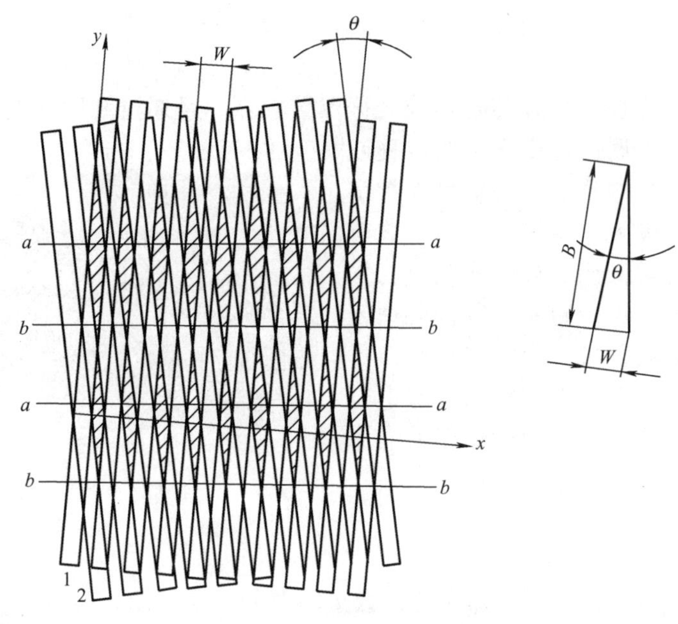

图 4-19　直线光栅尺原理图

莫尔条纹具有如下特点：

1）由上式可知，莫尔条纹的间距 B 是光栅栅距 W 的 $1/\theta$，由于 θ 很小（小于 10′），故 $B \gg W$，即莫尔条纹具有放大作用。例如，当栅距为 W=0.01mm，θ=0.001rad 时，莫尔条纹的间距 B=10mm。因此，不需要经过复杂的光学系统，就能把光栅的栅距转换成放大了 1000 倍的莫尔条纹的宽度，从而大大简化了电子放大线路，这是光栅技术独有的特点。

2）起均化误差作用。莫尔条纹由若干线纹组成，若光电器件接收长度为 10mm，当 W=0.01mm 时，10mm 宽的莫尔条纹就由 1000 条线纹组成，因此，制造上的间距误差（或缺陷），只会影响千分之几的光电效果。所以，莫尔条纹测量长度时，决定其精度的不是一条线纹，而是一组线纹的平均效应。

3）莫尔条纹的变化规律。长短两光栅相对移动一个栅距 W，莫尔条纹移动一个条纹间距 B，即光栅某一固定点的发光强度按明→暗→明规律交替变化一次。光电器件只要读出移动的莫尔条纹条纹数，就知道光栅移动了多少栅距，从而也就知道了运动部件的准确位移量。

4.4.3　光栅的辨向与信号处理

在移动过程中，经过光栅的光线，其发光强度呈正（余）弦函数变化，反映莫尔条纹的移动的光信号由光电器件接收转换成近似正（余）弦函数的电压信号；经信号处理装置整形、放大及微分处理后，即可输出与检测位移成比例的脉冲信号。为了既能计数，又能判别工作台移动的方向，光栅用了四个光电器件。每个光电器件相距四分之一栅距（$W/4$）。当指示光栅相对标尺光栅移动时，莫尔条纹通过各个光电器件的时间不一样，光电器件的电信号虽然波形一样，但相位相差 1/4 周期。根据各光电器件输出信号的相位关系，就可确定指示光栅移动的方向。

光栅的特点：①有很高的检测精度。现在光栅的精度可达微米级，再经细分电路可以达到 0.1μm；②响应速度较快，可实现动态测量，易于实现检测及数据处理的自动化控制；③对使用环境要求高，怕油污、灰尘及振动；④由于标尺光栅一般较长，故安装、维护困难，成本高。

4.4.4　光栅的参数

1）测量长度：量程是度量工具的测量范围。其值由度量工具的最小测量值和最大测量值决定。

2）准确度等级：光栅尺准确度等级有 ± 0.01mm、± 0.005mm、± 0.003mm、± 0.02mm 等。并不是所有的设备都选择光栅尺的精度越高越好，准确度越高成本越高。一般可以根据设备的精度来定位，如设备的精度是 0.01mm 精度，可以选择对应的精度光栅尺。

3）防护等级（EN 60529）：敞开式直线光栅尺的读数头有防尘防水要求，光栅尺无须特别防护。如果光栅尺可能被污染，必须采取防护措施。加速度直线光栅尺在安装和工作时会承受不同类型的加速度作用。

4）温度范围（工作温度）：工作温度范围是指环境温度范围，在该范围内能保证直线光栅尺技术参数中的性能。

5）最大运动速度：即光栅尺允许的最大运动速度。

4.4.5　光栅的应用

表 4-7 给出了几种光栅的技术指标。

表 4-7　几种光栅的技术指标

型号 参数	海德汉 LIC4003	日本三丰 AT203	雷尼招 RTL FASTRACK™	汇川 井道绝对值光栅尺
测量长度	240 340 440 640 840 1040 1240 1440 1640 1840 2040 2240 2440 2640 2840 3040（Robax 玻璃陶瓷的最大测量长度为 1640），单位为 mm	100 ～ 6000mm	最长 10 m（可根据要求提供 10 m 以上长度）	392m （可定制更大量程）
准确度等级（精度）	± 1μm（仅限 Robax 玻璃陶瓷） ± 3μm ± 5μm	有效测量范围： 100 ～ 1500mm （3+3Lo/1000）μm 有效测量范围： 1600 ～ 3000mm （5+5Lo/1000）μm 有效测量范围： 3250 ～ 6000mm （5+8Lo/1000）μm （Lo：Length over，光栅尺的总长度）	20μm：± 5μm/m 40μm（高精度）：± 5μm/m 40μm：± 15μm/m	重复精度 ± 1mm 绝对精度 ±（1+0.1L）mm L 为测量量程
防护等级	—	IP65	—	IP54
温度范围	-10 ～ 70℃	0 ～ 45℃	—	-20 ～ 65℃

（续）

参数＼型号	海德汉 LIC4003	日本三丰 AT203	雷尼招 RTL FASTRACK™	汇川井道绝对值光栅尺
最大运动速度	≤600m/min	120m/min（有效测量范围为 3250 ～ 6000mm 的型号：50m/min）	—	≤8m/s
供电电压	DC 3.6 ～ 14V	—	—	DC 12 ～ 30V（纹波峰峰值 100mV）
重量	3g+0.11 g/mm 测量长度	—	—	0.5kg

在一般的应用场合下，伺服电动机已经可以达到很高的定位精度，但是在一些特殊情况下，例如，机械传动精度差，或者结构安装偏差较大的情况下，会导致执行机构的实际定位精度达不到伺服电动机的理论精度。在这种情况下，增加光栅尺与伺服电动机构成全闭环系统，提高系统的精度。如图 4-20 所示，本实例将光栅尺与伺服驱动器相连，PLC 接入驱动器的 CN1 端口，并通过脉冲控制接在 CN2 端口的伺服电动机进行定位；光栅尺接入驱动器的 CN5 端口作为反馈信号，组成全闭环系统，进行精确定位。驱动器 CN5 的接线定义见表 4-8。

表 4-8　驱动器 CN5 接线定义

引脚号	信号名称	端子记号	说明
1	/Z 相输入	Opt_/Z	光学尺 /Z 相输出
2	/B 相输入	Opt_/B	光学尺 /B 相输出
3	B 相输入	Opt_B	光学尺 B 相输出
4	A 相输入	Opt_A	光学尺 A 相输出
5	/A 相输入	Opt_/A	光学尺 /A 相输出
6	编码器接地线	GND	接地
7	编码器接地线	GND	接地
8	编码器电源	+5V	光学尺 +5V 电源
9	Z 相输入	Opt_Z	光学尺 Z 相输出

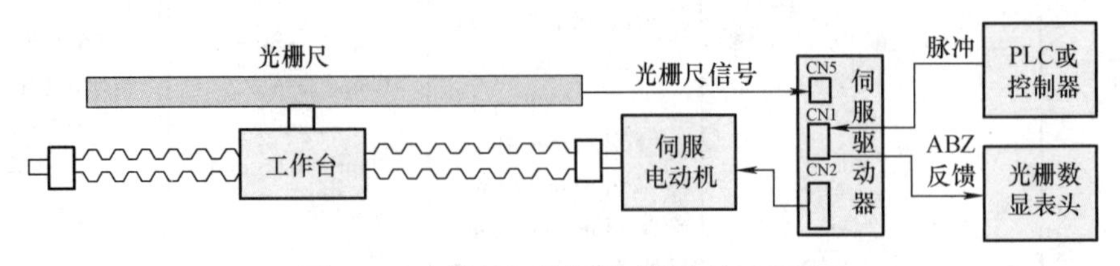

图 4-20　光栅尺与伺服驱动器连接示意图

接线时，将光栅尺对应的 A+、A−、B+、B−、Z+、Z− 及 5V 和 GND 线接入 CN5 口对应引脚即可。

4.5　磁栅尺

磁栅是用电磁方法计算磁波数目的一种位置检测器件，用它做直线和角度位移量的测量。与光栅相比精度略低，但具有复制简单、安装调整方便等一系列优点，在油污、粉尘较多的工作条件下使用有较好的稳定性。因此可在数控机床、精密机床和各种测量机上应用。

4.5.1　磁栅的结构

磁栅检测装置由磁性标尺、拾磁磁头和检测电路组成。

1. 磁性标尺

磁性标尺通常采用热胀系数与普通钢相同的不导磁材料作基体，在基体上镀一层 10 ～ 30μm 厚的高导磁性材料，形成均匀磁膜。用录磁磁头在尺上记录相等节距的周期性磁化信号（磁波），作为测量基准，信号可为正弦波、方波等。节距通常为 0.05mm、0.1mm、0.2mm。最后在磁尺表面还要涂上一层 1 ～ 2μm 厚的保护层，以防止磁头与磁尺频繁接触而引起磁膜磨损。磁性标尺结构图如图 4-21 所示。

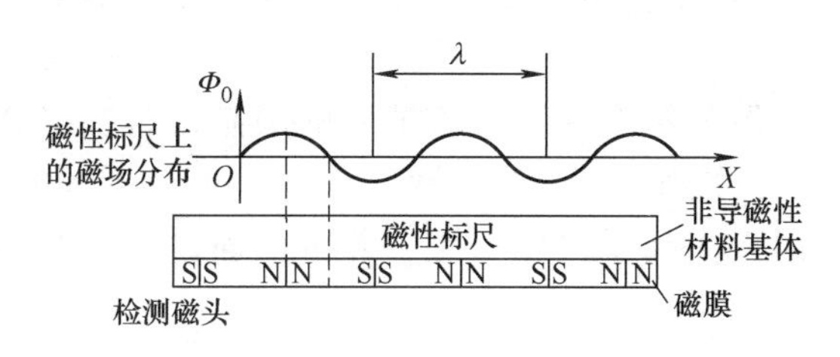

图 4-21　磁性标尺结构图

磁性标尺按基本形状可分为带状磁尺、线状磁尺和圆形磁尺，如图 4-22 所示。

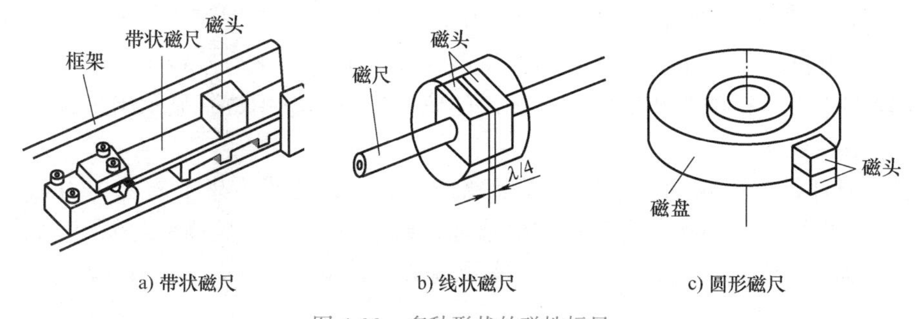

图 4-22　多种形状的磁性标尺

（1）带状磁尺

带状磁尺的特点是磁尺固定在用低碳钢做成的屏蔽壳体内，并以一定的预紧力绷紧在框架或支架中，框架固定在机床上，使带状磁尺与机床一起胀缩，从而减小温度对测量精度的影响。

（2）线状磁尺

线状磁尺的特点是磁尺套在磁头中间，与磁头同轴，两者之间保持很小的间隙，由于磁尺包围在磁头中间，对周围电磁起到了屏蔽作用，所以抗干扰能力强，输出信号大。

（3）圆形磁尺

圆形磁尺的特点是磁尺做成圆形磁盘或磁鼓形状，磁头和带状磁尺的磁头相同，圆形磁尺主要用来检测角位移。

2. 拾磁磁头

拾磁磁头是一种磁电转换器，用来把磁性标尺上的磁化信号检测出来变成电信号送给检测电路。

根据数控机床的要求，为了在低速运动和静止时也能进行位置检测，必须采用磁通响应型磁头。磁通响应型磁头是一个带有可饱和铁心的磁性调制器。它由铁心、两个串联的励磁绕组和两个串联的拾磁绕组组成，如图 4-23 所示。

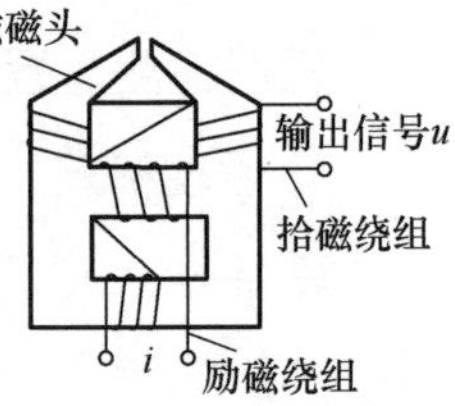

图 4-23　磁通响应型磁头

3. 检测电路

磁栅检测电路包括：磁头励磁电路，读取信号的放大、滤波、整形及辨向电路，细分内插电路，显示及控制电路等部分。根据检测方法不同，检测电路分为鉴幅检测和鉴相检测。

鉴幅检测比较简单，但分辨率受到录磁节距的限制，若要提高分辨率就必须采用较复杂的倍频电路，所以不常采用。

鉴相检测的精度可以大大高于录磁节距，并可以通过内插脉冲频率以提高系统的分辨率，所以鉴相检测应用较多。

4.5.2　磁栅的工作原理

磁栅测量装置是将具有一定节距的磁化信号用记录磁头记录在磁性标尺的磁膜上，用来作为测量基准。在测量时，拾磁磁头将磁性标尺上的磁化信号转化为电信号，然后再送到检测电路中去，把磁头相对于磁性标尺的位置或位移量用数字显示出来或转化为控制信号输入给数控机床。

其工作原理是将高频励磁电流通以励磁绕组时，在磁头产生上磁通，当磁头靠近磁性标尺时，磁性标尺上的磁信号产生的磁通通过磁头铁心，并被高频励磁电流产生的磁通调制，从而在拾磁绕组中感应出电压信号输出。其输出电压见式（4-7）。

$$U_{sc} = U_m \cos\frac{2\pi x}{\lambda}\sin\omega t \qquad (4\text{-}7)$$

式中，U_m 为感应电压系数；λ 为磁性标尺上磁化信号节距；x 为磁头在磁性标尺上的位移量；ω 为励磁电流角频率。

为了辨别磁头在磁尺上的移动方向，通常采用了间距为（$m \pm 1/4$）λ 的两组磁头（m 为任意正整数），其输出电压见式（4-8），移动方向检测原理如图 4-24 所示。

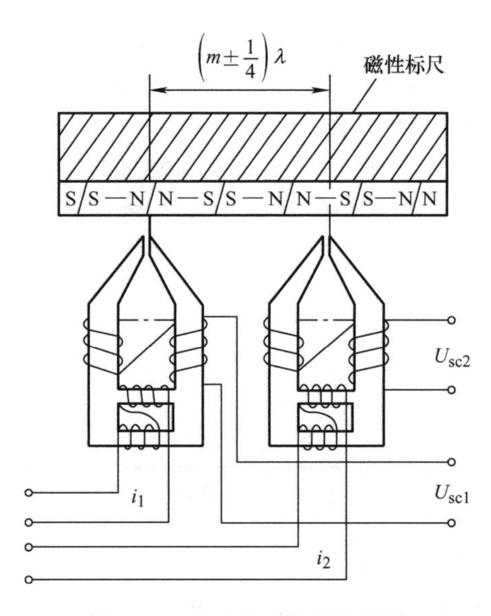

图 4-24　移动方向检测原理图

$$
\begin{aligned}
U_{sc1} &= U_m \cos\frac{2\pi x}{\lambda}\sin\omega t \\
U_{sc2} &= -U_m \sin\frac{2\pi x}{\lambda}\sin\omega t
\end{aligned}
\tag{4-8}
$$

U_{sc1} 和 U_{sc2} 为相位相差 90° 的两列信号。根据两个磁头输出信号的超前或滞后可判别磁头的移动方向。

使用单个磁头的输出信号很小，为了提高输出信号的幅值，同时降低对录制的磁化信号正弦波形和节距误差的要求，在实际使用时常将几个到几十个磁头以一定的方式连接起来，组成多间隙磁头。

多间隙磁头都以相同的间距 $\lambda m/2$ 配置，相邻两磁头的输出绕组反向串联。因此，输出信号为各磁头输出信号的叠加。多间隙磁头具有高精度、高分辨率、输出电压大等优点。

4.5.3　磁栅的主要参数

磁栅的主要参数如下所述。

1）供电电压：供电点处的线电压或相电压。

2）重复精度：在一个确定的测量点位置上，每次被测量的量变化到这个位置时传感器表现出来的测量差值。当多次给定相同的输入，传感器的输出不同。

3）分辨率：磁栅尺的分辨率就是一个脉冲的间隔。

4）输出信号：磁栅尺输出信号类型有单端或差分输出、ABZ 脉冲信号等形式。

5）响应频率：也称带宽频率，带宽频率越大，动态性能越好。

6）移动速度：磁栅基尺和磁头之间相对移动的速度。

7）温度范围：运行时适用的环境温度，温度区间越宽表示其适用的使用环境越宽。

8）防护等级：IP（防护）等级由两个数字所组成，第一个数字表示防尘；第二个数字表示防水，数字越大表示其防护等级越佳。如 IP65，其中“6”表示完全防止粉尘进入；“5”表示任何角度低压喷射对设备无影响。

9）线膨胀系数：亦称线胀系数。固体物质的温度每改变 1℃时，其长度的变化和它在原温度（不一定为 0℃）时长度之比，叫作“线性膨胀系数”。

4.5.4 磁栅的应用

表 4-9 给出了几种磁栅的技术指标。

表 4-9 几种磁栅的技术指标

参数＼型号	阿童木 MH0–H200	米朗 MR50	安捷高 MR20	希控 MB 160
工作电压	DC 5 ～ 24V	DC 5 ～ 30V	5V ±5%	—
功耗	DC 24V：<25mA DC 5V：<50mA	—	<30mA（无负载）	—
防护等级	IP67	IP68	IP67	—
分辨率	1μm、5μm、10μm 可选	5μm	1 ～ 50μm	—
输出信号	单端或差分	A\B\Z	正交 A/B 增量信号	—
储藏温度	短期：-10 ～ +60℃ 中期：0 ～ 40℃ 长期：+20℃	—	-20 ～ 78℃	-40 ～ 70℃
工作温度	0 ～ +50℃	-20 ～ +85℃	-10 ～ 78℃	-20 ～ 70℃
精度指标	±（0.025+0.02×L[m]） （L 为测量长度，单位为 m）	±50μm/m	—	—
重复精度	±30μm/m	最大 ±1 个单位分辨率（单方向）	—	—
安装间隙	—	最大 2.5mm	0.1 ～ 0.4mm	—
线膨胀系数	16×10e^{-6}/K	17×10e^{-6}/K	—	—
输出电压	单端 24V 差分 5V	—	—	—
输出阻抗	0Ω（R 负载 >75Ω）	—	—	—
输出电流	—	最大 50mA（每路信号）	—	—
极距	2mm、5mm 可选	—	—	—
读取距离	0.1 ～ 1mm	—	—	—
频率	—	1.25MHz	—	—
空载电流	—	最大 30mA	—	—

习题与思考题

1. 增量式编码器和绝对值编码器的区别有哪些?
2. 多圈编码器与单圈编码器区别? 什么场合需要用到多圈编码器?
3. 某绝对型编码器单圈分辨率 20 bit 代表什么含义，一圈能发多少个脉冲?
4. 旋转变压器的功能是什么? 输出信号是什么?
5. 旋转变压器与编码器区别是什么，哪个精度高?
6. 长光栅和短光栅的应用场合有何不同?
7. 磁栅的功能是什么?

第 5 章

伺服系统的控制结构与模式

5.1 伺服系统的控制结构

5.1.1 三闭环结构

在第 3 章中已经给出了伺服驱动器的主回路组成：整流单元、直流部分以及逆变单元，整流单元负责将三相工频电压整流成直流电压并储存在直流母线电容中，逆变单元再根据 PWM 的方式，将电流电压逆变为各种不同频率的 PWM 信号。常见的调制方式有两种：空间矢量调制（SVM）与边缘调整模式（PEM），但由于边缘调整模式动态特性较差，因此在伺服控制系统中大都采用空间矢量调制模式。

常见的伺服控制回路（矢量控制方式）如图 5-1 所示，其中 Clarke 变换是从三相坐标系 ABC 到两相静止 d-q 坐标系的转换，而 Park 变换是从静止坐标系到与转子磁场同向的旋转坐标系的变化。θ是实际位置反馈，n 为速度，i_q 为转矩电流、i_d 为实际励磁电流。对于同步电动机而言，励磁的设定 $i_{dr}=0$，而异步电动机根据电动机参数而定。通常情况下电流控制器与速度控制器均为 PI 控制器，二者在驱动器中设定；而位置环控制器为 P 控制器，在运动控制器中设定。在运动控制器中完成位置环的运算之后，输出的结果被标定为速度设定，通过通信或者脉冲的方式传递给伺服驱动器，在驱动器中完成速度与电流的控制。

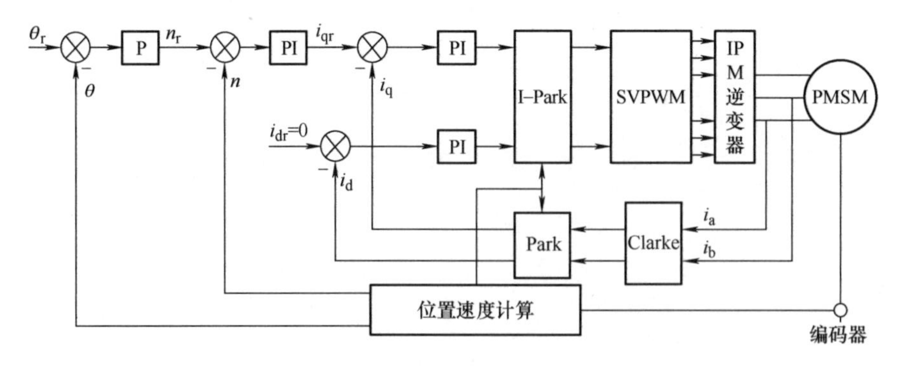

图 5-1 伺服控制回路

从而可以得到如图 5-2 所示的三闭环控制系统，从内到外依次是电流环、速度环、位置环。

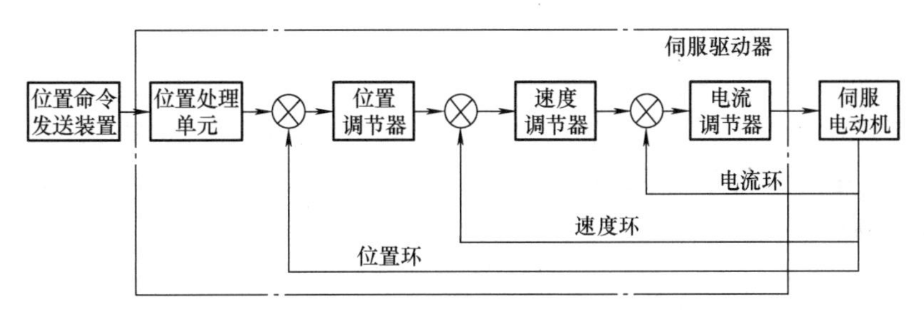

图 5-2　三闭环控制框图

1）电流环：电流环的输入是速度环的输出，电流环的输入值和电流环的反馈值进行比较后的差值在电流环内做调节，输出给电动机，“电流环的输出”就是电动机每相的相电流，“电流环的反馈”不是编码器的反馈而是在驱动器内部安装在每相的霍尔元件反馈给电流环。电流环就是控制电动机转矩的，所以在转矩模式下驱动器的运算最小，动态响应最快。任何模式都必须使用电流环，电流环是控制的根本，在系统进行速度和位置控制的同时，系统也在进行电流 / 转矩的控制以达到对速度和位置的相应控制。

2）速度环：速度环的输入就是位置环的输出以及位置设定的前馈值，速度环输入值和速度环反馈值进行比较后的差值在速度环做调节后输出到电流环。速度环的反馈来自电动机编码器，速度环控制包含了速度环和电流环。

3）位置环：位置环的输入可以是来自外部的脉冲，外部脉冲经过平滑滤波处理和电子齿轮计算后作为“位置环的设定”，位置环输入值和来自编码器反馈的脉冲信号的差值作为位置环输入，位置环输出构成速度环的给定。位置控制模式下系统进行了三个环的运算，系统运算量大，动态响应速度最慢。

5.1.2　伺服系统的控制器

作为驱动器的给定，伺服系统控制器的输出主要包含两种信号给定方式：脉冲输入和内部缓存器输入。具有方向性的命令脉冲输入可经由外界来的脉冲来操纵电动机的转动角度，而缓存器输入有两种应用方式，第一种为使用者在动作前，先将不同位置命令值设于命令缓存器，再进行相关规划和切换；第二种为利用通信方式来改变命令缓存器的内容值。控制器的选择包括 PLC（可编程逻辑控制器）、PC、运动控制卡。

PLC 是专为工业生产设计的一种数字运算操作的电子装置，它采用一类可编程的存储器，用于其内部存储程序、执行逻辑运算、顺序控制、定时、计数与算术操作等面向用户的指令，并通过数字或模拟式输入 / 输出控制各种类型的机械或生产过程。是工业控制的核心部分，可以用于给伺服驱动器发送给定信号。

PC 也叫桌面机，是一种独立相分离的计算机，主要部件如主机、显示器、键盘、鼠标、音响一般都是相对独立的，需要放置在计算机桌或者专门的工作台上。PC 也可以作为控制器的一种，为伺服驱动器提供输入信号。

运动控制卡是基于 PC 总线，利用高性能微处理器（如 DSP）及大规模可编程器件实现多个伺服电动机的多轴协调控制的一种高性能的步进 / 伺服电动机运动控制卡，包括脉冲输出、脉冲计数、数字输入、数字输出、D/A 输出等功能，它可以发出连续的、高频率的脉冲串，通过改变发出脉冲的频率来控制电动机的速度，改变发出脉冲的数量来控制电动机的位置，它的脉冲输出模式包括脉冲 / 方向、脉冲 / 脉冲方式。脉冲计数可用于编码器的位置反馈，提供机器准确的位置，纠正传动过程中产生的误差。数字输入 / 输出点可用于限位、原点开关等。库函数包括 S 型、T 型加速，直线插补和圆弧插补，多轴联动函数等。运动控制卡广泛应用于工业自动化控制领域中需要精确定位、定长的位置控制系统，如伺服控制系统。

5.2 伺服系统的控制模式

伺服系统一般都有三种控制模式：转矩控制模式、速度控制模式、位置控制模式。如果对位置和速度有一定的精度要求，而对实时转矩不是很关心，用转矩控制模式不太方便，用速度控制模式或位置控制模式比较好。如果上位控制器有比较好的闭环控制功能，用速度控制模式效果会好一点。如果本身要求不是很高，或者基本没有实时性的要求，用位置控制模式对上位控制器没有很高的要求。就伺服驱动器的响应速度来看，转矩控制模式运算量最小，驱动器对控制信号的响应最快；位置控制模式运算量最大，驱动器对控制信号的响应最慢。

5.2.1 转矩控制模式

转矩控制模式最内的 PID 环就是电流环，此环完全在伺服驱动器内部进行，通过霍尔装置检测驱动器给电动机的各相输出电流，负反馈给电流的设定进行 PID 调节，从而达到输出电流尽量接近设定电流，电流环就是控制电动机转矩的，所以在转矩控制模式下驱动器的运算最小，动态响应最快。

转矩控制模式是通过外部模拟量的输入或直接的地址赋值来设定电动机轴对外输出转矩的大小。例如，10V 对应 5N · m，当外部模拟量设定为 5V 时电动机轴输出为 2.5N · m，如果电动机轴负载低于 2.5N · m 时电动机正转，外部负载等于 2.5N · m 时电动机不转，大于 2.5N · m 时电动机反转（通常在有重力负载情况下产生）。可以通过即时改变模拟量的设定来改变设定的转矩大小，也可通过通信方式改变对应地址的数值来实现。转矩控制模式基本架构如图 5-3 所示。

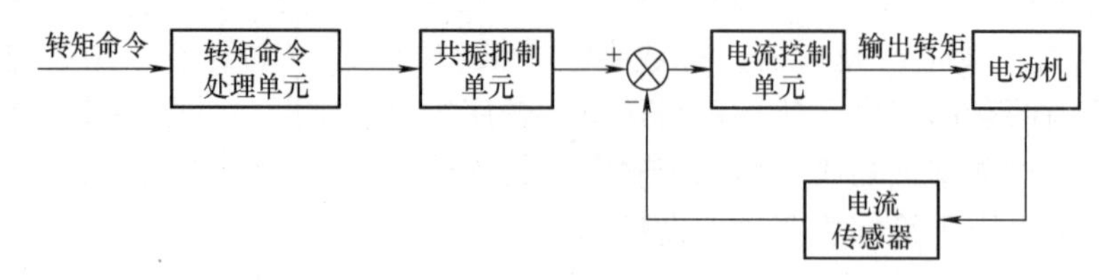

图 5-3 转矩控制模式基本架构

5.2.2 速度控制模式

速度控制模式包含了速度环和电流环。电流环是控制的根本，在速度和位置控制的同时，系统实际也在进行电流（转矩）的控制以达到对速度和位置的相应控制。

通过模拟量的输入或脉冲频率的变化都可以进行转动速度的控制，在有上位控制装置的外环 PID 控制时速度模式也可以进行定位，但必须把电动机的位置信号或直接负载的位置信号给上位反馈以做运算用。位置控制模式也支持直接负载外环检测位置信号，此时的电动机轴端的编码器只检测电动机转速，位置信号就由直接的最终负载端的检测装置来提供了，这样的优点在于可以减少中间传动过程中的误差，增加了整个系统的定位精度。速度控制模式基本架构如图 5-4 所示。

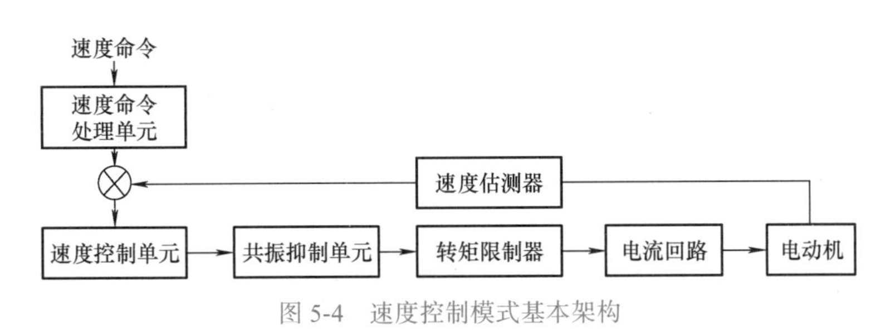

图 5-4　速度控制模式基本架构

5.2.3　位置控制模式

位置控制的根本任务就是执行机构对位置指令的精确跟踪。被控量一般是负载的空间位移，当给定量随机变化时，系统能使被控量准确无误地跟踪并复现给定量，给定量可能是角位移或直线位移。所以，位置控制必然是一个反馈控制系统，组成位置控制回路，即位置环。它处于系统最外环，其组成各部分包括位置检测器、位置控制器、功率变换器、伺服电动机以及速度和电流控制的两个内环等。通过外部输入脉冲的频率来确定转动速度的大小，通过脉冲的数量来确定转动的角度，也有些伺服可以通过通信方式直接对速度和位移进行赋值。由于位置控制模式可以对速度和位置都有很严格的控制，所以一般应用于定位装置。应用领域如数控机床、印刷机械等。位置控制模式基本架构如图 5-5 所示。

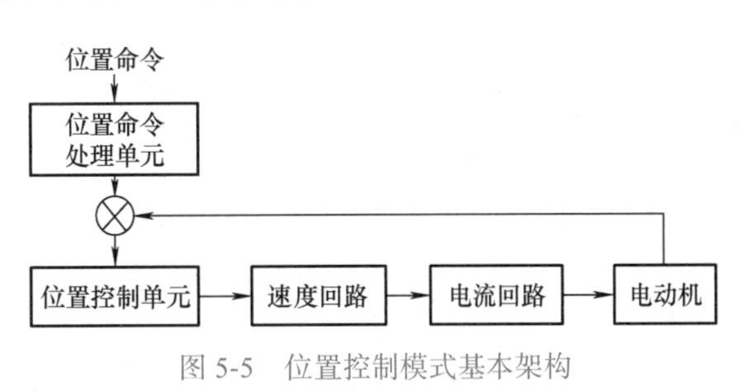

图 5-5　位置控制模式基本架构

5.2.4　位置 / 速度伺服控制模式

在某些传动领域内，既需要对某些被控对象实现高精度的位置控制，又需要对其他被控对象实现各种不同的运动控制功能。单一的伺服控制模式，无论是位置伺服控制或速度伺服控制还是转矩伺服控制，往往都很难实现。实现对被控对象的高精度位置控制的一个基本条件是需要有高精度的执行机构。以永磁同步电动机及其伺服驱动器为执行部件的交流伺服系统具有位置伺服控制、速度伺服控制和转矩伺服控制等多种伺服控制模式，可以很好地实现对各种被控对象的不同控制要求。

在位置伺服控制模式下，通过输入的脉冲数使电动机定位运行；电动机转速与脉冲频率相关，电动机转动的角度与脉冲个数相关。伺服驱动器接收上位数控装置发出的位置指令信号（脉冲 / 方向），送入脉冲列形态，经电子分倍频后，在偏差可逆计数器中与反馈脉冲信号比较后形成位置偏差信号，位置偏差信号经位置环的复合前馈控制器调节后，形成速度指令信号。速度指令信号与速度反馈信号（与位置检测装置相同）比较后的偏差信号经速度环比例积分控制器调节后产生电流指令信号，在电流环中经矢量变换后，由 SPWM 输出转矩电流，控制交流伺服电动机的运行。为了提高位置伺服控制模式时实时自动增益调整的精度，驱动器中增加了适配增益功能。其作用就相当于自动加入一个增益，使稳定（停止到位）时间最短。基于位置伺服控制模式的运动控制系统框图如图 5-6 所示。

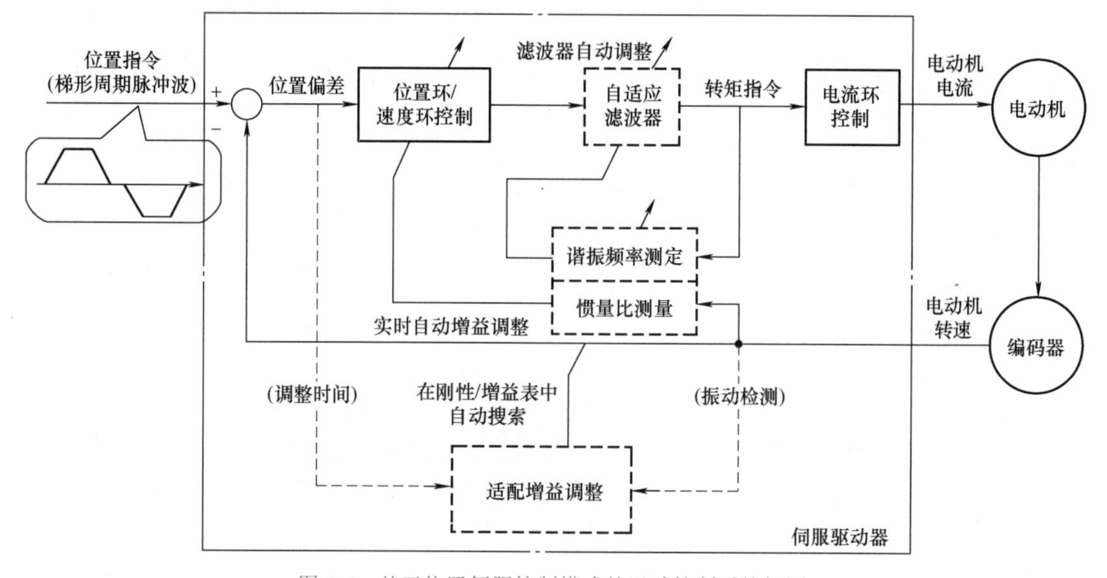

图 5-6　基于位置伺服控制模式的运动控制系统框图

在速度伺服控制模式下，直接通过电位器调整输入伺服电动机驱动器的直流电压（模拟量速度指令）来调节电动机速度。实现速度在 0 ～ 3000r/min 之间可调，并且电动机可以在该速度范围内以一恒定的速度持续运行。伺服驱动器采用负载模型，以估测电动机转速，从而提高响应性能，并减弱停止后的振动。即时的速度观测器就是用来提高速度检测精度的。基于速度伺服控制模式的运动控制系统框图如图 5-7 所示。

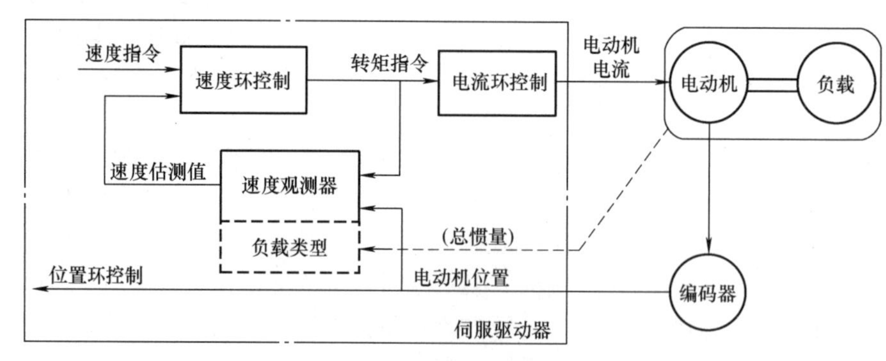

图 5-7　基于速度伺服控制模式的运动控制系统框图

5.3　伺服系统的常见故障及产生的原因

伺服系统常见的故障可以分为三类：功率电路（逆变器）类故障、硬件类故障、软件类故障。当发生故障时伺服驱动器操作面板会提示错误代码，使用时可根据错误代码查阅伺服驱动器手册，查找故障类型，分析故障发生的原因，进行故障排查并处理。下面将阐述一些常见的故障及可能产生的原因。

5.3.1　功率电路（逆变器）类故障

1. 主电路过电压

如果在接通控制电源时出现过电压，则可能是电路板故障；若在接通主电源时出现过电压，则可能是因为电源电压过高、电源电压波形不正常；若在电动机运行过程中出现，则可能是因为外部制动电阻接线断开、制动晶体管损坏、内部制动电阻损坏、制动回路容量不够、加减速时间过小在降速过程中引起过电压、负载转动惯量过大。

2. 主电路欠电压

如果在接通主电源时出现主电路欠电压，则可能是电路板故障、电源保险损坏、软启动电路故障、整流器损坏、电源电压低、伺服 ON 信号提前有效等原因；如果在电机运行过程中出现欠电压则可能是因为电源容量不够、瞬时掉电、临时停电 20ms 以上等原因。

3. 过电流

对于伺服系统来说，过电流一般指电动机电流，短时间内，电动机电流过大是允许的，但是如果长时间内电流过大，会造成逆变器件发热，在散热条件比较差的情况下，就会因为发热而产生的热应力对电子电路造成影响，甚至引起逆变器件的炸裂。

1）U、V、W 与地线连接错误或它们之间存在短路。

2）伺服驱动器故障（电流反馈电路、功率晶体管或者电路板故障）。

3）因负载转动惯量大并且高速旋转，制动电路故障。

4）电动机线圈烧坏，电动机动力线绝缘不好。

5）主回路的 IGBT 或智能功率模块（Intelligent Power Module，IPM）烧坏，造成异常电流报警。此类报警多数都是由于模块短路引起，用万用表二极管档测对应的 U、V、W。对 +、– 的导通压降，如果为 0，则模块烧坏，可先拆开外壳，然后将固定模块的螺钉拆下，更换模块。

6）系统的伺服参数设定有误。

7）伺服电动机与伺服单元不匹配，或电动机代码设定错误。

8）如果与时间有关，当停机一段时间再开，报警消失，则可能是 IPM 太热，检查是否负载太大。

4. 短路

产生的原因一般是因为电动机电源引起的相间短路，如果出现这种现象，那么系统应该在很短的时间内（一般是 2ms 之内）切断电路。常见原因是电动机的动力电缆或制动时制动电路的影响。

5. IPM 模块故障

如果在接通控制电源时出现 IPM 模块故障，则可能是电路板故障或者受到干扰；如果在电动机运行过程中出现 IPM 模块故障，则可能是因为供电电压偏低，伺服驱动器过热，驱动器 U、V、W 之间短路，电动机绝缘损坏，受到干扰等。

6. 制动故障

如果在接通控制电源时出现制动故障，则可能是电路板故障、受到干扰；如果在电动机运行过程中出现制动故障，则可能是因为外部制动电阻接线断开、制动晶体管损坏、内部制动电阻损坏、制动回路容量不够、主电路电压过高等。

5.3.2 硬件类故障

常见的硬件类故障有过热异常、电源异常、编码器断线、CPU 异常、A/D 转换异常。如果接通控制电源时发生过热异常，可能是电路板故障、电缆断线、电动机内部温度继电器损坏；若在电动机运行过程中发生过热异常，一般是因为长期超过额定转矩运行、电动机过负载（机械传动不良、切削力过大、丝杆传动转矩大、润滑、切削参数）、电动机内部故障、环境温度过高、电动机内部温度继电器损坏。如果发生编码器断线，可能是因为编码器接线错误、编码器损坏、编码器电缆过长，造成编码器供电电压偏低、编码器电缆不良、外部干扰。伺服系统内部电源使用比较复杂，由于硬件原因可能造成电源的浮动范围过大，引起系统电源异常的报警。

5.3.3 软件类故障

常见的软件类故障有超速、偏差、过载等。

如果接通控制电源时出现超速可能是因为控制电路板故障或者编码器故障。若电动机刚起动时出现超速可能是因为负载转动惯量过大，编码器零点错误，电机 U、V、W 引线接错，编码器电缆引线接错。若在电动机运行过程中出现超速可能是因为输入指令脉冲频率过高、加 / 减时间常数太小、输入电子齿轮比太大、伺服系统不稳定引起速度超调量过大、编码器故障、编码器电缆不良等引起。

如果在接通控制电源时出现偏差过大可能是电路板故障或受到干扰；如果输入指令脉冲时出现偏差过大，查看电动机 U、V、W 是否接错，编码器电缆是否接错，编码器是否存在故障等；若在电动机运行过程中出现偏差过大，可能是设定位置超差检测范围太小、位置比例增益太小、转矩不足、指令脉冲频率太高。

5.3.4 其他常见故障

1. 风扇故障

出现风扇故障可能是因为风扇过热、风扇太脏或损坏。拆下控制板，用万用表测量有风扇插座的线路是否有断线，如果电源没问题，上电后观察风扇是否有风，如果没风或不转，拆下观察扇叶是否有较多油污，用汽油或酒精清洗后再装上，如果还不行，更换风扇。

2. 串行编码器通信错误报警

若检测到电动机编码器断线或通信不良，检查电动机的编码器反馈线与放大器的连接是否正确与牢固，如果反馈线正常，更换伺服电动机或编码器；如果偶尔出现，可能是由干扰引起的，检查电动机反馈线的屏蔽线是否完好。

3. 电池低电压报警

绝对编码器电池电压太低，需更换。检查伺服控制器上的电池是否电压不够，更换电池。

4. 工作过程中，振动或爬行

原因有传动环节间隙过大，电动机负载过大，伺服电动机或速度位置检测部件不良，外部干扰、接地、屏蔽不良等，驱动器的设定和调整不当。

5. 运动失控（飞车）

系统未给伺服单元指令而电动机自行行走是由于正反馈或无速度反馈信号引起的，所以应检查伺服输出、速度反馈等回路。

如果是直流伺服系统，①检查三相输入电压是否断相，或保险是否有一相烧断；②检查外部接线是否正常，包括三相输入相序 U、V、W 是否正确，输出到电动机的 +、– 端子是否接反，插头是否松动；③检查电动机速度反馈是否正常，是否接反，是否断线，是否无反馈；④交换控制电路板，如果故障随控制板转移则是电路板故障；⑤系统的速度检测和转换回路故障。

如果是交流伺服系统，检查伺服，电动机 U、V、W 相序是否接错，速度反馈信号是否断线或接成正反馈，位置反馈信号是否断线或接成正反馈。

6. 机床定位精度或加工精度差

机床定位精度或加工精度差可分为定位超调、单脉冲进给精度差、定位点精度不好、圆弧插补加工的圆度差等情况。原因有：加 / 减速时间设定过小、电动机与机床的连接部分刚性差或连接不牢固、机械传动系统存在爬行或松动、伺服系统的增益不足、位置检测器件（编码器、光栅）不良、速度控制单元控制板不良、机床反向间隙大、定位精度差、位置环增益设定不当、各插补轴的检测增益设定不良、感应同步器或旋转变压器的接口板调整不良、丝杠间隙或传动系统间隙过大。

7. 窜动

如果出现窜动，可能是因为测速信号不稳定，如测速装置故障、测速反馈信号干扰等；速度控制信号不稳定或受到干扰；接线端子接触不良，如螺钉松动等。当窜动发生在由正向运动向反向运动的瞬间，一般是由于进给传动链的反向间隙或伺服系统增益过大所致。

8. 爬行

如果电动机出现爬行，查看进给传动链的润滑状态，是否伺服系统增益设置过低，外加负载过大或者联轴器有裂纹或松动。

9. 伺服电动机静止时抖动或尖叫（高频振荡）

可能是因为位置反馈电缆未接好；位置检测编码器工作不正常；特性参数调得太硬，检查伺服单元有关增益调节的参数，仔细调整参数（可以适当减小速度环比例增益和速度环积分时间常数)。

10. 伺服电动机开机后即自动旋转

可能是因为位置反馈的极性错误或者是由于外力使坐标轴产生了位置偏移，另外驱动器、测速发电机、伺服电动机或系统位置测量回路不良也会导致该现象。

11. 伺服电动机出力不足

1）三相输入电压低，高速时出力不足。

2）伺服电动机输出转矩电流限制值设定不当（偏低）。

3）伺服电动机的转子磁场位置检测编码器安装位置错误或不良。

4）电动机永磁体转子退磁：高温和电动机定子大电流均可造成转子退磁。判断转子退磁的方法有：在伺服电动机不通电的情况下，用手或其他设备转动电动机轴快速旋转，测试电动机定子 U、V、W 间的电压，若电压低而且电动机发热较厉害，则说明转子已退磁，送电动机生产厂家充磁或更换电动机。

12. 起动时升降轴的位置变化

1）没有配重或平衡装置；配重或平衡装置失效或工作不可靠。

2）上电时升降轴电动机抱闸打开太早，检查 PLC 程序，确保接通升降电动机的驱动器的伺服使能有效后，电动机轴上有力时才能打开闸。

3）断电时，抱闸关闭太慢或伺服电动机在闸还未抱住时就失电无力。

5.4 伺服系统的常用软件

伺服驱动器带操作面板的可以监控、设置参数并操作，但操作面板功能通常比较小巧，操作起来不是特别灵活，通过伺服调试软件可以帮助用户更好地管理伺服驱动器，用来对伺服驱动器在线运行调试、诊断运行，也可作为离线数据分析的工具。例如，某数控系统，操作员可以根据调试软件显示的伺服数据信息，调试数控系统及驱动器参数，如合理地提高伺服增益，保证伺服系统不出现振荡，使伺服系统与数控装置在高响应、高刚性下相互和谐工作；另外伺服调试软件采集伺服控制运行轴的加减速时间常数，工程人员依据数据调试数控系统及驱动器参数，实现机床加工零件时的高速、高精。

不同厂家伺服驱动器配置了不同的调试软件，但其功能基本相似，提供了完善的参数设定、状态监控、自动调机等功能。本节给出了常见的伺服调试软件，介绍了其功能并给出了一些功能的界面。

5.4.1 ASDA-Soft

ASDA-Soft 软件是台达电子专为伺服驱动器开发的调试软件，包含示波器监控、装置监控、异警监控、数位输入输出控制参数编辑器、自动调机等功能。

1. 示波器

ASDA-Soft 软件提供了内建的高速实时性的监控示波器工具，使用者可以利用此示波器工具来撷取和分析各项实时信息。针对共振抑制的波形分析，示波器功能提供快速傅里叶转换频谱信息，用户可以自行在波形上选择要分析的区块从而精准地抑制共振点。示波器界面如图 5-8 所示。

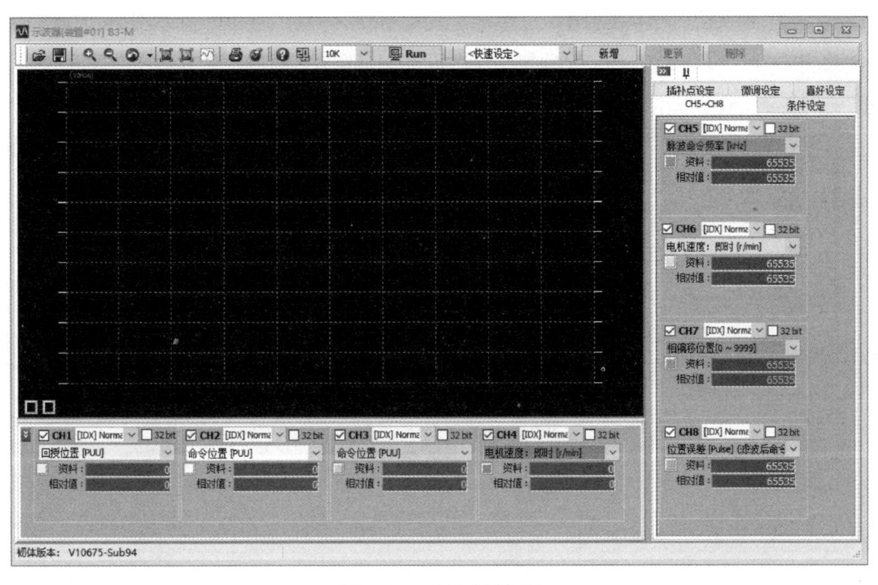

图 5-8　示波器界面

2. 自动增益调整

自动增益调整功能可以方便用户通过软件自动调整控制循环的增益数值，免去手动计算增益数值的复杂度。用户可以通过已知的响应带宽、转动惯量比和低频刚性，填入计算工具内直接进行增益值计算；也可以通过设定电动机转速和行程的长度（两点间的距离），利用动态方式去估算机构运行中的负载转动惯量变化，通过系统的自动估算找到平均转动惯量值来计算出控制循环的相关增益数值。示波器自动增益操作界面如图 5-9 所示。

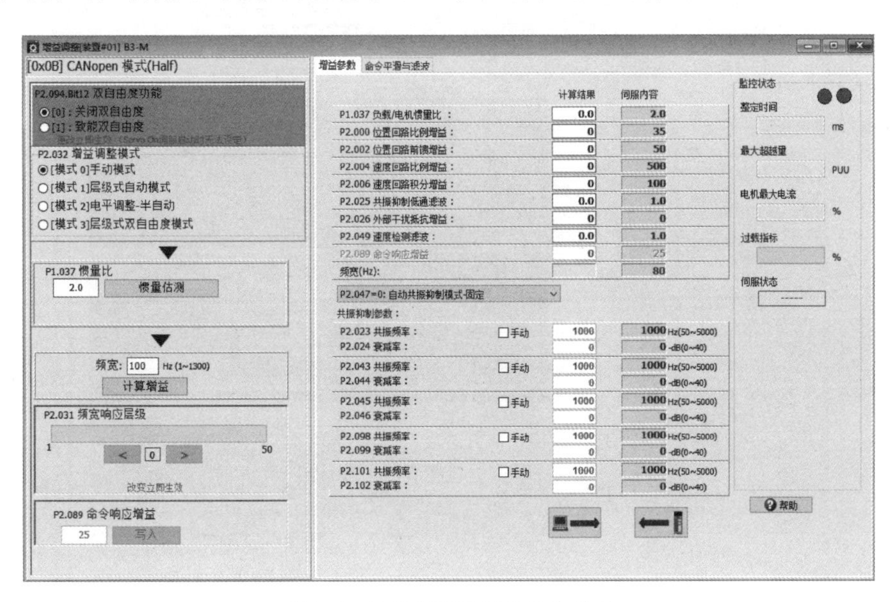

图 5-9　示波器自动增益操作界面

3. 数字 IO/ 寸动控制

用户可以通过软件接口来操控数字输入输出的动作，这个功能可以方便用户利用软件来进行各种动作信号的仿真监控，搭配软件示波器、电子凸轮等功能更可以做状态模拟的确认，在进行实际动作前，可以确保接点动作正常。另外，在本功能内也提供了简易的寸动（Jog）控制，方便用户做位置微调。操作界面如图 5-10 所示。

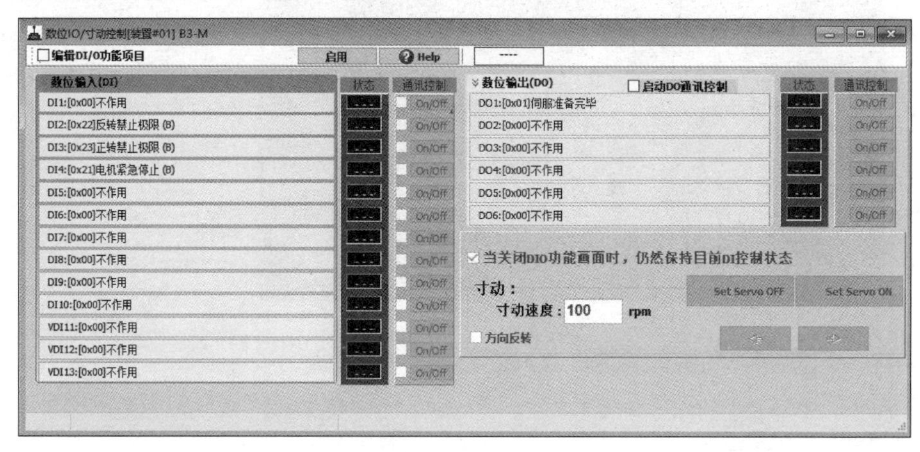

图 5-10　数位 IO/ 寸动操作界面

4. 系统分析

系统分析主要帮助用户了解系统调适的适宜性，利用频域的分析工具伯德图，可以辅助了解系统的稳定度与其他有用的相关信息，如系统的共振频率等。频宽的调整原则：够用最好，若能保留一些余裕，机台在应付运转时的变异会更有能力，如负载的变化或机构因运转久后所造成的皮带松紧变化。系统分析操作界面如图 5-11 所示。

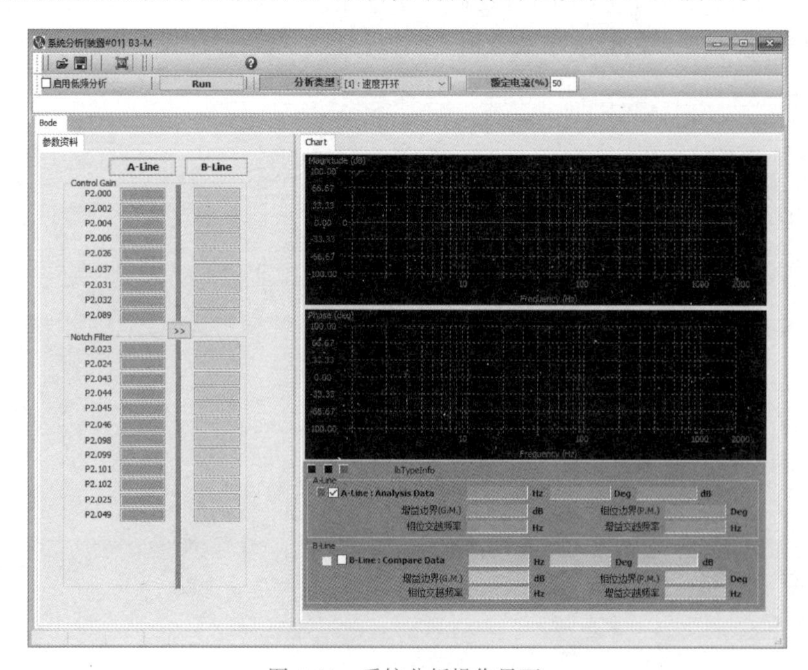

图 5-11　系统分析操作界面

5. 异警信息

当伺服驱动器发生异警状况的时候，用户如果正在使用软件调试 ASDA 伺服驱动器，就可以通过“异警信息”的窗口来观看错误提示以及基础的解决方案，以快速解决报警问题并恢复正常调机状态。

6. 参数编辑器

参数编辑器提供多种有关伺服器参数的显示、编辑、比对、读取、写入、转换等功能，以方便使用者操作。与驱动器本身面板上的操作及显示相比，软件上的参数编辑功能能够帮助用户快速地完成所有的功能设定。参数编辑器界面如图 5-12 所示。

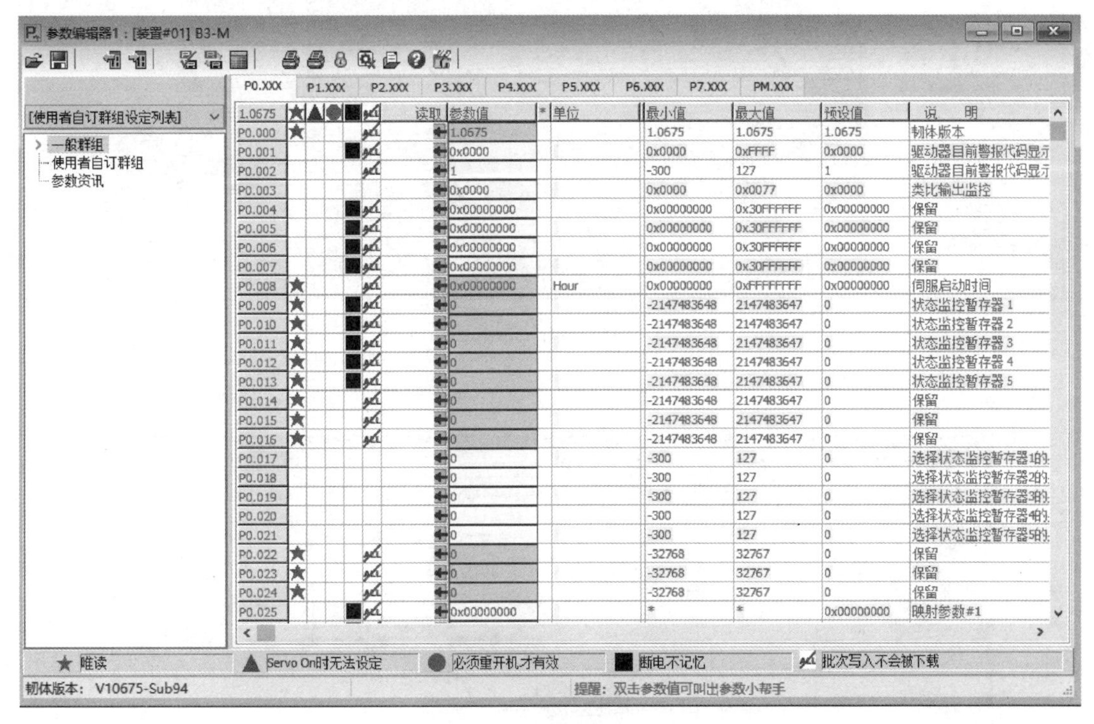

图 5-12　参数编辑器界面

7. 参数初始化精灵

参数初始化精灵是一套让使用者能够快速完成设定伺服控制模式的操作接口，非常适合电控人员在初步控制模式设定和调机过程中使用，直觉化的设定接口以及方便的下拉式选单能够省去使用者翻阅手册的时间。图 5-13 为参数初始化精灵的主画面。

图 5-14 给出了位置（PT）模式的参数设定界面，通过图形化接口直接设定该模式下的参数。

伺服驱动器提供多样化的 DI 和 DO 功能设定，以往用户都必须查阅手册来进行相关的设定。但通过参数编辑器内的参数初始化精灵，将 DI 和 DO 的功能利用下拉式窗体的勾选方式，让使用者能够直觉式地进行设定和修改。图 5-15 以内部扭力（Tz）模式为例，利用下拉式选单便可完成 DI/DO 设定。

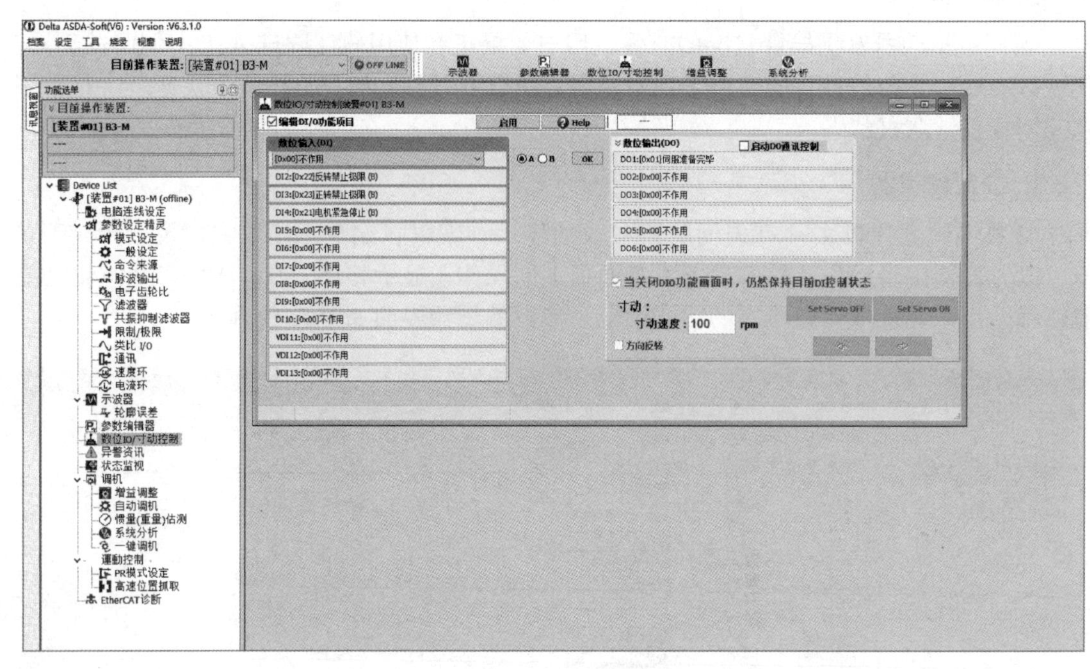

图 5-13　参数初始化精灵的主画面

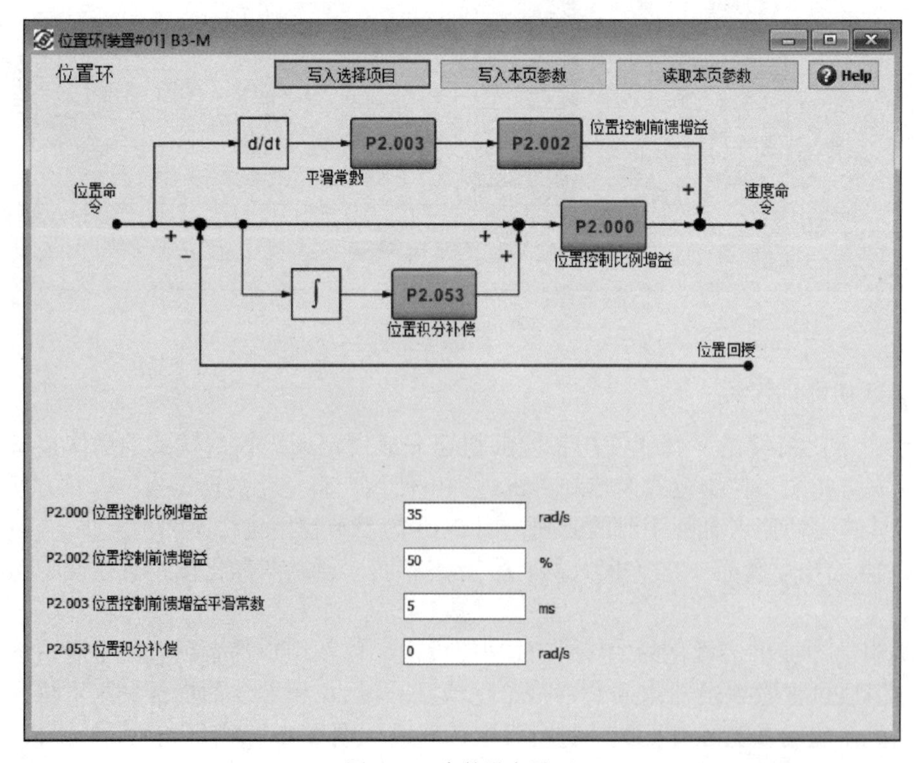

图 5-14　参数设定界面

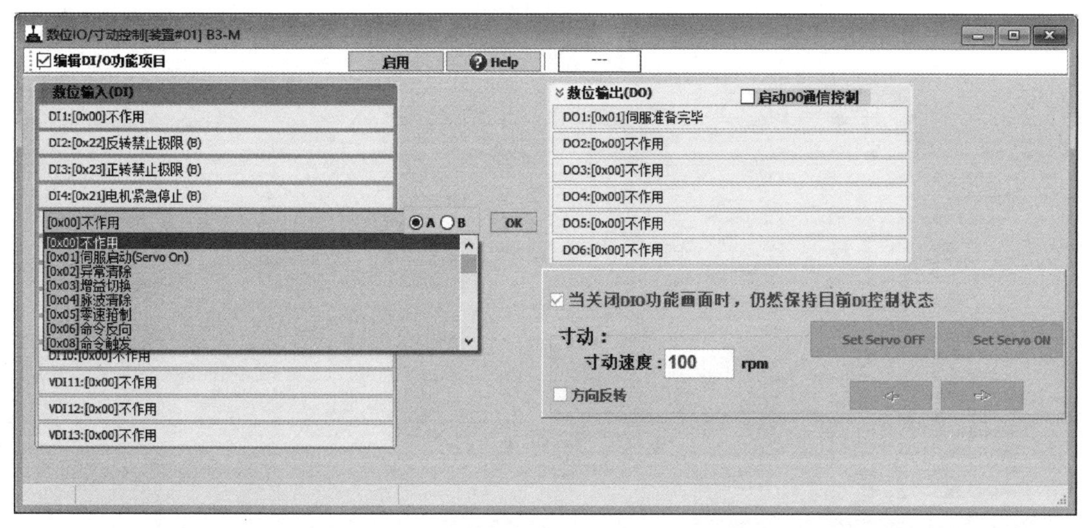

图 5-15　DI/DO 设定界面

5.4.2　InoDriverShop

InoDriverShop 是汇川公司伺服驱动器的调试软件，功能包含示波器、参数管理、惯量辨识、机械特性分析、运动 JOG、增益调整等。

1. 示波器

InoDriverShop 软件提供了高速实时性的示波器功能，用户可以利用此示波器工具来撷取、保存和分析各项瞬时数据，界面如图 5-16 所示。

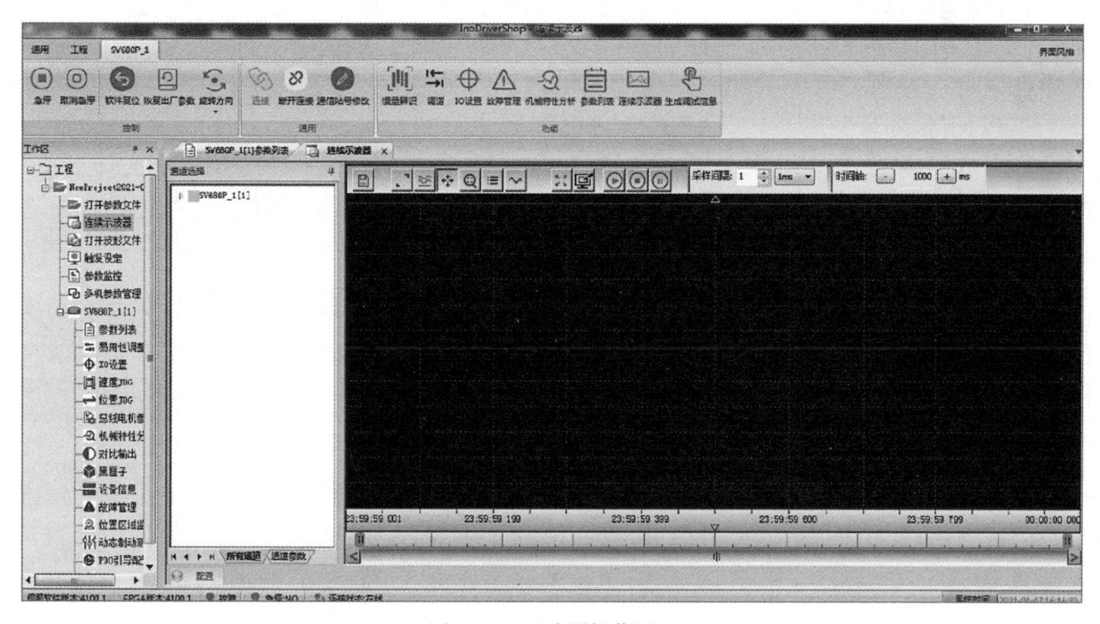

图 5-16　示波器操作界面

2. 参数管理

参数管理功能可以批量读取和下载伺服驱动器的参数，界面如图 5-17 所示。

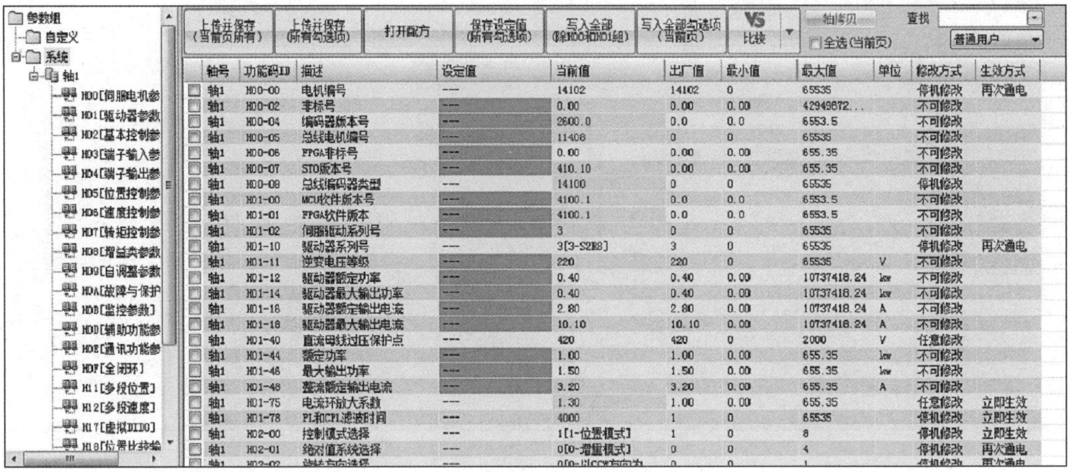

图 5-17　参数管理操作界面

3. 惯量辨识

惯量辨识功能可用于辨识负载惯量比。负载惯量比是伺服系统的重要参数，正确地设置负载惯量比有助于快速完成调试。负载惯量比有手动设置和自动设置两种方式。自动设置即通过伺服驱动器的惯量辨识功能自动识别。自动识别又分为离线惯量辨识方法和在线惯量辨识方法。其中离线惯量辨识可以使用“转动惯量辨识功能”，通过操作伺服驱动器面板上的按键使电机旋转，实现惯量辨识，无须上位机的介入；在线惯量辨识则是通过上位机向驱动器发送指令，伺服电动机按照指令进行动作，完成惯量辨识。惯量辨识操作界面如图 5-18 所示。

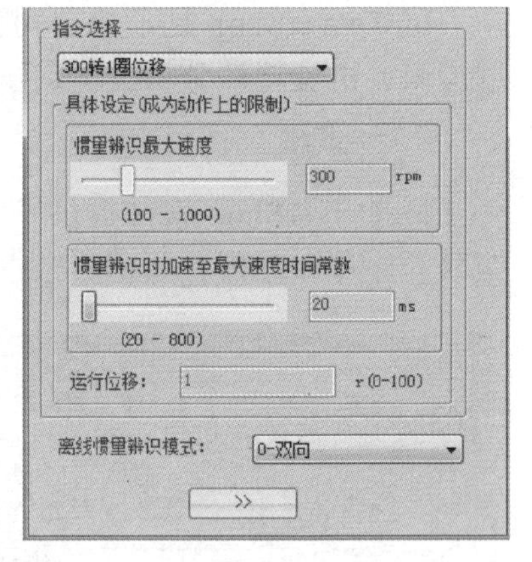

图 5-18　惯量辨识操作界面

4. 机械特性分析

机械特性分析功能用于判断机械共振点和系统带宽。其最大支持 8kHz 响应特性分析，支持机械特性、速度开环、速度闭环三种模式。机械特性分析获得的波形实例界面如图 5-19 所示。

5. 运动 JOG

运动 JOG 即伺服电动机点动运行，该功能可确认伺服电动机是否可以正常旋转，转动时有无异常振动和异常声响。该功能具有三种使用方式，分别为通过面板速度模式点动、汇川驱动调试平台速度模式点动、面板位置模式点动。界面如图 5-20 所示。

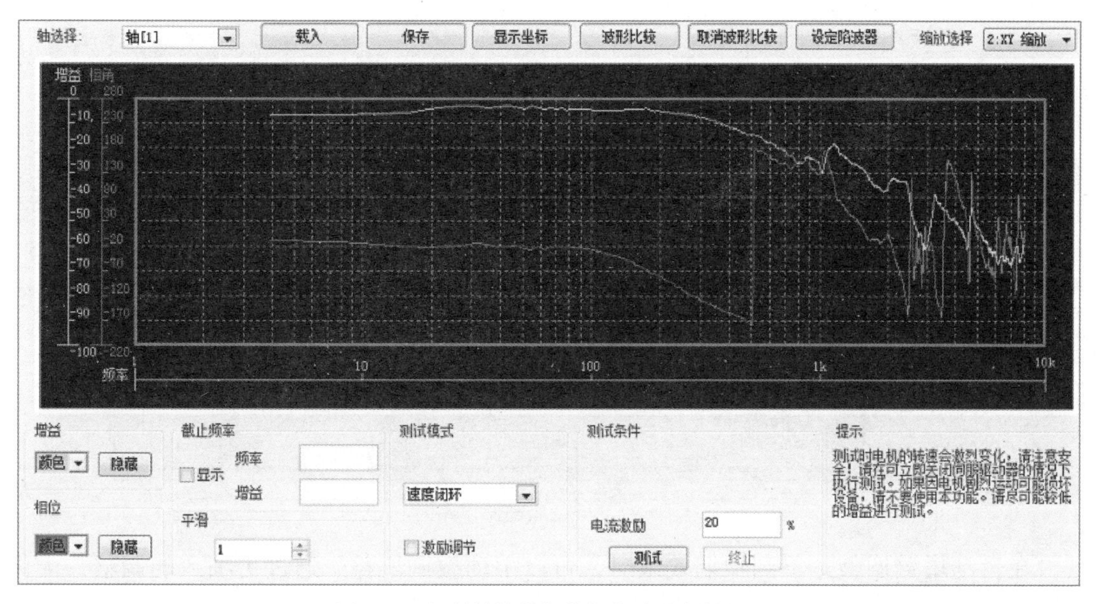

图 5-19　机械特性分析获得的波形实例界面

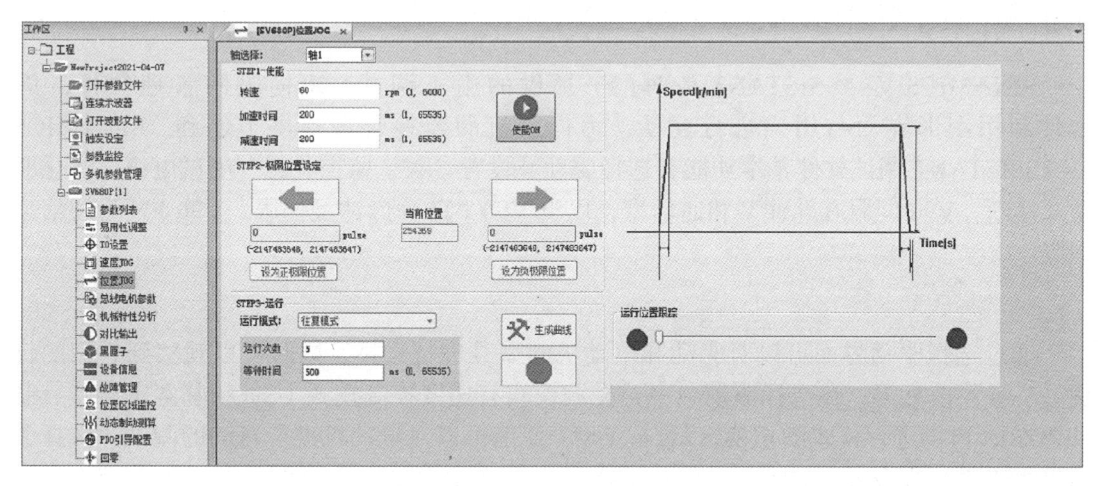

图 5-20　运动 JOG 操作界面

6. 增益调整

为了使伺服驱动器尽量快速、准确地驱动电动机，以跟踪来自上位机或内部设定的指令，汇川伺服具有自动和手动两种调整控制循环增益数值的功能，以保证对伺服增益进行合理调整。自动增益调整功能又包括 ETune 功能和 STune 调整功能。其中 ETune 功能是向导式自动调整功能的简称，通过向导指引设置相应的曲线轨迹和响应需求参数后伺服会自动运行并学习出最优增益参数，学习完成后可以保存参数，还可以将参数导出成配方以便同机型复制下载，适用于负载转动惯量变化小的场合。界面如图 5-21 所示。STune 调整是指通过刚性等级选择功能，伺服驱动器将自动调整参数，满足快速性与稳定性需求，适用于负载转动惯量变化小的场合，转动惯量变化大或不易辨识转动惯量的场合（运行速度低或加速度小）。

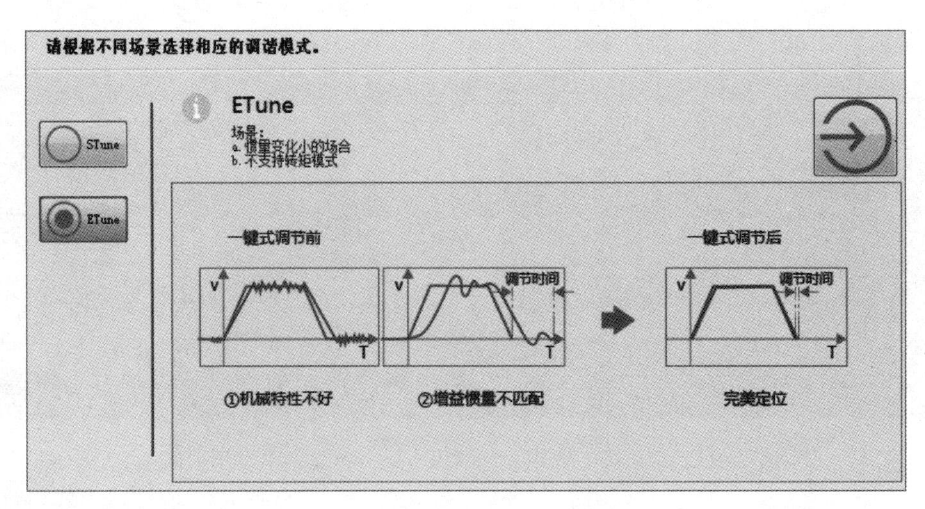

图 5-21 增益调整操作界面

在自动增益调整达不到预期效果时，可以手动微调增益。通过更细致的调整，优化效果。

5.4.3 SINAMICS V-ASSISTANT

SINAMICS V-ASSISTANT 是西门子提供的用于调试 V90 伺服的管理软件，该软件利用图形界面与用户进行互动，为伺服机的监控管理提供了便利。SINAMICS V-ASSISTANT 调试软件基本功能有选择驱动、设置参数、监控状态、测试电机、优化驱动及诊断。V90 伺服有脉冲型和通信型，以下 V90 PTI 为脉冲型伺服，V90 PN 为通信型伺服。

1. 选择驱动

通过选择驱动界面可以对驱动和电动机的型号进行选择，同时可以观察到它们的订货号、参数信息等；在选择驱动项中，控制模式有速度控制模式（S）和基本定位器控制（EPOS），可以进行模式的切换；Jog（点动）使能可以对电动机进行转动的测试。选择驱动界面如图 5-22 所示。

2. 设置参数

包括设置电子齿轮比（仅用于 V90 PTI）、设置机械结构、设置参数设定值、配置斜坡功能、设置极限值、配置输入 / 输出、配置回零参数、设置编码器脉冲输出（仅用于 V90 PTI）、反向间隙补偿、查看所有参数功能。界面如图 5-23 所示。

3. 监控状态

SINAMICS V-ASSISTANT 处于在线工作模式时可分别在 V90 PTI 和 V90 PN 的相关面板上查看 I/O 信号的名称、描述、值以及状态，界面如图 5-24 所示。

4. 测试电动机

Jog 功能仅用于在线模式下测试电动机，实现伺服电动机的正转、反转点动运行，同时显示实际速度、实际扭矩、实际电流以及实际电动机利用率。界面如图 5-25 所示。

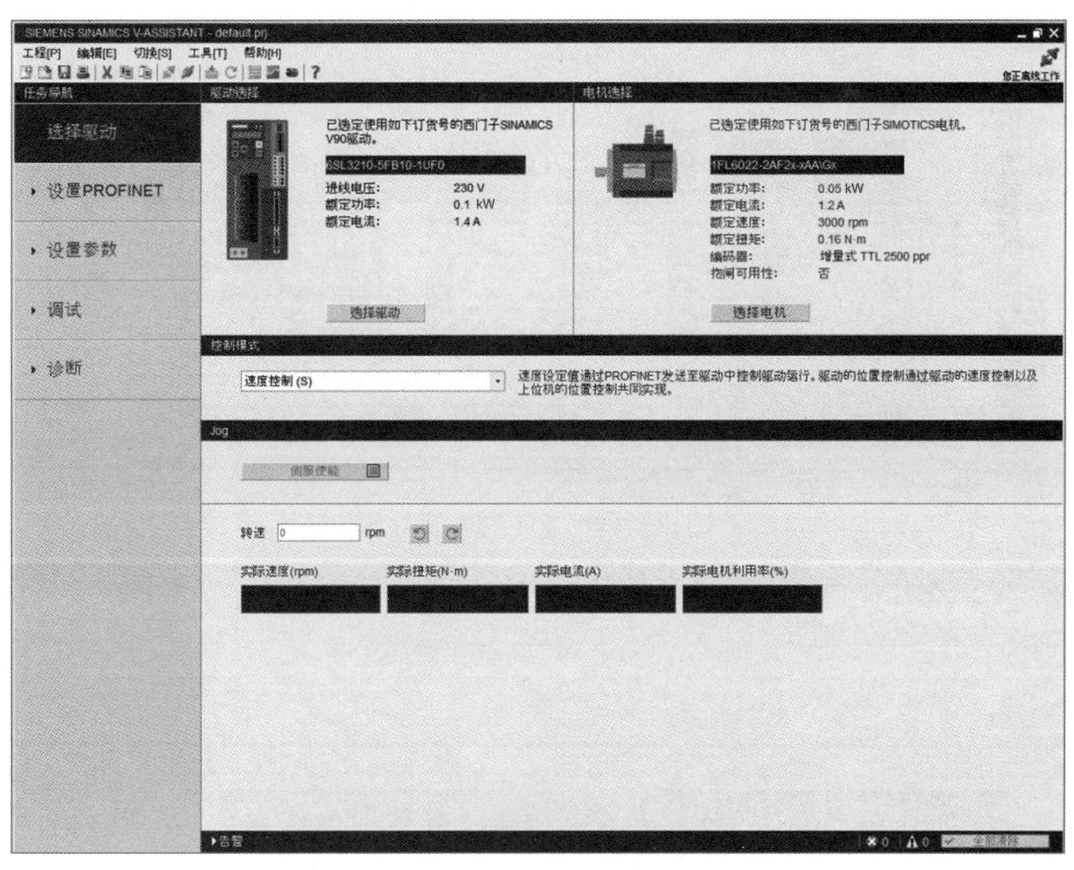

图 5-22　选择驱动界面

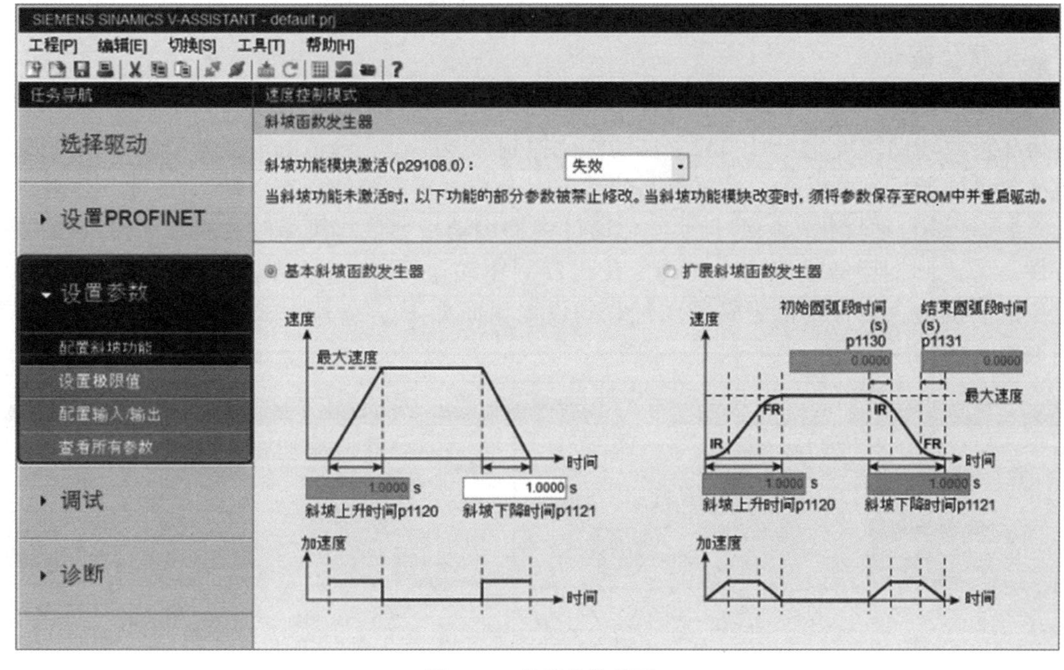

图 5-23　设置参数界面

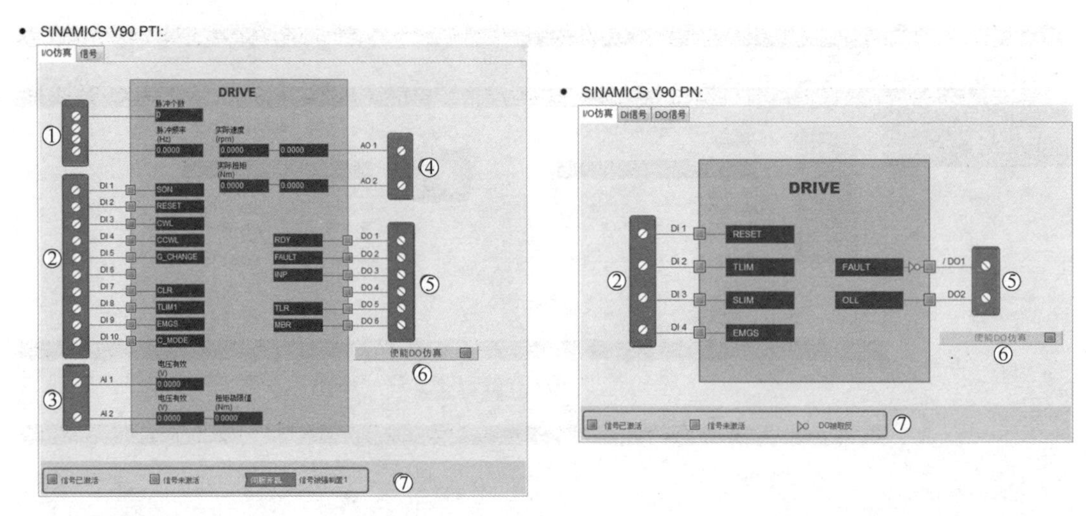

图 5-24 监控状态界面

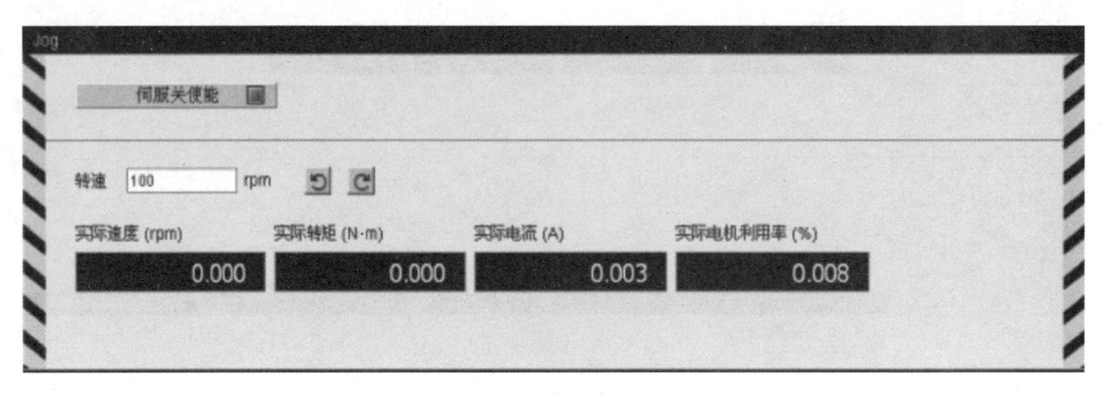

图 5-25 测试电动机界面

5. 优化驱动

SINAMICS V90 PN 提供两种自动优化方式：一键自动优化和实时自动优化。可以通过机床负载转动惯量比（p29022）自动优化控制参数并设置合适的电流滤波器参数来抑制机床的机械谐振。可以通过设置不同的动态因子来改变系统的动态性能。

1）一键自动优化。一键自动优化通过内部运动指令估算机床的负载转动惯量和机械特性。为达到期望的性能，在使用上位机控制驱动运行之前，可以多次执行一键自动优化。电动机最大转速为额定转速。优化的设置界面如图 5-26 所示，优化后的结果确认界面如图 5-27 所示。

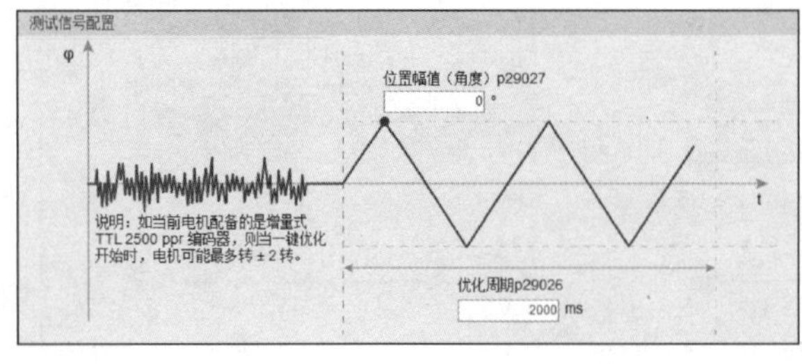

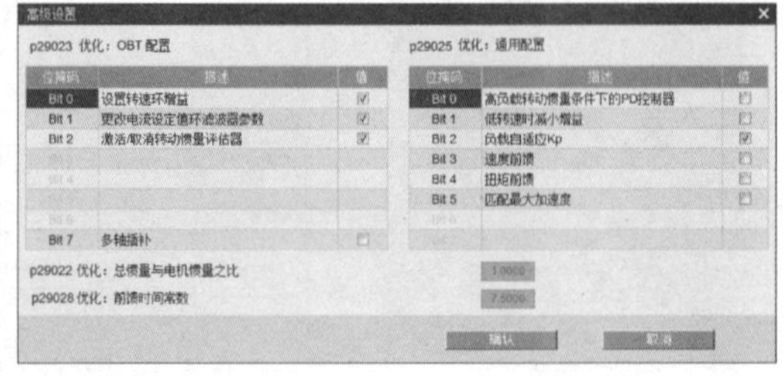

图 5-26 一键自动优化驱动设置界面

优化结果确认

参数号	参数信息	值	旧值	单位
p29022	优化：总惯量与电机惯量之比	2.015	1.000	N.A.
p29110[0]	位置环增益：位置环增益 0	3.021	1.800	1000/min
p29111	速度馈系数(进给前馈)	0.000	0.000	%
p29120[0]	速度环增益：速度环增益 0	1.375	0.688	Nms/rad
p29121[0]	速度环积分时间：速度环积分时间 0	12.513	15.000	ms
p1414	速度设定值滤波器激活	1	0	N.A.
p1415	速度设定值滤波器 1 类型	2	0	N.A.
p1417	速度设定值滤波器 1 分母固有频率	100.000	1999.000	Hz
p1418	速度设定值滤波器 1 分母衰减	0.900	0.700	N.A.
p1419	速度设定值滤波器 1 分子固有频率	100.000	1999.000	Hz
p1420	速度设定值滤波器 1 分子衰减	0.900	0.700	N.A.

放弃　接受

图 5-27　优化后结果确认界面

2）实时自动优化。实时自动优化可以在上位机控制驱动运行时自动估算机床负载转动惯量。在驱动伺服使能（SON）后，实时自动优化功能一直有效。若不需要持续估算负载转动惯量，可以在系统性能可接受后禁用该功能。

6. 诊断

该功能仅用于在线模式。可监控运动相关参数的实时值。运动数据和产品信息显示在以下面板上，如图 5-28 所示。

运动数据

参数号	描述	当前值	单位
r29018[0]	OA 版本：固件版本	10000	N.A.
r29018[1]	OA 版本：编译版本	11	N.A.
r29400	内部控制信号状态指示	268435468	N.A.
r29942	DO 状态字	138	N.A.
r18	中央控制单元固件版本	4703555	N.A.
r20	已滤波的速度设定值	0.0000	rpm
r21	已滤波的速度实际值	0.0000	rpm
r26	经过滤波的直流母线电压	1.0000	V
r27	已滤波的电流实际值	0.0000	Arms
r29	已滤波的磁通电流实际值	0.0000	Arms
r30	已滤波的转矩电流实际值	0.0000	Arms
r31	已滤波的转矩实际值	0.0000	Nm
r33	已滤波的转矩利用率	0.0000	%
r37[0]	功率单元温度：逆变器最大值	30.5000	°C
r61[0]	未滤波的速度实际值：编码器1	0.0000	rpm
r79[0]	总转矩设定值：未滤波的	0.0000	Nm
r296	直流母线欠电压阈值	150	V
r297	直流母线过电压阈值	410	V
r311	电机额定速度	0.0000	rpm
r333	电机额定转矩	0.0000	Nm
r482[0]	编码器位置实际值 Gn_XIST1：编码器1	0	N.A.
r482[1]	编码器位置实际值 Gn_XIST1：编码器2	0	N.A.
r632	电机温度模型定子绕组温度	20.0000	°C

产品信息

驱动：
6SL3210-5FB10-2UF0

进线电压：	230 V
额定电流：	1.4 A
固件版本：	v10000
序列号：	ST-YMXXYZZZZZZZ

电机：

编码器：
额定转矩：
额定功率：
额定速度：

图 5-28　诊断界面

录波功能可观察所连驱动在当前模式下的性能，界面如图 5-29 所示。

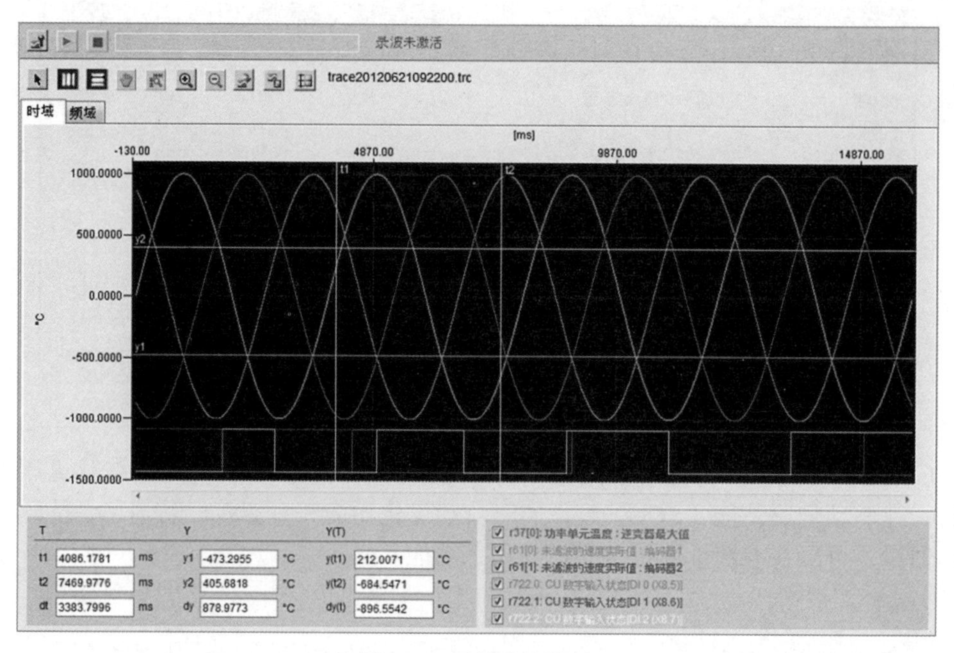

图 5-29　录波功能界面

测量功能用于控制器优化，该功能通过简单的参数设置禁止更高级控制环的影响，并能分析单个驱动的动态响应，界面如 5-30 所示。

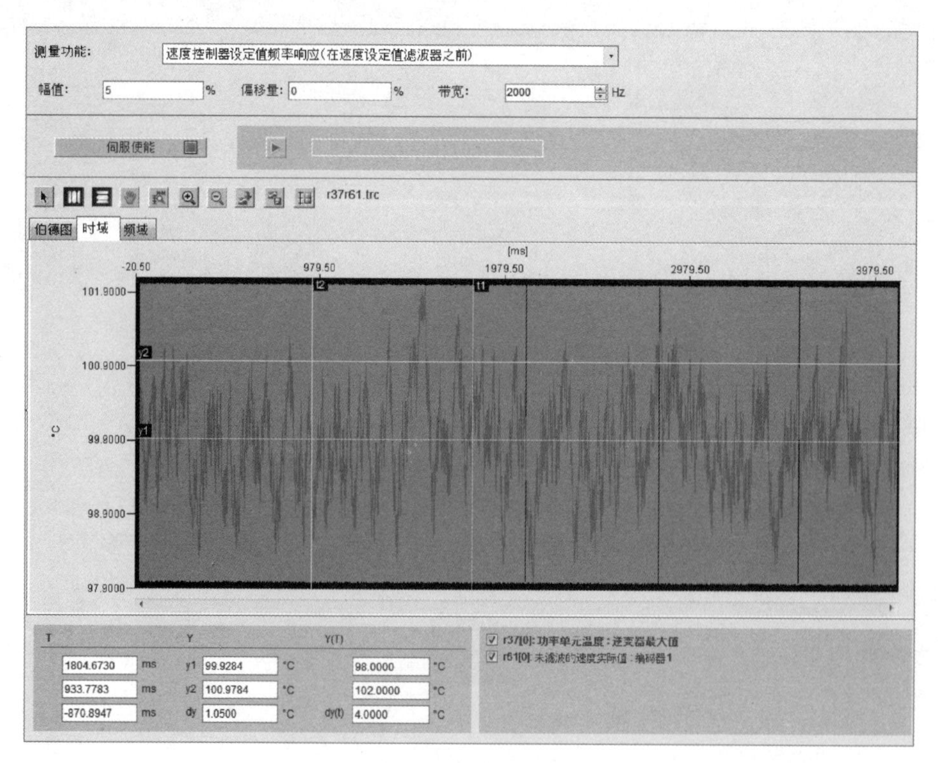

图 5-30　控制器优化

5.4.4 PANATERM

PANATERM 伺服调试软件是松下伺服系统专用调试设置软件。PANATERM Ver.6.0 版本专为松下 MINAS A6 家族 / A5 家族伺服系统推出，支持 32 位 /64 位操作系统，让用户可以轻松地进行调试工作，其功能包含参数设置、监视器、警报、增益调整、示波器、试运转、频率特性等功能。

1. 参数设置

参数画面可以对驱动器参数进行确认、改写以及进行参数文件的保存等与参数相关的操作，如图 5-31 所示。参数的数据源可以从驱动器读取、从文件读取及读取标准出场设定值。

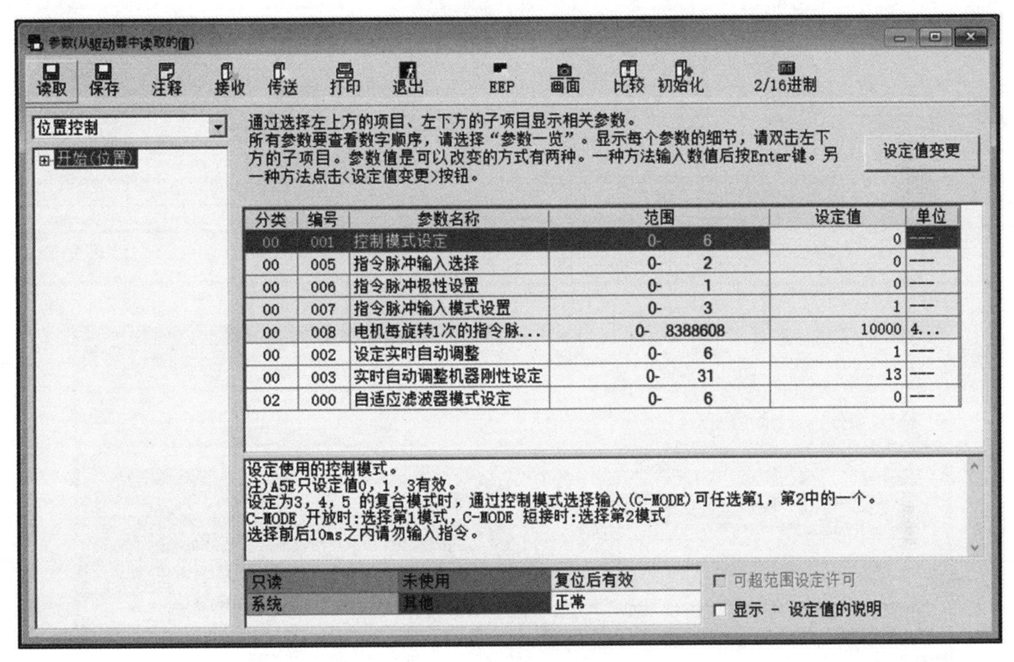

图 5-31　参数设置界面

2. 监视器

监视器功能可以显示驱动器及电机的运行状态、输入 / 输出信号、内部状态等，也可长时间记录监视数据并在画面上播放监视数据，界面如图 5-32 所示。显示包含驱动器机型、驱动器生产序号，输入 / 输出信号状态监视器，内部状态监视器，脉冲总和监视器，模拟输入监视器，错误 / 警告监视器，编码器 / 光栅尺信息监视器，数字输入输出信号监视器。

3. 警报

警报界面如图 5-33 所示，该功能可以在电动机不动作等状况下，驱动器的前面板 LED 闪烁时确认错误情况。

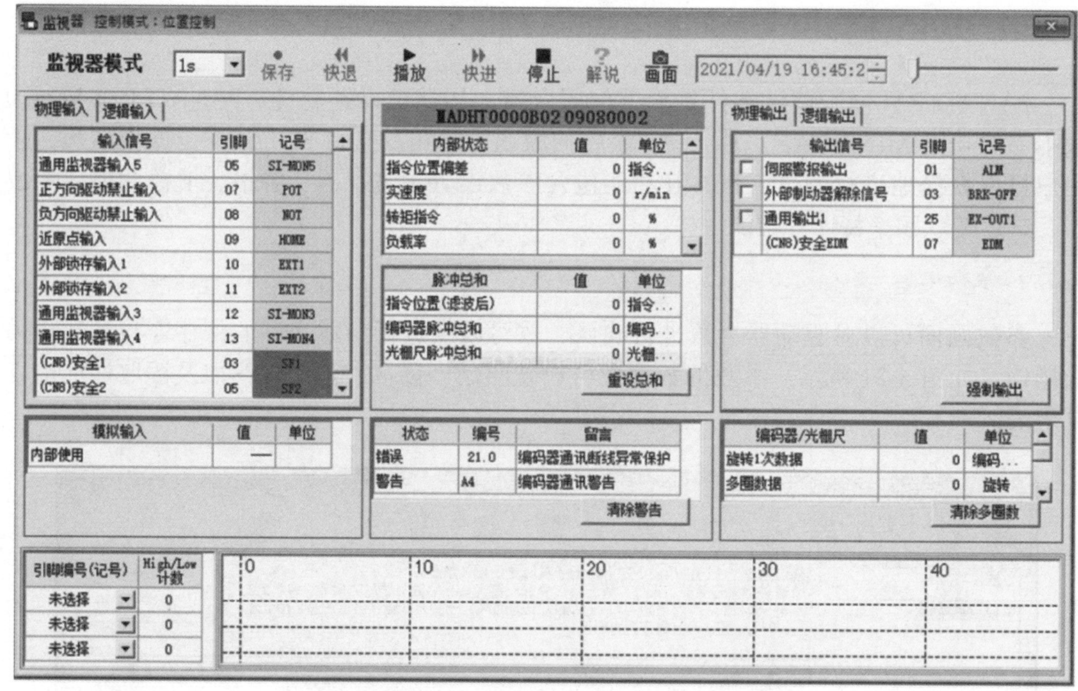

图 5-32 监视器界面

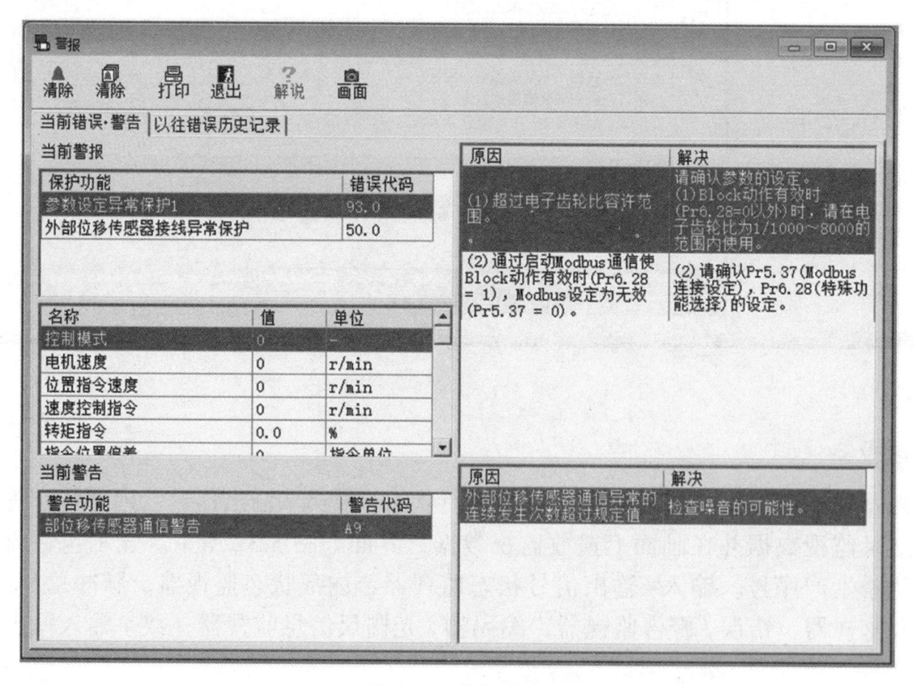

图 5-33 警报界面

4. 增益调整

该功能方便用户通过软件自动调整控制循环的增益数值，免去手动计算。界面如图 5-34 所示，在增益调整设置区域可以进行实时自动增益调整及自适应滤波器、制振滤波器、指令滤波器和关联参数的设置，在简易监视器显示区域可对电动机的调整指标进行简单测量。

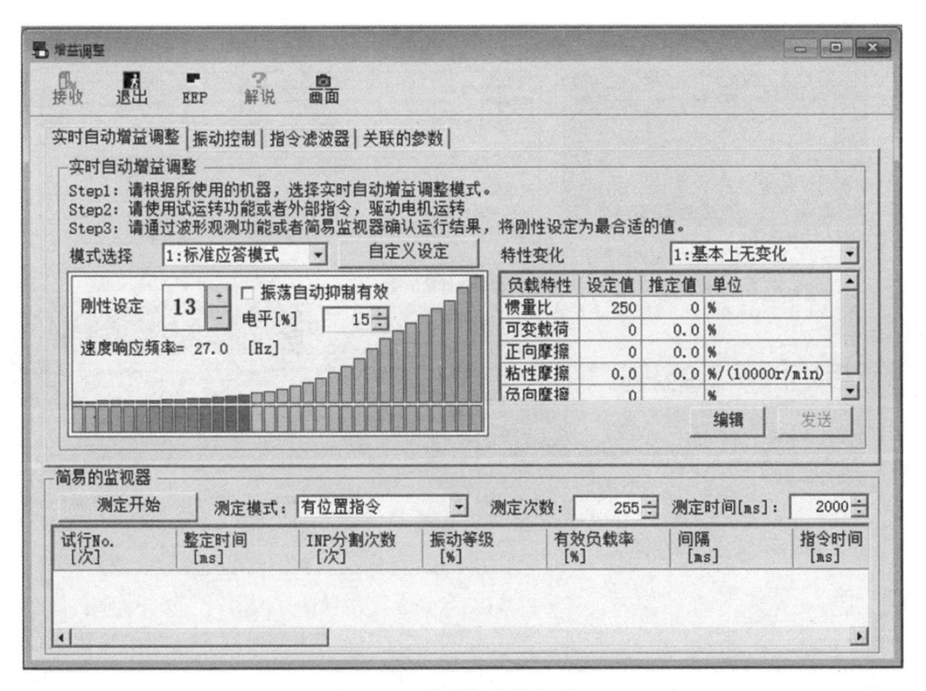

图 5-34　增益调整操作界面

5. 示波器

该功能可用来测量电动机的动作波形并以图形的方式显示测量结果，可以将这些测量条件、测量结果和当时的参数设置值保存在波形数据文件中，以便下次再次执行相同测量条件时使用和参考，界面如图 5-35 所示。

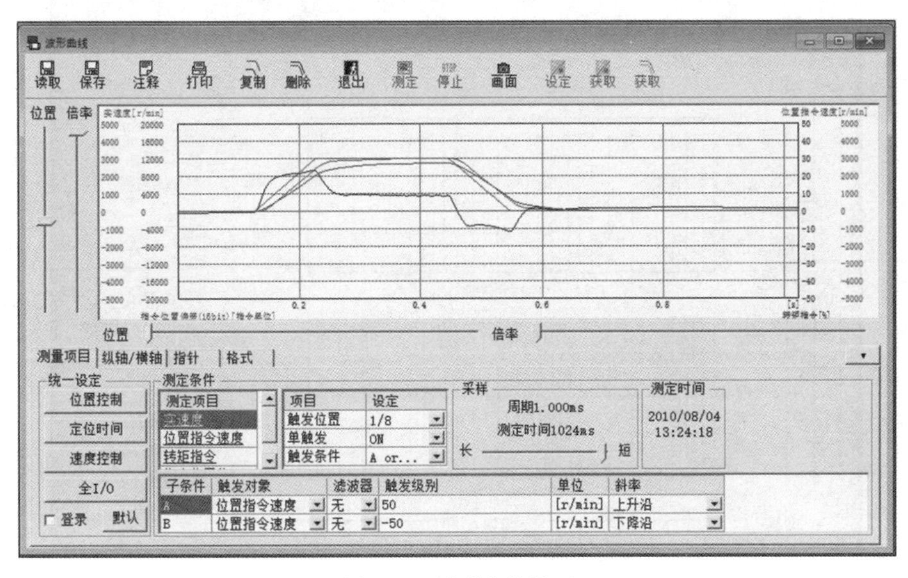

图 5-35　波形曲线界面

6. 试运转

试运转操作界面如图 5-36 所示。

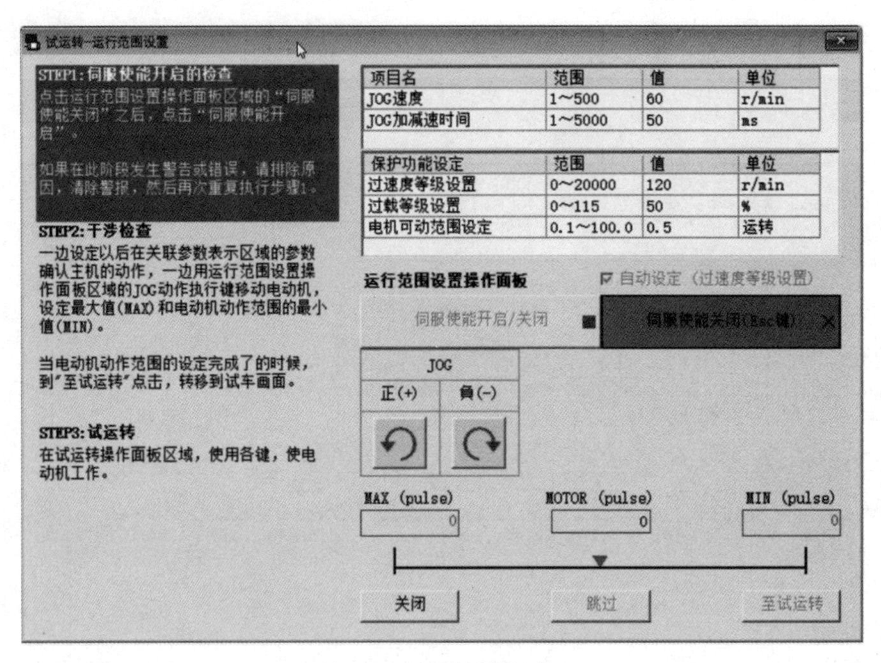

图 5-36　试运转操作界面

7. 频率特性

频率特性功能可以确认包含电动机在内的机械频率响应特性。一旦确认了机械的共振频率，便可有效缩短设备的分析、安装调试时间，界面如图 5-37 所示。

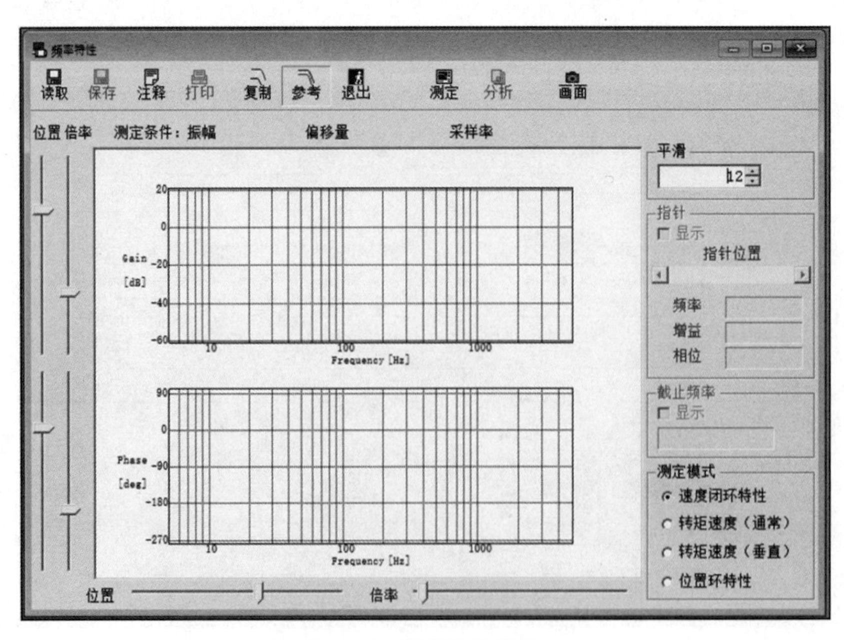

图 5-37　频率特性界面

8. 输入输出引脚定义设定画面

在引脚定义设定画面中可以设置输入输出的引脚分配，如图 5-38 所示。

引脚定义设定

解说

输入

引脚编号	位置/全闭环控制	速度控制	转矩控制
08 (SI1)	NOT_B连接	NOT_B连接	NOT_B连接
09 (SI2)	POT_B连接	POT_B连接	POT_B连接
26 (SI3)	VS-SEL1_A连接	ZEROSPD_B连接	ZEROSPD_B连接
27 (SI4)	GAIN_A连接	GAIN_A连接	GAIN_A连接
28 (SI5)	DIV1_A连接	INTSPD3_A连接	无效
29 (SI6)	SRV-ON_A连接	SRV-ON_A连接	SRV-ON_A连接
30 (SI7)	CL_A连接	INTSPD2_A连接	无效
31 (SI8)	A-CLR_A连接	A-CLR_A连接	A-CLR_A连接
32 (SI9)	C-MODE_A连接	C-MODE_A连接	C-MODE_A连接
33 (SI10)	INH_B连接	INTSPD1_A连接	无效

输出

引脚编号	位置/全闭环控制	速度控制	转矩控制
10/11 (SO1)	BRK-OFF	BRK-OFF	BRK-OFF
12/41 (SO5)	ZSP	ZSP	ZSP
34/35 (SO2)	S-RDY	S-RDY	S-RDY
36/37 (SO3)	ALM	ALM	ALM
38/39 (SO4)	INP	AT-SPEED	AT-SPEED
40/41 (SO6)	TLC	TLC	TLC

适用　关闭

图 5-38　引脚定义设定界面

9. 适合增益

仅设定目标的定位结束范围和整定时间就可自动搜索最合适的刚性及模式，从而进行增益调整的功能。界面如图 5-39 所示，通过重复执行往复定位操作，自动探索最佳的增益设置。

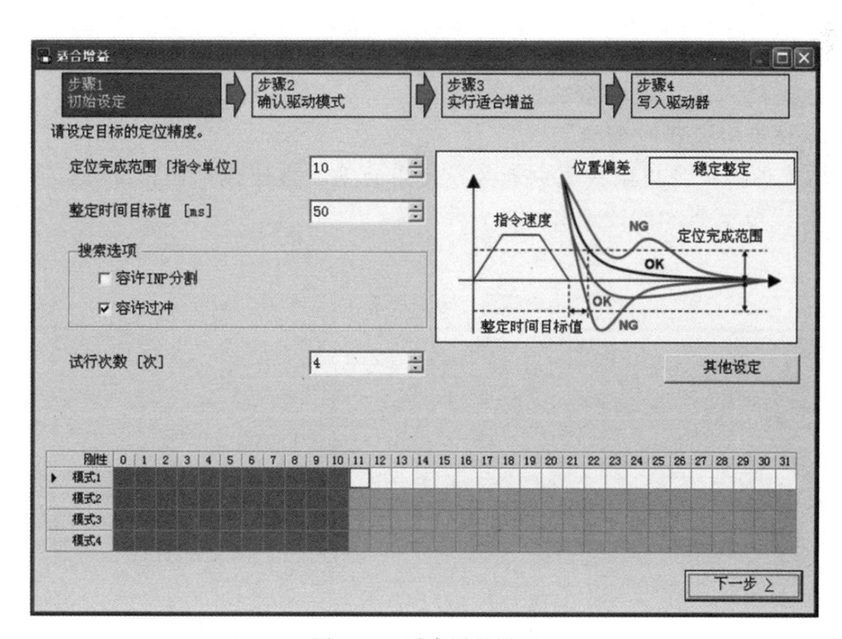

图 5-39　适合增益界面

10. 劣化诊断

劣化诊断功能可以显示并确认电动机可检测到的设备信息中设备的劣化或老化状态，如图 5-40 所示。

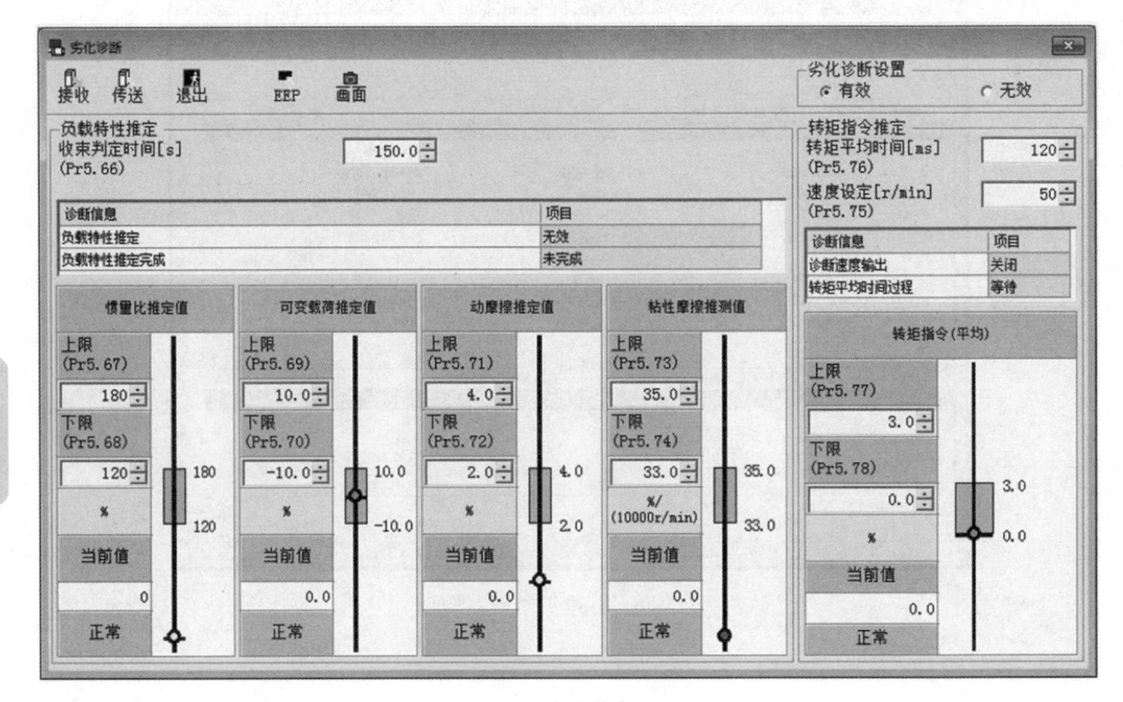

图 5-40 劣化诊断界面

习题与思考题

1. 伺服系统的三闭环控制系统指什么？
2. 伺服系统有哪几种控制模式？
3 电流环是任何一种控制模式中都必须使用的吗？为什么？
4. 伺服系统功率电路类故障有哪些？

第 6 章 伺服驱动器的参数配置

6.1 概述

伺服系统包括三个反馈回路：位置回路、速度回路以及电流回路。最内环回路的反应速度最快，中间环节的反应速度必须高于最外环，如果没有遵守此规则，将会造成振动或反应不良。通常伺服驱动器的设计可确保电流回路具有良好的反应性能，而用户只需调整位置回路与速度回路。

多重串联回路的控制架构如图 6-1 所示。

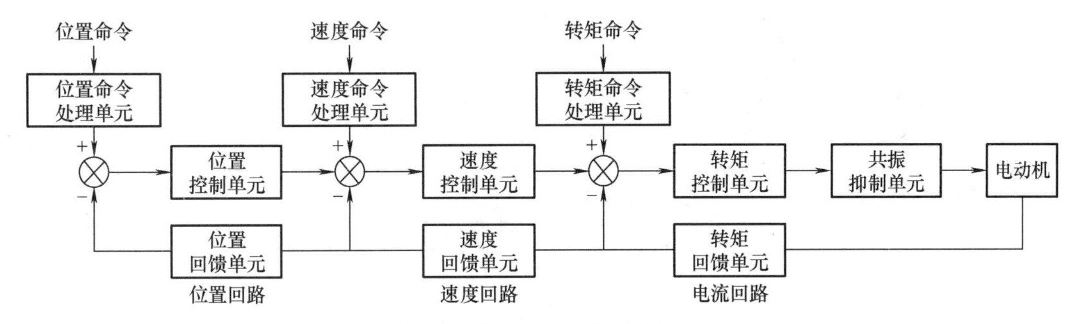

图 6-1　多重串联回路控制架构

以下将以 ASDA-A2 伺服驱动器为例介绍伺服驱动器的不同模式下的参数配置，该驱动器有位置、速度、转矩三种基本操作模式，可使用单一控制模式，即固定在一种模式控制，也可选择用混合模式来进行控制，表 6-1 给出了单一控制模式的说明。

表 6-1　伺服驱动器单一控制模式

模式名称	模式代号	说明
位置模式（端子输入）	Pt	驱动器接收位置命令，控制电动机至目标位置。位置命令由端子输入，信号形态为脉冲
位置模式（内部寄存器输入）	Pr	驱动器接收位置命令，控制电动机至目标位置。位置命令由内部寄存器提供（共 64 组寄存器），可利用 DI 信号选择寄存器编号
速度模式	S	驱动器接收速度命令，控制电动机至目标转速。速度命令可由内部寄存器提供（共三组寄存器），或由外部端子输入仿真电压（-10 ～ +10V）。命令根据 DI 信号来选择
速度模式（无外部输入）	Sz	驱动器接收速度命令，控制电动机至目标转速。速度命令仅可由内部寄存器提供（共三组寄存器），无法由外部端子提供。命令根据 DI 信号来选择

（续）

模式名称	模式代号	说明
转矩模式	T	驱动器接收转矩命令，控制电动机至目标转矩。转矩命令可由内部寄存器提供（共三组寄存器），或由外部端子输入仿真电压（-10 ~ +10V）。命令根据 DI 信号来选择
转矩模式（无模拟输入）	Tz	驱动器接收转矩命令，控制电动机至目标转矩。转矩命令仅可由内部寄存器提供（共三组寄存器），无法由外部端子提供。命令根据 DI 信号来选择

6.2 位置闭环系统

6.2.1 位置模式控制架构

位置控制模式被应用于精密定位的场合，如产业机械，基本控制架构如图 6-2 所示。

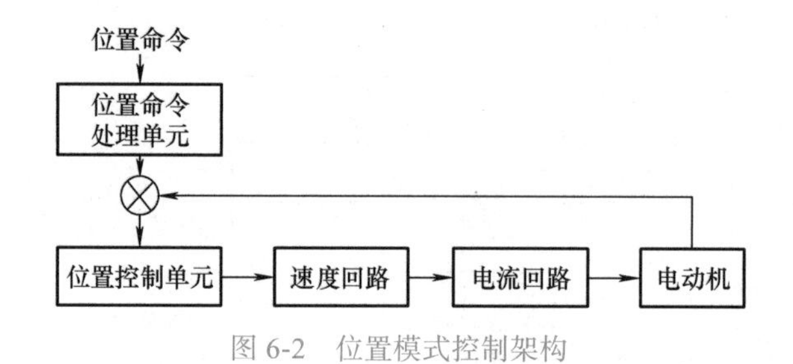

图 6-2 位置模式控制架构

位置命令有脉冲及内部缓存器输入两种，通过端子台输入的脉冲称为 PT 模式，根据参数（P6–00 ~ P7–27）的内容输入位置命令的称为 PR 模式。具有方向性的命令脉冲输入可经由外界来的脉冲来操纵电动机的转动角度；位置命令缓存器输入有两种应用方式，第一种为使用者在作动前，先将不同位置命令值设于 64 组命令缓存器，再规划伺服驱动器 DI 的 POS0 ~ POS5 来进行切换；第二种为利用通信方式来改变命令缓存器的内容值。

6.2.2 位置命令处理单元

为了达到更好的控制效果，伺服驱动器内部会将脉冲信号先经过位置命令处理单元做处理，位置命令处理单元如图 6-3 所示。

图 6-3 中上方路径是 PR 模式，下方为 PT 模式，实际使用时根据 P1–01 来选择，该参数以及图中涉及的参数配置见表 6-2。如果使用 PT 模式，其脉冲输入来自伺服驱动器的脉冲输入端子，可以是集极开路，也可以是差动方式，具体接线方式见 3.4.4 节所述。PT 和 PR 两种模式均可设定电子齿轮比，以便设定适合的定位分辨率，也可以利用 S 型平滑器或低通滤波器来达到指令平滑化的功能，见 6.2.4 节。

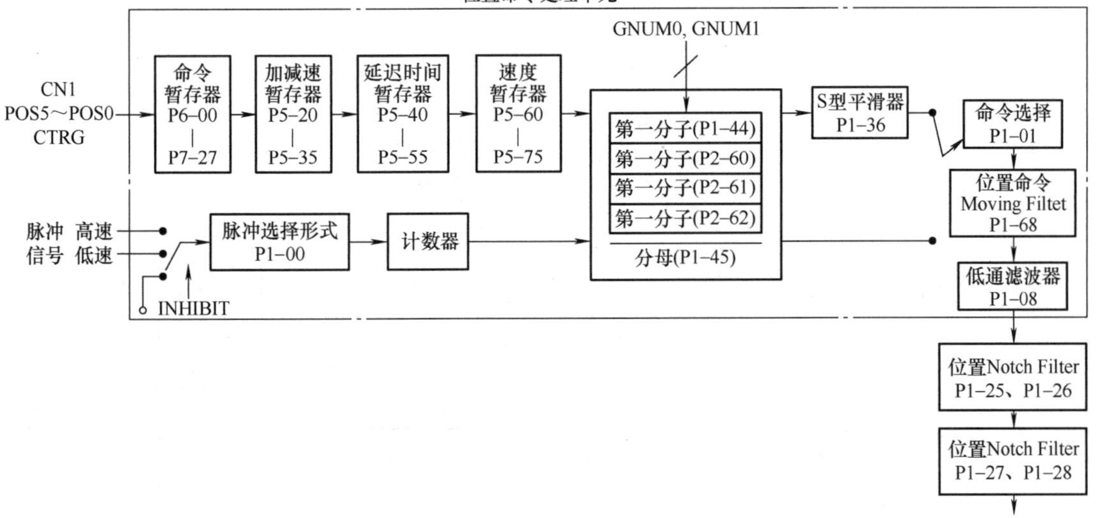

图 6-3　位置命令处理单元

表 6-2　位置命令处理单元参数配置

代号	功能	初值	单位
P1-00	外部脉冲列输入型式设定	0x0002	—
P1-01	控制模式及控制命令输入源设定	0	—
P1-08	位置指令平滑常数	0	10ms
P1-25	低频抑振频率（1）	1000	0.1Hz
P1-26	低频抑振增益（1）	0	N/A
P1-27	低频抑振频率（2）	1000	0.1Hz
P1-28	低频抑振增益（2）	0	N/A
P1-36	S 型加减速平滑常数	0	ms
P6-00	原点复归定义	0x00000000	—
P6-01	原点定义值	0	—
P6-02 ～ P7-27	内部位置指令 1 ～ 63	0	N/A
P5-20 ～ P5-35	加 / 减速时间	30 ～ 8000	ms
P5-40 ～ P5-55	位置到达之后的 Delay 时间	0 ～ 5500	ms
P5-60 ～ P5-75	内部位置指令控制 0 ～ 15 的移动速度设定	20 ～ 3000	0.1r/min
P1-44	电子齿轮比分子（N1）	128	pulse
P1-45	电子齿轮比分母（M）	10	pulse
P2-60	电子齿轮比分子（N2）	128	pulse
P2-61	电子齿轮比分子（N3）	128	pulse
P2-62	电子齿轮比分子（N4）	128	pulse
P1-68	位置命令 Moving Filter（动态均值滤波器）	4	ms

6.2.3 位置控制单元

位置控制单元如图 6-4 所示，其参数配置见表 6-3。

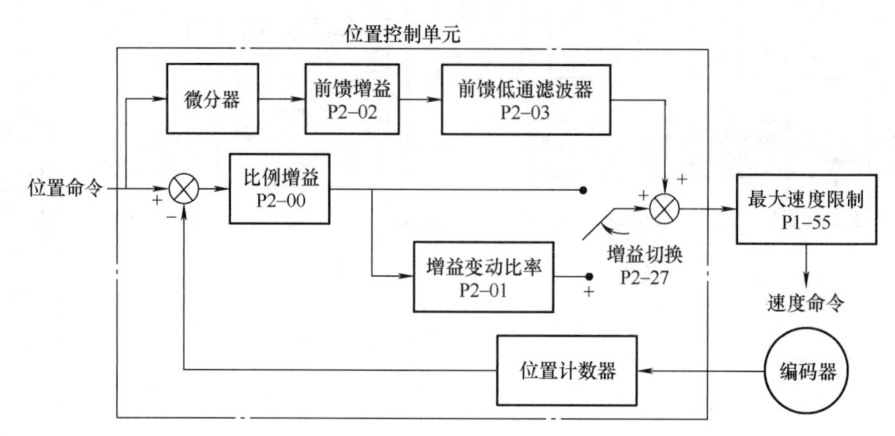

图 6-4 位置控制单元

表 6-3 位置控制单元参数配置

代号	功能	初值	单位
P2-00	位置控制比例增益	35	rad/s
P2-01	位置控制增益变动比率	100	%
P2-02	位置控制前馈增益	50	%
P2-03	位置前馈增益平滑常数	5	ms
P2-27	增益切换条件及切换方式选择	0x0	N/A
P1-55	最大速度限制	rated	r/min

位置控制单元增益如图 6-5 所示。比例增益 KPP 过大时，位置开回路带宽提高而导致相位边界变小，此时电动机转子会来回转动振荡，KPP 必须要调小，直到电动机转子不再振荡。当外部转矩介入时，过低的 KPP 并无法满足合理的位置追踪误差要求。此时前馈增益 KPF 即可有效降低位置动态追踪误差。

因为位置回路的内回路包含速度回路，在设定位置控制单元参数前必须先将速度控制单元以手动（参数 P2–32）操作方式将速度控制单元设定完成，然后再设定位置回路的比例增益（参数 P2–00）、前馈增益（参数 P2–02），或者使用自动模式来自动设定速度及位置控制单元的增益。速度控制单元的参数见 6.3.3 节所述。

增加比例增益会提高位置回路响应带宽，前馈增益会降低相位落后误差。在设计控制器参数时，位置回路带宽不可超过速度回路带宽，建议 $f_p \leqslant \frac{f_v}{4}$，其中 f_v 为速度回路的响应带宽，f_p 为位置回路的响应带宽，$KPP=2\pi f_p$。例如，希望位置带宽为 20Hz，则 $KPP=2\pi 20=125$。

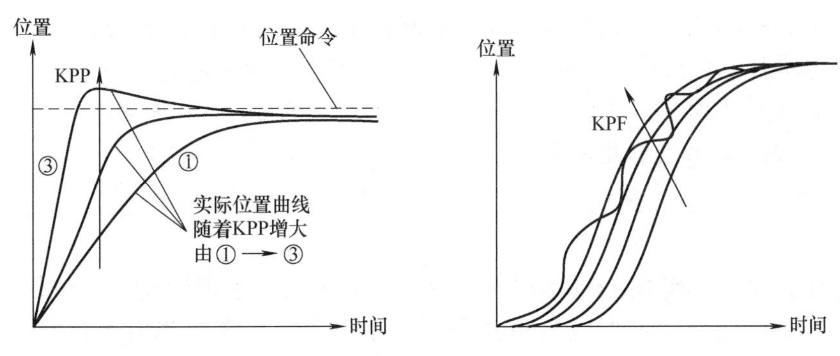

图 6-5　位置控制单元增益

6.2.4　位置 S 型平滑器

由 6.2.2 节中的图 6-3 可知，当位置输入指令来自内部寄存器时需要使用 S 型平滑器，该平滑器能够提供运动命令的平滑化处理，其所产生的速度与加速度是连续的，而且加速度的急跳度（加速度的微分）也比较小。当位置命令改由脉冲信号输入时，其速度及角加速度的输入已经是连续的，所以并未使用 S 型平滑器。位置速度 S 型曲线与时间设定关系图如图 6-6 和图 6-7 所示。

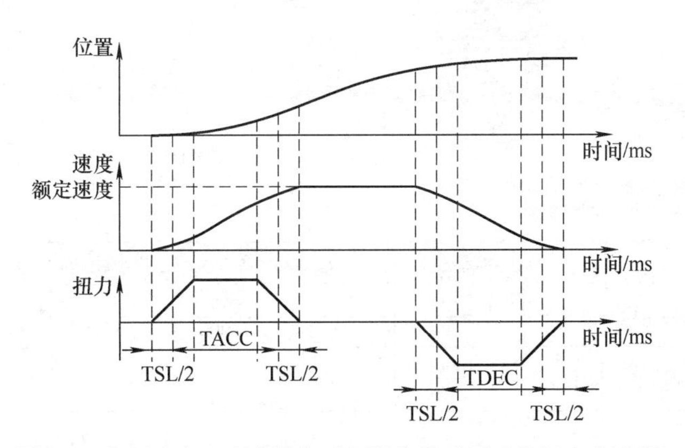

图 6-6　位置速度 S 型曲线与时间设定关系图（位置命令递增）

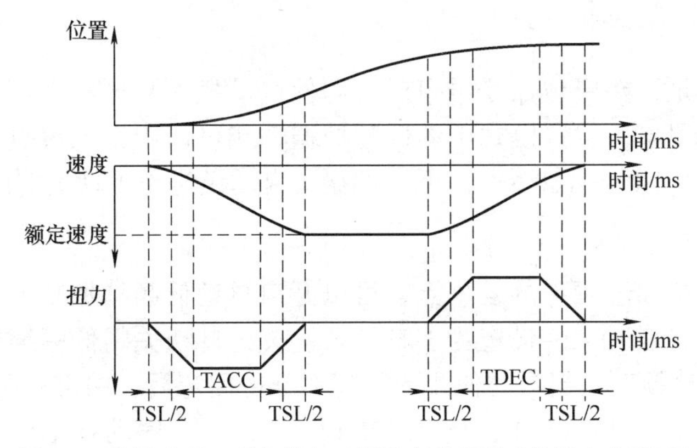

图 6-7　位置速度 S 型曲线与时间设定关系图（位置命令递减）

使用S型平滑器不但可以改善电动机加减速的特性，在机械结构的运转上也更加平顺。当负载转动惯量增加时，电动机在起动与停止期间，因摩擦力与惯性的影响使得机械结构运转不平顺，可通过加大S型加减速平滑常数（TSL）、速度加速常数（TACC）与速度减速常数（TDEC）来改善此现象。

6.2.5　电子齿轮比

电子齿轮提供简单易用的行程比例变更，通常大的电子齿轮比会导致位置命令步阶化，可通过S型曲线或低通滤波器将其平滑化来改善此现象。当电子齿轮比等于1时，电动机编码器每周脉冲数为10000 PPR（脉冲 / 圈）；当电子齿轮比等于0.5时，则命令端每两个脉冲所对应的电动机转动脉冲为1个脉冲。

电子齿轮比示意图如图6-8所示，当不使用电子齿轮时，每1个脉冲物体移动(3000/10000) μm，经过适当的电子齿轮比设定后，工作物移动量为1 μm/pulse，这样在实际使用时会变得很方便。

电子齿轮比涉及的参数有P1–44和P1–45，即电子齿轮比=P1–44/P1–45，其中P1–44为电子齿轮比分子，P1–45为电子齿轮比分母。

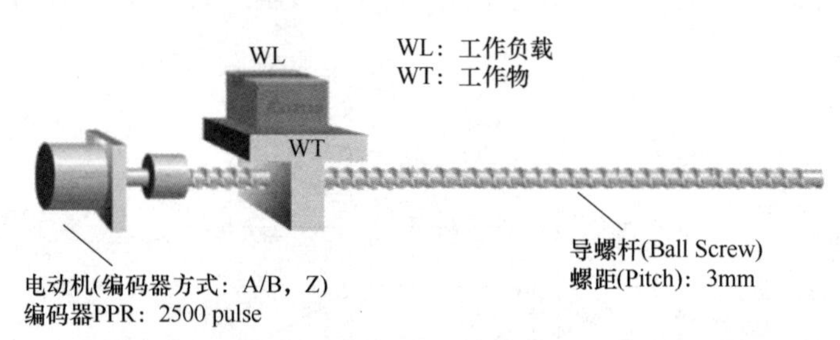

	齿轮比	每1 pulse命令对应工作物移动的距离
未使用电子齿轮	$=\frac{1}{1}$	$=\frac{3\times1000}{4\times2500}=\frac{3000}{10000}=\mu m$
使用电子齿轮	$=\frac{10000}{3000}$	$=1\mu m$

图6-8　电子齿轮比示意图

6.2.6　位置模式低频抑振

若系统刚性不足，在定位命令结束后，即使电动机本身已经接近静止，机械传动端仍会出现持续摆动现象，位置模式中的低频抑振功能可以用来减缓机械传动端摆动的现象，低频抑振范围为1.0～100.0Hz。低频抑振有自动设定与手动设定两种模式。

1. 自动设定功能

若用户难以直接知道频率的发生点，可以开启自动低频抑振功能，此功能会自动寻找低频摆动的频率。若P1–29设定为1时，系统会先自动关闭低频抑振滤波功能并开始自动寻找低频的摆动频率，当自动侦测到的频率维持固定后，P1–29会自动设回0，并会将第一摆动频率设定在P1–25并且将P1–26设为1，第二摆动频率设定在P1–27并且将P1–28设为1。若当P1–29自动设回零后，低频摆动依然存在，需要检查低频抑振P1–26

或 P1–28 是否已被自动开启，若 P1–26 与 P1–28 皆为零，代表没有侦测到任何频率，此时需要减少低频摆动检测准位 P1–30，并设定 P1–29 = 1，重新寻找低频的摆动频率。如果检测准位设定太小时，容易误判噪声为低频频率。

图 6-9 中注 1 指当 P1–26 与 P1–28 均为 0 时，代表频率找不到，可能因为检测准位过高，而侦测不到低频摆荡的频率。注 2 指当 P1–26 或 P1–28 有值，但是仍然无法减缓摆动时，可能是因为检测准位过低，把噪声误判为低频摆动频率，或是其他非主要的低频摆荡频率。

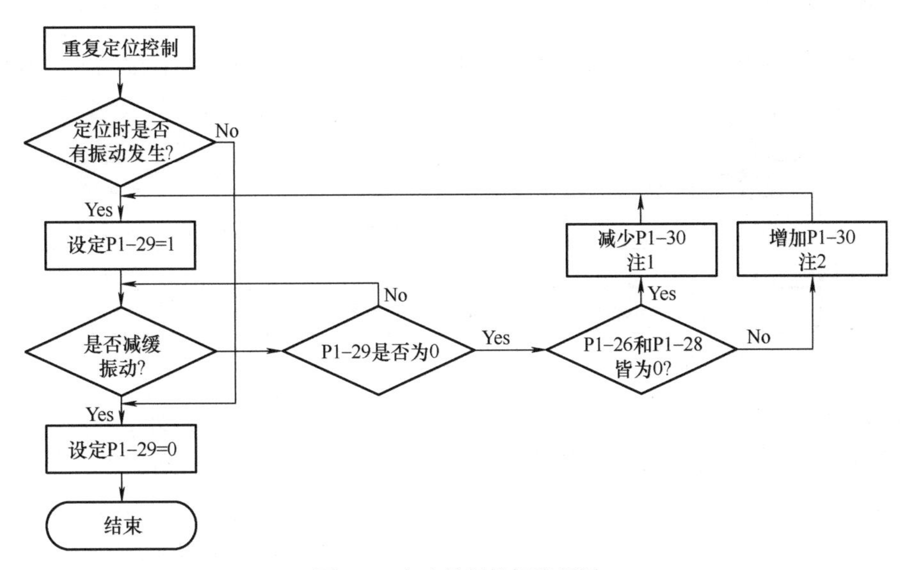

图 6-9　自动低频抑振流程图

当自动抑振流程运行后仍然无法达到减缓摆动的效果时，此时如果有方法得知低频摆动的频率的话，可以手动设定 P1–25 或 P1–27 来达到抑振的效果。

位置模式低频抑振参数配置见表 6-4。

表 6-4　位置模式低频抑振参数配置

代号	功能	初值	单位
P1–25	第一组低频抑振频率设定值	1000	0.1Hz
P1–26	第一组低频抑振增益	0	—
P1–27	第二组低频抑振频率设定值	1000	0.1Hz
P1–28	第二组低频抑振增益	0	—
P1–29	自动低频抑振模式设定	0	—
P1–30	低频摆动检测准位	500	pulse

2. 手动设定法

低频抑振有两组低频抑振滤波器，第一组为参数 P1–25 ～ P1–26，第二组为参数 P1–27 ～ P1–28。可以利用这两组滤波器来减缓两个不同频率的低频摆动。参数 P1–25 与 P1–27 用来设定低频摆动所发生的频率，低频抑振功能只有在低频抑振频率参数设定与真实的摆动频率接近时，才会抑制低频的机械传动端的摆动，参数 P1–26 与 P1–28 用来设定经滤波处理后的响应，P1–26 与 P1–28 设定越大响应越好，但是设太大容易使得电动机行走不顺。参数 P1–26 与 P1–28 出厂值默认为零，代表两组滤波器的功能皆被关闭。

6.3 速度闭环系统

6.3.1 速度模式控制架构

速度控制模式被用于精密控速的场合，如 CNC 加工机，其基本控制架构如图 6-10 所示。

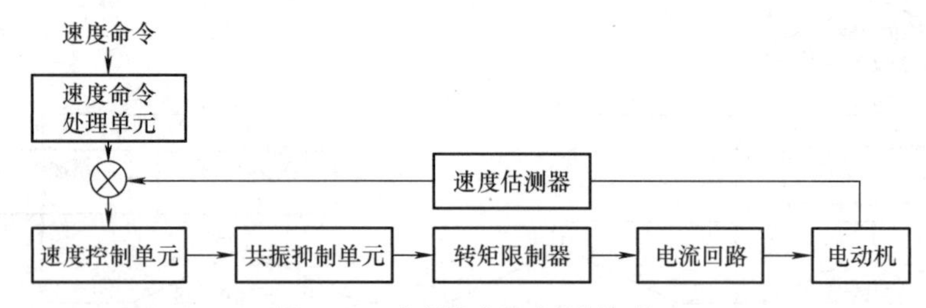

图 6-10 速度模式基本控制架构

速度命令有模拟输入及缓存器输入两种。模拟命令输入可经由外界来的电压来操纵电动机的转速，称为 S 模式，根据参数 P1–09 ～ P1–11 的内容输入速度命令的称为 Sz 模式。速度命令缓存器输入有两种应用方式：第一种为使用者在作动前，先将不同速度命令值设于三个命令缓存器，再由伺服驱动器的 DI 端子 SP0 和 SP1 来进行切换；第二种为利用通信方式来改变命令缓存器的内容值。

速度命令处理单元是用来选择速度命令的来源，包含比例器（P1–40）设定模拟电压所代表的命令大小以及 S 曲线做速度命令的平滑化。速度控制单元则是管理驱动器的增益参数以及实时运算出供给电动机的电流命令。共振抑制单元则是用来抑制机械结构发生共振现象。

6.3.2 速度命令处理单元

速度命令的来源分成两类：外部输入的模拟电压和内部参数。选择的方式则根据伺服驱动器的 DI 信号来决定。速度命令处理单元如图 6-11 所示。

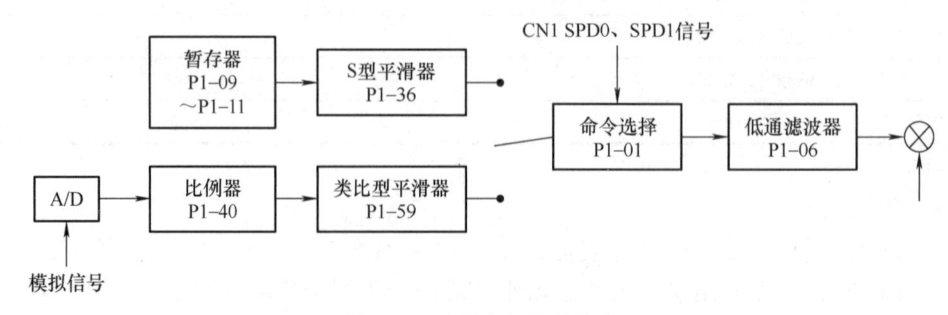

图 6-11 速度命令处理单元

图 6-11 中上方路径为内部缓存器命令，下方路径为外部模拟命令，使用时根据 SPD0、SPD1 状态以及 P1-01（S 或 Sz）来选择。通常为了对命令信号有较平顺的响应，此时命令平滑器 S 曲线及低通滤波器会被使用。速度命令处理单元涉及的参数配置见表 6-5。

表 6-5　速度命令处理单元参数配置

代号	功能	初值	单位
P1-09 ~ P1-11	内部速度指令 1 ~ 3	1000 ~ 3000	0.1r/min
P1-36	S 型加减速平滑常数	0	ms
P1-01	控制模式及控制命令输入源设定	0	—
P1-06	模拟速度指令加减速平滑常数	0	ms
P1-40	模拟速度指令最大回转速度	rated	r/min
P1-59	模拟速度指令线性滤波常数	0	0.1ms

6.3.3　速度控制单元

速度控制单元如图 6-12 所示，其参数配置见表 6-6。

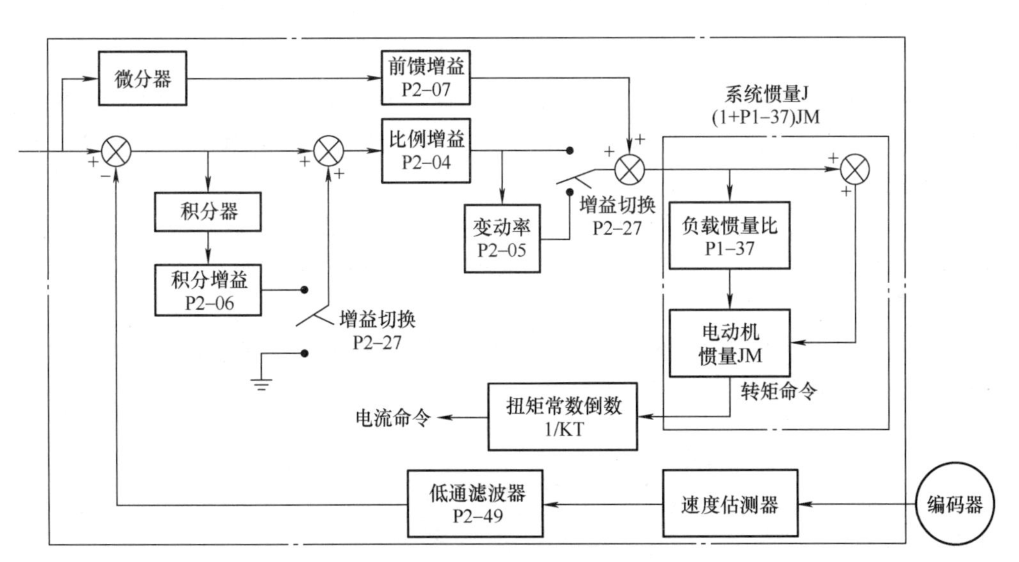

图 6-12　速度控制单元

表 6-6　速度控制单元参数配置

代号	功能	初值	单位
P2-07	速度前馈增益	0	%
P2-04	速度控制增益	500	rad/s
P2-05	速度控制增益变动比率	100	%
P2-27	增益切换条件及切换方式选择	0x0	N/A
P2-06	速度积分补偿	100	rad/s
P2-49	速度检测滤波及微振抑制	0x0	N/A
P1-37	对伺服电动机的负载转动惯量比	1.0	1times

速度控制单元之中有许多的增益可以调整，而调整的方式有手动、自动两种方式，其中手动方式由使用者设定所有参数，同时所有自动或辅助功能都被关掉；选择自动模式时可以估测负载转动惯量且自动调变驱动器参数，其架构又可分为 PI 自动增益调整及 PDFF 自动增益调整。

1）比例增益（KVP）：增加此增益则会提高速度回路响应带宽。

2）积分增益（KVI）：增加此增益则会提高速度回路低频刚度，并降低稳态误差，同时也牺牲相位边界值。过高的积分增益导致系统的不稳定性。

3）前馈增益（KVF）：降低相位落后误差。

比例增益、积分增益、前馈增益不同取值下的转速曲线如图 6-13 所示。

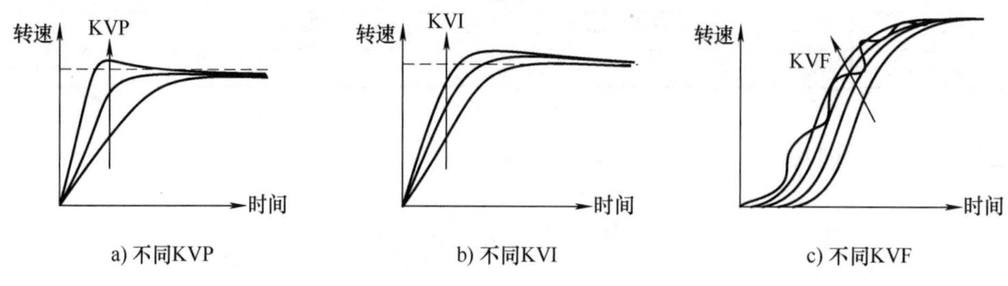

图 6-13　不同增益下的转速曲线

由图 6-13a 可知，KVP 值越大，频宽越大，上升时间越短，但过大时系统的相位边界越低。对于稳态追踪误差，并没有比 KVI 具有明显帮助。但是对于动态追踪误差，它具有明显帮助。

由图 6-13b 可知，KVI 值越大，低频增益越大，稳态追踪误差越快变成零，但系统的相位边界大幅降低。对于稳态追踪误差，KVI 具有明显帮助。但是对于动态追踪误差，它没有明显帮助。

由图 6-13c 可知，KVF 值越接近 1 时，前置补偿越完整，动态追踪误差变得越小，但 KVF 过大时，会造成摆振。

6.3.4　速度命令的平滑处理

1. S 型命令平滑器

S 型命令平滑器，在加速或减速过程中均使用三段式加速度曲线规划。S 型命令平滑器提供运动命令的平滑化处理，其所产生的加速度是连续的，避免因为输入命令的急剧变化而产生过大的急跳度（加速度的微分），进而激发机械结构的振动与噪声。速度 S 型曲线与时间设定关系如图 6-14 所示，用户可以使用速度加速常数（TACC）调整加速过程速度改变的斜率；速度减速常数（TDEC）调整减速过程速度改变的斜率；S 型加减速平滑常数（TSL）可用来改善电动机在起动与停止的稳定状态。

2. 模拟型命令平滑器

模拟型命令平滑器主要用于模拟输入信号变化过快时的缓冲处理，即提供模拟输入命令平滑化的处理，其时间规划与一般速度 S 曲线产生器相同，且速度曲线与加速度曲线是连续的。图 6-15 为模拟型速度 S 曲线产生器示意图，在加速与减速的过程所参考的转速命令斜率是不同的，而且可以看出命令追随的程度，图中显示较差的追随特性，使用者可依据实际情况调整时间设定（P1–34、P1–35、P1–36）从而改善此现象。

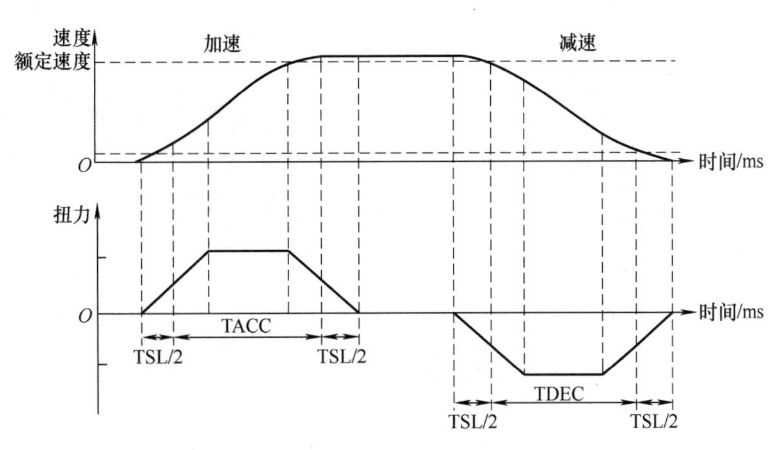

图 6-14　速度 S 型曲线与时间设定关系

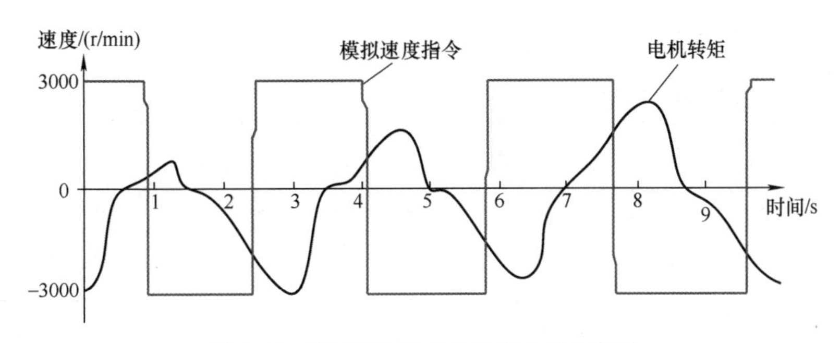

图 6-15　模拟型速度 S 曲线产生器示意图

6.3.5　模拟命令端比例器

电动机速度命令由 V_REF 和 VGND 之间的模拟压差来控制，并配合内部参数 P1–40 比例器来调整速控斜率及范围，如图 6-16 所示。

例如，将参数 P1–40 设定为 2000，则输入电压 10V 对应转速命令 2000r/min。

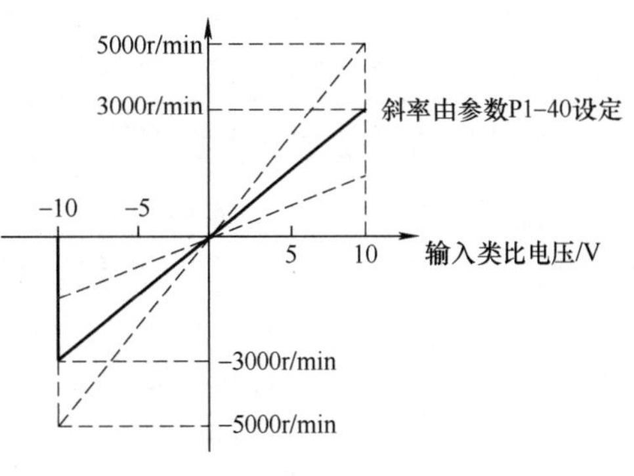

图 6-16　模拟命令端比例器

6.3.6　共振抑制单元

当机械结构发生共振现象，有可能是驱动器控制系统刚度过大或响应带宽过快所造成，降低这两个因素或许可以改善，另外提供低通滤波器（参数 P2–25）及点阻滤波器（参数 P2–23、P2–24），在不改变原来控制参数的情况下，达到抑制共振的效果。共振抑制单元如图 6-17 所示，图中涉及的参数配置见表 6-7。

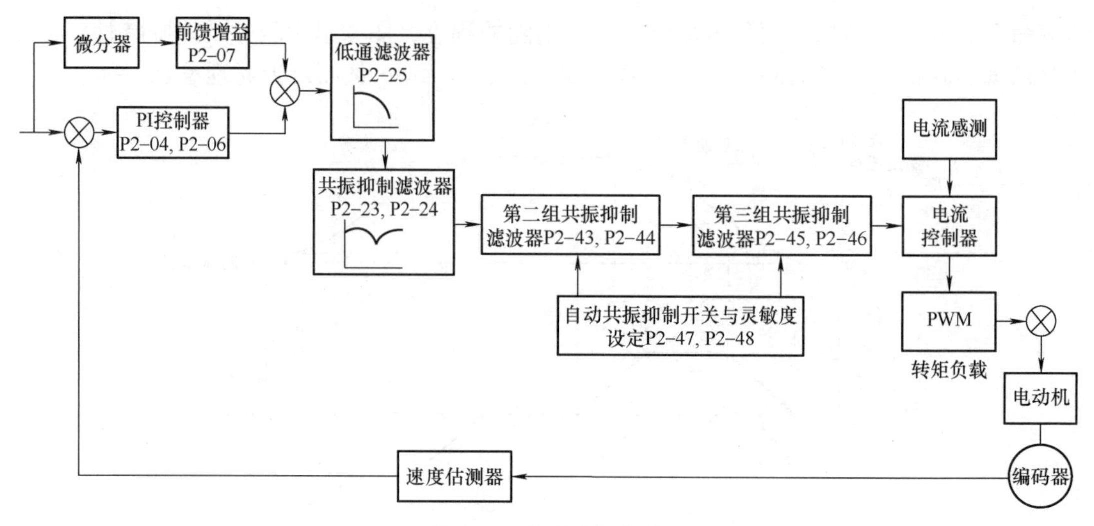

图 6-17　共振抑制单元

表 6-7　共振抑制单元参数配置

代号	功能	初值	单位
P2-07	速度前馈增益	0	%
P2-04	速度控制增益	500	rad/s
P2-06	速度积分补偿	100	rad/s
P2-25	共振抑制低通滤波	2or 5	0.1ms
P2-23	第一组共振抑制点阻滤波器的频率设定值	1000	Hz
P2-24	第一组共振抑制点阻滤波器的衰减率	0	dB
P2-43	第二组共振抑制点阻滤波器的频率设定值	1000	Hz
P2-44	第二组共振抑制点阻滤波器的衰减率	0	dB
P2-45	第三组共振抑制点阻滤波器的频率设定值	1000	Hz
P2-46	第三组共振抑制点阻滤波器的衰减率	0	dB
P2-47	自动共振抑制模式设定	1	N/A
P2-48	自动共振抑制灵敏度设定	100	N/A

从图 6-17 可知该伺服驱动器有两组共振抑制滤波器，第一组滤波器频率与衰减率分别为 P2-43、P2-44，第二组滤波器频率和衰减率分别为 P2-45、P2-46。当系统发生共振时，将参数 P2-47 设 1 或 2（开启自动共振抑制功能），驱动器会自动搜寻共振频率点且抑制共振，找到的频率点写入 P2-43 与 P2-45，衰减率则写入 P2-44 与 P2-46。当 P2-47 设定为 1 时，系统抑振完后稳定约 20min，会自动将 P2-47 设为 0（关闭自动抑振功能）。当 P2-47 设定为 2 时，则持续搜寻共振点。

当 P2-47 设为 1 或 2 之后，如果仍有共振现象，请确认 P2-44 与 P2-46 参数，若其中之一数值为 32，建议降低速度带宽，再重新估测。若数值皆小于 32，仍有共振现象，请先将 P2-47 设为 0，再使用手动调整，将 P2-44 与 P2-46 数值加大，若加大之后共振现象仍无改善，建议降低带宽，再使用自动共振抑制功能。

手动将 P2-44 与 P2-46 加大时，需注意 P2-44 与 P2-46 的数值是否大于 0，如果大于 0 则表示相对应的频率点 P2-43 与 P2-45 是自动共振抑制搜寻到的频率；若其数值等于 0，则 P2-43 与 P2-45 为默认值 1000，并非此功能找到的频率点。

6.4　转矩闭环系统

6.4.1　转矩模式控制架构

转矩控制模式被应用于需要做扭力控制的场合，如印刷机、绕线机等。转矩模式的基本控制架构如图 6-18 所示。

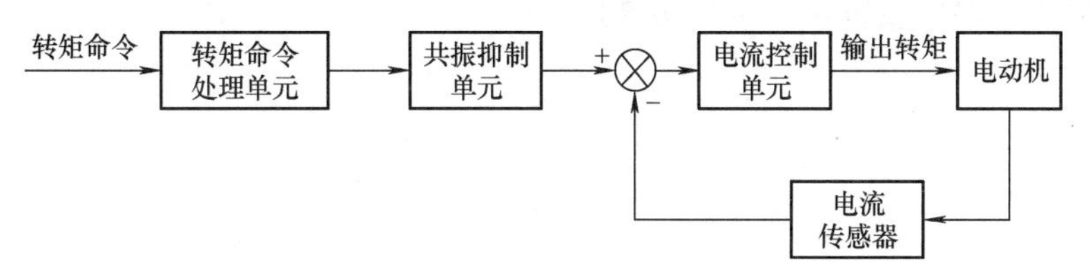

图 6-18　转矩模式的基本控制架构

图 6-18 中的转矩命令处理单元用来选择转矩命令的来源，包含比例器（P1-41）设定模拟电压所代表的命令大小以及处理转矩命令的平滑化。电流控制单元则是管理驱动器的增益参数以及实时运算出供给电动机的电流大小。电流控制单元过于繁复而且与应用无关，因此伺服驱动器并不开放给使用者调整参数，只提供命令端设定。

6.4.2　转矩命令处理单元

转矩命令有模拟输入和缓存器输入两种方式。其中模拟输入命令通过模拟输入引脚 T-REF 和 GND 的电压差来操纵电机的转矩，称为 T 模式。缓存器输入由内部参数的数据（P1-12 ～ P1-14）作为转矩命令，称为 Tz 模式。命令处理单元如图 6-19 所示，其参数配置见表 6-8。

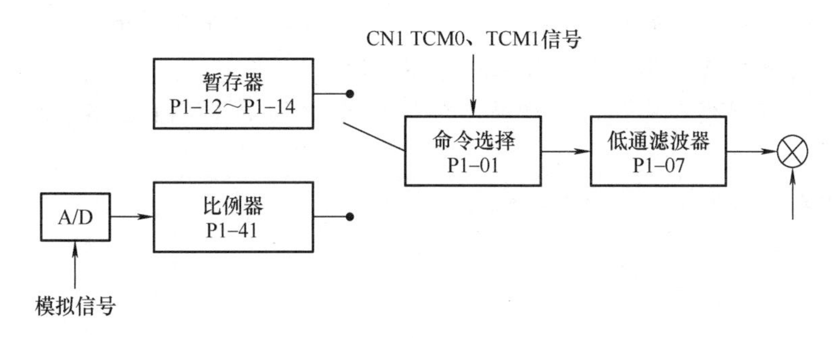

图 6-19　转矩命令处理单元

图 6-19 中上方路径为内部缓存器命令，下方路径为外部模拟命令，选择哪条路径根据 TCM0、TCM1 状态以及 P1-01（T 或 Tz）来选择。模拟电压命令代表的转矩大小可用比例器调整，并采用低通滤波器以便对命令信号有较平顺的响应

表 6-8　转矩命令处理单元参数配置

代号	功能	初值	单位
P1-12 ～ P1-14	内部转矩限制 1 ～ 3	100	%
P1-41	模拟转矩限制最大输出	100	%
P1-01	控制模式及控制命令输入源设定	0	—
P1-07	模拟转矩指令平滑常数	0	ms

6.4.3　模拟命令端比例器

电动机转矩命令由 T_REF 和 GND 之间的模拟压差来控制，并配合内部参数 P1-41 比例器来调整转矩斜率及范围，如图 6-20 所示。

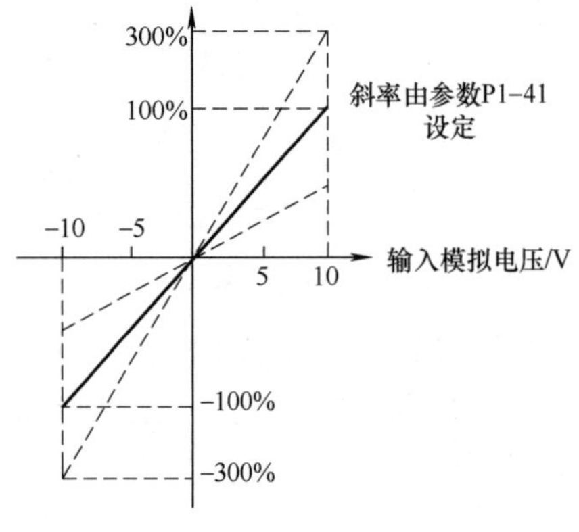

图 6-20　模拟命令端比例器

习题与思考题

1. 位置控制模式中，比例增益太大会导致什么问题？

2. 电子齿轮比的定义是什么？通过什么参数可以设置电子齿轮比？

3. 速度控制模式中，速度命令的来源有哪两种？

4. 简述速度控制模式中，比例增益（KVP）、积分增益（KVI）、前馈增益（KVF）对系统的影响。

5. 转矩模式的模拟输入命令如何确定？

第 7 章

伺服系统的应用

伺服系统在工业自动化中扮演越来越重要的角色，同时更主要的是伺服系统承担着运动控制载体的作用，在生活中也有着各式各样的应用。本章主要针对伺服系统在直角坐标机器人、电解机床和高压防污闪机器人三个场合的应用进行阐述。

7.1 面向图形化的直角坐标机器人

目前，工业机器人百家争鸣，广泛应用于制造业中，但是，各大机器人公司的编程语言、编程环境各不相同，传统的编程方式给企业、用户带来一定的困扰。

示教盒示教编程是在用户用程序对特定任务描述完毕后，用户可通过示教触摸屏完成对机器人编程，但其编程过程烦琐、任务单一，无法适用于其他变化场合；另外不同品牌示教器操作方式不相同。

接触式示教编程实现了传统意义上的手把手教学模式，用户使用更加简单，但对于一些大型工业机器人，如焊接、码垛机器人，其体积过于庞大，此时接触式示教编程不仅不方便，而且存在一定的安全风险。

基于此设计出了基于视觉的机器人免编程系统。这种免编程系统相较于传统示教器编程就如同 Windows 系统相较于早期 DOS 系统编程，操作界面人性化，操作方式多样化，因此免编程系统对于用户来说是一种全新的编程体验，能够大大地缩短编程时间，并且对于机器人复杂的运动轨迹有其独到的编程优势。

7.1.1 硬件架构

编者团队提出的免编程系统通过三种方式获得机器人运动所需的图形轨迹：①用户在人机交互界面中绘制的 2D 图形；②导入 AUTOCAD 绘制 3D 图形；③通过运动跟踪技术和双目空间定位技术捕捉示教棒或者人手等目标物在空间的运动轨迹，然后，轨迹将自动存储到系统中，再由系统自动将空间轨迹进行优化处理，最后将优化后的空间运动轨迹通过 CTS（代码转换系统）转换成机器人可识别的运动轨迹代码。免编程系统使用户只需绘制所期望的运动轨迹，系统自动完成运动路径的规划并生成运动代码，且用户可以对生成的运动代码进行二次加工。这套系统不仅可以用来捕捉输入轨迹，还可以应用于机器人实际运动轨迹误差监控检测，且双目检测具有较高的检测精度，能够完成工业机器人毫米级的误差检测。其中系统的执行机构采用的为伺服驱动器 + 伺服电动机的架构。硬件结构图如图 7-1 所示。

硬件的选型见表 7-1。

直角坐标机器人控制柜的布局和实物图如图 7-2 所示。

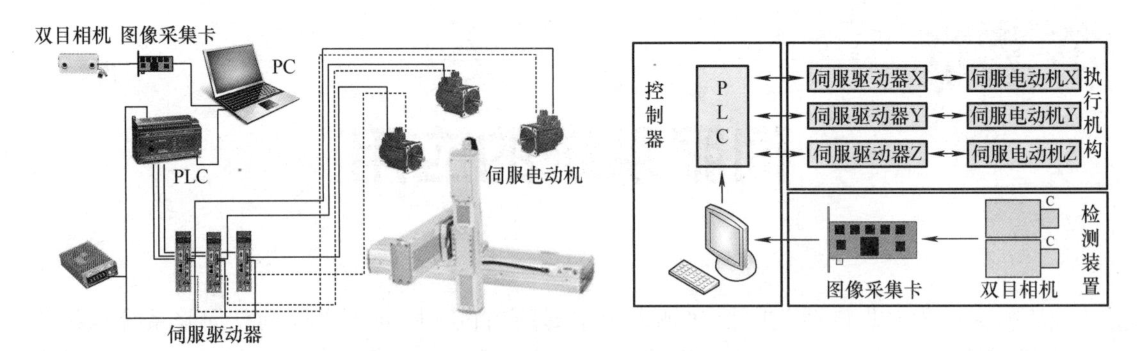

图 7-1　面向图形化的直角坐标机器人硬件结构图

表 7-1　硬件的选型

设备名称	型号	数量
CPU	AHCPU500-EN	1
电源	AHPS05-5A	1
DI	AH16AM10N-5A	1
DO	AH16AN01R-5A	1
运动控制	AH20MC-5A	1
主底板	AHBP06M1-5A	1
伺服驱动器	ASD-A2-04-21-F	3
电动机	ECMA-C10604SS	3
编码器电缆	ASDA2EN	3
动力电缆	ASDA2PW	3
插件	CN1	3

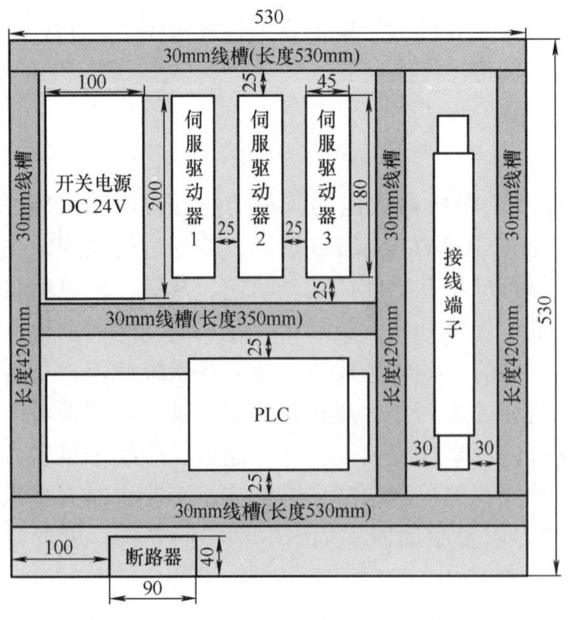

a) 控制柜布局图

b) 控制柜实物图

图 7-2　直角坐标机器人控制柜布局和实物图

电气原理图如图 7-3 所示。

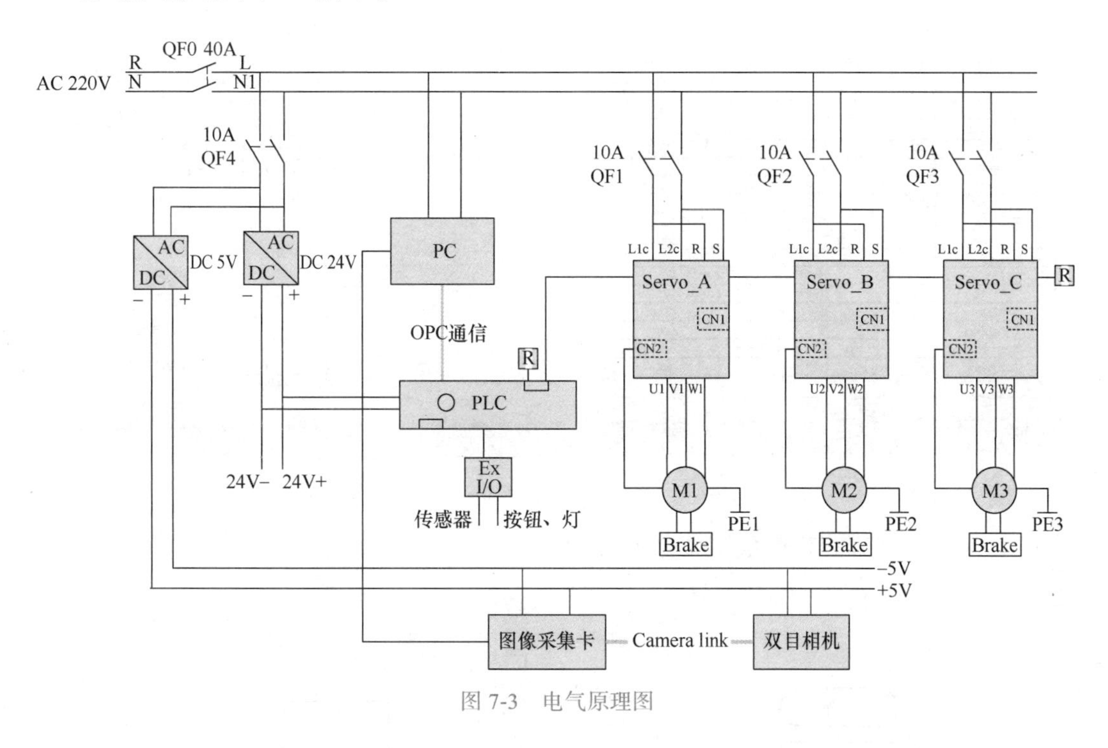

图 7-3　电气原理图

7.1.2　软件设计

软件侧驱动器参数配置如图 7-4 所示，需要配置伺服驱动器的速度、原点复归等参数。

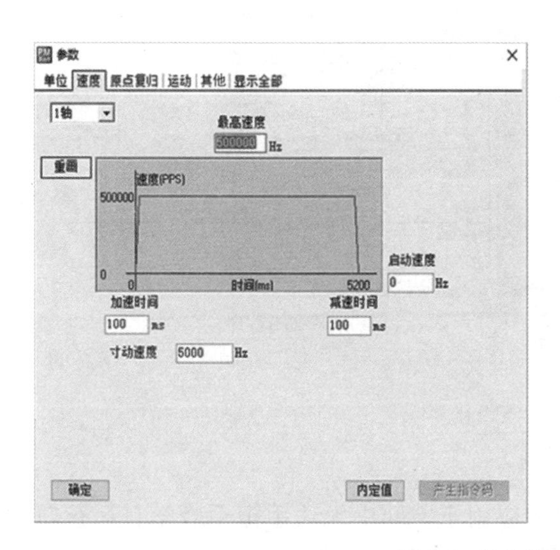

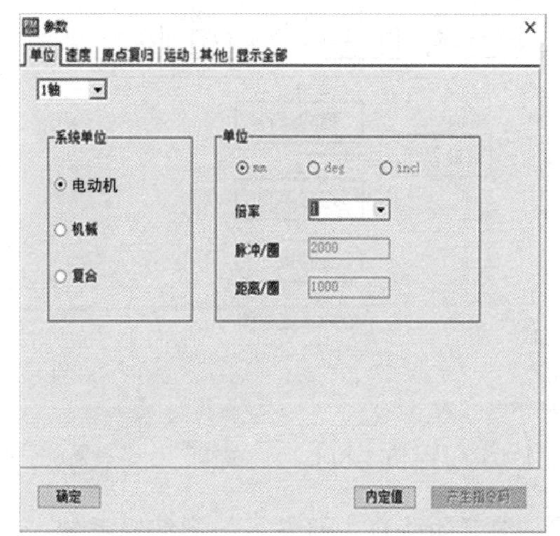

图 7-4　软件侧驱动器参数配置

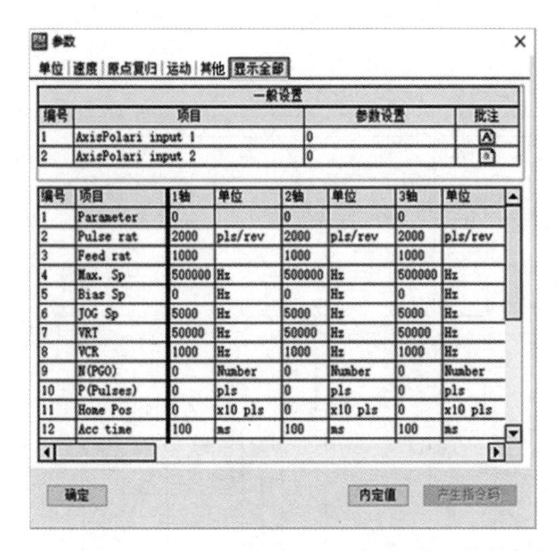

编号	项目	参数设置	批注
1	AxisPolari input 1	0	
2	AxisPolari input 2	0	

编号	项目	1轴	单位	2轴	单位	3轴	单位
1	Parameter	0		0		0	
2	Pulse rat	2000	pls/rev	2000	pls/rev	2000	pls/rev
3	Feed rat	1000		1000		1000	
4	Max. Sp	500000	Hz	500000	Hz	500000	Hz
5	Bias Sp	0	Hz	0	Hz	0	Hz
6	JOG Sp	5000	Hz	5000	Hz	5000	Hz
7	VRT	50000	Hz	50000	Hz	50000	Hz
8	VCR	1000	Hz	1000	Hz	1000	Hz
9	N(PGO)	0	Number	0	Number	0	Number
10	P(Pulses)	0	pls	0	pls	0	pls
11	Home Pos	0	x10 pls	0	x10 pls	0	x10 pls
12	Acc time	100	ms	100	ms	100	ms

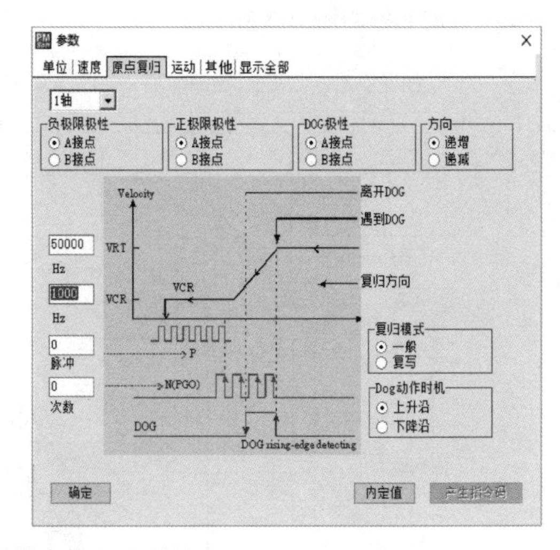

图 7-4　软件侧驱动器参数配置（续）

PLC 流程图和部分程序如图 7-5 所示。

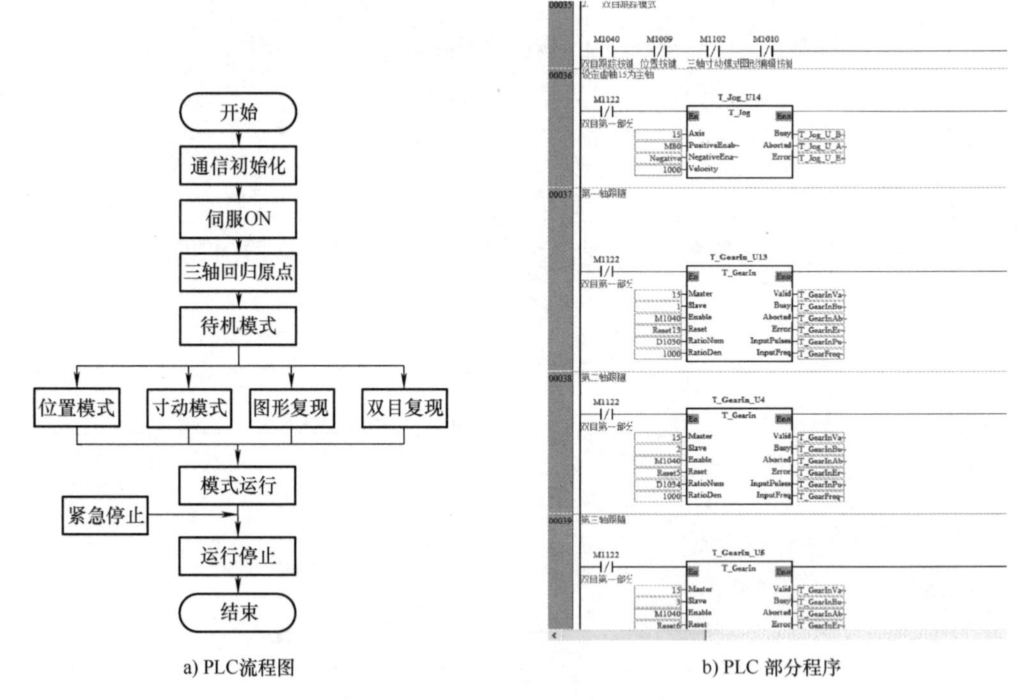

图 7-5　PLC 流程图和部分程序

7.1.3　界面设计

编者团队自主研发了图形编辑系统，主要应用于空间中无法手把手教学且运行轨迹多变的场合，用户可以在图形编辑系统中自行设定机器人的工作范围，然后通过画图的方式，在平板上绘制出所需机器人的运动轨迹，绘制完成之后，图形编辑系统即可自动完成机器人运动路径的规划，并生成运动控制的代码。主界面如图 7-6 所示。

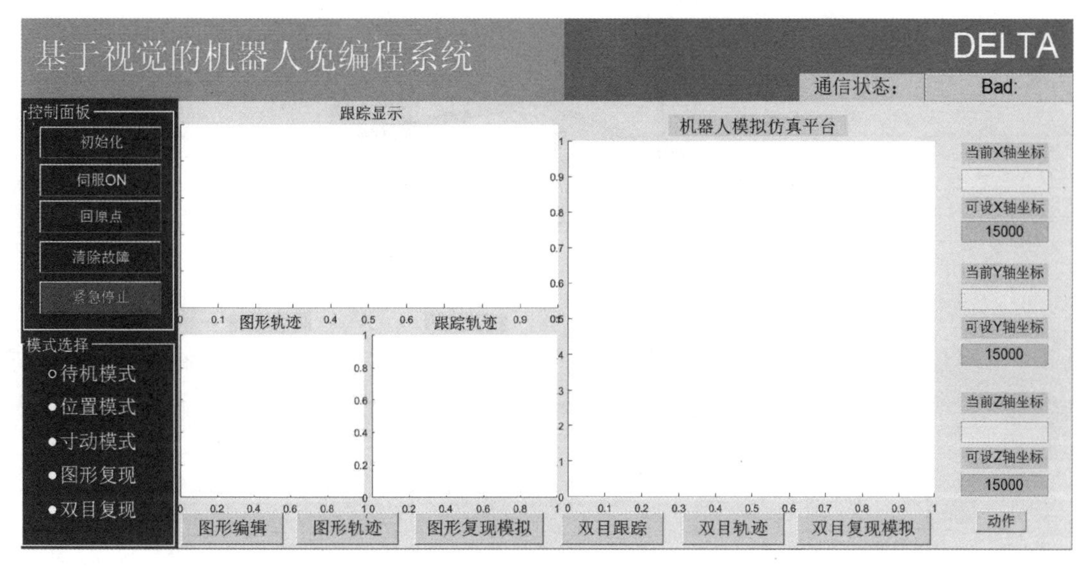

图 7-6 系统主界面

图形编辑界面如图 7-7 所示。用户在绘制复杂图形的过程中，可能会存在绘制错误或者存在误差的情况，该系统支持对绘制后的图形进行二次加工功能，用户可以通过对图形轨迹进行拖拽的方式，直接在系统中进行调整和修改，用户无须对轨迹进行重新绘制，大幅节省了用户的时间成本。

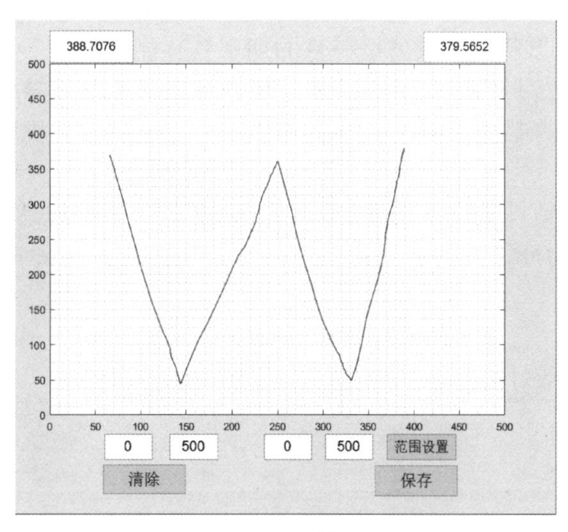

图 7-7 图形编辑界面

在机器人执行运动控制代码之前，用户还可以通过系统中的机器人在线模拟仿真平台对实际工业中机器人的运动过程进行模拟，降低企业产品更新换代的周期。机器人在线模拟仿真平台如图 7-8 所示。

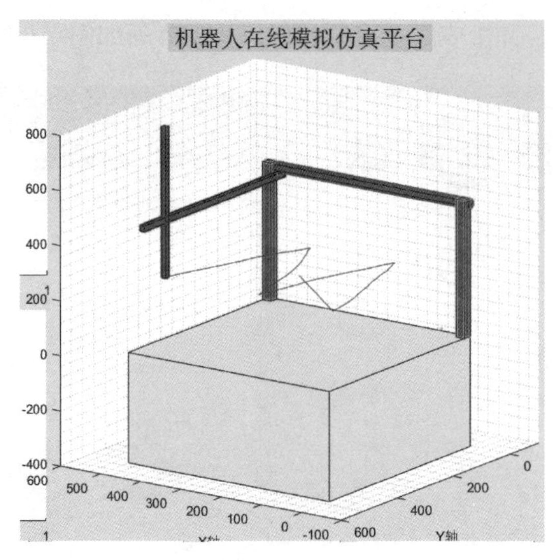

图 7-8 机器人在线模拟仿真平台

7.2 电解机床

电解加工的基本原理是利用金属在电解液中发生电化学阳极溶解。加工时，工件接直流电源的正极，工具接负极，两极之间保持较小的间隙，工具电极向工件进给。电解液从极间间隙中流过，使两极之间形成导电通路，并在电源电压下产生电流，从而形成电化学阳极溶解。随着工件表面金属材料的不断溶解，工具阴极不断地向工件进给，溶解的电解产物不断地被电解液冲走，工件表面也就逐渐被加工成接近于工具电极的形状。电解加工对于难加工材料、形状复杂或薄壁零件的加工具有显著优势。目前，电解加工已获得广泛应用，如模具型腔、叶片、型孔及小孔、整体叶轮、枪及炮管膛线、异型孔及异型零件、倒角和去毛刺等加工，并且在许多零件的加工中，电解加工机床工艺已占有重要甚至不可替代的地位。

由于电解加工的特殊要求，设计控制系统时需要对电解加工时的主要参数、电源、电解液、风机、阴极工具的进给运动等进行集中控制，为此控制系统必须具有以下功能：

1）两种控制模式：就地工作台控制和触摸屏控制。

2）自动对刀、手动对刀。

3）自动加工功能。

4）短路续加工。

5）运动规划功能。

6）故障诊断及处理，系统发生故障时能够正确判断故障类型并做出相应处理，如停机或报警等。

7.2.1 硬件架构

整个控制系统如图 7-9 所示。该控制系统由三大部分组成：PC 上位机控制系统、

PLC 控制系统和伺服控制系统。其中 PC 作为人机界面，实时显示工件加工的状态，同时能配置加工参数并具有控制功能；PLC 控制系统主要是完成逻辑控制，如电解液的温度、压力、流速控制、对刀、电源柜正负加电、自动加工手动加工等，同时具有故障检测与保护功能；伺服控制系统主要通过伺服驱动器控制伺服电动机，再通过减速机控制阴极刀具的进给。三大组成部分间是总线式结构，通过 Modbus 协议进行通信。

系统硬件组成共包含五大部分：

1）电源柜：提供电解时正负加电电源，同时 PLC 可发出控制信号控制电源柜起动与停止，以及何时进行正负加电。电源柜上要有指示灯，同时具有本控 / 遥控转换开关用来切换电源控制模式。

2）PLC 控制系统：由西门子 S7–224XP 以及数字量输入输出单元、模拟量输入输出单元组成，S7–224XP CN 含有两路高速脉冲输出口（100kHz），可用来给伺服驱动器发脉冲，同时含有 HSC 输入，可用来读取编码器反馈脉冲，实现对阴极的位置控制，构成闭环控制。

3）上位机控制系统：采用平板计算机 UFP6310 作为上位机。该平板计算机通过 RS–232 与 RS–485 转换器连接到 S7–224XP 上，可实现对设备状态的显示以及对系统加工参数的修改和对加工的控制，同时平板计算机与伺服驱动器通信，可读取伺服电动机当前速度、转矩、报警信息等。

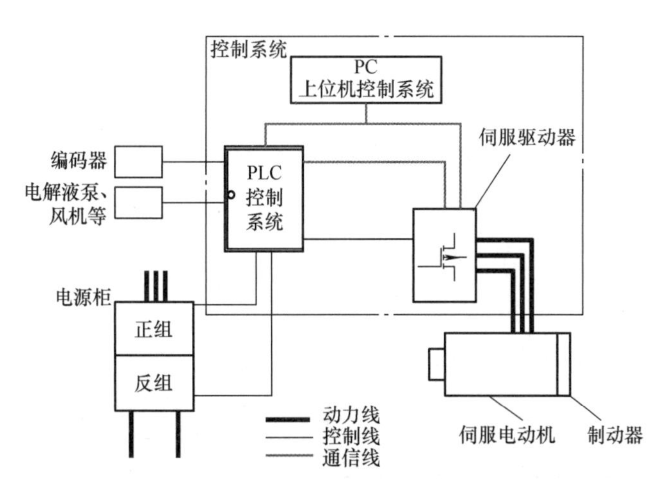

图 7-9　控制系统框图

4）伺服驱动器和电动机：本系统中采用松下伺服驱动器 MDDDT5540，电动机型号为 MDMAP1H。由于阴极刀具要精确定位，故伺服驱动器采用位置控制模式。在位置控制模式下，通过输入的脉冲数来使电动机定位运行，电动机转速与脉冲频率相关，电动机转动的角度与脉冲个数相关。PLC 输出高速脉冲串作为伺服驱动器的输入，再控制交流伺服电动机，通过减速机减速后带动阴极刀具的进给运动。伺服控制系统主要包括伺服驱动器、伺服电动机、精密滚珠丝杠传动三大部分，PLC 回读编码器反馈脉冲并发出指令信息。这样的一个半闭环位置控制系统，利用伺服系统所能达到的精度、速度和动态特性来实现控制系统的稳定性和阴极的位置精度。

5）其他：由开关量输入单元与指令元件和检测器件连接，实现操作者对机床运动的控制和对机床状态的检测，用开关量输出单元与开关量控制的执行件（电磁阀、接触器、继电器）连接，实现要求的控制动作。例如，在机床进给运动的上下极限位置装有接近开关，每个极限位置装有两个，起到双重保护的作用。机床运动到极限位置时碰到第一个接近开关系统报警并停止运动，若电动机仍未停下则会继续碰到第二个极限开关，系统直接断电停机。

系统主电路图如图 7-10 所示。

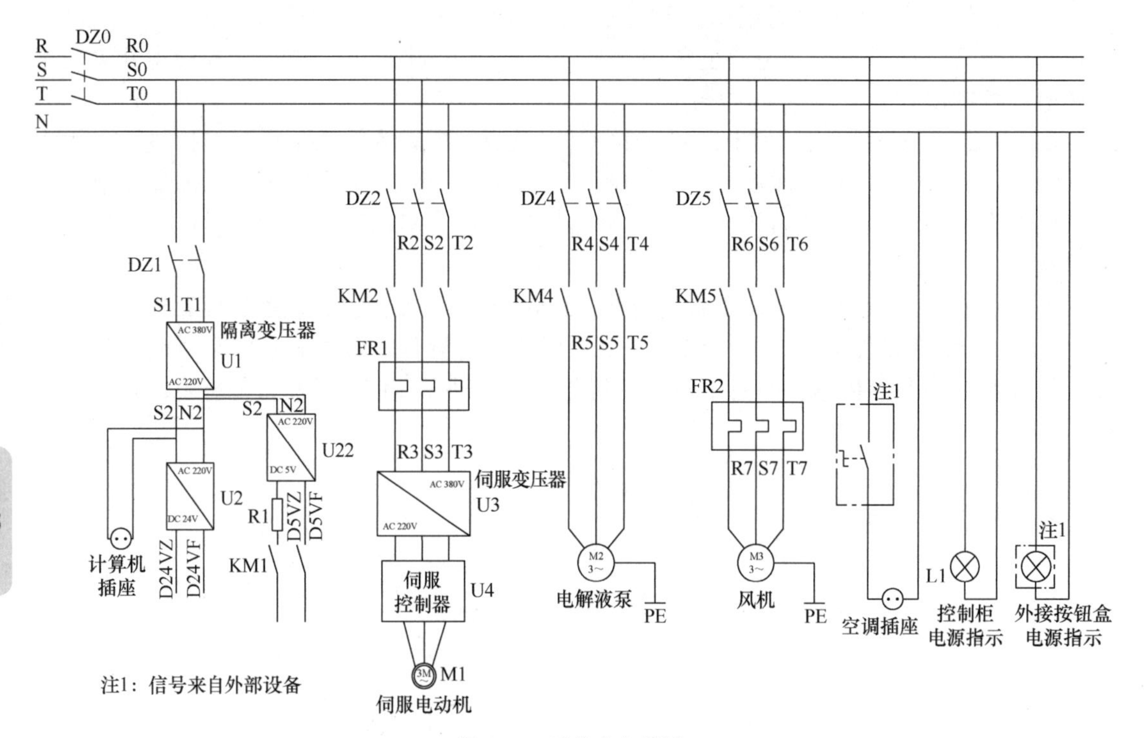

图 7-10 系统主电路图

控制系统电路框图如图 7-11 所示。

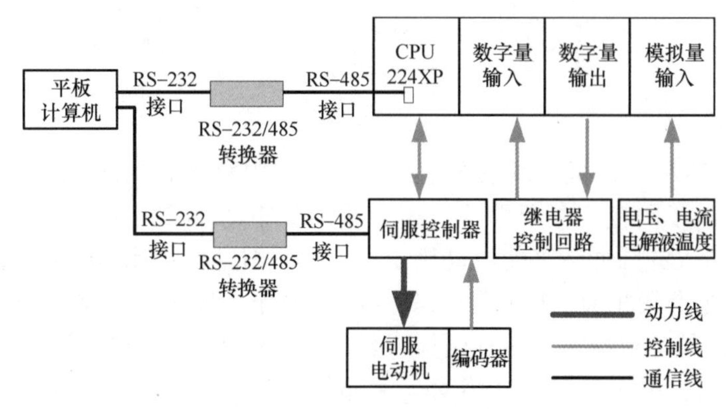

图 7-11 控制系统电路框图

7.2.2　软件设计

为便于控制系统的调试、维护和功能扩展，控制软件采用模块化结构。输入输出部分先采用 500ms 定时器进行滤波，防止按键抖动导致误操作，模拟量通过 Scale_I_to_R 子函数将数字量转换为实际电压电流值及温度等。PLC 采用高速计数器模式，保证对阴极运动的精确控制。系统软件主程序流程图如图 7-12 所示，对刀、自动加工子程序流程图如图 7-13 和图 7-14 所示。软件流程图中未画出故障诊断及处理模块，实际上对刀、加工每个步骤里都有故障判断并做出相应处理。

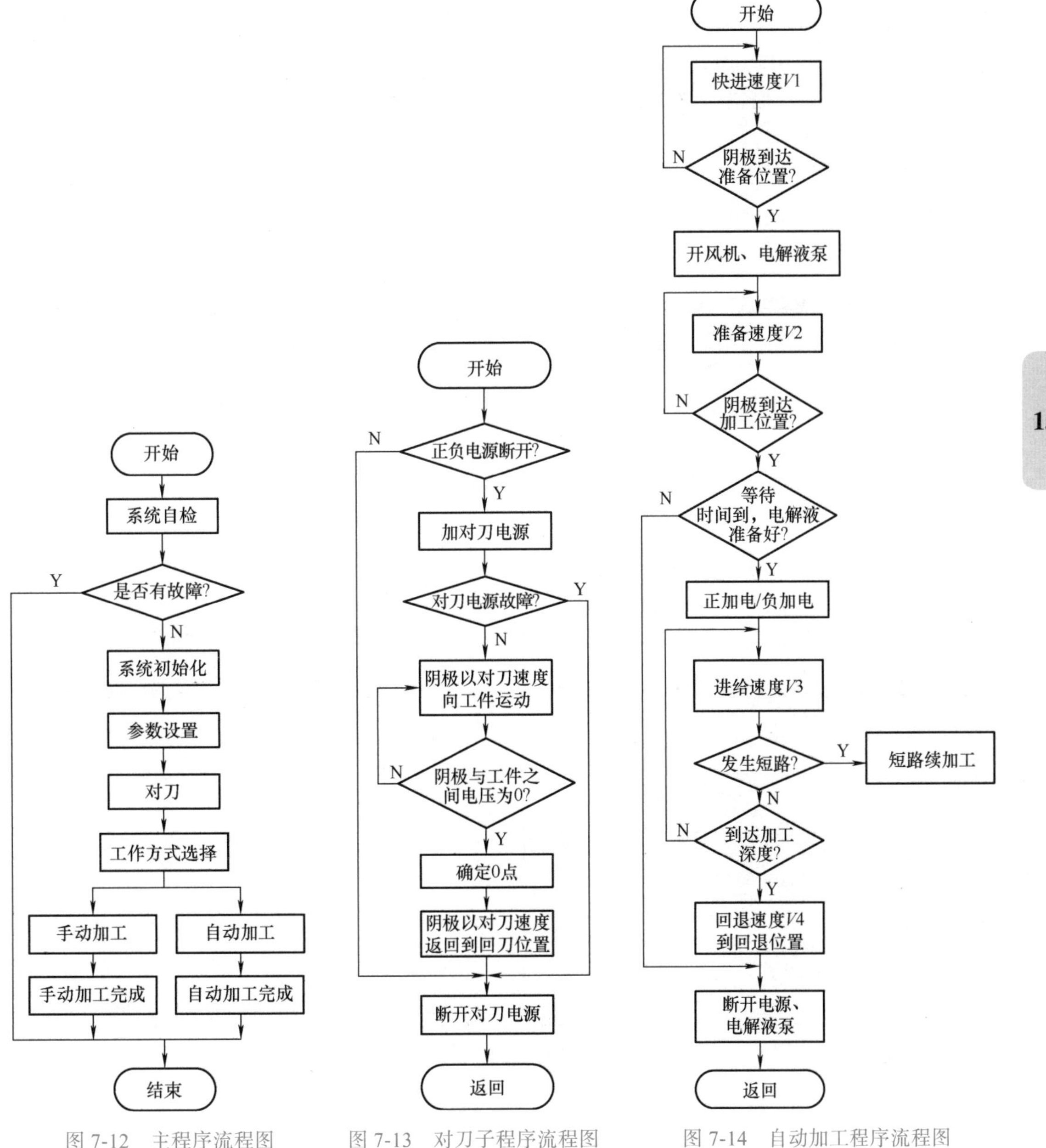

图 7-12　主程序流程图　　图 7-13　对刀子程序流程图　　图 7-14　自动加工程序流程图

7.2.3 界面设计

上位机主要用于电解机床加工时工件的实时运行状况，如加工位置和电压电流等显示、实时曲线的显示、故障报警的查询以及反映与 PLC 和伺服驱动器的通信情况，并可对工件进行参数设定。此外，上位机可通过单击按钮进行相关的操作，如对刀、自动加工等，即此时的控制模式是上位机控制而不是工作台上的按钮控制。由此可知上位机软件设计时最主要的就是基于通信，一方面通过通信读取 PLC 或伺服驱动器数据进行显示，另一方面通过通信下发数据进行参数配置、对刀、自动加工等操作。

上位机软件通过 Microsoft Visual Basic 6.0 编程。VB 6.0 把与串行通信有关的操作都封装在 Mscomm 控件里，用户通过属性与事件来控制串口。Mscomm 控件是一种事件驱动的对象。调用 Mscomm 控件，然后设置 Mscomm 的属性，定义它按 Modbus 协议的格式进行传输数据，通信步骤大致可分为七步：①确定通信对象；②设置通信端口代码，即 CommPort 属性；③设置通信交握协议（默认值为没有交握协议）；④设置 Settings 属性及其他参数；⑤打开通信端口；⑥使用传送（Output）或接收（Input）属性；⑦使用完 Mscomm 对象后，将通信端口关闭。

本系统上位机主界面、手动加工、参赛配置、报警记录界面如图 7-15 所示。

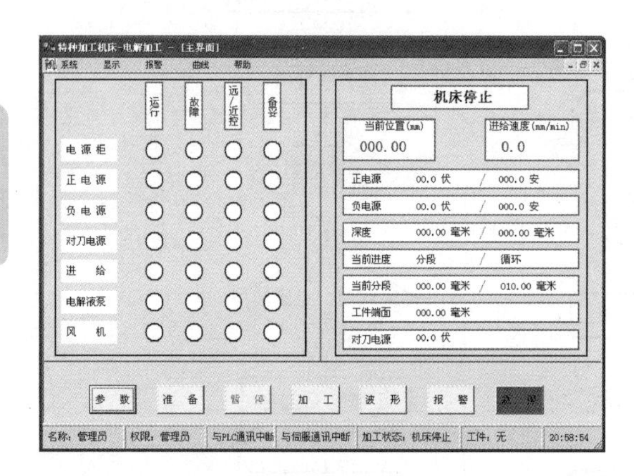

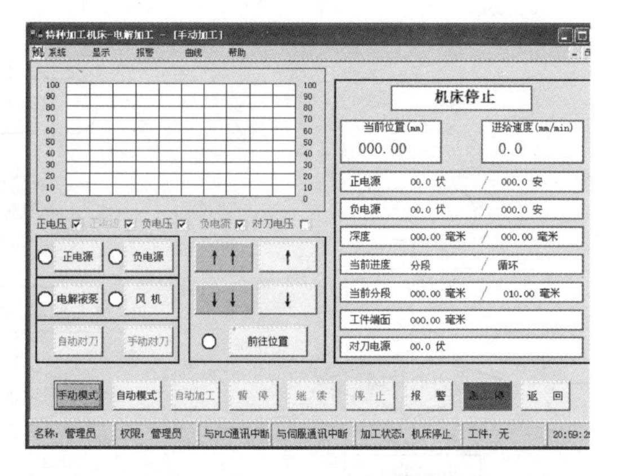

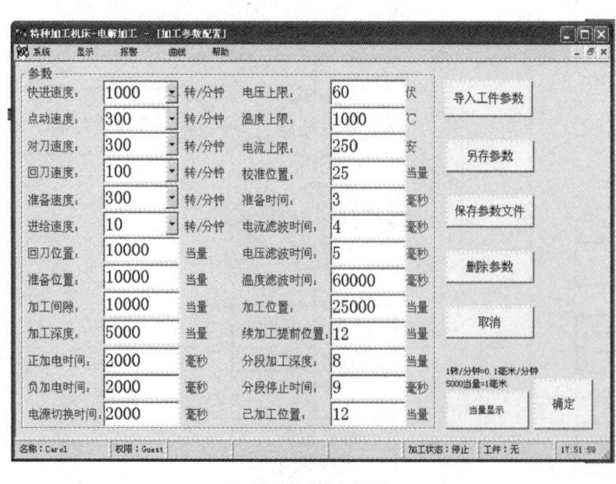

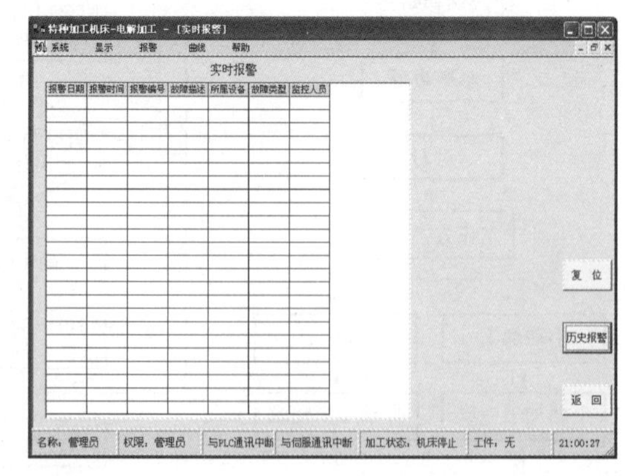

图 7-15 上位机软件部分界面图

电解加工机床控制系统在经过硬件设计和软件设计之后用于某电解机床项目。实际系统整体图及运行工作画面如图 7-16 所示。系统经实验验证和部分工程应用后可知该系统运行可靠、稳定，具有较好的应用价值。

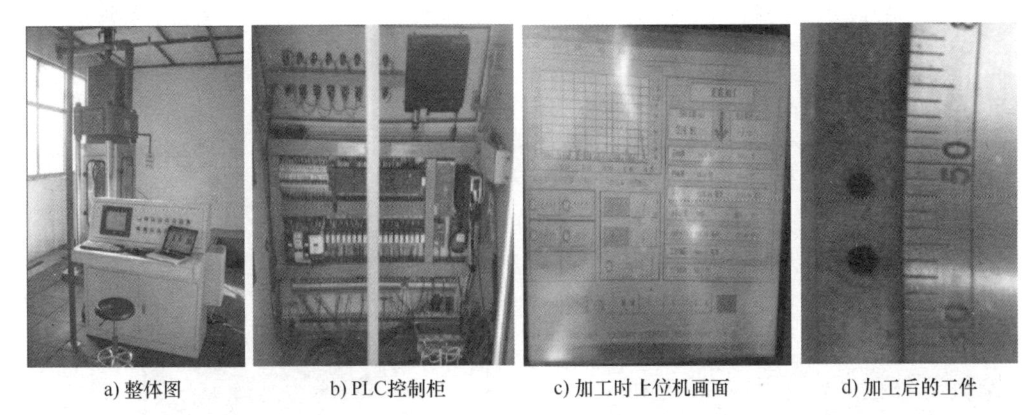

a) 整体图　b) PLC控制柜　c) 加工时上位机画面　d) 加工后的工件

图 7-16　实际系统图

7.3　伺服在高压防污闪机器人上的应用

对于沿海高温高湿高盐雾重度污染区域，配电线路不可避面免地发生污闪故障。配电线路污闪主要是由于电源表面附着的污秽物受环境条件影响，导致其表面的绝缘性能下降，并且不断出现放电的一种现象。配电线路是由多个小部分共同组合而形成的，其中主要的部分是绝缘子。绝缘子是高压配电线路的一种绝缘控件，在架空的配电线路中发挥着重要的绝缘作用的同时，还有支撑导线和防止电流回流的作用。而污闪会导致绝缘子的绝缘水平降低，严重时会严重影响绝缘子的绝缘作用，造成电流回流，电线的降容抗作用受到影响，从而会导致电流损失增加，发生某些特殊状况，如遭到雷击、导致线路跳闸等严重的影响，严重威胁到配电网设备的安全稳定运行。

人工高空带电作业不仅存在较高的风险，而且效率低下，极可能出现不规范操作导致线路不能正常工作，基于此本团队设计了一种整治防污闪设备。整个设备架设在绝缘斗臂车的平台上，在车斗上搭载机械手臂和高清摄像头，进行视距操作，通过遥感装置及显示屏，进行信息传输和图像分析，成像装置、机械臂和传动装置的有机结合，能精确、有效地实现不同类型、多场景的线路防污闪治理要求，提高作业效率，减小人为作业的风险性，有效降低配电架空线路的跳闸等故障概率。

7.3.1　硬件架构

防污闪机器人硬件结构如图 7-17 所示。

整体设备共有七个轴，分别是 Y1 轴、Y2 轴、B 轴、Y 轴、X 轴、Z 轴和 A 轴，每个轴的功能及硬件选型如下所述。

1）Y1 轴是清洗的运动机构，轴的运动可以控制清洗喷头的运动位置，清洗伸出键可以使清扫轮旋转到一定位置，清洗喷头向外伸出；清洗归位键是为了清洗喷头缩回到固定位置，清扫轮回到固定位置。

2）Y2 轴是喷涂的运动机构，按下喷涂伸出，清扫轮旋转到一定位置，喷涂喷头向外伸出。Y1 轴和 Y2 轴执行机构是梯形丝杠，采用 IGUS 滑动导轨系统，基座为了减小重量，使用特制铝型材，行程为 300mm。

3）B 轴是回转轴，可以控制设备上部整体向左侧或右侧旋转。回转 B 轴的执行机构是梯形丝杠，采用 IGUS 滑动导轨系统，基座为了减小重量，使用铝型材，行程为 ±90°。

4）Y 轴是基础底座的运动机构，可以控制设备在一定范围内靠近和远离目标物。Y 轴的执行机构是梯形丝杠，采用 IGUS 滑动导轨系统，基座为了减小重量，使用铝型材，行程为 800mm。

5）X 轴是基础底座的运动机构，可以控制设备在一定范围内靠近和远离目标物；Y 轴的执行机构是梯形丝杠，采用 IGUS 滑动导轨系统，基座为了减小重量，使用铝型材，行程为 1200mm。

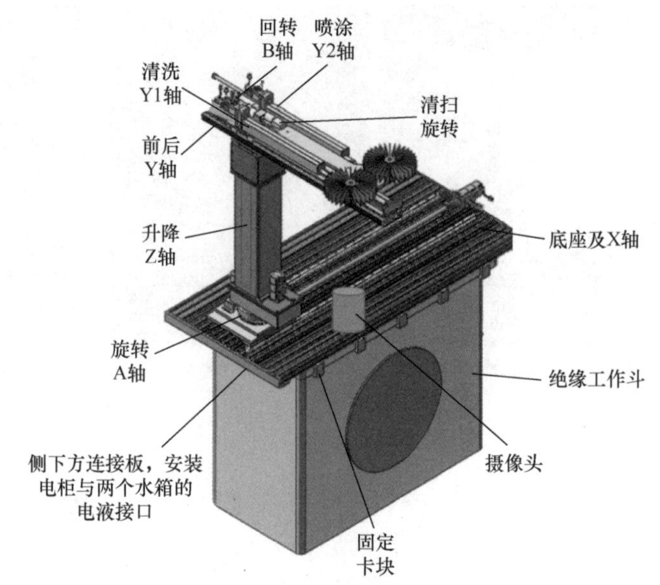

图 7-17　防污闪机器人硬件结构图

6）Z 轴是升降轴，可以控制设备上部的上升与下降。Z 轴的执行机构是导程为 5 的滚珠丝杠，采用 IGUS 滑动导轨系统，基座为了减小重量，使用特制铝型材，行程为 600mm。

7）A 轴是旋转轴，可以控制整个机构向左、右方向移动。A 轴的执行机构是齿轮比 2∶1 的齿轮，采用双角接触轴承，基座为了减小重量，使用特制铝型材，行程为 ±90°。

8）清洗的水泵采用的是型号为 PM-362 的三相大功率水泵，使用特制不锈钢 35° 扇形喷头和 Y 型过滤器，水压压力调节精准，水压最大可达 17MPa。

9）喷涂机构采用的是型号为 ZS200 的机器，使用 35° 扇形喷头和 Y 型过滤器，工作电压是 220V 交流电，工作压力最大可达 22MPa。

10）清扫机构的支架以塑料制造，重量为 386g，离前端最近的金属部件距离清扫轮前端 700mm，清扫机构以橡胶同步带驱动，以实现距离隔离，同步带轮的旋转固定轴承为钢制，连同回转机构安装在 Y 轴的运动平台滑台上。

防污闪机器人系统由三个部分组成：PLC 柜、电源柜和三相逆变柜。PLC 柜是整个系统的控制中心，采用的是 OMRON 系列 PLC 和汇川系列的伺服驱动器和伺服电动机，接收上位机的指令，同时转换成下位机的指令下发，使系统完成相应的动作，例如，旋转特定角度和前进特定距离，同时也会接收下位传感器的相关信息进行处理；电源柜和三相逆变柜是一个整体，电源柜和三相逆变柜提供了整个设备运行所需的电源，其中三相逆变柜主要是将 48V 直流电转变成三相电，从而提供给喷涂电动机和水泵。系统联络图如图 7-18 所示。

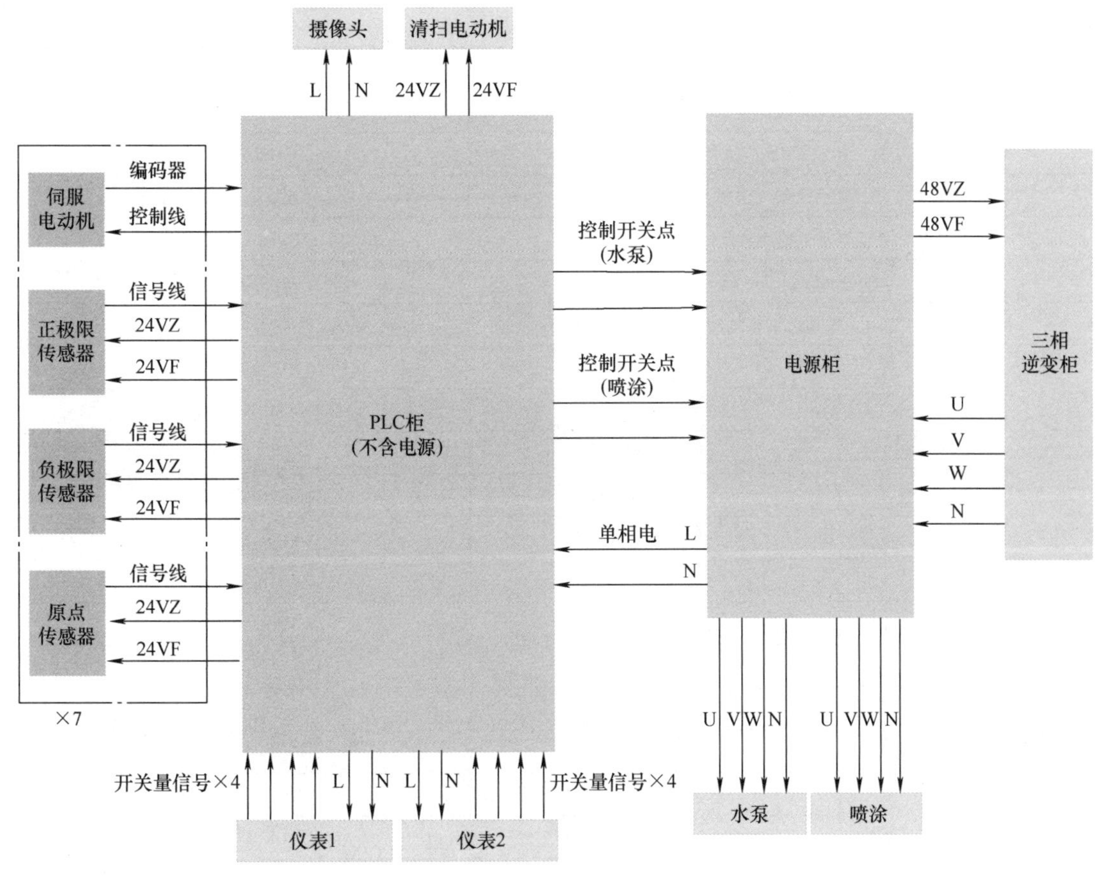

图 7-18　系统联络图

高压防污闪系统之间的连接方式和通信方式如图 7-19 所示。

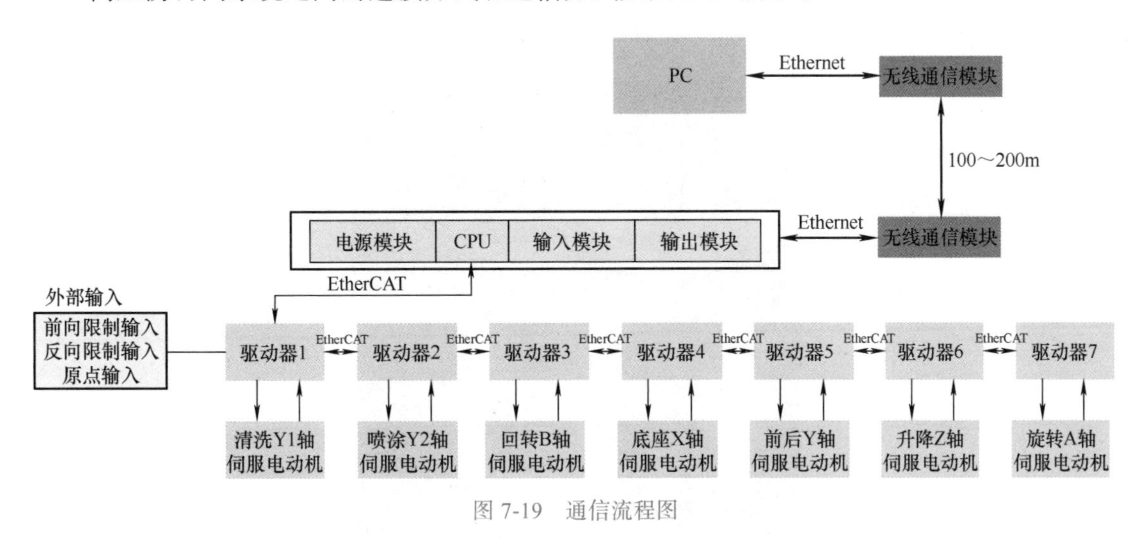

图 7-19　通信流程图

其中各个设备的具体型号见表 7-2。

表 7-2　平台选型

名称		型号
电源模块		CJ1W-PD025
CPU		NJ301-1200
数字量输入模块		CJ1W-ID232
数字量输出模块		CJ1W-OD233
EtherCAT 电缆		XS6W-6LSZH8SS50CM-Y
无线通信模块		DTD418MA
清洗 Y1 轴	伺服驱动器	SV660NS1R6I
	伺服电动机	MS1H4-10B30CB-A331Z
喷涂 Y2 轴	伺服驱动器	SV660NS1R6I
	伺服电动机	MS1H4-10B30CB-A331Z
回转 B 轴	伺服驱动器	SV660NS2R8I
	伺服电动机	MS1H4-40B30CB-A331Z
底座 X 轴	伺服驱动器	SV660NS2R8I
	伺服电动机	MS1H4-40B30CB-A334Z
前后 Y 轴	伺服驱动器	SV660NS2R8I
	伺服电动机	MS1H4-40B30CB-A331Z
升降 Z 轴	伺服驱动器	SV660NS2R8I
	伺服电动机	MS1H4-40B30CB-A334Z
旋转 A 轴	伺服驱动器	SV660NS2R8I
	伺服电动机	MS1H4-40B30CB-A334Z

防污闪机器人实物图如图 7-20 所示。

图 7-20　防污闪机器人实物图

7.3.2　软件设计

PLC 流程图如图 7-21 所示，部分代码如图 7-22 所示。

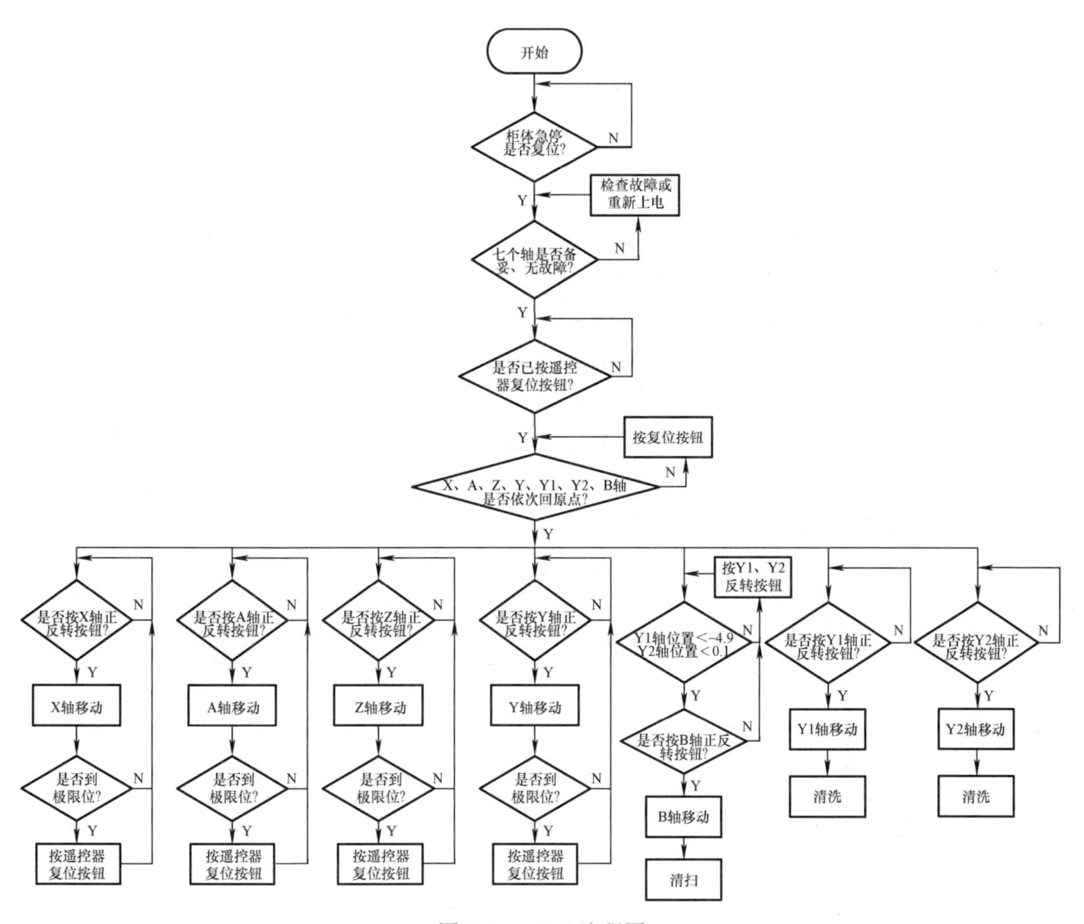

图 7-21　PLC 流程图

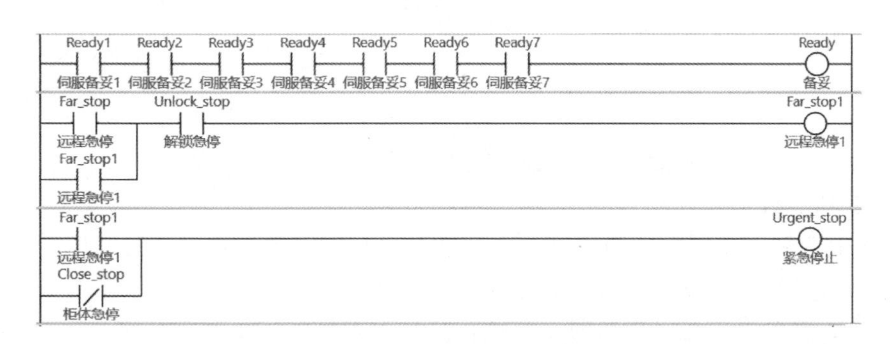

a) 备妥、故障、急停信号

图 7-22　PLC 部分代码

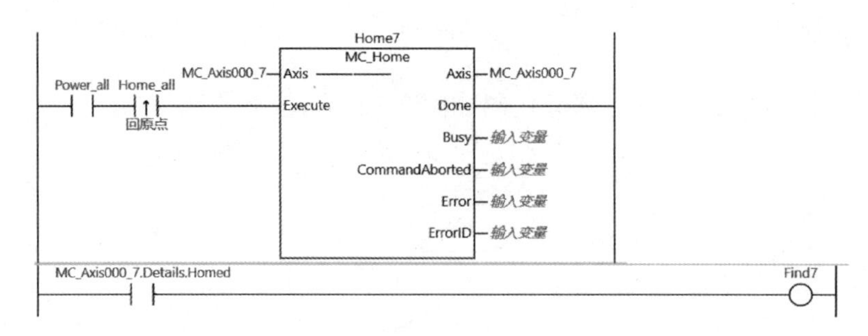

b) 回原点

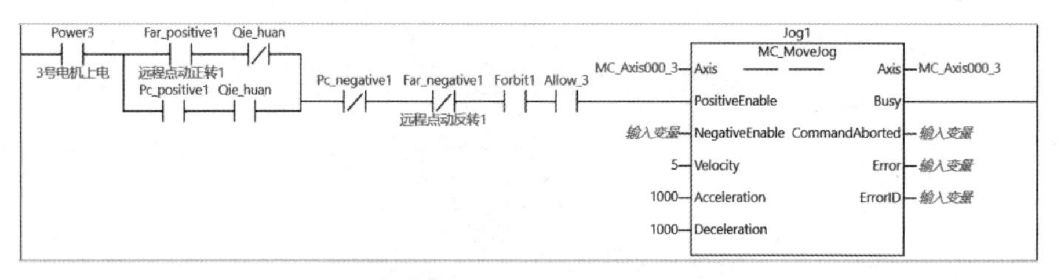

c) 正反转点动

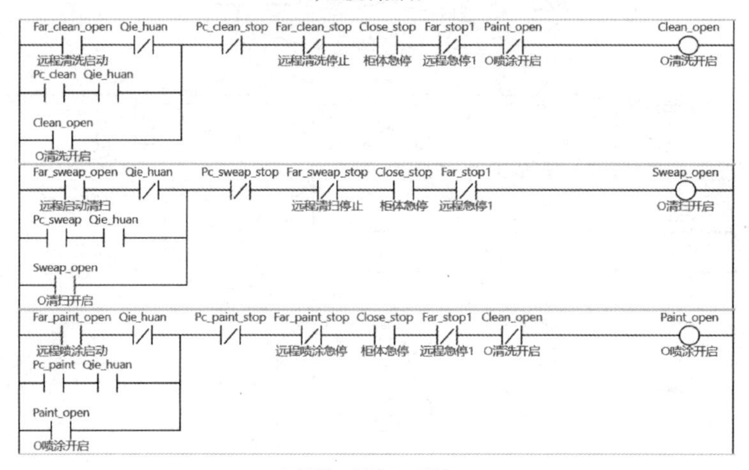

d) 清洗、清扫、喷涂

图 7-22　PLC 部分代码（续）

7.3.3 界面设计

高电压防污闪设备主界面示意图如图 7-23 所示。

界面主要功能有：

1）显示七个轴的备妥、故障、回原点成功及总故障和系统正常运行的信号灯。备妥成功则是绿灯，发生故障则为红灯，回原点成功为绿灯。七个轴有任意一个有故障时总故障灯显示红色，整个系统正常运行时正常运行灯显示为绿色。无状态时统一显示为灰色。

2）可以显示七个轴当前的实时位置数值，包括当前位置、原点、正负（上下、左右）极限位、正负（上下、左右）软极限位。

3）等同于遥控器上急停和解除急停按钮。

4）等同于遥控器轴控制按钮，配合第 2 部分区域，来调整七个轴到合适位置。

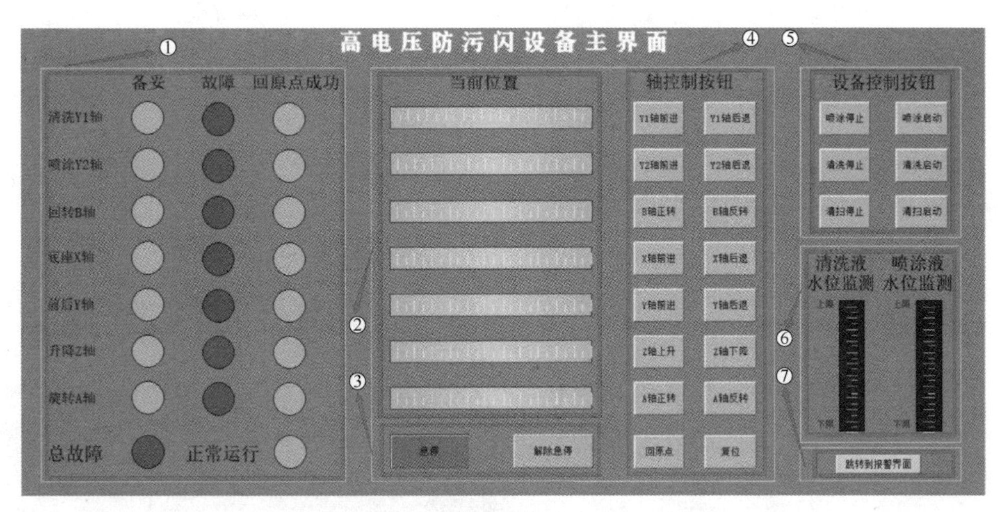

图 7-23　高电压防污闪设备主界面示意图

5）等同于遥控器设备控制按钮，控制喷涂、清洗、清扫的启动与停止。

6）监测清洗液和喷涂液水箱的实时水位，包括上限、下限。

7）单击按钮可跳转到报警界面。

7.4　伺服在生产线上的应用

某自动化生产线布局图如图 7-24 所示。该生产线由 12 条输送带和一台机器人组成。其中 12 条输送带头尾相连，构成环形输送带，实现物料的分拣和运输。

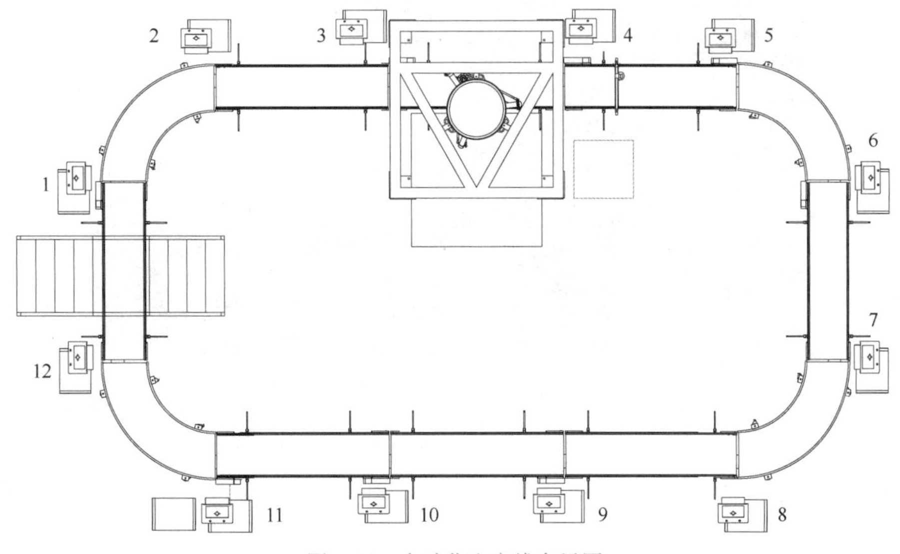

图 7-24　自动化生产线布局图

每条输送带由西门子 CPU 1214C 和伺服驱动器 V90 控制，实现单条输送带的起停及定位控制，伺服系统主回路及控制柜实物如图 7-25 所示。整个系统可以连锁运行也可以单机控制。整个生产线实物图如图 7-26 所示。

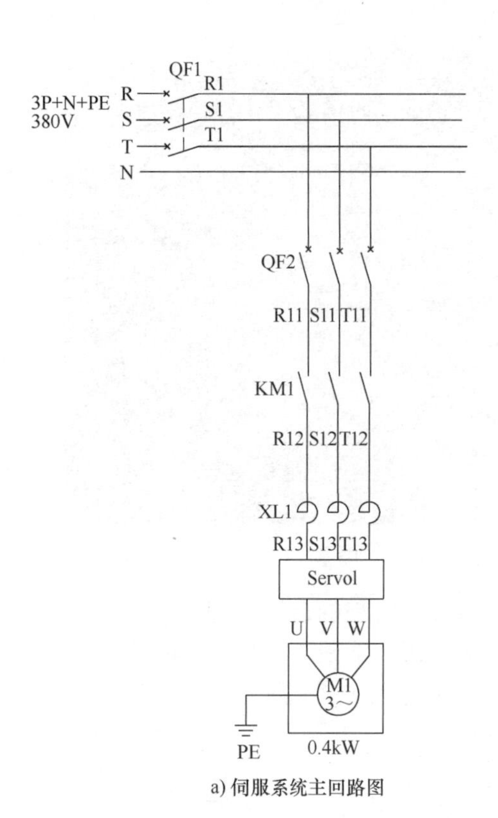

a) 伺服系统主回路图

b) 控制柜实物图

图 7-25　单条输送带控制柜

图 7-26　自动化生产线实物图

习题与思考题

1. 简述面向图像化的直角坐标机器人的硬件架构。

2. 文中面向图形化的直角坐标机器人用了几个伺服驱动器，型号是什么，代表什么含义？

3. 选择一种应用场景，谈谈你的设计想法。

下篇

工业机器人

第 8 章

工业机器人概论

8.1 工业机器人定义

目前对工业机器人的定义有很多种说法：

1）国际标准化组织（ISO）对工业机器人的定义：工业机器人是一种能自动控制、可重复编程、多功能、多自由度的操作机，能搬运材料、工件或操持工具来完成各种作业。

2）美国机器人协会（RIA）对机器人的定义：一种用于移动各种材料、零件、工具或专用装置的，通过程序动作来执行各种任务，并具有编程能力的多功能操作机。

3）日本机器人协会（JIRA）对工业机器人的定义：一种装备有记忆装置和末端执行装置的，能够完成各种移动来代替人类劳动的通用机器。

4）美国国家标准局（NBS）的定义：机器人是“一种能够进行编程并在自动控制下执行某些操作和移动作业任务的机械装置”。

5）英国简明牛津字典的定义：机器人是“貌似人的自动机，具有智力的和顺从于人但不具有人格的机器”。

6）我国对机器人的定义：一种自动化的机器，所不同的是这种机器具备一些与人或者生物相似的智能，如感知能力、规划能力、动作能力和协同能力，是一种具有高度灵活性的自动化机器。

总之，工业机器人是可以帮助我们完成工作的工具。

8.2 工业机器人的分类

工业机器人的分类如图 8-1 所示。

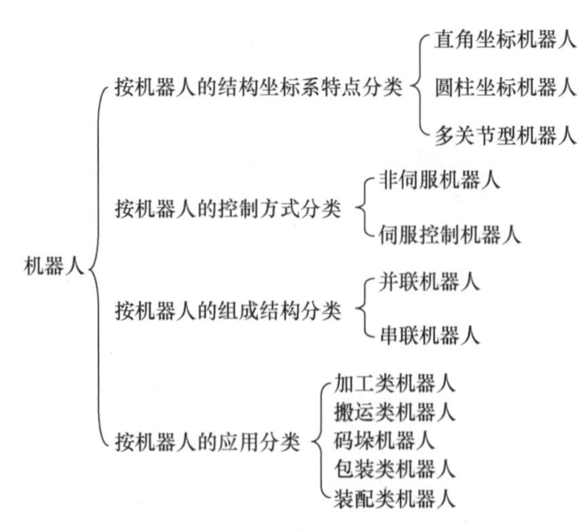

图 8-1　工业机器人的分类

8.2.1 按机器人的结构坐标系特点分类

1. 直角坐标机器人

直角坐标机器人是指能够实现自动控制的、可重复编程的、多自由度的、运动自由度建成空间直角关系的、多用途的操作机。又称大型的直角坐标机器人，也称桁架机器人或龙门式机器人，其工作的行为方式主要是通过完成沿着 X、Y、Z 轴上的线性运动来进行的。直角坐标机器人如图 8-2 所示。

直角坐标机器人是以 XYZ 直角坐标系统为基本数学模型，以伺服电动机、步进电动机为驱动的单轴机械臂为基本工作单元，以滚珠丝杆、同步皮带、齿轮齿条为常用的传动方式所架构起来的机器人系统，可以到达 XYZ 三维坐标系中任意一点，完成一定的运动轨迹。

直角坐标机器人采用运动控制系统实现对其的驱动及编程控制，直线、曲线等运动轨迹的生成为多点插补方式，操作及编程方式为引导示教编程方式或坐标定位方式。

2. 圆柱坐标机器人

圆柱坐标机器人在底座处由至少一个旋转关节和至少一个连接连杆的棱柱形关节构成，因此形成了一个圆柱形工作空间。一般在可旋转的底座上安装立柱，立柱上安装水平臂，水平臂可前后自由伸缩，可做竖直方向的上下直线移动，水平臂末端是机械爪，可抓取物品。其结构较为简单，产品占据空间较小，运动直观性强，可应用于拾取、旋转和放置材料等场合。圆柱坐标机器人如图 8-3 所示。

圆柱坐标机器人以 θ、z 和 r 为参数构成坐标系，其中 r 是手臂的径向长度，θ 是手臂绕水平轴的角位移，z 是在垂直轴上的高度。

3. 多关节型机器人

多关节型机器人一般由多个转动关节串联起若干连杆组成的开链式机构，是模拟人类腰部到手臂的基本结构而构成的，如图 8-4 所示。其机械本体部分通常包括机座（即底部和腰部的固定支撑）结构、腰部关节转动装置、大臂结构及大臂关节转动装置、小臂结构及小臂关节转动装置、手腕结构及手腕关节转动装置和末端执行器（即手爪部分）。小臂和大臂间的关节称为肘关节，大臂和底座间的关节称为肩关节，绕底座的旋转称为腰关节。腰、肩和肘的三个关节一般为转动关节，其中两个关节轴线平行，构成较复杂形状的工作范围，用于决定手部的空间位置，其腕部一般具有翻转、俯仰和偏转三个自由度，用于决定手部的姿态。多关节型机器人是以其相邻运动部件的相对角位移作为坐标系的。

图 8-2　直角坐标机器人

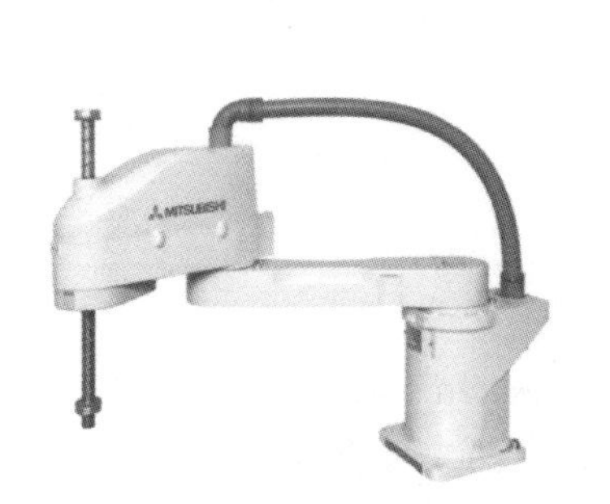

图 8-3　圆柱坐标机器人

图 8-4　多关节型机器人

8.2.2　按机器人的控制方式分类

按照控制方式可把机器人分为非伺服机器人和伺服控制机器人两种。

1. 非伺服机器人

非伺服机器人按照预先编好的程序进行工作，使用终端限位开关、制动器、插销板和定序器来控制机器人的运动，其工作原理如图 8-5 所示。图中插销板用来预先规定机器人的工作顺序，而且往往是可调的；定序器是一种定序开关或步进装置，它能够按照预定的正确顺序接通驱动装置的能源；驱动装置接通能源后，就带动机器人的手臂、腕部和手爪等装置运动，当它们移动到由终端限位开关所规定的位置时，限位开关切换工作状态，给定序器送去一个“工作任务（或规定运动）已完成”的信号，并使终端制动器动作，切断驱动能源。机器人完成一个工作循环。

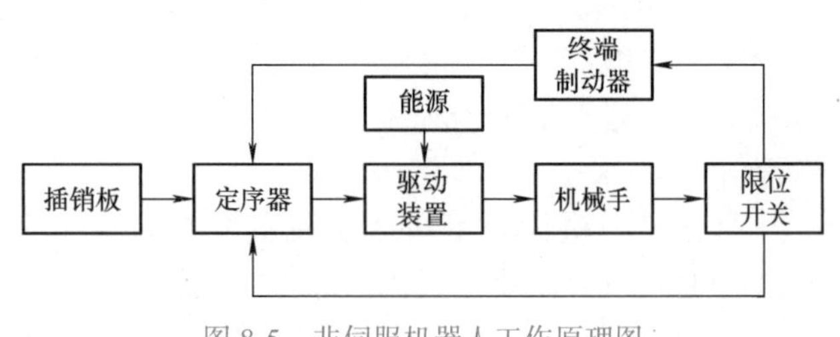

图 8-5　非伺服机器人工作原理图

2. 伺服控制机器人

伺服控制机器人比非伺服机器人有更强的工作能力，但是在某些情况下不如非伺服机器人可靠。如图 8-6 所示，伺服系统的输出可为机器人末端执行装置（或工具）的位置、速度、加速度或力等。通过反馈传感器取得的反馈信号与来自给定装置（如给定电位器）的综合信号，用比较器加以比较后，得到误差信号，经过放大后用以控制机器人的驱动装置，进而带动末端执行装置以一定规律运动到达规定的位置或速度等。

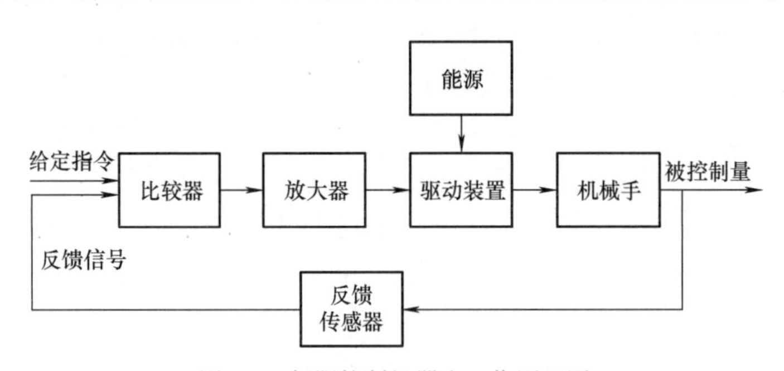

图 8-6　伺服控制机器人工作原理图

8.2.3　按机器人的组成结构分类

1. 并联机器人

并联机器人（Parallel Mechanism，PM）可以定义为动平台和定平台通过至少两个独立的运动链相连接，机构具有两个或两个以上自由度，且以并联方式驱动的一种闭环机构，如图 8-7 所示。

并联机器人的特点：

1）无累积误差，精度较高。

2）驱动装置可置于定平台上或接近定平台的位置，这样运动部分质量小、速度高、动态响应好。

3）结构紧凑、刚度高、承载能力大。

4）完全对称的并联机构具有较好的各向同性。

5）工作空间较小。

根据这些特点，并联机器人在需要高刚度、高精度或者大载荷而无须很大工作空间的领域得到了广泛应用。

2. 串联机器人

串联结构操作手是较早应用于工业领域的机器人，如图 8-8 所示。机器人操作手开始出现时，是由刚度很大的杆通过关节连接起来的，关节有转动和移动两种，前者称为旋转副，后者称为棱柱关节。而且这些结构是杆之间串联，形成一个开运动链，除了两端的杆只能和前或后连接外，每一个杆与前面和后面的杆通过关节连接在一起。

由于杆件之间连接的运动副的不同，串联机器人可分为直角坐标机器人、圆柱坐标机器人和关节型机器人。

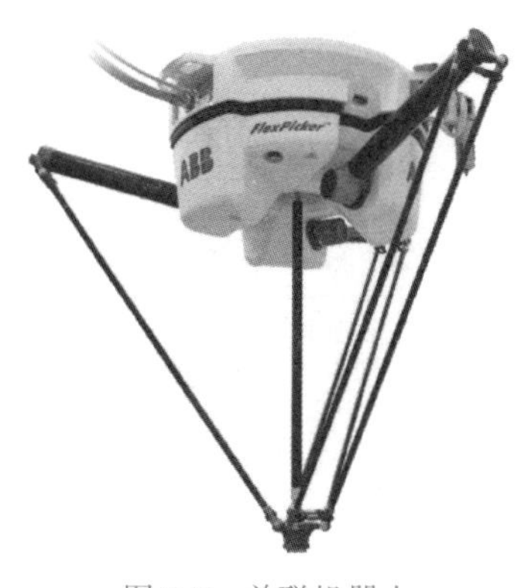

图 8-7　并联机器人

图 8-8　串联机器人

8.2.4　按机器人的应用分类

应用分类法是根据机器人应用环境（用途）进行分类的大众分类方法，其定义通俗，易为公众接受，如图 8-9 所示。

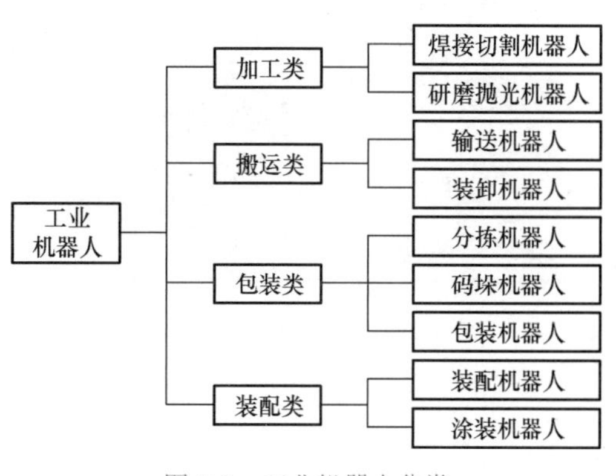

图 8-9　工业机器人分类

1. 加工类机器人

焊接机器人是加工类机器人中的一种。机器人焊接是目前最大的工业机器人应用领域（如工程机械、汽车制造、电力建设、钢结构等），它能在恶劣的环境下连续工作并能提供稳定的焊接质量，提高了工作效率，减轻了工人的劳动强度，采用机器人焊接是焊接自动化的革命性进步，它突破了焊接自动化的传统方式，开拓了一种柔性自动化生产方式，实现了在一条焊接机器人生产线上同时自动生产若干种焊件。焊接机器人如图 8-10 所示。

图 8-10　焊接机器人

图 8-11　装配机器人

2. 装配类机器人

装配机器人是柔性自动化系统的核心装备，末端执行器为适应不同的装配对象而设计成各种“手爪”传感系统，用于获取装配机器人与环境和装配对象之间相互作用的信息。与一般工业机器人相比，装配机器人具有精度高、柔顺性好、工作范围小、能与其他系统配套使用等特点，主要应用于各种电器的制造行业及流水线产品的组装作业，具有高效、精确、可不间断工作的特点。装配机器人如图 8-11 所示。

3. 搬运类机器人

搬运作业是指用一种设备握持工件，从一个加工位置移到另一个加工位置的过程。搬运机器人可安装不同的末端执行器（如机械手爪、真空吸盘、电磁吸盘等）以完成各种不同形状和状态的工件搬运，大大减轻了人类繁重的体力劳动。搬运机器人如图 8-12 所示。

4. 包装类机器人

码垛机器人是包装类机器人的一种，机电一体化高新技术产品。它可满足中低产量的生产需要，也可按照要求的编组方式和层数，完成对料袋、胶块、箱体等各种产品的码垛。码垛机器人如图 8-13 所示。

图 8-12　搬运机器人

图 8-13　码垛机器人

综上所述，在工业生产中应用机器人，可以方便迅速地改变作业内容或方式，以满足生产要求的变化。

8.3　工业机器人的主要技术参数

工业机器人的主要技术参数有自由度、工作空间、工作载荷、控制方式、精度、最大工作速度、安装方式等。

8.3.1　自由度

自由度是机器人的一个重要技术指标，它是由机器人的结构决定的，并直接影响到机器人的机动性。自由度是指物体能够对坐标系进行的独立运动的数目，末端执行器的动作不包括在内。自由度主要有三种类型：刚体自由度、机器人的自由度和机器人的机动度。刚体自由度是指刚体能够对坐标系进行独立运动的数目。机器人的自由度是指其末端相对于参考坐标系能够独立运动的数目。机器人的机动度是指机器人各关节所具有的能自由运动的数目。

机器人自由度越多就越接近人手的动作机能，但结构会变得复杂。工业机器人一般多为4～6个自由度。

8.3.2　工作空间

机器人工作空间是指机器人末端执行器上参考点能达到的空间的集合。通常，工业机器人的工作空间用其在垂直面内和水平面内的投影表示。对于一些结构简单的机器人，其工作空间也可用解析方程表示。

工作空间是衡量和评价机器人性能的重要方面，特别对于机动型机械，如装载机、挖掘机和钻机等来说尤为重要。研究证实，机器人工作空间与机器人的结构构型、结构参数以及关节（球铰）变量的允许活动范围密切相关。

8.3.3　工作载荷

机器人负载是指机器人在工作时能够承受的最大载重。它一般用质量、转矩、惯性矩表示，还和运行速度和加速度大小、方向有关。要确定机器人负载，首先要知道机器人将要从事何种工作，之后才是负载数值。如果需要将零件从一台设备上搬至另外一处，则需要将零件的重量和机器人抓手的重量合并计算在负载内。

一般低速运行时承载能力大，为安全考虑，规定在高速运行时所能抓取的工件重量作为承载能力指标。

8.3.4　控制方式

机器人用于控制轴的方式，可分为伺服控制和非伺服控制。伺服控制又可分为连续轨迹运动控制和点到点运动控制。

连续轨迹伺服控制机器人能够平滑地跟随某个规定的轨迹，它能较准确复原示教路径。连续轨迹伺服机器人具有良好的控制和运行特性，其数据是依时间采样的，而不是依预先规定的空间点采样。因此其运行速度较快、功率较小、负载能力也较小，主要用于弧焊、喷涂、大飞边毛刺和检测机器人。

点动伺服控制一般只为其一段路径的端点进行示教，而且机器人以最快和最直接的路径从一个端点移到另一端点。点到点之间的运动总是有些不平稳，即使同时控制两根轴，它们的运动轨迹也很难完全一样，因此，点动伺服控制机器人用于只有终端位置有要求而对点位之间的路径和速度没有要求的场合。可用于点焊、搬运机器人。

8.3.5 精度

机器人的工作精度主要指定位精度和重复定位精度。定位精度（也称绝对精度）是指机器人末端执行器实际到达位置与目标位置之间的差异。重复定位精度（简称重复精度）是指机器人重复定位其末端执行器于同一目标位置的能力。

机器人精度主要体现在末端执行器的位姿误差。研究表明，工作精度上的误差主要是由零部件制造、装配、铰链间隙、伺服控制、载荷及热变形等因素导致的准静态误差，以及由机器人结构、系统特性和作业中振动所产生的动态误差这两方面引起。

8.3.6 最大工作速度

最大工作速度是指在各轴联动情况下，机器人手腕中心所能达到的最大线速度。这在生产中是影响生产效率的重要指标，因生产厂家不同而标注不同，一般都会在技术参数中加以说明。很明显，最大工作速度越高，生产效率也就越高，然而，工作速度越高，对机器人最大加速度的要求也就越高。

8.3.7 安装方式

机器人的安装方式与结构有关。一般而言，直角坐标机器人大都采用底面安装；并联结构的机器人则采用倒置安装；水平串联结构的多关节型机器人可采用底面和壁挂安装；而垂直串联结构的多关节型机器人除了常规的底面安装方式外，还可根据实际需要，选择壁挂式、框架式、倾斜式、倒置式等安装方式。

同其他设备相似，机器人重量也是设计者、应用者关注的一个重要参数。例如，如果工业机器人需要安装在定制的工作台甚至轨道上，就需要知道它的重量并设计相应的支撑。

8.4 工业机器人的主要技术参数实例

图 8-14 为某水平关节机器人 DRS 系列的型号说明。

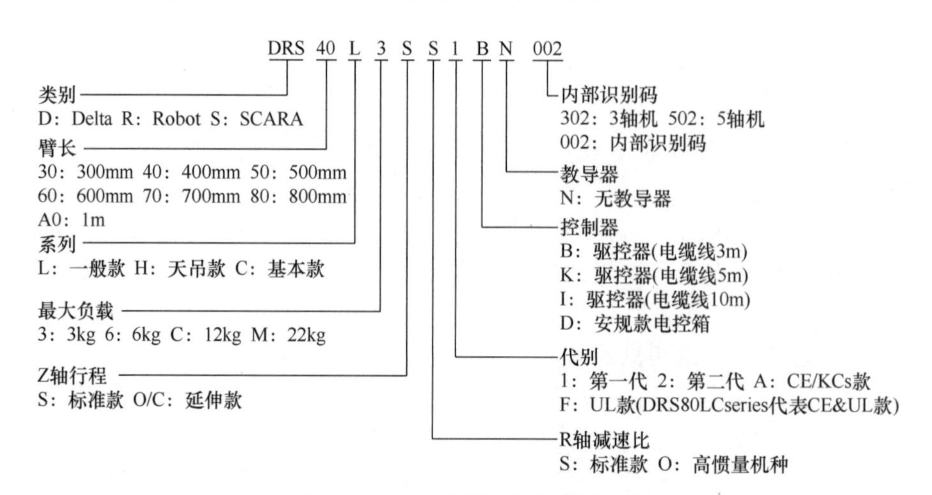

图 8-14 DRS 系列机器人型号说明

以其中一款 DRS30L3SS1BN002 机器人为例，其参数见表 8-1，外观与工作范围图如图 8-15 所示。

表 8-1　机器人 DRS30L3SS1BN002 参数

参数		数值
轴数		4
最大工作半径		300mm
额定 / 最大负载		1kg/3kg
动作范围	J1	± 130°
	J2	± 145°
	J3	150mm
	J4	± 360°
最大速度	J1	4,058mm / s
	J2	4,058mm / s
	J3	1,250mm / s
	J4	1,875°/ s
标准循环时间		0.39s 负载 1kg 时，上下移动 25mm，水平移动 300mm，往返所需的时间，测试环境温度 25℃，环境相对湿度 45% ～ 65% RH
允许转动惯量	额定	0.0091kg • m^2
	最大	0.075kg • m^2
重复精度（J1+J2）		± 0.010mm
IP 等级		IP20
重量		16kg

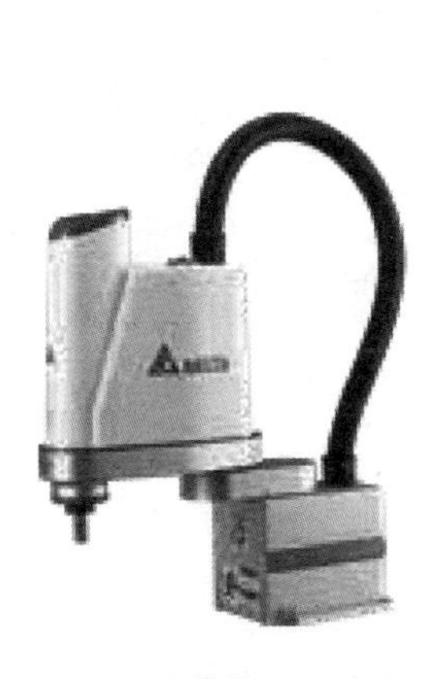
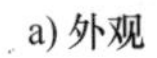

a) 外观

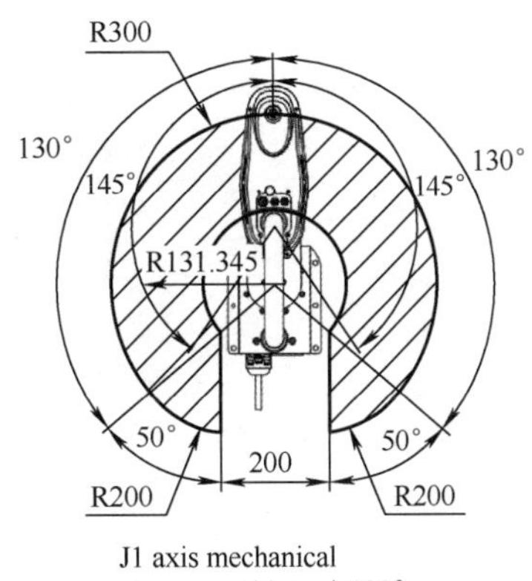

J1 axis mechanical
stopper position: ±133°
J2 axis mechanical
stopper position: ±146.5°

b) 工作范围

图 8-15　机器人 DRS30L3SS1BN002 外观与工作范围图

8.5 工业机器人的历史及发展趋势

8.5.1 工业机器人的历史

1920 年，捷克斯洛伐克作家卡雷尔・恰佩克在他的科幻小说《罗素姆万能机器人》中，根据 Robota（捷克文，原意为“劳役、苦工”）和 Robotnik（波兰文，原意为“工人”），创造出“机器人”这个词。1939 年，美国纽约世博会上展出了西屋电气公司制造的家用机器人 Elektro，如图 8-16 所示。

第二次世界大战期间，由于核工业和军事工业的发展，美国原子能委员会的阿尔贡研究所研制了“遥控机械手”，用于代替人生产和处理放射性材料。1948 年，这种较简单的机械装置被改进，开发出了机械式的主从机械手。由于航空工业的需求，1951 年美国麻省理工学院成功开发了第一代数控机床（CNC），并进行了与 CNC 相关的控制技术及机械零部件的研究，为机器人的开发奠定了技术基础。

1954 年，美国人乔治德沃尔提出了一个关于工业机器人的技术方案，设计并研制了世界上第一台可编程的工业机器人样机，将之命名为 Universal Automation，并申请了该项机器人专利。这种机器人是一种可编程的零部件操作装置，其工作方式为首先移动机械手的末端执行器，并记录下整个动作过程；然后，机器人反复再现整个动作过程。后来，在此基础上，Devol 与 Engerlberge 合作创建了美国万能自动化公司。该公司于 1962 年生产了第一台机器人，取名 Unimate，如图 8-17 所示。

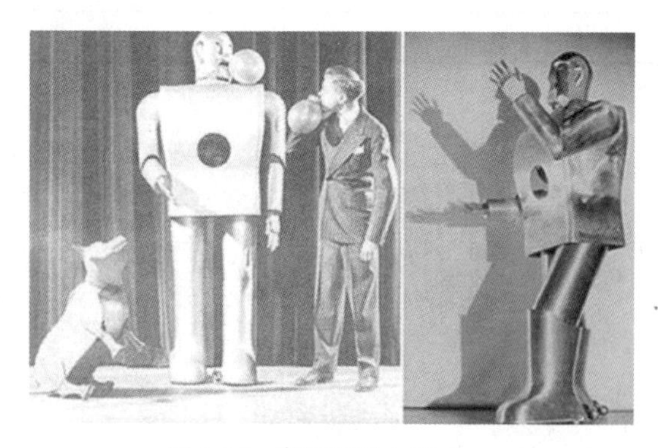

图 8-16　家用机器人 Elektro

图 8-17　Unimate 机器人

这种机器人采用极坐标式结构，外形完全像坦克炮塔，可以实现回转、伸缩、俯仰等动作。

在 Devol 从申请专利到真正实现设想的这八年时间里，美国机床与铸造公司（AMF）也在从事机器人的研究工作，并于 1960 年生产了一台被命名为 Versation 的圆柱坐标型的数控自动机械，并以 Industrial Robot（工业机器人）的名称进行宣传。通常认为这是世界上最早的工业机器人，如图 8-18 所示。

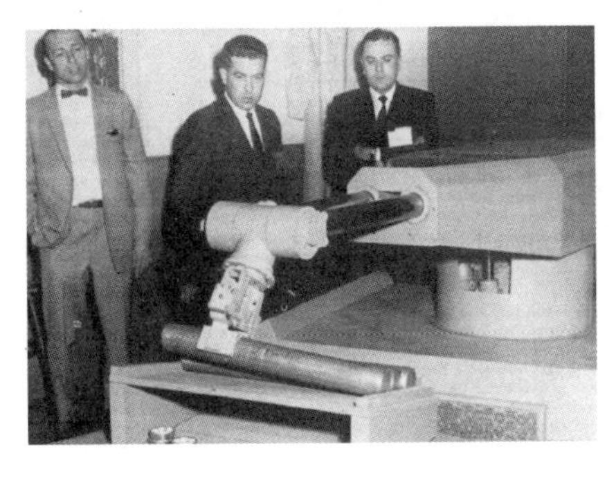
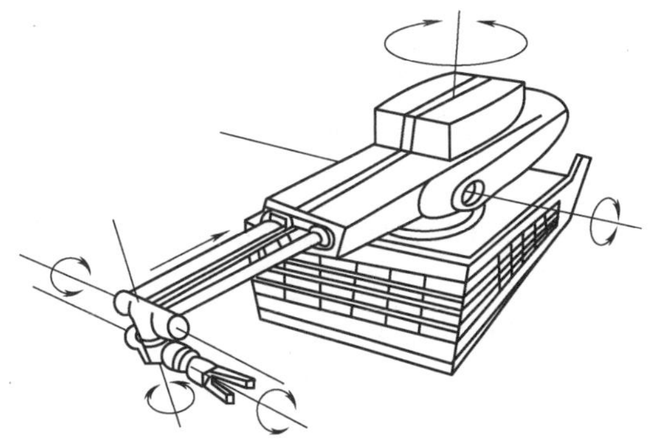

图 8-18 Versation 圆柱坐标型的数控自动机械

Unimate 和 Versation 这两种型号的机器人以“示教再现”的方式在汽车生产线上成功地代替工人进行传送、焊接、喷漆等作用，它们在工作中反映出来的经济效率、可靠性、灵活性，令其他发达国家工业界为之倾倒。于是，Unimate 和 Versation 作为商品开始在世界市场上销售。

日本的机器人产业虽然发展晚于美国，但是日本善于引进与消化国外的先进技术。自 1967 年日本川崎重工业公司率先从美国引进工业机器人技术后，日本政府在技术、政策和经济上都采取措施加以扶持。日本的工业机器人迅速走出了试验应用阶段，并进入到成熟产品大量应用的阶段，20 世纪 80 年代就在汽车与电子等行业大量使用工业机器人，实现工业机器人的普及。

德国引进机器人的时间比较晚，但是由于战争导致劳动力短缺以及国民的技术水平比较高等因素，促进了其工业机器人的快速发展。20 世纪 70 年代德国就开始了“机器换人”的过程。同时，德国政府通过长期资助和产学研结合扶植了一批机器人产业和人才梯队，如德系机器人厂商 KUKA 机器人分公司。随着德国工业迈向以智能生产为代表的“工业 4.0”时代，德国企业对工业机器人的需求将继续增加。

我国工业机器人技术的发展，大致经历了如下四个阶段：

第一个阶段（理论研究阶段）：20 世纪 70 年代处于萌芽期，1972 年开始研制自己的工业机器人，当时主要是局限于理论探讨。这一阶段主要由高校对机器人基础理论进行研究，在机器人机构学、运动学、动力学、控制理论等方面取得了可喜进展。

第二个阶段（样机研发阶段）：20 世纪 80 年代处于开发期，完成了示教再现式工业机器人成套技术的开发，研制出了喷漆、点焊、弧焊和搬运机器人。随着工业机器人在发达国家的大量使用和普及，我国工业机器人的研究得到政府的重视与支持，机器人步入了跨越式发展时期。1986 年，我国开展了“七五”机器人攻关计划。1987 年，“863”高技术发展计划将机器人整机及应用工程的开发研究列入其中。在完成了示教再现式工业机器人及其成套技术的开发后，又研制出了喷涂、弧焊、电焊和搬运等作业机器人整机，几类专用和通用控制系统及关键元器件，其性能指标达到了 20 世纪 80 年代初国外同类产品的水平。

第三个阶段（示范应用阶段）：20 世纪 90 年代处于应用期，我国的工业机器人在实践中又迈进了一大步，先后研制了点焊、弧焊、装配、喷漆、切割、搬运和码垛等各种用途的工业机器人，并实施了一批机器人应用工程，形成了一批工业机器人产业化基地。为了促进高技术发展与国民经济发展的密切衔接，国家确定了特种机器人与工业机器人及其应用系列产品，并实施了100余项机器人应用工程。同时，为了促进国产机器人的产业化，到20世纪90年代末期建立了9个机器人产业化基地和7个科研基地。

第四个阶段（产业化阶段）：进入21世纪，我国工业机器人进入了产业化阶段。在这一阶段先后涌现出以新松机器人为代表的多家从事工业机器人生产的企业，自主研制了多种工业机器人系列，并成功应用于汽车点焊、货物搬运等任务。

经过40多年的发展，我国在工业机器人基础技术和工程应用上取得了快速的发展，奠定了独立自主发展机器人产业的基础。

8.5.2　工业机器人的发展趋势

随着科学技术的发展，工业机器人的研究和应用正在朝着高效率、高精度、智能化、数字化、模块化、可重构化、PC化、开放化、网络化、柔性化趋势发展。

1. 高效率、高精度

制造业领域中，生产过程通常以高精度、高可操作性、高灵活度为制造标准，而工业机器人在关键技术方面更为重视高度自动化与智能化的特点。在生产过程中，通过控制调试、管理优化等多个方面的软件测试，最大程度降低成本消耗，同时保证其生产过程的环保性，从而实现生产增效、规模增量、产品保质的最终目的。

2. 智能化、数字化

通常而言，工业机器人的应用方式往往为成套布设，而其中所涉及的技术升级内容通常含有柔性生产、精密制造的技术特点，而随着工业机器人的不断优化与升级，信息技术的融合使其呈现树状拓展特征，由此顺应智能化制造时代的发展进程，生产过程以及生产技能逐步呈现智能化、数字化的技术发展特征。使用新型高速微处理器和专用数字信号处理器（DSP）的伺服装置控制单元将全面取代全部由传统模拟元器件所组成的伺服装置控制单元，实现伺服装置驱动系统完全数字化。

3. 结构的模块化、可重构化

模块化机器人由一组不同功能的组件构成，它使用不同的通用化、标准化模块装配成不同模块化的机器人，用一种最优的装配构形实现给定的功能。同时，发展实时控制应用，以满足机器人使用范围的迅速变化，实现模型应用软件的研制和这些功能根据硬件构形和功能任务自动整合并运用于机器人之中。

工业机器人控制系统通过架构的模块化，大大增强了工业控制系统的安全性、易操控性和维修性，同时使用者也可以很简单地拆散或者组装不同模块，组合成不同的工业机器人构形以适用于一定的工作条件，这便是工业机器人的可重构化。

4. 控制技术的PC化、开放化和网络化

PC化和开放化将是PLC系统未来发展的重点方向，近年来，随着微型PLC的研制成功，以及软件PLC控制系统的功能逐步完善与发展，配备了软件PLC组态软件和PC-based控制器功能的设备也将越来越多。随着Ethernet技术的发展，PLC规模扩大，为更多的PLC设备提供了Ethernet端口，因此PLC将向开放式控制系统方面发展，尤其是基

于工业 PC 的控制系统。

开放化控制器的研发能在系统的运行平台上直接面对终端用户，形成系列化，并能把终端用户的特定应用整合到控制器中，实现各种开放性的控制器。它包括：系统互换性、可伸缩性、可移植性、可互操作性。开放化控制器结构并非只有控制结构的简单集成，而是在博采众长的基础上，根据现有控制器结构的成果进行开发。

将计算机与网络技术、无线信息、传感器技术等融合，诞生了网络化智能传感器，在工业装置工作时，现场数据可以利用无线链路在互联网上共享、发布、传输。这种无线局域网技术为厂房内各类智能装置、智能化设施之间的通信提供高带宽的无线网络数据链路和灵活多样的网络拓扑架构。该控制器能够便捷地连接所有类型计算机的特殊网络系统，管理者利用计算机网络对设备实施全面的监视与控制。

5. 工作条件设置的优化、生产作业的柔性化和管理系统的联网与智能化

工业机器人的各项工作能力基本上还取决于与外界条件的连接与协调能力。现代工业机器人在作业时合理运用了科学的现代控制理论和智能传感器技术，实现工业机器人作业对周围环境的适应性和高度柔性，同时降低了作业人员参与的岗位复杂度。

工业机器人由一个独立的个体机器人向几个、几十个甚至上百个工业机器人群体发展，由一个单独独立的机器人个体系统向多个机器人群体组成的群体系统发展，使智能遥控型工厂成为现实，它实现了远距离的智能生产操作、工作维护，以及实时生产监控。现如今，工业机器人的自动化程度也越来越高，系统集成度越来越高，体系结构也越来越灵活，并朝着工业一体化方向发展。

1. 工业机器人按照结构坐标系特点可以分成哪几类？
2. 并联机器人和串联机器人的区别在哪里？
3. 举例说明工业机器人的应用场景。
4. 工业机器人的主要技术参数有哪些？
5. 串联机器人的自由度是多少个？

第9章 工业机器人的运动学分析

9.1 简介

机器人的动作是由控制器指挥的，需要实时计算对应于驱动末端位姿运动的各关节参数。当机器人执行工作任务时，其控制器根据加工轨迹指令规划好的位姿序列数据，实时运用逆向运动学算法计算出关节参数序列，并依此驱动机器人关节，使末端按照预定的位姿序列运动。

机器人运动学是从几何（机构）角度研究机器人的运动特性。工业机器人一般可看成由若干个连杆构成，机器人运动的结果是所有连杆运动结果的合成。基于线性代数知识，将连杆运动看成矩阵变换，用数学知识推导出机器人的运动结果，不考虑引起这些运动的力或转矩的作用。机器人运动学中有如下两类基本问题。

1）机器人运动方程的表示问题，即正向运动学：对一给定的机器人，已知连杆几何参数和关节变量，欲求机器人末端执行器相对于参考坐标系的位置和姿态。这就需要建立机器人运动方程。运动方程的表示问题，即正向运动学，属于问题分析。因此，也可以把机器人运动方程的表示问题称为机器人运动的分析。

2）机器人运动方程的求解问题，即逆向运动学：已知机器人连杆的几何参数，给定机器人末端执行器相对于参考坐标系的期望位置和姿态（位姿），求机器人能够达到预期位姿的关节变量。

要知道工作物体和工具的位置，就要指定手臂逐点运动的速度。雅可比矩阵是由某个笛卡儿坐标系规定的各单个关节速度对最后一个连杆速度的线性变换。大多数工业机器人具有六个关节，这意味着雅可比矩阵是六阶方阵。

9.2 和 9.3 节分别讨论了机器人的运动学正解、逆解以及一些应用实例。

9.2 Denavit-Hartenberg 约定

本节将推导刚性机器人的正向（Forward）或位形运动学（Configuration Kinematics）。正向运动学问题主要是已知机械臂各关节参数求解工具或末端执行器位姿的过程。在回转或转动关节的情形下，对应的关节变量为转动角度；而对于平动或者滑动关节，关节变量为连杆的伸展距离。

制定一套约定规则，以提供用于上述分析的一个系统流程。当然，即使不使用这些约定规则，也可以进行正运动学的分析，同时可以简化 n 连杆机械臂的动力学分析。此外，给出一种可供工程师相互沟通的通用语言。

在机器人应用中，用来选择参考坐标系的一种常用的约定规则是 Denavit–Hartenberg 约定，或简称为 DH 约定。在此约定中，每个齐次变换矩阵 $\boldsymbol{A}_i$ 都可以表示为四个基本矩阵的乘积，见式（9-1），***Rot*** 表示旋转矩阵，***Trans*** 表示变换矩阵。

$$
\begin{aligned}
\boldsymbol{A}_i &= \boldsymbol{Rot}_{z,\theta_i}\boldsymbol{Trans}_{z,d_i}\boldsymbol{Trans}_{x,a_i}\boldsymbol{Rot}_{x,\alpha_i} \\
&= \begin{pmatrix} C_{\theta_i} & -S_{\theta_i} & 0 & 0 \\ S_{\theta_i} & C_{\theta_i} & 0 & 0 \\ 0 & 0 & 1 & 0 \\ 0 & 0 & 0 & 1 \end{pmatrix}
\begin{pmatrix} 1 & 0 & 0 & 0 \\ 0 & 1 & 0 & 0 \\ 0 & 0 & 1 & d_i \\ 0 & 0 & 0 & 1 \end{pmatrix} \times
\begin{pmatrix} 1 & 0 & 0 & a_i \\ 0 & 1 & 0 & 0 \\ 0 & 0 & 1 & 0 \\ 0 & 0 & 0 & 1 \end{pmatrix}
\begin{pmatrix} 1 & 0 & 0 & 0 \\ 0 & C_{\alpha_i} & -S_{\alpha_i} & 0 \\ 0 & S_{\alpha_i} & C_{\alpha_i} & 0 \\ 0 & 0 & 0 & 1 \end{pmatrix} \\
&= \begin{pmatrix} C_{\theta_i} & -S_{\theta_i}C_{\alpha_i} & S_{\theta_i}S_{\alpha_i} & a_iC_{\theta_i} \\ S_{\theta_i} & C_{\theta_i}C_{\alpha_i} & -C_{\theta_i}S_{\alpha_i} & a_iS_{\theta_i} \\ 0 & S_{\alpha_i} & C_{\alpha_i} & d_i \\ 0 & 0 & 0 & 1 \end{pmatrix}
\end{aligned} \tag{9-1}
$$

其中，四个量 θ_i、a_i、d_i、α_i 是与连杆 i 和关节 i 相关的参数，分别指关节 i 的角度（Joint Angle）、连杆 i 的长度（Link Length）、连杆 i 的偏置（Link Offset）、连杆 i 的扭曲（Link Twist），如图 9-1 所示。这些名称来源于两个坐标系间特定的几何关系，它们的意义在下面将会变得显而易见。由于矩阵 $\boldsymbol{A}_i$ 是单个变量的函数，因此对于给定的连杆，上述四个参数中将有三个是恒定的；而第四个参数（即转动关节所对应的 θ_i 以及平动关节所对应的 d_i）为关节变量。

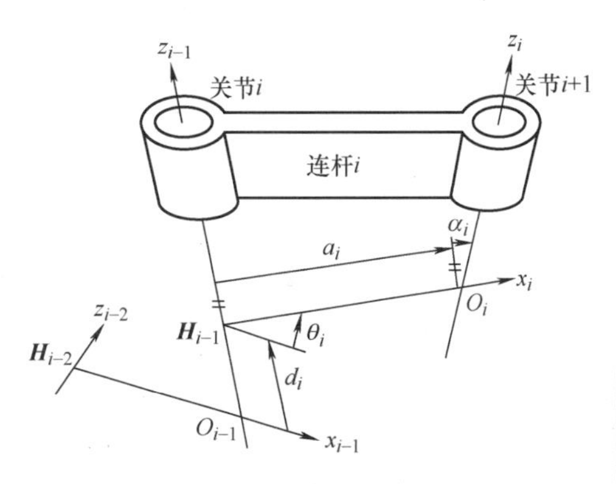

图 9-1　坐标系示意图

图 9-1 中 ***H*** 表示齐次变换矩阵，一个任意的齐次变换矩阵可以通过六个数字来表示，例如，用来指定矩阵第四列元素的三个数字以及用来指定左上方 3 × 3 旋转矩阵的三个欧拉角，而在 DH 表述里只有四个参数。虽然参考系 i 需要被固连到连杆 i 上，在坐标系原点和坐标轴的选择上，有相当大的自由度。例如，没有必要将坐标系 i 的原点 O_i 放置在连杆 i 的物理末端。实际上甚至不需要将坐标系 i 放置在本体内，坐标系 i 可以处于自由空间中，只要它与连杆 i 保持固定连接。通过合理选择原点和坐标轴，将所需参数的数量从六个削减到四个（在某些情况下或许更少）是可能的。在 9.2.1 节中将说明原因，以及在什么条件下可以做到这一点；而在第 9.2.2 节中将展示如何配置坐标系。

9.2.1　存在和唯一性问题

假设两个给定的坐标系分别记为坐标系 0 和坐标系 1，显然仅使用四个参数来表示任意的齐次变换是不可能的。为了找到唯一的齐次变换矩阵 ***A***，将参考系 1 中的坐标变换到坐标系 0 中，假设这两个坐标系间存在下列两个附加条件：①（DH1）坐标轴 x_1 垂直于坐标轴 z_0；②（DH2）坐标轴 x_1 与坐标轴 z_0 相交。这两个性质如图 9-2 所示。在这些条件下，称存在唯一的 a、d、θ、α 使得齐次变换矩阵 $\boldsymbol{A}$ 写成式（9-2）形式。

$$\boldsymbol{A}=\boldsymbol{Rot}_{z,\theta}\boldsymbol{Trans}_{z,d}\boldsymbol{Trans}_{x,a}\boldsymbol{Rot}_{x,\alpha} \tag{9-2}$$

由于 θ 和 α 均为角度，规定 θ 和 α 在 2π 的整数倍内是唯一的，矩阵 $\boldsymbol{A}$ 可被写成这种形式：

$$\boldsymbol{A}=\begin{pmatrix} \boldsymbol{R}_1^0 & \boldsymbol{O}_1^0 \\ 0 & 1 \end{pmatrix} \tag{9-3}$$

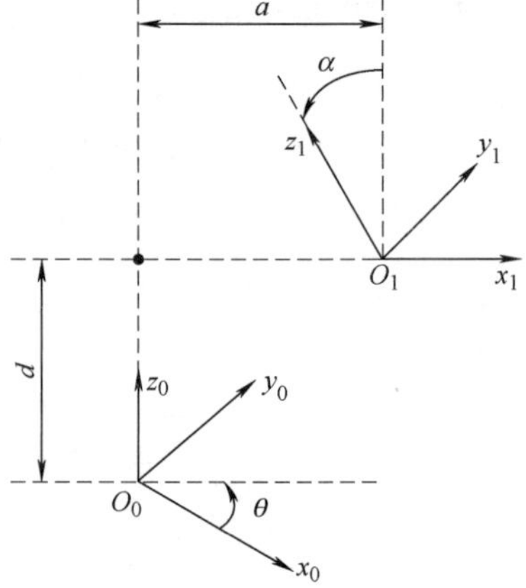

图 9-2　满足 DH1 和 DH2 约定假设的坐标系

式中，$\boldsymbol{R}_1^0$ 表示指定坐标系 $x_1y_1z_1$ 各轴相对于坐标系 $x_0y_0z_0$ 的向量；$\boldsymbol{O}_1^0$ 表示坐标系 $x_1y_1z_1$ 的原点相对于坐标系 $x_0y_0z_0$ 的位置。

如果满足（DH1）条件，因为轴线 x_1 垂直于轴线 z_0，所以有 $x_1\cdot z_0=0$。将这个约束表达在坐标系 $O_0x_0y_0z_0$ 内，使用矩阵 $\boldsymbol{R}_1^0$ 的第一列，单位向量 $\boldsymbol{x}_1$ 相对于坐标系 0 的表达式，得到

$$0=\boldsymbol{x}_1^0\cdot\boldsymbol{z}_0^0=(r_{11},r_{21},r_{31})\begin{pmatrix}0\\0\\1\end{pmatrix}=r_{31} \tag{9-4}$$

由于 $r_{31}=0$，现在仅需证明存在唯一的角度 θ 和 α 使得

$$\boldsymbol{R}_1^0=\boldsymbol{R}_{x,\theta}\boldsymbol{R}_{x,\alpha}=\begin{pmatrix} C_\theta & -S_\theta C_\alpha & S_\theta S_\alpha \\ S_\theta & C_\theta C_\alpha & -C_\theta S_\alpha \\ 0 & S_\alpha & C_\alpha \end{pmatrix} \tag{9-5}$$

首先，由于矩阵 $\boldsymbol{R}_1^0$ 的各行各列必须具有单位长度，$r_{31}=0$ 意味着

$$r_{11}^2+r_{21}^2=1$$

$$r_{32}^2+r_{33}^2=1$$

因此，存在唯一的角度 θ 和 α 使得

$$(r_{11},r_{21})=(C_\theta,S_\theta),(r_{33},r_{32})=(C_\alpha,S_\alpha)$$

求得角度 θ 和 α 后，旋转矩阵 $\boldsymbol{R}_1^0$ 的其余元素必须具有式（9-5）中所示的形式。

接下来，（DH2）这一假设意味着 O_0 与 O_1 之间的位移可以表示为向量 $\boldsymbol{z}_0$ 和 $\boldsymbol{x}_1$ 的线性组合，可被写为 $O_1=O_0+dz_0+ax_1$。可再次将此关系在坐标系 $O_0x_0y_0z_0$ 中表达，得到

$$O_1^0 = O_0^0 + dz_0^0 + ax_1^0 = \begin{pmatrix} 0 \\ 0 \\ 0 \end{pmatrix} + d\begin{pmatrix} 0 \\ 0 \\ 1 \end{pmatrix} + a\begin{pmatrix} C_\theta \\ S_\theta \\ 0 \end{pmatrix} = \begin{pmatrix} aC_\theta \\ aS_\theta \\ d \end{pmatrix}$$

综合上述结果，得到前面的式（9-1）。因此可以看出四个参数足以确定任何一个满足（DH1）和（DH2）约束的齐次变换。

现在已经证明：任何满足条件（DH1）和（DH2）的齐次变换矩阵可表示为式（9-1）中所示的形式。对于公式中的四个参数，可以给出物理解释。参数 a 是轴 z_0 和轴 z_1 之间沿轴线 x_1 测得的距离。角度 α 是在垂直于 x_1 的平面内测得的轴线 z_0 和 z_1 之间的夹角。角度 α 的正向取值定义为从 z_0 到 z_1，可以通过使用如图 9-3 中所示的右手规则来确定。参数 d 为从原点 O_0 到轴线 x_1 与 z_0 交点之间的距离，该距离沿 z_0 轴轴线进行测量得到。最后，θ 是在垂直于 z_0 的平面内测得的从 x_0 到 x_1 的角度。

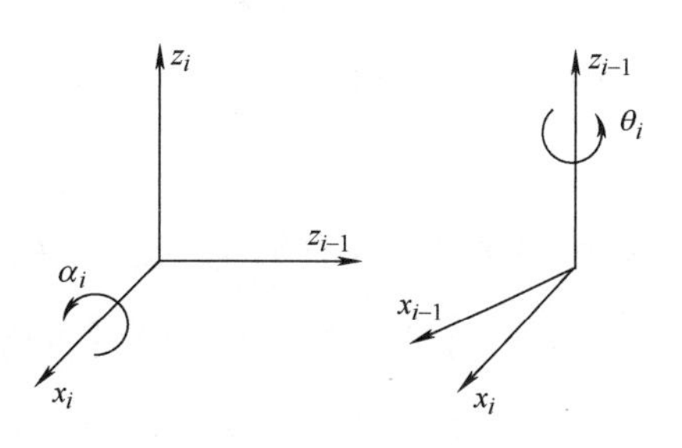

图 9-3　参数 α_i 和 θ_i 的正向取值

9.2.2　坐标系的配置

对于一个给定的机器人机械臂，总可以按照一定的方式来选择坐标系 0……n 使其满足上述两个条件。在某些情况下，这将需要将坐标系 i 的原点 O_i 放置在直观上可能无法令人满意的位置，但通常情况下这不会发生。重要的是，要记住即使受到上述要求的约束时，各种坐标系的选择不是唯一的。因此，不同的工程师可能会推导出不同形式但同样正确的机器人连杆坐标系的配置。但最终的结果（即矩阵 T_n^0）将是相同的，这与中间的 DH 坐标系的配置假设与连杆 n 相关的坐标系重合无关。首先推导出一般方法。然后将讨论各种常见的特殊情况，在这些情况下进一步简化齐次变换矩阵。

首先注意到 z_i 的选择是任意的，尤其是从式（9-5）可以看出，通过选择 a_i 和 θ_i 可以得到任意方向的 z_i。因此，作为第一步采用直观上令人舒适的方式来分配坐标轴 z_0……z_{n-1}。具体地，可以设置 z_i 作为第 i+1 个关节的驱动轴。因此 z_0 是第 1 个关节的驱动轴，z_1 是第 2 个关节的驱动轴，以此类推。需要考虑两种情况：①如果第 i+1 个关节是转动关节，那么 z_i 是第 i+1 个关节的转动轴；②如果第 i+1 个关节是平动关节，那么 z_i 是第 i+1 个关节的移动轴。当关节 i 被驱动时，连杆 i 以及与其相连的坐标系 $O_ix_iy_iz_i$ 将会经历一个相应的运动。

一旦完成了对所有连杆 z 轴的建立，就建立了基础坐标系。基础坐标系的选择几乎是任意的。可以选择将基础坐标系的原点 O_0 放置在 z_0 轴上的任何一点，然后通过任意方便的方式来选择 x_0 轴和 y_0 轴，只要最后生成的是右手坐标系。这样就建立了坐标系 0。

一旦建立了坐标系 0，开始一个迭代过程，其中从坐标系 1 开始，通过使用坐标系 i–1 来定义坐标系 i。为了方便地建立坐标系 i，考虑以下三种情形：①轴 z_{i-1} 和轴 z_i 不共面；②轴 z_{i-1} 和轴 z_i 相交；③轴 z_{i-1} 和轴 z_i 平行。注意到在②和③这两种情况下，轴 z_{i-1} 和轴 z_i 共面。现在具体考虑这三种情况。

1）轴 z_{i-1} 和轴 z_i 不共面：如果轴 z_{i-1} 和轴 z_i 不共面，那么从轴 z_{i-1} 到轴 z_i 之间存在唯一的最短线段垂直于轴 z_{i-1} 和轴 z_i，这条线段定义了 x_i 轴，并且它与轴 z_i 的交点即为原点 O_i，选择 y_i 轴组成一个右手坐标系，这样便完成了坐标系 i 的配置。由于同时满足（DH1）和（DH2）这两个假设，齐次变换矩阵 A_i 具有式（9-1）中给出的形式。

2）轴 z_{i-1} 和轴 z_i 平行：若轴 z_{i-1} 和轴 z_i 平行，则它们之间存在无穷多个共同法线，此时使用条件（DH1）无法完全确定 x_i 轴。在这种情况下，可将沿共同法线方向的从 O_i 到 z_{i-1} 轴的向量选作轴 x_i，或者将这个向量的反向向量选作轴 x_i。O_i 是该法线和 x_i 轴的交点，在此情况下，d_i 将等于零。一旦选定 x_i 轴，那么可以通过常用的右手规则来确定 y_i 轴。由于轴 z_{i-1} 和轴 z_i 是平行的，在这种情况下 α_i 也为零。

3）轴 z_{i-1} 和轴 z_i 相交：在此情况下，选择 x_i 垂直于由 z_{i-1} 和 z_i 组成的平面，轴 x_i 的正方向可以随意选择。在此情况下，原点 O_i 是 z_{i-1} 和 z_i 的交点。不过轴线 z_i 上的任意一点都可被选作原点，此时参数 a_i 将为零。

在 n 连杆机器人中，上述这种构造程序适用于坐标系 0……$n-1$。为了完成构造，需要确定坐标系 n。坐标系 $O_nx_ny_nz_n$ 通常被称作末端执行器（End Effector）坐标系或者工具坐标系（Tool Frame），如图 9-4 所示。最常见的是将原点 O_n 以对称方式布置在夹持器的手指间。沿 x_n、y_n 以及 z_n 轴的单位向量分别被标记为 $\boldsymbol{n}$、$\boldsymbol{s}$ 以及 $\boldsymbol{a}$。方向 $\boldsymbol{a}$ 是接近（Approach）方向，这是由于夹持器通常沿方向 $\boldsymbol{a}$ 接近物体；同样，方向 $\boldsymbol{s}$ 是滑动（Sliding）方向，沿此方向夹持器滑动手指来达到打开和闭合；方向 $\boldsymbol{n}$ 是垂直于 $\boldsymbol{a}$ 与 $\boldsymbol{s}$ 组成平面的法线（Normal）方向。

在大多数现代机器人中，最终的关节运动是末端执行器的转动（角度为 θ_n），最后两个关节轴线 z_{n-1} 和 z_n 重合。在此情形下，最后两个坐标系之间的变换是：沿 z_{n-1} 平移 d_n 距离之后（或之前）绕 z_{n-1} 旋转 θ_n。这个观察结果很重要，它将简化下一节中的逆运动学计算。在所有情况下，无论关节是转动或是平动，对于所有的 i，参数 a_i 和 α_i 总是常数，它们是机械臂的特有属性。如果关节是平动型，那么 θ_i 也是恒值，而 d_i 是第 i 个关节所对应的关节变量。类似，如果关节 i 是转动型，那么 d_i 是恒值，而 θ_i 是第 i 个关节所对应的关节变量。

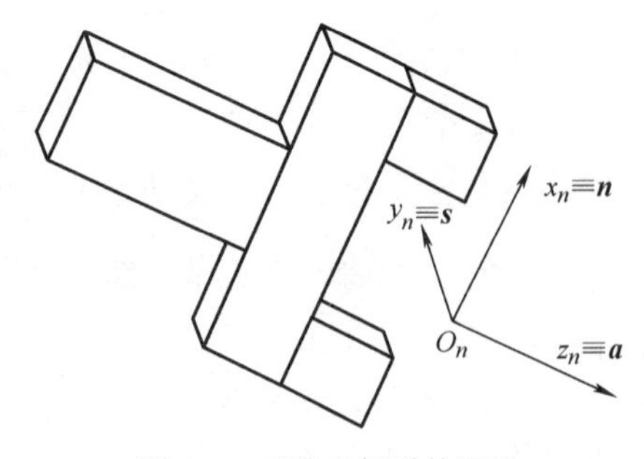

图 9-4　工具坐标系的配置

9.2.3　连杆正运动学实例

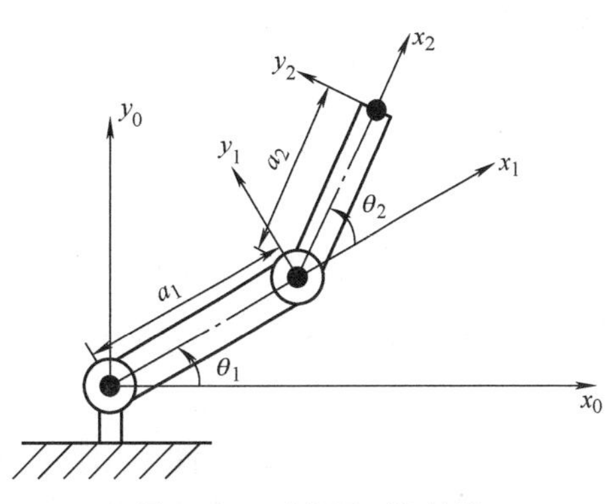

图 9-5　双连杆平面机械臂

在 DH 约定规则中的唯一角度变量是 θ，所以通过将 $\cos\theta_i$ 写为 C_i 来简化表示。另外，还可以将 $\theta_1+\theta_2$ 表示为 θ_{12}，$\cos(\theta_1+\theta_2)$ 表示为 C_{12} 等。在下面的实例中，重要的是要记住：DH 约定规则虽然是系统性的，但在机械臂一些参数选择中仍然留有很大的自由度。在关节轴线平行或者设计平动关节的情况下尤其如此。

例 9.1　平面肘型机械臂　双连杆平面机械臂如图 9-5 所示，关节轴 z_0 和 z_1 均垂直于纸面（所有的 z 轴均垂直指向纸外，它们没有在图中标出），建立了基础坐标系 $O_0x_0y_0z_0$。

选作坐标原点 O_0，x_0 轴的方向是完全任意的。一旦建立了基础坐标系，坐标系 $O_1x_1y_1z_1$ 即通过 DH 约定规则来确定，其中原点 O_1 被放置在 z_1 轴与纸面的交点处。

表 9-1　双连杆平面机械臂的 DH 参数

连杆	a_i	α_i	d_i	θ_i
1	a_1	0	0	θ_1^*
2	a_2	0	0	θ_2^*

注：* 为变量。

如图 9-5 所示，通过将原点 O_2 放置在连杆 2 的末端来确定最终的坐标系 $O_2x_2y_2z_2$。DH 参数见表 9-1。式（9-1）中的 $\boldsymbol{A}$ 矩阵写为

$$\boldsymbol{A}_1=\begin{pmatrix} C_1 & -S_1 & 0 & a_1C_1 \\ S_1 & C_1 & 0 & a_1S_1 \\ 0 & 0 & 1 & 0 \\ 0 & 0 & 0 & 1 \end{pmatrix},\ \boldsymbol{A}_2=\begin{pmatrix} C_2 & -S_2 & 0 & a_2C_2 \\ S_2 & C_2 & 0 & a_2S_2 \\ 0 & 0 & 1 & 0 \\ 0 & 0 & 0 & 1 \end{pmatrix}$$

因此，$\boldsymbol{T}$ 矩阵由下式给出

$$\boldsymbol{T}_1^0=\boldsymbol{A}_1$$

$$\boldsymbol{T}_2^0=\boldsymbol{A}_1\boldsymbol{A}_2=\begin{pmatrix} C_{12} & -S_{12} & 0 & a_1C_1+a_2C_{12} \\ S_{12} & C_{12} & 0 & a_1S_1+a_2S_{12} \\ 0 & 0 & 1 & 0 \\ 0 & 0 & 0 & 1 \end{pmatrix}$$

注意到矩阵 $\boldsymbol{T}_2^0$ 最后一列中的前两个元素，是原点 O_2 在基础坐标系中 x 和 y 分量，即

$$x = a_1C_1 + a_2C_{12}$$

$$y = a_1S_1 + a_2S_{12}$$

x 和 y 是末端执行器在基础坐标系中的位置坐标信息。$\boldsymbol{T}_2^0$ 矩阵中的转动部分给出了坐标系 $O_2x_2y_2z_2$ 相对于基础坐标系的方位角度。

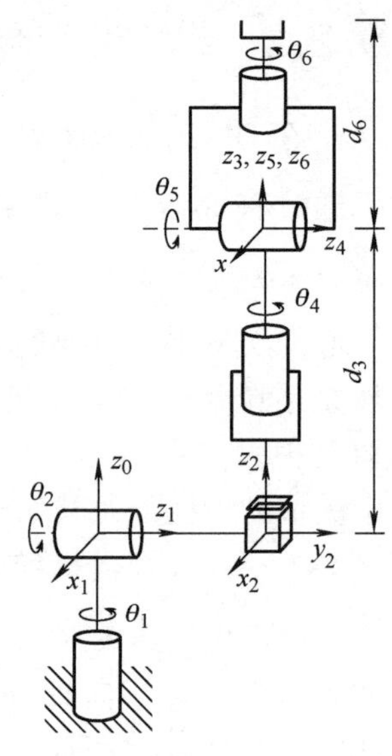

图 9-6 斯坦福机械臂的DH 坐标系配置

例 9.2 斯坦福机械臂 图 9-6 所示为斯坦福机械臂的 DH 坐标系配置。该机械臂是一个带有球形手腕的球形机械臂的例子。这种机械臂在关节处有一个偏置，它使得正运动学和逆运动学问题稍微复杂化。

首先使用 DH 约定来建立坐标系，DH 参数见表 9-2。

表 9-2 斯坦福机械臂的 DH 参数

连杆	d_i	a_i	α_i	θ_i
1	0	0	−90°	θ_1^*
2	d_2	0	+90°	θ_2^*
3	d_3^*	0	0	0
4	0	0	−90°	θ_4^*
5	0	0	+90°	θ_5^*
6	d_6	0	0	θ_6^*

注：* 为关节变量。

通过简单计算可得矩阵 $\boldsymbol{A}_i$ 如下：

$$\boldsymbol{A}_1 = \begin{pmatrix} C_1 & 0 & -S_1 & 0 \\ S_1 & 0 & C_1 & 0 \\ 0 & -1 & 0 & 0 \\ 0 & 0 & 0 & 1 \end{pmatrix}, \quad \boldsymbol{A}_2 = \begin{pmatrix} C_2 & 0 & S_2 & 0 \\ S_2 & 0 & -C_2 & 0 \\ 0 & 1 & 0 & d_2 \\ 0 & 0 & 0 & 1 \end{pmatrix}$$

$$\boldsymbol{A}_3 = \begin{pmatrix} 1 & 0 & 0 & 0 \\ 0 & 1 & 0 & 0 \\ 0 & 0 & 1 & d_3 \\ 0 & 0 & 0 & 1 \end{pmatrix}, \quad \boldsymbol{A}_4 = \begin{pmatrix} C_4 & 0 & -S_4 & 0 \\ S_4 & 0 & C_4 & 0 \\ 0 & -1 & 0 & 0 \\ 0 & 0 & 0 & 1 \end{pmatrix}$$

$$
\boldsymbol{A}_5=\begin{pmatrix} C_5 & 0 & S_5 & 0 \\ S_5 & 0 & -C_5 & 0 \\ 0 & -1 & 0 & 0 \\ 0 & 0 & 0 & 1 \end{pmatrix},\ \boldsymbol{A}_6=\begin{pmatrix} C_6 & -S_6 & 0 & 0 \\ S_6 & C_6 & 0 & 0 \\ 0 & 0 & 1 & d_6 \\ 0 & 0 & 0 & 1 \end{pmatrix}
$$

矩阵 $\boldsymbol{T}_6^0$ 可由下式给出。

$$
\boldsymbol{T}_6^0=\boldsymbol{A}_1\cdots\boldsymbol{A}_6=\begin{pmatrix} r_{11} & r_{12} & r_{13} & d_x \\ r_{21} & r_{22} & r_{23} & d_y \\ r_{31} & r_{32} & r_{33} & d_z \\ 0 & 0 & 0 & 1 \end{pmatrix}
$$

例 9.3　串联机械臂 YJSC-604　某串联机械臂 YJSC–604 如图 9-7 所示，该机械臂自重 28kg，可负载 3kg 的重量，拥有六个转动关节，以伺服电动机进行驱动，表 9-3 为机械臂 DH 参数表。

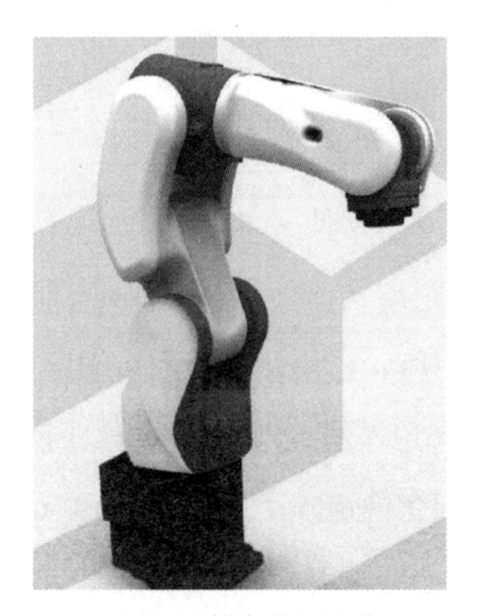

图 9-7　某串联机械臂

表 9-3　机械臂 DH 参数表

连杆 i	θ_i / (°)	α_i / (°)	a_i /mm	d_i /mm	θ_i 范围 / (°)
1	0	90	12	340	–170 ～ 170
2	–90	0	260	0	–110 ～ 110
3	0	90	25	0	–220 ～ 40
4	0	–90	0	280	–185 ～ 185
5	0	90	0	0	–125 ～ 125
6	–90	0	0	72	–360 ～ 360

为了方便计算，根据标准 DH 方法在建立连杆坐标系时，把关节 1 的坐标系与基坐标系重合，如图 9-8 所示。

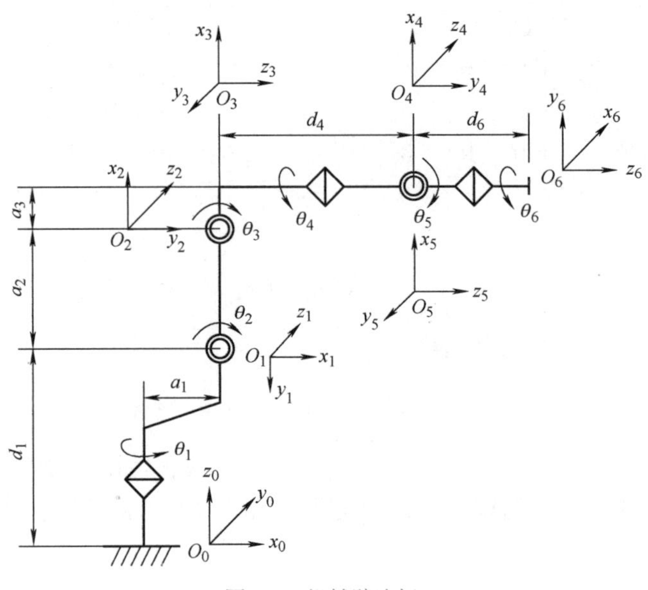

图 9-8 机械臂连杆

如何得到相邻连杆坐标系间的变换矩阵，以连杆 $i-1$ 与连杆 i 为例详细介绍，主要操作步骤分下列四步：

1）绕 z_{i-1} 轴，将 x_{i-1} 轴旋转 θ_i 角，使 x_{i-1} 轴与 x_i 轴处于同一个方向。

2）沿 z_{i-1} 轴，将 x_{i-1} 轴平移距离 d_i，使其与 x_i 轴处于同一直线上。

3）沿 x_i 轴，将 z_{i-1} 轴平移距离 a_i，使两个坐标系的原点重合。

4）绕 x_i 轴，将 z_{i-1} 轴旋转 α_i 角，使 z_{i-1} 轴与 z_i 轴处于同一条直线上。

根据上述变换操作可以得到变换矩阵 $\boldsymbol{T}_i^{i-1}$，见式（9-6）。

$$\begin{aligned}\boldsymbol{T}_i^{i-1} &= \boldsymbol{Rot}(z_{i-1},\theta_i)\boldsymbol{Trans}(0,0,d_i)\boldsymbol{Trans}(a_i,0,0)\boldsymbol{Rot}(x_{i-1},\alpha_i)\\ &=\begin{pmatrix}\cos\theta_i & -\sin\theta_i\cos\alpha_i & \sin\theta_i\sin\alpha_i & a_i\cos\theta_i\\ \sin\theta_i & \cos\theta_i\cos\alpha_i & -\cos\theta_i\sin\alpha_i & a_i\sin\theta_i\\ 0 & \sin\alpha_i & \cos\alpha_i & d_i\\ 0 & 0 & 0 & 1\end{pmatrix}\end{aligned} \tag{9-6}$$

为了方便书写，将上式简写为

$$\boldsymbol{T}_i^{i-1}=\begin{pmatrix}C_i & -S_iC\alpha_i & S_iS\alpha_i & a_iC_i\\ S_i & C_iC\alpha_i & -C_iS\alpha_i & a_iS_i\\ 0 & S\alpha_i & C\alpha_i & d_i\\ 0 & 0 & 0 & 1\end{pmatrix} \tag{9-7}$$

式中，$C_i=\cos\theta_i$; $S_i=\sin\theta_i$; $C\alpha_i=\cos\alpha_i$; $S\alpha_i=\sin\alpha_i$。

将 DH 参数表中数据带入式（9-7）便可得到六个连杆坐标系之间的齐次变换矩阵，表达式见式（9-8）。

$$
\boldsymbol{T}_1^0=\begin{pmatrix} C_1 & 0 & S_1 & a_1C_1 \\ S_1 & 0 & -C_1 & a_1S_1 \\ 0 & 1 & 0 & d_1 \\ 0 & 0 & 0 & 1 \end{pmatrix},\boldsymbol{T}_2^1=\begin{pmatrix} C_2 & -S_2 & 0 & a_2C_2 \\ S_2 & C_2 & 0 & a_2S_2 \\ 0 & 0 & 1 & 0 \\ 0 & 0 & 0 & 1 \end{pmatrix},\boldsymbol{T}_3^2=\begin{pmatrix} C_3 & 0 & S_3 & a_3C_3 \\ S_3 & 0 & -C_3 & a_3S_3 \\ 0 & 1 & 0 & 0 \\ 0 & 0 & 0 & 1 \end{pmatrix}
$$

$$
\boldsymbol{T}_4^3=\begin{pmatrix} C_4 & 0 & -S_4 & 0 \\ S_4 & 0 & C_4 & 0 \\ 0 & -1 & 0 & d_4 \\ 0 & 0 & 0 & 1 \end{pmatrix},\boldsymbol{T}_5^4=\begin{pmatrix} C_5 & 0 & S_5 & 0 \\ S_5 & 0 & -C_5 & 0 \\ 0 & 1 & 0 & 0 \\ 0 & 0 & 0 & 1 \end{pmatrix},\boldsymbol{T}_6^5=\begin{pmatrix} C_6 & -S_6 & 0 & 0 \\ S_6 & C_6 & 0 & 0 \\ 0 & 0 & 1 & d_6 \\ 0 & 0 & 0 & 1 \end{pmatrix} \tag{9-8}
$$

将所得的机械臂各个连杆坐标系之间的齐次变换矩阵依次相乘，可推导出机械臂的正向运动学方程：

$$
\boldsymbol{T}_6^0=\boldsymbol{T}_1^0\boldsymbol{T}_2^1\boldsymbol{T}_3^2\boldsymbol{T}_4^3\boldsymbol{T}_5^4\boldsymbol{T}_6^5=\begin{bmatrix} n_x & O_x & a_x & P_x \\ n_y & O_y & a_y & P_y \\ n_z & O_z & a_z & P_z \\ 0 & 0 & 0 & 1 \end{bmatrix} \tag{9-9}
$$

式中，

$$
\begin{aligned}
n_x &= C_1[C_{23}(C_4C_5C_6-S_4S_6)-S_{23}S_5C_6]+S_1(S_4C_5C_6+C_4S_6) \\
n_y &= S_1[C_{23}(C_4C_5C_6-S_4S_6)-S_{23}S_5C_6]-S_1(S_4C_5C_6+C_4S_6) \\
n_z &= S_{23}(C_4C_5C_6-S_4S_6)+C_{23}S_5C_6 \\
O_x &= C_1[S_{23}S_5S_6-C_{23}(S_4C_6+C_4C_5S_6)]+S_1(S_4C_6-C_4C_5S_6) \\
O_y &= S_1[S_{23}S_5S_6-C_{23}(S_4C_6+C_4C_5S_6)]-C_1(S_4C_6-C_4C_5S_6) \\
O_z &= -S_{23}(C_6S_4+C_4C_5C_6)-C_{23}S_5S_6 \\
a_x &= C_1(C_5S_{23}+C_{23}C_4S_5)+S_1S_4S_5 \\
a_y &= S_1(C_5S_{23}+C_{23}C_4S_5)-C_1S_4S_5 \\
a_z &= S_{23}C_4C_5-C_{23}C_5 \\
P_x &= C_1(a_1+a_2C_2+a_3C_{23}+d_4S_{23}+d_6C_5S_{23}+d_6C_4S_5C_{23})+d_6S_1S_4S_5 \\
P_y &= S_1(a_1+a_2C_2+a_3C_{23}+d_4S_{23}+d_6C_5S_{23}+d_6C_4S_5C_{23})-d_6S_1S_4S_5 \\
P_z &= d_6C_4S_5S_{23}-d_6C_5C_{23}-d_4C_{23}+a_3S_{23}+a_2S_2+d_1
\end{aligned} \tag{9-10}
$$

式中，$C_{23}=\cos(\theta_2+\theta_3)$; $S_{23}=\sin(\theta_2+\theta_3)$；接近矢量 $\boldsymbol{a}$、方向矢量 $\boldsymbol{O}$ 以及法向矢量 $\boldsymbol{n}$ 分别为机械臂末端执行器的三个单位矢量。

关于机械臂运动学的仿真分析，本节将利用 MATLAB 软件中专门用于机械臂仿真模拟的工具箱（Robotics Toolbox）来实现。

MATLAB 中使用 *link* 函数构建机械臂运动模型，表达式为

$$
L_i = link([\alpha_i, a_i, \theta_i, d_i, sign],\text{'standard'}) \tag{9-11}
$$

式中，α_i 和 a_i 分别表示连杆 L_i 的扭角和长度；θ_i 和 d_i 分别表示关节 i 的转角与偏置距离；$sign=0$ 表示该关节为转动关节；standard 表示使用标准 DH 参数进行机械臂建模。根据

表 9-3 中机械臂的 DH 参数，建立如图 9-9 所示的机械臂运动模型，图中 x、y、z 三个轴的单位均为米（m）。

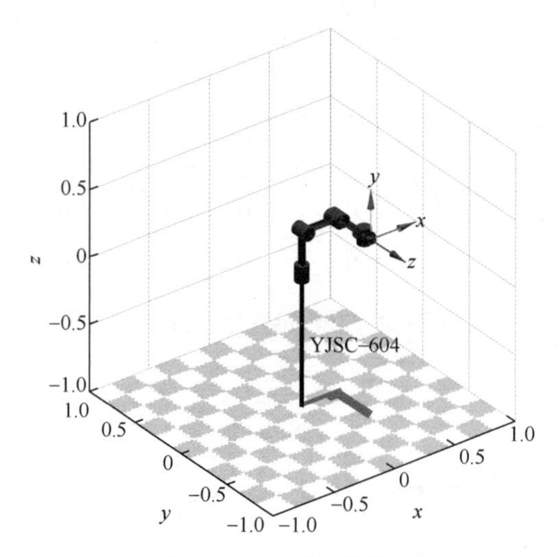

图 9-9　YJSC−604 机械臂仿真模型

接下来采用以下步骤验证机械臂正运动学方程式（9-9）和式（9-10）的正确性。

1）在空间中随机选取八组机械臂角度值。

2）将各关节角度值代入式（9-10）计算结果。

3）将各关节角度值代入 MATLAB 机器人工具箱中使用 *fkine* 函数计算结果。

计算结果见表 9-4，从表中八组数据可知，通过公式推导的结果与工具箱所得结果是一致的，表明所推导的机械臂正运动学公式是正确的。

表 9-4　两种计算方法所得结果对比

关节角度 / (°)	代入式（9-9）求解	*fkine* 函数求解
$\begin{array}{cccccc}\theta_1&\theta_2&\theta_3&\theta_4&\theta_5&\theta_6\\0&0&0&0&0&0\end{array}$	$\begin{pmatrix}1.0000&0&0&0.2970\\0&-1.0000&0.0000&0.0000\\0&-0.0000&-1.0000&-0.6600\\0&0&0&1.0000\end{pmatrix}$	$\begin{pmatrix}1.0000&0&0&0.2970\\0&-1.0000&0.0000&0.0000\\0&-0.0000&-1.0000&-0.6600\\0&0&0&1.0000\end{pmatrix}$
$\begin{array}{cccccc}\theta_1&\theta_2&\theta_3&\theta_4&\theta_5&\theta_6\\30&0&30&45&60&0\end{array}$	$\begin{pmatrix}0.0669&-0.1768&-0.9820&-0.5740\\-0.3696&-0.9186&0.1402&0.1777\\-0.9268&0.3568&-0.1268&-0.0063\\0&0&0&1.0000\end{pmatrix}$	$\begin{pmatrix}0.0669&-0.1768&-0.9820&-0.5740\\-0.3696&-0.9186&0.1402&0.1777\\-0.9268&0.3568&-0.1268&-0.0063\\0&0&0&1.0000\end{pmatrix}$
$\begin{array}{cccccc}\theta_1&\theta_2&\theta_3&\theta_4&\theta_5&\theta_6\\45&30&30&45&60&30\end{array}$	$\begin{pmatrix}-0.0095&0.2942&-0.9557&-0.6830\\-0.9425&-0.3219&-0.0897&-0.0595\\-0.3340&-0.8999&-0.2803&0.2502\\0&0&0&1.0000\end{pmatrix}$	$\begin{pmatrix}-0.0095&0.2942&-0.9557&-0.6830\\-0.9425&-0.3219&-0.0897&-0.0595\\-0.3340&-0.8999&-0.2803&0.2502\\0&0&0&1.0000\end{pmatrix}$
$\begin{array}{cccccc}\theta_1&\theta_2&\theta_3&\theta_4&\theta_5&\theta_6\\20&40&30&70&35&40\end{array}$	$\begin{pmatrix}-0.2313&-0.0399&-0.9721&-0.7407\\-0.9510&0.2202&0.2172&0.1415\\0.2054&0.9746&-0.0889&-0.0104\\0&0&0&1.0000\end{pmatrix}$	$\begin{pmatrix}-0.2313&-0.0399&-0.9721&-0.7407\\-0.9510&0.2202&0.2172&0.1415\\0.2054&0.9746&-0.0889&-0.0104\\0&0&0&1.0000\end{pmatrix}$

（续）

关节角度 / (°)	代入式（9-9）求解	*fkine* 函数求解
θ_1: 15, θ_2: 45, θ_3: 10, θ_4: 10, θ_5: 20, θ_6: 60	$\begin{pmatrix} 0.2796 & -0.1669 & -0.9455 & -0.6993 \\ -0.8925 & -0.4082 & -0.1919 & -0.1431 \\ -0.3539 & 0.8975 & -0.2631 & -0.2143 \\ 0 & 0 & 0 & 1.0000 \end{pmatrix}$	$\begin{pmatrix} 0.2796 & -0.1669 & -0.9455 & -0.6993 \\ -0.8925 & -0.4082 & -0.1919 & -0.1431 \\ -0.3539 & 0.8975 & -0.2631 & -0.2143 \\ 0 & 0 & 0 & 1.0000 \end{pmatrix}$
θ_1: 13, θ_2: 39, θ_3: 20, θ_4: 30, θ_5: 38, θ_6: 45	$\begin{pmatrix} -0.1021 & 0.0251 & -0.9945 & -0.7295 \\ -0.9371 & -0.3380 & 0.0877 & 0.0600 \\ -0.3339 & 0.9408 & 0.0580 & 0.0526 \\ 0 & 0 & 0 & 1.0000 \end{pmatrix}$	$\begin{pmatrix} -0.1021 & 0.0251 & -0.9945 & -0.7295 \\ -0.9371 & -0.3380 & 0.0877 & 0.0600 \\ -0.3339 & 0.9408 & 0.0580 & 0.0526 \\ 0 & 0 & 0 & 1.0000 \end{pmatrix}$
θ_1: 65, θ_2: 45, θ_3: 55, θ_4: 80, θ_5: 70, θ_6: 33	$\begin{pmatrix} 0.0371 & 0.2470 & -0.9683 & -0.7338 \\ -0.7908 & 0.5997 & 0.1227 & 0.0123 \\ 0.6110 & 0.7611 & 0.2176 & 0.3346 \\ 0 & 0 & 0 & 1.0000 \end{pmatrix}$	$\begin{pmatrix} 0.0371 & 0.2470 & -0.9683 & -0.7338 \\ -0.7908 & 0.5997 & 0.1227 & 0.0123 \\ 0.6110 & 0.7611 & 0.2176 & 0.3346 \\ 0 & 0 & 0 & 1.0000 \end{pmatrix}$
θ_1: 51, θ_2: 68, θ_3: 37, θ_4: 69, θ_5: 43, θ_6: 60	$\begin{pmatrix} 0.4216 & 0.1508 & -0.8941 & -0.7508 \\ -0.5117 & 0.8536 & -0.0973 & -0.2042 \\ 0.7486 & 0.4985 & 0.4371 & 0.4660 \\ 0 & 0 & 0 & 1.0000 \end{pmatrix}$	$\begin{pmatrix} 0.4216 & 0.1508 & -0.8941 & -0.7508 \\ -0.5117 & 0.8536 & -0.0973 & -0.2042 \\ 0.7486 & 0.4985 & 0.4371 & 0.4660 \\ 0 & 0 & 0 & 1.0000 \end{pmatrix}$

9.2.4 SCARA 正运动学实例

SCARA 工业机器人的运动学分析分为正运动学分析和逆运动学分析两种。前者是给定各个关节的参数，如关节角和关节偏移量来得到末端执行器的位姿；后者则是通过末端执行器的位姿反解该位姿各个关节的参数。

如图 9-10 所示，给定 SCARA 机器人关节空间的关节变量以及连杆参数，通过坐标变换可以推导出其运动学正解，进而获得机器人末端执行器的姿态变换矩阵。相反，姿势变换矩阵和末端执行器的连接参数可用于反向求解机器人的关节变量。

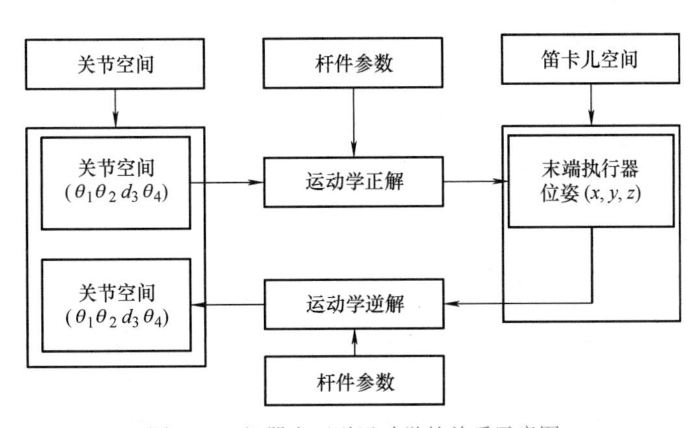

图 9-10　机器人正逆运动学的关系示意图

SCARA 机器人的正运动学分析是已知机器人的每个关节的连杆变量，并且计算机器人末端执行器的姿势变换矩阵。根据 DH 参数法，可以得出 DRS40L 型 SCARA 机器人的

DH 参数见表 9-5。

表 9-5 DH 参数表

i	θ_i	a_i	α_i	d_i	范围
1	θ_1	0	200°	0	−130° ~ 130°
2	θ_2	0	200°	0	−146.6° ~ 146.6°
3	0	0	0	d_3	−63° ~ 0°
4	θ_4	0	0	0	−180° ~ 180°

根据表 9-5 所示的 DH 参数表及连杆坐标系之间的位姿变换矩阵，可以计算出各个连杆坐标系的位姿矩阵：

$$\boldsymbol{T}_1^0=\begin{pmatrix} C\theta_1 & -S\theta_1 & 0 & 200 \\ S\theta_1 & C\theta_1 & 0 & 0 \\ 0 & 0 & 1 & d_1 \\ 0 & 0 & 0 & 1 \end{pmatrix}=\begin{pmatrix} \cos\theta_1 & -\sin\theta_1 & 0 & 200 \\ \sin\theta_1 & \cos\theta_1 & 0 & 0 \\ 0 & 0 & 1 & 0 \\ 0 & 0 & 0 & 1 \end{pmatrix}$$

$$\boldsymbol{T}_2^1=\begin{pmatrix} C\theta_2 & -S\theta_2 & 0 & 200 \\ S\theta_2 & C\theta_2 & 0 & 0 \\ 0 & 0 & 1 & d_2 \\ 0 & 0 & 0 & 1 \end{pmatrix}=\begin{pmatrix} \cos\theta_2 & -\sin\theta_2 & 0 & 200 \\ \sin\theta_2 & \cos\theta_2 & 0 & 0 \\ 0 & 0 & 1 & 0 \\ 0 & 0 & 0 & 1 \end{pmatrix}$$

$$\boldsymbol{T}_3^2=\begin{pmatrix} C\theta_3 & -S\theta_3 & 0 & 0 \\ S\theta_3 & C\theta_3 & 0 & 0 \\ 0 & 0 & 1 & d_3 \\ 0 & 0 & 0 & 1 \end{pmatrix}=\begin{pmatrix} \cos\theta_3 & -\sin\theta_3 & 0 & 0 \\ \sin\theta_3 & \cos\theta_3 & 0 & 0 \\ 0 & 0 & 1 & d_3 \\ 0 & 0 & 0 & 1 \end{pmatrix}$$

$$\boldsymbol{T}_4^3=\begin{pmatrix} C\theta_4 & -S\theta_4 & 0 & 0 \\ S\theta_4 & C\theta_4 & 0 & 0 \\ 0 & 0 & 1 & d_4 \\ 0 & 0 & 0 & 1 \end{pmatrix}=\begin{pmatrix} \cos\theta_4 & -\sin\theta_4 & 0 & 0 \\ \sin\theta_4 & \cos\theta_4 & 0 & 0 \\ 0 & 0 & 1 & 0 \\ 0 & 0 & 0 & 1 \end{pmatrix}$$

末端执行器坐标系的位置矩阵为

$$\boldsymbol{T}_4^0=\begin{pmatrix} n_x & O_x & a_x & P_x \\ n_y & O_y & a_y & P_y \\ n_z & O_z & a_z & P_z \\ 0 & 0 & 0 & 1 \end{pmatrix}=\begin{pmatrix} C\theta_{124} & -S\theta_{124} & 0 & 200C\theta_{12}+200C\theta_1 \\ S\theta_{124} & C\theta_{124} & 0 & 200S\theta_{12}+200S\theta_1 \\ 0 & 0 & 1 & d_3 \\ 0 & 0 & 0 & 1 \end{pmatrix} \tag{9-12}$$

根据上述分析编写 MATLAB 程序。假设初始变量：关节角 $\theta_1=0$、$\theta_2=0$、$\theta_4=0$，

关节偏移量 d_3=3，程序如下：

```
L1 = Link ('d', 0, 'a', 200, 'alpha', 0); % 定义连杆 1
L2 = Link ('d', 0, 'a', 200, 'alpha', 0); % 定义连杆 2
L3 = Link ('theta', 0, 'a', 0, 'alpha', 0); % 定义连杆 3
L4 = Link ('d', 0, 'a', 0, 'alpha', 0); % 定义连杆 4
robot=SerialLink ([ L1 L2 L3 L4 ], 'name', 'DRS40L'); % 连接连杆 1 ~ 4
p=robot.fkine ([ 0 0 3 0 ]) % 根据给定关节角及关节偏移量，求出末端位姿 p
```

所得结果为

```
p =
    1   0   0   400
    0   1   0     0
    0   0   1     3
    0   0   0     1
```

9.3 逆运动学

上一节展示了如何通过关节变量来确定末端执行器的位置和姿态。本节关注逆向问题，即通过末端执行器的位置和姿态来求解对应的关节变量。这就是逆运动学问题。在这种情况下，它比正向运动学更加困难。

首先，构造一般的逆运动学问题。在此之后，介绍运动解耦原则，以及如何使用此原则来简化大多数现代机器人的逆运动学问题。采用运动解耦可以独立地考虑位置和姿态问题。在这里介绍一种几何方法来求解定位问题，同时利用欧拉角参数化方法来求解姿态问题。

9.3.1 一般的逆运动学问题

一般的逆运动学问题可表述成一个 4 × 4 的齐次变换矩阵

$$\boldsymbol{H}=\begin{pmatrix}\boldsymbol{R} & o\\ 0 & 1\end{pmatrix}\in \boldsymbol{SE}(3) \tag{9-13}$$

找寻下列方程的一个解或多个解

$$\boldsymbol{T}_n^0(q_1,\cdots,q_n)=\boldsymbol{H} \tag{9-14}$$

其中

$$\boldsymbol{T}_n^0(q_1,\cdots,q_n)=\boldsymbol{A}_1(q_1)\cdots\boldsymbol{A}_n(q_n) \tag{9-15}$$

这里，$\boldsymbol{H}$ 代表末端执行器的期望位置和姿态。需要求解关节变量 $q_1,\cdots,q_n$ 的取值，从而使得 $\boldsymbol{T}_n^0(q_1,\cdots,q_n)=\boldsymbol{H}$。

由式（9-14）可推导出 n 个未知变量的 12 个非线性方程，它们可被写作如下形式：

$$T_{ij}(q_1,\cdots,q_n)=h_{ij},i=1,2,3,j=1,\cdots,4 \tag{9-16}$$

式中，T_{ij} 和 h_{ij} 分别表示 $\boldsymbol{T}_n^0$ 和 $\boldsymbol{H}$ 中的 12 个非平凡（Nontrival）元素。由于 $\boldsymbol{T}_n^0$ 和 $\boldsymbol{H}$ 中的最后一行均为（0，0，0，1），式（9-16）中表示的 16 个方程中的四个可忽略。

例 9.4　9.1 中的斯坦福机械臂，假设坐标系的期望位置和姿态由下式给出

$$\boldsymbol{H}=\begin{pmatrix}0 & 1 & 0 & -0.154\\ 0 & 0 & 1 & 0.763\\ 1 & 0 & 0 & 0\\ 0 & 0 & 0 & 1\end{pmatrix}$$

为了求解对应的关节变量 θ_1、θ_2、θ_3、θ_4、θ_5、θ_6，必须求解下列非线性三角函数方程组。

$$r_{11}=0，r_{21}=0，r_{31}=1$$

$$r_{12}=1，r_{22}=0，r_{32}=0$$

$$r_{13}=0，r_{23}=1，r_{33}=0$$

$$d_x=-0.154，d_y=0.763，d_z=0$$

如果 DH 参数中的非零元素取值为：$d_2=0.154$，$d_6=0.263$，那么该方程组的一个解如下：

$$\theta_1=\pi/2，\theta_2=\pi/2，\theta_3=0.5，\theta_4=\pi/2，\theta_5=0，\theta_6=\pi/2$$

尽管还没有看到如何推导这个解，不难验证这个解满足斯坦福机械臂的正向运动学方程。

当然，很难直接求解前面例子中所示方程的闭式（Closed–Form）解。对于大多数机器人手臂来说都有这种情况。因此，需要利用机器人的特殊运动结构来开发出高效且系统的解决技术。对于正运动学问题来说，可以通过求解正运动方程来得出唯一的解，而逆运动学问题可能有解，也可能没有解。即使逆解存在，它可能是唯一的，也可能不是唯一的。此外，因为这些正运动学方程通常是关节变量的复杂非线性函数，因此，逆解即使存在，也很难求得。

在求解逆运动学问题时，最方便的是寻找方程的一个闭式解，而非一个数值解。寻找闭式解意味着寻找一个如下所示的显式关系。

$$q_k=f_k(h_{11},\cdots,h_{34}),k=1,\cdots,n \tag{9-17}$$

优先选择闭式解有两个原因。第一，在某些应用中，例如，跟踪一个焊缝，其位置是由一个视觉系统来提供，逆运动学方程必须以很快的速率来求解，若每次求解耗时在 20ms 之内，因此实际中需要闭式表达式，而不是迭代搜索。第二，（逆）运动方程通常具有多解，拥有闭式解使得人们可以制定出从多解中选择一个特解的规则。

逆运动学问题解的存在性这一实际问题取决于工程学以及数学方面的考虑。例如，

转动关节的运动可能被限制在小于完整 360° 的转动范围之内，这使得并非运动学方程的所有数学解答都可以对应物理上可实现的机械臂位形。假设对于给定的位置和姿态方程式（9-14）将会有至少一个解存在。一旦在数学上确定了方程式的一个解，必须进一步检查它是否满足施加在关节运动范围上的所有约束。

9.3.2　运动解耦

虽然逆运动学的一般问题是相当困难的，事实证明，对于具有六个关节且其中最后三个关节轴线交于一点（如上述的斯坦福机械臂）的机械臂，有可能将逆运动学问题进行解耦，从而将其分解成两个相对简单的问题，它们分别被称为逆位置运动学（Position Kinematics）和逆姿态运动学（Inverse Orientation Kinematics）。换言之，对于一个带有球形手腕的六自由度机械臂，逆运动学问题可被分解成两个相对简单的问题，即首先求解手腕轴线交点位置，以下称该交点为手腕中心或腕心；然后求解手腕的姿态角度。

为了更加具体，假设恰好有六个自由度，并且最后的三个关节轴线相交于一点 oc。

方程式（9-14）表述为两组分别代表旋转和位置的方程

$$\boldsymbol{R}_6^0(q_1,\cdots,\ q_6)=R \tag{9-18}$$

$$\boldsymbol{O}_6^0(q_1,\cdots,\ q_6)=O \tag{9-19}$$

式中，O 和 R 分别为工具坐标系的期望位置和姿态，相对于世界坐标系进行标识。因此，逆运动学问题是给定 O 和 R 求解所对应的 $q_1,\cdots,\ q_6$。

球形手腕这一假设意味着轴线 z_3、z_4、z_5 相交于 O_c，因此通过使用 DH 约定规则而布置的原点 O_4 和 O_5 永远位于手腕中心 O_c。通常，O_3 也将处于 O_c，这个逆运动学假设的要点是，最后三个关节关于这些轴线的运动将不会改变 O_c 的位置，因此，手腕中心的位置仅仅是前三个关节变量的函数。

工具坐标系的原点（它的期望坐标 O）可以简单地通过将原点 O_c 沿 z_5 轴平移 d_6 距离而得出。在例子中，z_5 和 z_6 是相同的曲线，并且矩阵 $\boldsymbol{R}$ 的第三列表示 z_6 相对于基础坐标系的方向。因此，有

$$\boldsymbol{O}=O^0{}_c+d_6\boldsymbol{R}\begin{pmatrix}0\\0\\1\end{pmatrix} \tag{9-20}$$

因此，为了使机器人的末端执行器处于某点，其中该点位置坐标由 O 点给出，而末端执行器的姿态由 $\boldsymbol{R}=(r_{ij})$ 给出，一个充分必要条件是：手腕中心 O_c 的坐标由下式给出

$$\boldsymbol{O}_c^0=\boldsymbol{O}-d_6\boldsymbol{R}\begin{pmatrix}0\\0\\1\end{pmatrix} \tag{9-21}$$

坐标系 $O_6x_6y_6z_6$ 相对于基础坐标系的姿态由 $\boldsymbol{R}$ 给出。如果将末端执行器的位置 O 的坐标分量记为 O_x、O_y、O_z，并且手腕中心 $O^0{}_c$ 的坐标分量记为 $x_cy_cz_c$，那么式（9-21）给出如下关系：

$$\begin{pmatrix} x_c \\ y_c \\ z_c \end{pmatrix} = \begin{pmatrix} O_x - d_6r_{13} \\ O_y - d_6r_{23} \\ O_z - d_6r_{33} \end{pmatrix} \tag{9-22}$$

使用式（9-22），可能会求得前三个关节变量的值。这就决定了姿态变换矩阵 $\boldsymbol{R}_3^0$，它取决于前三个关节变量。现在，从下面的式中可以确定末端执行器相对于坐标系 $O_3x_3y_3z_3$ 的姿态为

$$\boldsymbol{R} = \boldsymbol{R}_3^0\boldsymbol{R}_6^3 \tag{9-23}$$

$$\boldsymbol{R}_6^3 = (\boldsymbol{R}_3^0)^{-1}\boldsymbol{R} = (\boldsymbol{R}_3^0)^{\mathrm{T}}\boldsymbol{R} \tag{9-24}$$

9.3.3 连杆逆运动学实例

本节以 9.2.3 节中的串联机械臂 YJSC–604 为例，分析其逆运动学。

根据分析，运动学方程是一组非线性方程组，在已知位姿的情况下求解关节角度 θ_i 的过程中可能会出现无解或多重解等问题。本书使用的六自由度机械臂满足 Pieper 准则，因此可根据公式或几何构型推导出关节角序列，求解得到封闭解。本节提出一种计算量更小的求解方法，具体求解过程如下。

对第 9.2.3 节中的式（9-9）左乘 $(\boldsymbol{T}_2^1)^{-1}(\boldsymbol{T}_1^0)^{-1}$，右乘 $(\boldsymbol{T}_6^5)^{-1}$ 可得：

$$(\boldsymbol{T}_2^1)^{-1}(\boldsymbol{T}_1^0)^{-1}\boldsymbol{T}_6^0(\boldsymbol{T}_6^5)^{-1} = \boldsymbol{T}_3^2\boldsymbol{T}_4^3\boldsymbol{T}_5^4 \tag{9-25}$$

其中：

$$(\boldsymbol{T}_1^0)^{-1} = \begin{pmatrix} S_1 & S_1 & 0 & -a_1 \\ 0 & 0 & 1 & -d_1 \\ S_1 & -C_1 & 0 & 0 \\ 0 & 0 & 0 & 1 \end{pmatrix}, (\boldsymbol{T}_2^1)^{-1} = \begin{pmatrix} C_2 & S_2 & 0 & -a_2 \\ -S_2 & C_2 & 0 & 0 \\ 0 & 0 & 1 & 0 \\ 0 & 0 & 0 & 1 \end{pmatrix}, (\boldsymbol{T}_6^5)^{-1} = \begin{pmatrix} C_6 & S_6 & 0 & 0 \\ -S_6 & C_6 & 0 & 0 \\ 0 & 0 & 1 & -d_6 \\ 0 & 0 & 0 & 1 \end{pmatrix} \tag{9-26}$$

故有：

$$\boldsymbol{T}_3^2\boldsymbol{T}_4^3\boldsymbol{T}_5^6 = \begin{pmatrix} C_3C_4C_5 - S_3S_5 & -C_3S_4 & -C_3C_5S_4S_5 + C_3C_4S_5 & a_3C_3 + d_4S_3 \\ S_3C_4C_5 + C_3S_5 & -C_3S_4 & S_3C_4S_5 - C_3C_5 & a_3S_3 - d_4S_3 \\ S_4C_5 & C_4 & S_4S_5 & 0 \\ 0 & 0 & 0 & 1 \end{pmatrix} \tag{9-27}$$

$$(\boldsymbol{T}_2^1)^{-1}(\boldsymbol{T}_1^0)^{-1}\boldsymbol{T}_6^0(\boldsymbol{T}_6^5)^{-1}=\begin{pmatrix} n_x' & O_x' & a_x' & p_x' \\ n_y' & O_y' & a_y' & p_y' \\ n_z' & O_z' & a_z' & p_z' \\ 0 & 0 & 0 & 1 \end{pmatrix} \tag{9-28}$$

$$\begin{aligned}
&n_x' = C_6(C_1C_2n_x + S_1C_2n_y + S_2n_z) - S_6(C_1C_2O_x + S_1C_2O_y + S_2O_z) \\
&n_y' = C_6(C_2n_x - C_1S_2n_y - S_1S_2n_z) - S_6(C_2O_z - C_1S_2O_x - S_1S_2O_y) \\
&n_z' = C_6(S_1n_x - C_1n_y) - S_6(S_1O_x - C_1O_y) \\
&O_x' = C_6(C_1C_2O_x + S_1C_2O_y + S_2O_z) + S_6(C_1C_2n_x + S_1C_2n_y + S_2n_z) \\
&O_y' = C_6(C_2O_z - C_1S_2O_x - S_1S_2O_y) + S_6(C_2n_z - C_1S_2n_x - S_1S_2n_y) \\
&O_z' = C_6(S_1O_x - C_1O_y) + S_6(S_1n_x - C_1n_y) \\
&a_x' = C_1C_2a_x + S_1C_2a_y + S_2a_z \\
&a_y' = C_2a_z - C_1S_2a_x - S_1S_2a_y \\
&a_z' = S_1a_x - C_1a_y \\
&p_x' = -a_2 - a_1C_2 + C_1C_2p_x + S_1C_2p_y - d_1S_2 + p_zS_2 - d_6(a_xC_1C_2 + a_yS_1C_2 + a_zS_2) \\
&p_y' = -C_2d_1 + C_2p_z - C_1S_2p_x + a_1S_2 - p_yS_1S_2 - d_6(a_zC_2 - a_xC_1S_2 - a_yS_1S_2) \\
&p_z' = -C_1p_y + S_1p_x - d_6(S_1a_x - C_1a_y)
\end{aligned} \tag{9-29}$$

（1）求解 θ_1

令式（9-25）左右两边第三行第四列元素分别相等，则有

$$p_xS_1 - C_1p_y - d_6(-a_yC_1 + a_xS_1) = 0 \tag{9-30}$$

求解上述关于 θ_1 的一元方程，可得：

$$\theta_1 = \arctan2(p_y - a_yd_6, p_x - a_xd_6) \text{ 或 } \theta_1 = \arctan2(-p_y + a_yd_6, -p_x + a_xd_6) \tag{9-31}$$

（2）求解 θ_2

令式（9-25）第一行第四列和第二行第四列左右两边分别相等，则有

$$\begin{cases} C_2\left[(p_yS_1 + p_xC_1 - a_1) - d_6(a_xC_1 + a_yS_1)\right] + S_2(p_z - d_6a_z - d_1) = a_3C_3 + a_2 + d_4S_3 \\ S_2\left[(p_yS_1 + p_xC_1 - a_1) - d_6(a_xC_1 + a_yS_1)\right] - C_2(p_z - d_6a_z - d_1) = -a_3C_3 + d_4S_3 \end{cases} \tag{9-32}$$

令 $t_1 = p_yS_1 + p_xC_1 - a_1 - d_6(a_xC_1 + a_yS_1), t_2 = p_z - d_6a_z - d_1$，则式（9-32）可表示为

$$\begin{cases} C_2t_1 + S_2t_2 = a_3C_3 + a_2 + d_4S_3 \\ S_2t_1 - C_2t_2 = -a_3C_3 + d_4S_3 \end{cases} \tag{9-33}$$

将式（9-33）中两式分别二次方后相加得

$$2a_2(C_2t_1 + S_2t_2) = -a_3^2 - d_4^2 + a_2^2 + t_1^2 + t_2^2 \tag{9-34}$$

令 $\omega = -a_3^2 - d_4^2 + a_2^2 + t_1^2 + t_2^2 \big/ (2a_2\sqrt{t_1^2 + t_2^2})$，则式（9-34）可化简为

$$C_2 t_1 + S_2 t_2 = \omega\sqrt{t_1^2 + t_2^2} \tag{9-35}$$

求解式（9-35）得：$\theta_2 = -\beta + \arctan 2(\omega, \pm\sqrt{1-\omega^2})$，其中：$\beta = \arctan 2(t_1, t_2)$

（3）求解 θ_3

根据式（9-33），其中 θ_1、θ_2 已知，求解得出：

$$\begin{aligned} S_3 &= \frac{d_4(C_2t_1 + S_2t_2 - a_2) - a_3(S_2t_1 - C_2t_2)}{a_3^2 + d_4^2} \\ C_3 &= \frac{d_4(S_2t_1 - C_2t_2) + a_3(S_2t_2 + C_2t_1 - a_2)}{a_3^2 + d_4^2} \end{aligned} \tag{9-36}$$

$$\theta_3 = \arctan 2(S_3, C_3) \tag{9-37}$$

（4）求解 θ_5

令式（9-25）第一行第三列和第二行第三列左右分别相等，则有

$$\begin{cases} C_1C_2a_x + S_1C_2a_y + S_2a_z = S_3C_5 + C_3C_4S_5 \\ C_2a_z - C_1S_2a_x - S_1S_2a_y = S_3C_4S_5 - C_3C_5 \end{cases} \tag{9-38}$$

上式是关于 θ_5 的一元方程，求解得

$$\theta_5 = \arctan 2(\pm\sqrt{1\text{-}C_5^2}, C_5) \tag{9-39}$$

当 $\theta_5 \neq 0$ 时求解 θ_4 和 θ_6 如下所述：

（5）求解 θ_4

将式（9-38）中两式分别乘 S_3 和 C_3 再相加，整理化简得

$$C_4 = \left[(C_1C_2C_3 + C_1S_2S_3)a_x + (S_1C_2C_3 - S_1S_2S_3)a_y + (S_2C_3 + C_2S_3)a_z\right] \big/ S_5 \tag{9-40}$$

令式（9-25）第三行第三列左右两边相等，则有

$$S_4 = (S_1a_x - C_1a_y)/S_5\text{，}\quad \theta_4 = \arctan 2(S_4, C_4) \tag{9-41}$$

（6）求解 θ_6

令式（9-25）第三行第一列和第三行第二列左右两边分别相等，则有

$$\begin{cases} C_6(S_1n_x - C_1n_y) - S_6(S_1O_x - C_1O_y) = S_4C_5 \\ S_6(S_1n_x - C_1n_y) + C_6(S_1O_x - C_1O_y) = C_4 \end{cases} \tag{9-42}$$

整理化简得

$$C_6 = \frac{S_4C_5(S_1n_x - C_1n_y) + C_4(S_1O_x - C_1O_y)}{(S_1n_x - C_1n_y)^2 + (S_1O_x - C_1O_y)^2}$$
$$S_6 = \frac{C_4(S_1n_x - C_1n_y) - S_4C_5(S_1O_x - C_1O_y)}{(S_1n_x - C_1n_y)^2 + (S_1O_x - C_1O_y)^2} \tag{9-43}$$

则有

$$\theta_6 = \arctan 2(S_6, C_6) \tag{9-44}$$

当 $\theta_5 = 0$ 时，关节 4 与关节 6 的轴线重合，此时机械臂处于奇异位置。遇到此类问题，有两种解决方式：一种是令关节 5 的当前步长小于规划步长；另一种是保持 θ_4 或 θ_6 的值不变，利用二者的关系再确定另一个变量的具体值。

根据上述分析可知，该六自由度机械臂共有八组解，出现多解的原因是因为在对机械臂进行逆运动学求解过程中，只考虑了满足逆解方程的代数解，而没有考虑机械臂各关节的限位情况，所以求得的这八组解中，需要对每组解进行筛选对比，选择最优解。选择标准通常需要满足两个条件。第一在所有解中去除机械臂无法到达解；第二要在剩余解中选择机械臂各个关节转动角度之和最小的的一组解作为最优解，其表达式如下：

$$\min \sum \Delta\theta_i,\ \ \theta_i \in [\theta_{i\min}, \theta_{i\max}] \tag{9-45}$$

接下来通过封闭解法最终计算得到八组逆解，现需要对每一组解进行验证来验算逆解表达式的正确性。验证思路如下：

1）随机选择位姿矩阵 $\boldsymbol{T}$，利用本节提到的方法求得逆解，得到对应的八组解。

2）将得到的八组解依次用机器人工具箱中的 *fkine* 函数求得对应的位姿矩阵 $\boldsymbol{T}_1$。

3）将 *fkine* 函数所求得对应的位姿矩阵 $\boldsymbol{T}_1$ 依次与 $\boldsymbol{T}$ 对比，如果相同则验证计算结果正确。

取位姿矩阵为

$$\boldsymbol{T} = \begin{pmatrix} -0.0159 & -0.5737 & 0.8189 & -0.0267 \\ -0.8662 & 0.4170 & 0.2753 & -0.3258 \\ -0.4994 & -0.7050 & -0.5036 & -0.4715 \\ 0 & 0 & 0 & 1.0000 \end{pmatrix} \tag{9-46}$$

位姿矩阵对应的逆解见表 9-6，将表中的八组关节角度，通过机器人工具箱求得对应位姿矩阵 $\boldsymbol{T}_1$，通过和位姿矩阵 $\boldsymbol{T}$ 对照，验证了逆运动学的求解是正确的。

表 9-6　位姿矩阵 $\boldsymbol{T}$ 的八组逆运动学解

组号	关节	θ / rad	关节	θ / rad	关节	θ / rad
1	1	1.0000	2	0.5000	3	1.0000
	4	1.0000	5	1.0000	6	1.0000

（续）

组号	关节	θ / rad	关节	θ / rad	关节	θ / rad
2	1	1.0000	2	1.4562	3	−1.0000
	4	2.0438	5	1.0000	6	1.0000
3	1	1.0000	2	0.1743	3	1.7374
	4	−2.5533	5	−1.0000	6	4.1416
4	1	1.0000	2	1.8170	3	−1.7374
	4	−0.7212	5	−1.0000	6	4.1416
5	1	−1.5272	2	1.2678	3	1.6868
	4	−1.8276	5	2.5501	6	−1.4745
6	1	−1.5272	2	2.8646	3	−1.6868
	4	−0.0508	5	2.5501	6	−1.4745
7	1	−1.5272	2	1.7195	3	1.0585
	4	−4.7925	5	−2.5501	6	1.6671
8	1	−1.5272	2	2.7311	3	−1.0585
	4	−3.6872	5	−2.5501	6	1.6671

9.3.4 SCARA 逆运动学实例

SCARA 型机械臂如图 9-11 所示。

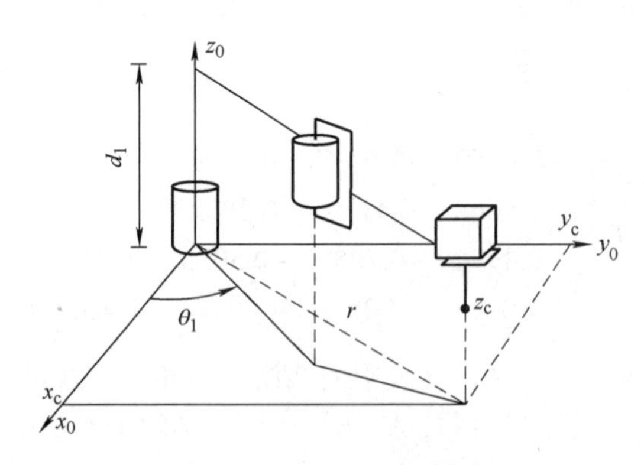

图 9-11　SCARA 型机械臂

SCARA 机器人的逆运动学分析是给定末端执行器的姿态矩阵，确定相应的关节变量。目的是将分配给操作空间中的末端执行器的运动转换为工作空间中相应关节的运动。常用的方法有几何法、代数法、迭代法等。本节选用代数法进行求解。

由第 9.2.4 节中的式（9-12）得：

$$C\theta_{124} = n_x = O_y \tag{9-47}$$

$$S\theta_{124} = n_y = -O_x \tag{9-48}$$

$$l_1 C\theta_{12} + l_2 C\theta_1 = p_x \tag{9-49}$$

$$l_1 S\theta_{12} + l_2 S\theta_1 = p_y \tag{9-50}$$

$$d_3 = p_z \tag{9-51}$$

式中，$l_2 = l_1 = 200$。

由式（9-47）和式（9-48）可得：

$$C\theta_{124} = \cos(\theta_1 + \theta_2 + \theta_4) = n_x$$

$$S\theta_{124} = \sin(\theta_1 + \theta_2 + \theta_4) = n_y$$

$$\theta_1 + \theta_2 + \theta_4 = \tan^{-1}\frac{n_y}{n_x}$$

由式（9-49）和式（9-50）可得：

$$l_1\cos(\theta_1 + \theta_2) + l_2\cos\theta_1 = p_x$$

$$l_1\sin(\theta_1 + \theta_2) + l_2\sin\theta_1 = p_y$$

两边二次方得：

$$l_1^2\cos^2(\theta_1 + \theta_2) + 2l_1l_2\cos(\theta_1 + \theta_2)\cos\theta_1 + l_2^2\cos^2\theta_1 = p_x^2$$

$$l_1^2\sin^2(\theta_1 + \theta_2) + 2l_1l_2\sin(\theta_1 + \theta_2)\sin\theta_1 + l_2^2\sin^2\theta_1 = p_y^2$$

两式相加得：

$$\cos\theta_2 = \frac{p_x^2 + p_y^2 - l_1^2 - l_2^2}{2l_1l_2}$$

则 $\theta_2 = \pm\cos^{-1}\left(\frac{p_x^2 + p_y^2 - l_1^2 - l_2^2}{2l_1l_2}\right)$

由式（9-49）和式（9-50）展开可得：

$$l_1(C\theta_1C\theta_2 - S\theta_1S\theta_2) + l_2C\theta_1 = p_x$$

$$l_1(S\theta_1C\theta_2 + C\theta_1S\theta_2) + l_2S\theta_1 = p_y$$

化简得：

$$l_1 + l_2 C\theta_2 C\theta_1 - l_2 S\theta_1 S\theta_2 = p_x$$

$$l_1 + l_2 C\theta_2 S\theta_1 + l_2 C\theta_1 S\theta_2 = p_y$$

由上面两式得：

$$S\theta_1 = \frac{l_1 + l_2 C\theta_2 p_y - l_2 S\theta_2 p_x}{l_1 + l_2 C\theta_2^{\,2} + l_2 S\theta_2^{\,2}}$$

$$C\theta_1 = \frac{l_1 + l_2 C\theta_2 p_x + l_2 S\theta_2 p_y}{l_1 + l_2 C\theta_2^{\,2} + l_2 S\theta_2^{\,2}}$$

可得：

$$\theta_1 = \tan^{-1}\frac{S\theta_1}{C\theta_1} = \tan^{-1}\frac{l_1 + l_2 C\theta_2 p_x + l_2 S\theta_2 p_y}{l_1 + l_2 C\theta_2^{\,2} + l_2 S\theta_2^{\,2}}$$

已知 θ_1、θ_2，可得 $\theta_4 = \tan^{-1}\frac{n_y}{n_x} - \theta_1 - \theta_2$

最后，整理后可得：

$$\theta_1 = \tan^{-1}\frac{l_1 + l_2 C\theta_2 p_x + l_2 S\theta_2 p_y}{l_1 + l_2 C\theta_2^{\,2} + l_2 S\theta_2^{\,2}}$$

$$\theta_2 = \pm\cos^{-1}\left(\frac{p_x^{\,2} + p_y^{\,2} - l_1^2 - l_2^2}{2l_1 l_2}\right)$$

$$\theta_4 = \tan^{-1}\frac{n_y}{n_x} - \theta_1 - \theta_2$$

$$d_3 = p_z$$

在逆运动学分析过程中可能存在多组解，所有的逆解都需要求出来，然后按照SCARA机器人的结构特点和工作空间范围的实际情况，在给定末端执行器位姿及方向时，选取最优解。

下面编写MATLAB程序，在9.2.4节程序中，添加以下语句：

```
q=robot.ikunc（p）% 根据给定末端位姿 p，求出关节角及关节偏移量。
```

得到结果：

```
q =-0.0001   0.0002   3.0000   -0.0001
```

可见，逆解结果与给定初始值基本一致。

求逆解的函数有 *ikine* 和 *ikunc*。*ikine* 是基于迭代算法的逆解函数，但要求机器人至少为六轴，而SCARA机器人为四轴机器人，故而无法使用该函数。而 *ikunc* 是优化后的逆解函数，对机器人轴数没有要求，但是求解的最终结果会存在细微的偏差。因此这里采用 *ikunc* 作为逆解函数。

从程序的运行结果可以看出，使用 *ikunc* 逆解函数求得的结果并不精确，而且机器人通常有多组逆解，但是 *ikunc* 函数只能求出一组解，不能给出逆运动学的全部解，给运动学的相关分析带来了困难，这是该程序的一个缺点。

习题与思考题

1. 简述机器人正向运动学解决的问题。
2. 简述机器人逆向运动学解决的问题。
3. 机器人应用中选择参考坐标系的 Denavit–Hartenberg 约定是什么？

第 10 章

工业机器人的动力学分析

操作机器人是一种主动机械装置，原则上它的每个自由度都具有单独传动的特点。从控制观点来看，机械手系统代表冗余的、多变量的和本质非线性的自动控制系统，也是个复杂的动力学耦合系统。每个控制任务本身，就是一个动力学任务。因此，研究机器人机械手的动力学问题，就是为了进一步讨论控制问题。

本书主要采用下列两种理论来分析机器人操作的动态数学模型。

1）动力学基本理论，包括牛顿 – 欧拉方程。

2）拉格朗日力学，特别是二阶拉格朗日方程。

第一个方法即为力的动态平衡法。应用此法时需要从运动学出发求得加速度，并消去各内作用力。对于较复杂的系统，此种分析方法十分复杂与麻烦。因此，只讨论些比较简单的例子。第二个方法即拉格朗日功能平衡法，它只需要速度面不必求内作用力。因此，这是一种直截了当和简便的方法。在本书中，主要采用这一方法来分析和求解机械手的动力学问题。特别感兴趣的是求得动力学问题的符号解答，因为它有助于对机器人控制问题的深入理解。

动力学有两个相反的问题。其一是已知机械手各关节的作用力或力矩，求各关节的位移、速度和加速度，求得运动轨迹。其二是已知机械手的运动轨迹，即各关节的位移、速度和加速度，求各关节所需要的驱动力或力矩。前者称为动力学正问题，后者称为动力学逆问题。一般的操作机器人的动态方程由六个非线性微分联立方程表示。实际上，除了些比较简单的情况外，这些方程式是不可能求得一般解答的。将以矩阵形式求得动态方程，并简化它们，以获得控制所需要的信息。在实际控制时，往往要对动态方程做出某些假设，进行简化处理。

10.1 刚体动力学

把拉格朗日函数 L 定义为系统的动能 K 和位能 P 之差，即

$$L = K - P \tag{10-1}$$

式中，K 和 P 可以用任何方便的坐标来表示。

系统动力学方程式及拉格朗日方程如下：

$$F_i = \frac{\mathrm{d}}{\mathrm{d}t}\frac{\partial L}{\partial \dot{q}_i} - \frac{\partial L}{\partial q_i},\ i = 1,2,\cdots,\ n \tag{10-2}$$

式中，q_i 表示动能和位能的坐标；$\dot{q}_i$ 为相应的速度；而 F_i 为作用在第 i 个坐标上的力或是转矩。F_i 是力或是转矩由 q_i 为直线坐标或角坐标决定的。这些力、转矩和坐标称为广义

力、广义转矩和广义坐标。

10.1.1　刚体的动能和位能

根据力学原理，对如图 10-1 所示的一般物体平动时所具有的动能和位能进行如下计算：

$$K=\frac{1}{2}M_1\dot{x}_1^2+\frac{1}{2}M_0\dot{x}_0^2$$

$$P=\frac{1}{2}k(x_1-x_0)^2-M_1gx_1-M_0gx_0$$

$$D=\frac{1}{2}c(\dot{x}_1-\dot{x}_0)^2$$

$$W=Fx_1-Fx_0$$

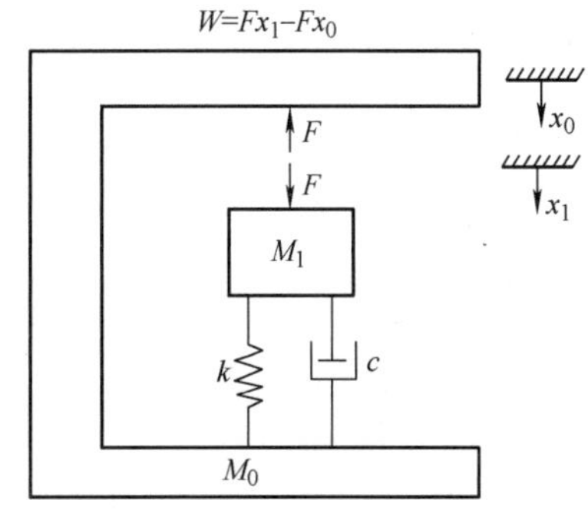

图 10-1　一般物体的动能与位能

式中，K、P、D 和 W 分别表示物体所具有的动能、位能、所消耗的能量和外力所做的功；M_0 和 M_1 为支架和运动物体的质量；x_0 和 x_1 为运动坐标的点；g 为重力加速度；k 为弹簧胡克系数；c 为摩擦系数；F 为外施作用力。

对于这一问题，存在两种情况。

1. x_0=0，x_1 为广义坐标

$$\frac{\mathrm{d}}{\mathrm{d}t}\left(\frac{\partial K}{\partial \dot{x}_1}\right)-\frac{\partial K}{\partial x_1}+\frac{\partial D}{\partial \dot{x}_1}+\frac{\partial P}{\partial x_1}=\frac{\partial w}{\partial x_1}$$

式中，左式第一项为动能随速度（或角速度）和时间的变化；第二项为动能随位置（或角度）的变化；第三项为能耗随速度的变化；第四项为位能随位置的变化。右式为实际外加力或转矩。代入相应各项的表达式，并简化可得

$$\frac{\mathrm{d}}{\mathrm{d}t}(M_1\dot{x}_1)-0+c_1\dot{x}_1+kx_1-M_1g=F$$

表示为一般形式为 $M_1\ddot{x}_1+c_1\dot{x}_1+kx_1=F+M_1g$

即为所求 x_0=0 时的动力学方程式。其中，左式三项分别表示物体的加速度、阻力和弹力，而右式两项分别表示外加作用力和重力。

2. x_0=0，x_0 和 x_1 均为广义坐标

这时有下式：

$$M_1\ddot{x}_1+c(\dot{x}_1-\dot{x}_0)+k(x_1-x_0)-M_1g=F$$

$$M_0\ddot{x}_0+c(\dot{x}_1-\dot{x}_0)-k(x_1-x_0)-M_0g=-F$$

或用矩阵表现形式为

$$\begin{pmatrix} M_1 & 0 \\ 0 & M_0 \end{pmatrix}\begin{pmatrix} \ddot{x}_1 \\ \ddot{x}_0 \end{pmatrix}+\begin{pmatrix} c & -c \\ -c & c \end{pmatrix}\begin{pmatrix} \ddot{x}_1 \\ \ddot{x}_0 \end{pmatrix}+\begin{pmatrix} c & -k \\ -k & k \end{pmatrix}\begin{pmatrix} x_1 \\ x_0 \end{pmatrix}=\begin{pmatrix} F \\ -F \end{pmatrix}$$

下面来考虑二连杆机械臂（见图 10-2）的动能和位能。这种运动机构具有开式运动链，与复摆运动有许多相似之处。图中 m_1 和 m_2 为连杆 1 和连杆 2 的质量，且以连杆末端的点质量表示；d_1 和 d_2 分别为两连杆的长度，θ_1 和 θ_2 为广义坐标；g 为重力加速度。

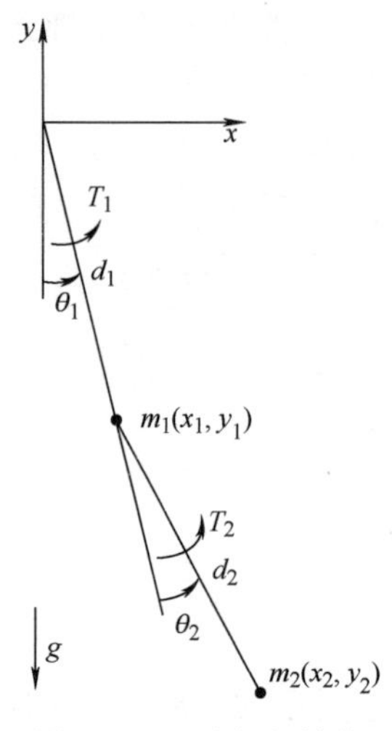

图 10-2　二连杆机械臂

先计算连杆 1 的动能 K_1 和位能 P_1。

因为
$$K_1=\frac{1}{2}m_1v_1^2, v_1=d_1\dot{\theta}_1, P_1=m_1gh_1, h_1=-d_1\cos\theta_1$$

所以有

$$K_1=\frac{1}{2}m_1d^2{}_1\dot{\theta}_1^2$$

$$P_1=-m_1gd_1\cos\theta_1$$

再求连杆 2 的动能 K_2 和位能 P_2：

$$K_2=\frac{1}{2}m_2v_2^2,\ \ P_2=m_2gy_2$$

其中

$$v_2^2=\dot{x}_2^2+\dot{y}_2^2$$

$$x_2=d_1\sin\theta_1+d_2\sin(\theta_1+\theta_2)$$

$$y_2=-d_1\cos\theta_1-d_2\cos(\theta_1+\theta_2)$$

$$\dot{x}_2=d_1\cos\theta_1\dot{\theta}_1+d_2\cos(\theta_1+\theta_2)(\dot{\theta}_1+\dot{\theta}_2)$$

$$\dot{y}_2=d_1\sin\theta_1\dot{\theta}_1+d_2\sin(\theta_1+\theta_2)(\dot{\theta}_1+\dot{\theta}_2)$$

于是可求得

$$v_2^2=d_1^2\dot{\theta}_1^2+d_2^2(\dot{\theta}_1^2+2\dot{\theta}_1\dot{\theta}_2+\dot{\theta}_2^2)+2d_1d_2\cos\theta_2(\dot{\theta}_1^2+\dot{\theta}_1\dot{\theta}_2)$$

以及

$$K_2=\frac{1}{2}m_2d_1^2\dot{\theta}_1^2+\frac{1}{2}m_2d_2^2(\dot{\theta}_1+\dot{\theta}_2)^2+m_2d_1d_2\cos\theta_2(\dot{\theta}_1^2+\dot{\theta}_1\dot{\theta}_2)$$

$$P_2=-gd_1\cos\theta_1-m_2gd_2\cos(\theta_1+\theta_2)$$

这样，二连杆机械臂系统的总动能和总位能分别为

$$K = K_1 + K_2 = \frac{1}{2}(m_1 + m_2)d_1^2\dot{\theta}_1^2 + \frac{1}{2}m_2 d_2^2(\dot{\theta}_1 + \dot{\theta}_2)^2 + m_2 d_1 d_2 \cos\theta_2(\dot{\theta}_1^2 + \dot{\theta}_1\dot{\theta}_2) \tag{10-3}$$

$$P = P_1 + P_2 = -(m_1 - m_2)gd_1\cos\theta_1 - m_2 g d_2 \cos(\theta_1 + \theta_2) \tag{10-4}$$

10.1.2　动力学方程的两种求法

1. 拉格朗日功能平衡法

二连杆机械手系统的拉格朗日函数 L 可据上节 L、K、P 的函数求得

$$\begin{aligned} L &= K - P \\ &= \frac{1}{2}(m_1 + m_2)d_1^2\dot{\theta}_1^2 + \frac{1}{2}m_2 d_2^2(\dot{\theta}_1^2 + 2\dot{\theta}_1\dot{\theta}_2 + \dot{\theta}_2^2) \\ &\quad + m_2 d_1 d_2 \cos\theta_2(\dot{\theta}_1^2 + \dot{\theta}_1\dot{\theta}_2) + (m_1 + m_2)gd_1\cos\theta_1 + m_2 g d_2\cos(\theta_1 + \theta_2) \end{aligned} \tag{10-5}$$

对 L 求偏导数和导数：

$$\frac{\partial L}{\partial \theta_1} = -(m_1 + m_2)gd_1\sin\theta_1 - m_2 g d_2 \sin(\theta_1 + \theta_2)$$

$$\frac{\partial L}{\partial \theta_2} = -m_2 d_1 d_2 \sin\theta_2(\dot{\theta}_1^2 + \dot{\theta}_1\dot{\theta}_2) - m_2 g d_2 \sin(\theta_1 + \theta_2)$$

$$\frac{\partial L}{\partial \dot{\theta}_1} = (m_1 + m_2)d_1^2\dot{\theta}_1^2 + m_2 d_2^2\dot{\theta}_1 + m_2 d_2^2\dot{\theta}_2 + 2m_2 d_1 d_2\cos\theta_2\dot{\theta}_1 + 2m_2 d_1 d_2 \cos\theta_2\dot{\theta}_2$$

$$\frac{\partial L}{\partial \dot{\theta}_2} = m_2 d_2^2\dot{\theta}_1 + m_2 d_2^2\dot{\theta}_2 + m_2 d_1 d_2\cos\theta_2\dot{\theta}_1$$

以及

$$\begin{aligned} \frac{\mathrm{d}}{\mathrm{d}t}\frac{\partial L}{\partial \dot{\theta}_1} &= \left[(m_1 + m_2)d_1^2 + m_2 d_2^2 + 2m_2 d_1 d_2\cos\theta_2\right]\ddot{\theta}_1 \\ &\quad + (m_2 d_2^2 + 2m_2 d_1 d_2\cos\theta_2)\ddot{\theta}_2 - 2m_2 d_1 d_2\sin\theta_2\dot{\theta}_1\dot{\theta}_2 - 2m_2 d_1 d_2\sin\theta_2\dot{\theta}_2^2 \end{aligned}$$

$$\frac{\mathrm{d}}{\mathrm{d}t}\frac{\partial L}{\partial \dot{\theta}_2} = m_2 d_2^2\ddot{\theta}_1 + m_2 d_2^2\ddot{\theta}_2 + m_2 d_1 d_2\cos\theta_2\ddot{\theta}_1 - m_2 d_1 d_2\sin\theta_2\dot{\theta}_1\dot{\theta}_2$$

把相应各导数和偏导数代入式（10-2），即可求得转矩 T_1 和 T_2 的动力学方程式：

$$\begin{aligned} T_1 &= \frac{\mathrm{d}}{\mathrm{d}t}\frac{\partial L}{\partial \dot{\theta}_1} - \frac{\partial L}{\partial \theta_1} \\ &= \left[(m_1 + m_2)d_1^2 + m_2 d_2^2 + 2m_2 d_1 d_2\cos\theta_2\right]\ddot{\theta}_1 + (m_2 d_2^2 + 2m_2 d_1 d_2\cos\theta_2)\ddot{\theta}_2 \\ &\quad - 2m_2 d_1 d_2\sin\theta_2\dot{\theta}_2\dot{\theta}_1 - m_2 d_1 d_2\sin\theta_2\dot{\theta}_2^2 + (m_1 + m_2)gd_1\sin\theta_1 + m_2 g d_2\sin(\theta_1 + \theta_2) \end{aligned} \tag{10-6}$$

$$T_2 = \frac{\mathrm{d}}{\mathrm{d}t}\frac{\partial L}{\partial \dot{\theta}_2} - \frac{\partial L}{\partial \theta_2}$$
$$= (m_2 d_2^2 + m_2 d_1 d_2 \cos\theta_2)\ddot{\theta}_1 + m_2 d_2^2 \ddot{\theta}_2 + m_2 d_1 d_2 \sin\theta_2 \dot{\theta}_1^2 + m_2 g d_2 \sin(\theta_1 + \theta_2) \tag{10-7}$$

上述两式的一般形式和矩阵形式如下：

$$T_1 = D_{11}\ddot{\theta}_1 + D_{12}\ddot{\theta}_2 + D_{111}\dot{\theta}_1^2 + D_{122}\dot{\theta}_2^2 + D_{112}\dot{\theta}_1\dot{\theta}_2 + D_{121}\dot{\theta}_2\dot{\theta}_1 + D_1 \tag{10-8}$$

$$T_2 = D_{21}\ddot{\theta}_1 + D_{22}\ddot{\theta}_2 + D_{211}\dot{\theta}_1^2 + D_{222}\dot{\theta}_2^2 + D_{212}\dot{\theta}_1\dot{\theta}_2 + D_{221}\dot{\theta}_2\dot{\theta}_1 + D_2 \tag{10-9}$$

$$\begin{pmatrix} T_1 \\ T_2 \end{pmatrix} = \begin{pmatrix} D_{11} & D_{12} \\ D_{21} & D_{22} \end{pmatrix}\begin{pmatrix} \ddot{\theta}_1 \\ \ddot{\theta}_2 \end{pmatrix} + \begin{pmatrix} D_{111} & D_{122} \\ D_{211} & D_{222} \end{pmatrix}\begin{pmatrix} \dot{\theta}_1^2 \\ \dot{\theta}_2^2 \end{pmatrix} + \begin{pmatrix} D_{112} & D_{121} \\ D_{212} & D_{221} \end{pmatrix}\begin{pmatrix} \dot{\theta}_1\dot{\theta}_2 \\ \dot{\theta}_2\dot{\theta}_1 \end{pmatrix} + \begin{pmatrix} D_1 \\ D_2 \end{pmatrix} \tag{10-10}$$

式中，D_{ii}称为关节i的有效惯量，因为关节i的加速度$\ddot{\theta}_i$将在关节i产生一个等于$D_{ii}\ddot{\theta}_i$的惯性力；D_{ij}称为关节i和j间的耦合惯量，因为关节i和j的加速度$\ddot{\theta}_i$和$\ddot{\theta}_j$将在关节j或者i分别产生一个等于$D_{ij}\ddot{\theta}_i$或$D_{ij}\ddot{\theta}_j$的惯性力；$D_{ijk}\dot{\theta}_1^2$项是由关节j的速度$\dot{\theta}_j$在关节i上产生的向心力；$(D_{ijk}\dot{\theta}_j\dot{\theta}_k + D_{ikj}\dot{\theta}_k\dot{\theta}_j)$项是由关节$j$和$k$的速度$\dot{\theta}_i$和$\dot{\theta}_k$引起的作用于关节$i$的哥氏力；$D_i$表示关节$i$处的重力。

比较T_1和T_2的各个形式，见式（10-6）～式（10-9），可得本系统各个系数如下：

有效惯量：

$$\begin{cases} D_{11} = (m_1 + m_2)d_1^2 + m_2 d_2^2 + 2m_2 d_1 d_2 \cos\theta_2 \\ D_{22} = m_2 d_2^2 \end{cases}$$

耦合惯量：

$$D_{12} = m_2 d_2^2 + m_2 d_1 d_2 \cos\theta_2$$

向心加速度系数：

$$\begin{cases} D_{111} = 0 \\ D_{122} = -m_2 d_1 d_2 \sin\theta_2 \\ D_{211} = m_2 d_1 d_2 \sin\theta_2 \\ D_{222} = 0 \end{cases}$$

哥氏加速度系数

$$\begin{cases} D_{112} = D_{121} = -m_2 d_1 d_2 \sin\theta_2 \\ D_{212} = D_{221} = 0 \end{cases}$$

重力项：

$$\begin{cases} D_1 = (m_1 + m_2)gd_1\sin\theta_1 + m_2gd_2\sin(\theta_1 + \theta_2) \\ D_2 = m_2gd_2\sin(\theta_1 + \theta_2) \end{cases}$$

下面对上例制定一些数字，以估计此二连杆机械手在静止和固定重力负荷下的 T_1 和 T_2 值。计算条件如下：

1）关节 2 锁定，维持恒速（ $\ddot{\theta}_2$ ）=0，即 $\dot{\theta}_2$ 为恒值。

2）关节 2 不受约束，即 T_2 =0。

在第一个条件下，T_1 和 T_2 的一般式简化为：$T_1 = D_{11}\ddot{\theta}_1 = I_1\ddot{\theta}_1$， $T_2 = D_{12}\ddot{\theta}_1$ 。

在第二条件下，$T_2 = D_{12}\ddot{\theta}_1 + D_{22}\ddot{\theta}_2 = 0$ ，$T_1 = D_{11}\ddot{\theta}_1 + D_{12}\ddot{\theta}_2$，解之得

$$\ddot{\theta}_2 = -\frac{D_{11}}{D_{12}}\ddot{\theta}_1$$

$$T_1 = \left(D_{11} - \frac{D_{12}^2}{D_{22}}\right)\ddot{\theta}_1 = I_1\ddot{\theta}_1$$

取 d_1=d_2=1，m_1=2，计算 m_2=1、4、100（分别表示机械臂在地面空载、地面满载和在外空间负载的三种不同情况；对于后者，由于失重而允许有大的负载）三个不同数值下的各参数值。表 10-1 给出了这些参数与位置 θ_2 的关系。

表 10-1　不同负载下各参数与位置 θ_2 的关系

负载	θ_2	$\cos\theta_2$	D_{11}	D_{12}	D_{22}	I_1	I_f
地面空载 m_1=2，m_2=1	0	1	6	2	1	6	2
	90°	0	4	1	1	4	3
	180°	−1	2	0	1	2	2
	270°	0	4	1	1	4	3
地面满载 m_1=2，m_2=4	0	1	18	8	4	18	2
	90°	0	10	4	4	10	6
	180°	−1	2	0	4	2	2
	270°	0	10	4	4	10	6
外空间负载 m_1=2，m_2=100	0	1	402	200	100	402	2
	90°	0	202	100	100	202	102
	180°	−1	0	0	100	0	2
	270°	0	202	100	100	202	102

表 10-1 中最右两列为关节 1 上的有效惯量。在空载下，当 θ_2 变化时，关节 1 的有效惯量值在 3∶1（关节 2 锁定时）或 3∶2（关节 2 自由时）范围内变动。由表 10-1 还可以看出，在地面满载下，关节 1 的有效惯量随 θ_2 在 9∶1 范围内变化，此有效惯量值比空载时提高到三倍。在外空间负载 100 情况下，有效惯量变化范围更大，可达 201∶1。这些惯量的变化将对机械手的控制产生显著影响。

2. 牛顿－欧拉动态函数平衡法

为了与拉格朗日法进行比较，看看哪种方法比较简单，用牛顿－欧拉（Newton–Euler）动态平衡法来求上述同一个二连杆系统的动力学方程，其一般形式为

$$\frac{\partial W}{\partial q_i}=\frac{\mathrm{d}}{\mathrm{d}t}\frac{\partial K}{\partial \dot{q}_i}-\frac{\partial K}{\partial q_i}+\frac{\partial D}{\partial \dot{q}_i}+\frac{\partial P}{\partial q_i},\quad i=1,2,\cdots,\ n \tag{10-11}$$

式中，W、K、D、P 和 q_i 等含义与拉格朗日法一样；i 为连杆代号；n 为连杆数目。

质量 m_1 和 m_2 的位置矢量 r_1 和 r_2（见图 10-3）为

$$r_1=r_0+(d_1\cos\theta_1)i+(d_1\sin\theta_1)j=(d_1\cos\theta_1)i+(d_1\sin\theta_1)j$$

$$r_2=r_1+\left[d_2\cos(\theta_1+\theta_2)\right]i+\left[d_2\sin(\theta_1+\theta_2)\right]j=\left[d_1\cos\theta_1+d_2\cos(\theta_1+\theta_2)\right]i+\left[d_1\sin\theta_1+d_2\sin(\theta_1+\theta_2)\right]j$$

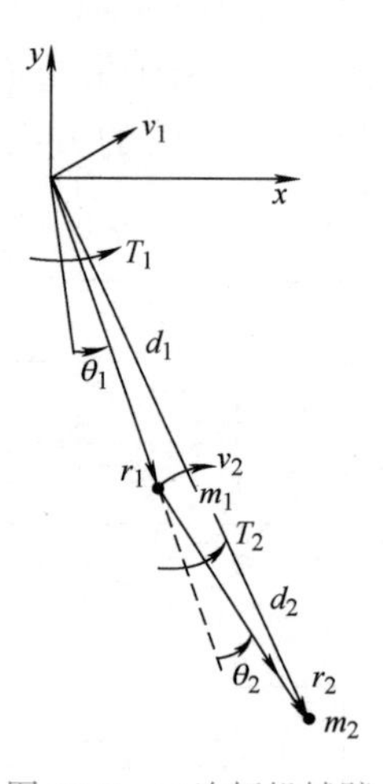

图 10-3　二连杆机械臂

速度矢量 v_1 和 v_2 为

$$v_1=\frac{\mathrm{d}r_1}{\mathrm{d}t}=(-\dot{\theta}_1 d_1\sin\theta_1)i+(\dot{\theta}_1 d_1\cos\theta_1)j$$

$$v_2=\frac{\mathrm{d}r_2}{\mathrm{d}t}=[-\dot{\theta}_1 d_1\sin\theta_1-(\dot{\theta}_1+\dot{\theta}_2)d_2\sin(\theta_1+\theta_2)]i+[\dot{\theta}_1 d_1\sin\theta_1-(\dot{\theta}_1+\dot{\theta}_2)d_2\cos(\theta_1+\theta_2)]j$$

再求速度的二次方，计算结果为

$$v_1^2=d_1^2\dot{\theta}_1^2$$

$$v_2^2 = d_1^2\dot{\theta}_1^2 + d_2^2(\dot{\theta}_1^2 + 2\dot{\theta}_1\dot{\theta}_2 + \dot{\theta}_2^2) + 2d_1d_2(\dot{\theta}_1^2 + 2\dot{\theta}_1\dot{\theta}_2)\cos\theta_2$$

于是可得系统动能：

$$K = \frac{1}{2}m_1v_1^2 + \frac{1}{2}m_2v_2^2 = \frac{1}{2}(m_1+m_2)d_1^2\dot{\theta}_1^2 + \frac{1}{2}m_2d_2^2(\dot{\theta}_1^2 + 2\dot{\theta}_1\dot{\theta}_2 + \dot{\theta}_2^2) + m_2d_1d_2(\dot{\theta}_1^2 + 2\dot{\theta}_1\dot{\theta}_2)\cos\theta_2$$

系统的位能随 r 的增大（位置下降）而减少。以坐标原点为参考点进行计算：

$$P = -m_1gr_1 - m_2gr_2 = -(m_1+m_2)gd_1\cos\theta_1 - m_2gd_2\cos(\theta_1+\theta_2)$$

系统能耗：

$$D = \frac{1}{2}c_1\dot{\theta}_1^2 + \frac{1}{2}c_2\dot{\theta}_2^2$$

外转矩所做的功：

$$W = T_1\theta_1 + T_2\theta_2$$

至此，求得关于 K、P、D、W 的标量方程式，进而求出系统的动力学方程式。为此，先求有关导数和偏导数。

当 $q_i = \theta_1$ 时，

$$\frac{\partial K}{\partial \dot{\theta}_1} = (m_1+m_2)d_1^2\dot{\theta}_1 + m_2d_2^2(\theta_1+\theta_2) + m_2d_1d_2(2\dot{\theta}_1+\dot{\theta}_2)\cos\theta_2$$

$$\frac{\mathrm{d}}{\mathrm{d}t}\frac{\partial K}{\partial \dot{\theta}_1} = (m_1+m_2)d_1^2\ddot{\theta}_1 + m_2d_2^2(\ddot{\theta}_1+\ddot{\theta}_2) + m_2d_1d_2(2\ddot{\theta}_1+\ddot{\theta}_2)\cos\theta_2 - m_2d_1d_2(2\dot{\theta}_1+\dot{\theta}_2)\dot{\theta}_2\sin\theta_2$$

$$\frac{\partial K}{\partial \dot{\theta}_1} = 0$$

$$\frac{\partial D}{\partial \dot{\theta}_1} = c_1\dot{\theta}_1$$

$$\frac{\partial P}{\partial \theta_1}(m_1+m_2)gd_1\sin\theta_1 + m_2gd_2\sin(\theta_1+\theta_2)$$

$$\frac{\partial W}{\partial \dot{\theta}_1} = T_1$$

把所求得的上列各导数代入式 $\frac{\partial W}{\partial q_i}$，经合并整理得

$$\begin{aligned} T_1 = &\left[(m_1+m_2)d_1^2 + m_2d_2^2 + 2m_2d_1d_2\cos\theta_2\right]\ddot{\theta}_1 \\ &+ (m_2d_2^2 + m_2d_1d_2\cos\theta_2)\ddot{\theta}_2 + c_1\dot{\theta}_1 - (2m_2d_1d_2\cos\theta_2)\dot{\theta}_1\dot{\theta}_2 \\ &- (m_2d_1d_2\sin\theta_2) + \left[(m_1+m_2)gd_1\sin\theta_1 + m_2gd_2\sin(\theta_1+\theta_2)\right] \end{aligned} \tag{10-12}$$

当 $q_i=\theta_2$ 时，

$$\frac{\partial K}{\partial \dot{\theta}_2}=m_2d_2^2(\dot{\theta}_1+\dot{\theta}_2)+m_2d_1d_2\cos\theta_2$$

$$\frac{\mathrm{d}}{\mathrm{d}t}\frac{\partial K}{\partial \dot{\theta}_2}=m_2d_2^2(\ddot{\theta}_1+\ddot{\theta}_2)+m_2d_1d_2\ddot{\theta}_2\cos\theta_2-m_2d_1d_2\ddot{\theta}_1\ddot{\theta}_2\cos\theta_2$$

$$\frac{\partial K}{\partial \dot{\theta}_2}=-m_2d_2^2(\dot{\theta}_1^2+\dot{\theta}_1\dot{\theta}_2)\sin\theta_2$$

$$\frac{\partial D}{\partial \dot{\theta}_2}=c_2\dot{\theta}_2$$

$$\frac{\partial P}{\partial \dot{\theta}_2}=m_2gd_2\sin(\theta_1+\theta_2)$$

$$\frac{\partial W}{\partial \theta_2}=T_2$$

把上述各式带入式 $\frac{\partial W}{\partial q_i}$，简化得

$$T_2=(m_2d_2^2+m_2d_1d_2\ddot{\theta}_2\cos\theta_2)\ddot{\theta}_1+m_2d_2^2\ddot{\theta}_2+m_2d_1d_2\sin\theta_2\dot{\theta}_1^2+c_2\dot{\theta}_2+m_2gd_2\sin(\theta_1+\theta_2) \quad (10\text{-}13)$$

比较式（10-6）、式（10-7）与式（10-12）、式（10-13）可知，如果不考虑摩擦系数（取 c_1=c_2=0），则式（10-6）与式（10-12）完全一致，式（10-7）与式（10-13）完全一致。

10.2 SCARA 机器人的动力学分析

SCARA 工业机器人由四个关节构成，其中关节 1、关节 2、关节 4 为转动关节，关节 3 为移动关节。关节 3、关节 4 与关节 1、关节 2 之间是完全解耦关系；关节 1 与关节 2 之间存在耦合关系。所以，分析关节 1 与关节 2 的动力学关系对整个机器人的运动学分析十分重要，在分析两者关系的基础上建立两关节的动力学方程，然后推出一般的四自由度机器人的动力学方程。

10.2.1 机器人正动力学分析

为了简化机器人的动力学分析，本书将关节 1 和关节 2 化简为平面二自由度机器人，如图 10-4 所示，推导机器人动力学方程。

1. 选取广义关节变量及广义力

选取笛卡儿坐标系。连杆 1、2 的关节变量为 θ_1、θ_2，质量为 m_1、m_2，杆长为 l_1、

l_2，关节 1、2 的转矩是 τ_1 、τ_2，重心在 C_1、C_2，离关节中心的距离为 d_1 、d_2。

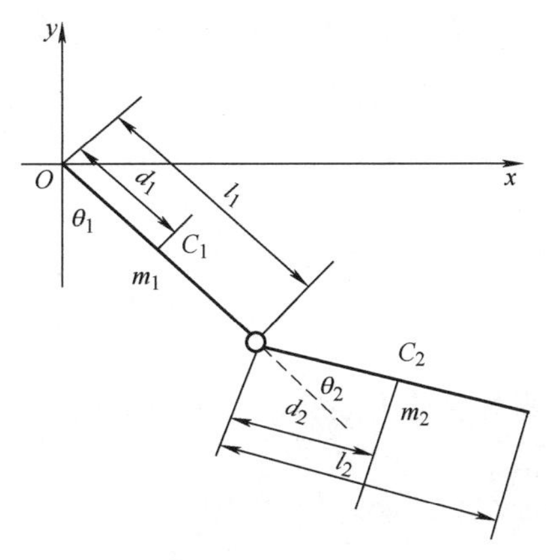

图 10-4　平面二自由度机器人示意图

因此，连杆 1 重心 C_1 的位置坐标为

$$x_1 = d_1 \sin\theta_1 \tag{10-14}$$

$$y_1 = -d_1 \cos\theta_1 \tag{10-15}$$

连杆 1 速度的二次方和为

$$\dot{x}_1^{\ 2} + \dot{y}_1^{\ 2} = (d_1\dot{\theta}_1)^2 \tag{10-16}$$

连杆 2 重心 C_2 的位置坐标为

$$x_2 = l_1 \sin\theta_1 + d_2 \sin(\theta_1 + \theta_2) \tag{10-17}$$

$$y_2 = -l_1 \cos\theta_1 - d_2 \cos(\theta_1 + \theta_2) \tag{10-18}$$

连杆 2 速度的二次方和为

$$\dot{x}_2^{\ 2} + \dot{y}_2^{\ 2} = (l_1\dot{\theta}_1)^2 + d_2^{\ 2}(\dot{\theta}_1 + \dot{\theta}_2)^2 + 2l_1 d_2(\dot{\theta}_1^2 + \dot{\theta}_1\dot{\theta}_2) \tag{10-19}$$

2. 求系统动能

$$E_{\mathrm{K}} = \sum E_{\mathrm{K}i} \qquad (i=1，2) \tag{10-20}$$

$$E_{\mathrm{K1}} = \frac{1}{2} m_1 d_1^{\ 2} \dot{\theta}_1^{\ 2} \tag{10-21}$$

$$E_{\mathrm{K2}} = \frac{1}{2} m_2 l_1^{\ 2} \dot{\theta}_1^{\ 2} + \frac{1}{2} m_2 d_2^{\ 2} (\dot{\theta}_1 + \dot{\theta}_1)^2 + m_2 l_1 d_2 (\dot{\theta}_1^2 + \dot{\theta}_1\dot{\theta}_2)\cos\theta_2 \tag{10-22}$$

3. 求系统的势能

$$E_{\mathrm{P}} = \sum E_{\mathrm{P}i} \quad (i = 1,2) \tag{10-23}$$

$$E_{P1} = m_1 g d_1 (1 - \cos\theta_1) \tag{10-24}$$

$$E_{P2} = m_2 g d_1 (1 - \cos\theta_1) + m_2 g d_2 (1 - \cos(\theta_1 + \theta_2)) \tag{10-25}$$

计算势能时，高度为重心 C_1 转动的高度。

4. 建立拉格朗日算子

$$L = E_K - E_P$$

5. 求系统的动力学方程

根据拉格朗日方程式计算各关节上的转矩，求系统动力学方程。

（1）计算关节 1 上的转矩 τ_1

$$\tau_1 = \frac{d}{dt}\left(\frac{\partial L}{\partial \dot{\theta}_1}\right) - \frac{\partial L}{\partial \theta_1} \tag{10-26}$$

（2）计算关节 2 上的转矩 τ_2

$$\tau_2 = \frac{d}{dt}\left(\frac{\partial L}{\partial \dot{\theta}_2}\right) - \frac{\partial L}{\partial \theta_2} \tag{10-27}$$

将上面式子整理成矩阵形式得

$$\tau = \boldsymbol{D}(q)\ddot{q} + \boldsymbol{H}(q,\dot{q}) + \boldsymbol{G}(q) \tag{10-28}$$

其中

$$\tau = (\tau_1 \ \ \tau_2)^T, q = (\theta_1 \ \ \theta_2)^T, \dot{q} = (\dot{\theta}_1 \ \ \dot{\theta}_2)^T, \ddot{q} = (\ddot{\theta}_1 \ \ \ddot{\theta}_2)^T \tag{10-29}$$

$$\boldsymbol{D}(q) = \begin{pmatrix} m_1 d_1^2 + m_2 (l_1^2 + d_2^2 + 2 l_1 d_2 \cos\theta_2) & m_2 (d_2^2 + l_1 d_2 \cos\theta_2) \\ m_2 (d_2^2 + l_1 d_2 \cos\theta_2) & m_2 d_2^2 \end{pmatrix} \tag{10-30}$$

$$\boldsymbol{H}(q,\dot{q}) = \begin{pmatrix} -m_2 l_1 d_2 \sin\theta_2 \dot{\theta}_2^2 - 2 m_2 l_1 d_2 \sin\theta_2 \dot{\theta}_1 \dot{\theta}_2 \\ m_2 l_1 d_2 \sin\theta_2 \dot{\theta}_1^2 \end{pmatrix} \tag{10-31}$$

$$\boldsymbol{G}(q) = \begin{pmatrix} (m_1 d_1 + m_2 l_1) g \sin\theta_1 + m_2 d_2 g \sin(\theta_1 + \theta_2) \\ m_2 d_2 g \sin(\theta_1 + \theta_2) \end{pmatrix} \tag{10-32}$$

上述公式推导反映了关节转矩与关节变量之间的函数关系，对于 n 个关节的机械臂，惯性矩阵 $\boldsymbol{D}(q)$ 是 q 的 $n \times n$ 正定对称矩阵；$\boldsymbol{H}(q, \dot{q})$ 是 $n \times 1$ 的离心力和哥氏力的矩阵；$\boldsymbol{G}(q)$ 是 $n \times 1$ 重力矢量。

10.2.2 机器人逆动力学分析

逆动力学的计算包含了两个递归算法，即前向计算机械臂的速度、加速度和反向计算机械臂的转矩。

逆动力学的给定值是机械臂的速度和加速度。由于基座的速度和加速度为零，机械臂的关节角度是相对于上一个连杆定义的。显然，后一个连杆的速度和加速度依赖于前一个连杆。所以，对于机器人所有的连杆，其速度和加速度都可以一步步计算出来。

如果选择中间任意一个连杆两侧的受力都是未知的，只有末端执行器所在的连杆一侧受力为确定值。由于通过前向递归算法计算出了加速度，那么借助连杆的拉格朗日方程可以求出它另一侧的受力。因为力的作用是相互的，所以两个连杆的连接处受到大小相等、方向相反的力，由此可以推导出它前一个连杆一侧的受力。依次从末端执行器向基座计算，最终可以推导出所有连杆的受力。

习题与思考题

1. 简述机器人动力学方程的两种求法。
2. 机器人正动力学分析的求解问题是什么？
3. 机器人逆动力学的计算包含了哪两个递归算法？

第 11 章

工业机器人系统

前面对机器人的历史、定义、运动学分析等情况进行了介绍，接下来介绍机器人的结构。虽然并非所有机器人都具有人的形态，但机器人通常具备一些人或生物的结构。纵观整个机器人行业，虽然机器人的种类繁多，其机械结构、控制结构的细节也有所不同，但是一台完整的机器人都包含机器人本体结构、末端执行器、驱动系统、感知系统和控制系统这五大系统，如图 11-1 所示，就像人体由运动、神经、消化、呼吸等八大系统构成的一样。有的机器人还包括人机交互系统和机器人环境交互系统，下面分别对五大系统进行介绍。

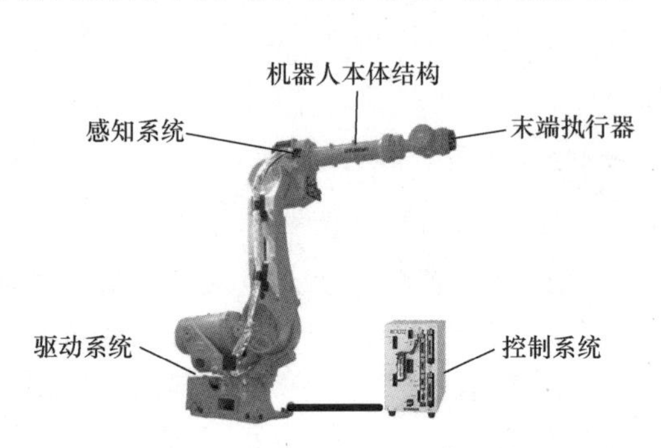

图 11-1　工业机器人整体系统

11.1　机器人本体结构

由于应用场合的不同，机器人结构形式有多种多样，各组成部分的驱动方式、传动原理和机械结构也有各种不同的类型。

关节型工业机械臂是有关节连在一起的许多机械连杆的集合体。它本质是一个拟人手臂的空间开链式结构，一端固定在机座上，另一端可自由运动。关节通常是移动关节和旋转关节。移动关节允许连杆做直线移动，旋转关节仅允许连杆之间发生旋转运动。由关节－连杆结构所构成的机械臂大体可分为机座、腰部、臂部（大臂和手部）和手腕四部分，由四个独立旋转“关节”（腰关节、肩关节、肘关节和腕关节）串联形成，如图 11-2 所示。它们可在各个方向运动，这些运动就是机器人在“做工”。

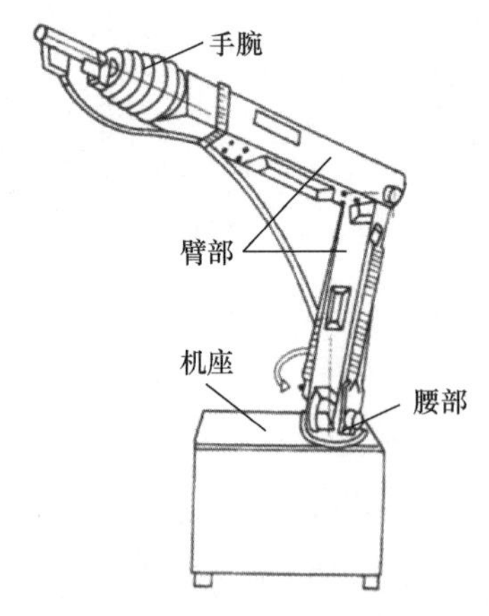

图 11-2　机器人本体结构示意图

1）机座：机座是机器人的基础部分，起支撑作用。整个执行机构和驱动装置都安装在机座上。对固定式机器人，直接连接在地面基础上；对移动式机器人，则安装在移动机构上，可分为有轨和无轨两种。

2）腰部：腰部是机器人手臂的支撑部分。根据执行机构坐标系的不同，腰部可以与机座制成一体。有时腰部也可以通过导杆或导槽在机座上移动，从而增大工作空间。

3）臂部：臂部是连接机身和手腕的部分，由操作机的动力关节和连接杆件等构成。

它是执行结构中的主要运动部件，也称主轴，主要用于改变手腕和末端执行器的空间位置，满足机器人的作业空间，并将各种载荷传递到机座。

4）手腕：手腕是连接末端执行器和手臂的部分，将作业载荷递到臂部，也称次轴，主要用于改变末端执行器的空间姿态。

11.2　末端执行器

一个机器人末端执行器指的是任何一个连接在机器人边缘（关节）具有一定功能的工具。机器人末端执行器通常被认为是机器人的外围设备、机器人的附件、机器人工具、手臂末端工具（EOA）。末端执行器与机器人的作业要求、作业对象密切相关，一般需要由机器人制造厂和用户共同设计与制造。例如，用于装配、搬运、包装的机器人则需要配置吸盘，手爪等用来抓取零件、物品的夹持器；而加工类机器人需要配置用于焊接、切割、打磨等加工的焊枪、铣头、磨头等各种工具或刀具。

机器人的手部是最重要的执行机构，从功能和形态上看，它可分为工业机器人的手部和仿人机器人的手部。目前，前者应用较多，也比较成熟。工业机器人的手部是用来握持工件或工具的部件。由于被握持工件的形状、尺寸重量、材质及表面状态的不同，手部结构是多种多样的。大部分的手部结构都是根据特定的工件要求而专门设计的。各种手部的工作原理不同，故其结构形态各异。常用的手部按其握持原理可以分为夹持类和吸附类两大类，还有一些新型的仿人型机器人末端夹具类似于人的手指，在此也一并做简单介绍。

11.2.1　气吸式

气吸式机器人末端执行器如图 11-3 所示，利用吸盘内的负压产生的吸力来吸住并移动工件。吸盘就是用的软橡胶或者是塑料制成的皮碗中形成的负压来吸住工件。此种机器人末端执行器适用于吸取大而薄、刚性差的金属或木质板材、纸张、玻璃和弧形壳体等作业零件。根据应用场合不同，末端执行器可以做成单吸盘、双吸盘、多吸盘或特殊形状的吸盘。

图 11-3　气吸式机器人末端执行器

按形成负压的方法有以下几种类型：

1）挤压排气式吸盘：挤压排气式吸盘靠向下挤压力将吸盘中的空气全部排出，使其内部形成负压状态然后将工件吸住。有结构简单、质量小、成本低等优点。但是吸力不大，多用于吸附尺寸不太大，薄而轻的工件。

2）气流负压式吸盘：气流控制阀将来自气泵中的压缩空气自喷嘴喷入，形成高速射流，将吸盘内腔中的空气带走从而使腔内形成负压，然后吸盘吸住物体，如若作业现场有压缩空气，使用这种吸盘比较方便，且成本较低。

3）真空泵排气式吸盘：真空泵排气式吸盘利用电磁控制阀将真空泵与吸盘相连，当控制阀抽气时，吸盘腔内的空气被抽走，形成腔内负压从而吸住物体。反之，控制阀将吸盘与大气连接时，吸盘会失去吸力从而松开工件。真空泵式吸盘的吸力主要取决于吸盘吸附面积的大小以及吸盘内墙的真空度（指内腔空气的稀薄程度）。这种吸盘的工作可靠，吸力较大，但是需要配备真空本泵以及气流控制系统，费用较高。

11.2.2 机械夹持式

直杆式双气缸平移夹持器的结构如图 11-4 所示，夹持器指末端安装在装有指端安装座的直杆上，当压力气体进入单作用式双气缸的两个有杆腔时，两活塞向中间移动，工件被夹紧；当没有压力气体进入时，弹簧推动两个活塞向外伸出，工件被松开。为保证两活塞同步运动，在气缸的进气路上安装分流阀。上下料装配工作站采用的是此种末端执行器。

11.2.3 仿人型机器人手部

目前，大部分工业机器人的手部只有两根手指，而且手指上一般没有关节。因此取料不能适应物体外形的变化，不能使物体表面承受比较均匀的夹持力，所以无法满足对复杂形状、不同材质的物体实施夹持和操作。为了提高机器人手部和手腕的操作能力、灵活性和快速反应能力，使机器人能像人手一样进行各种复杂的作业，如装配作业、维修作业、设备操作等，就必须有一个运动灵活、动作多样的灵巧手，即仿人型执行器手部，如图 11-5 所示。

图 11-4　直杆式双气缸平移夹持器结构图

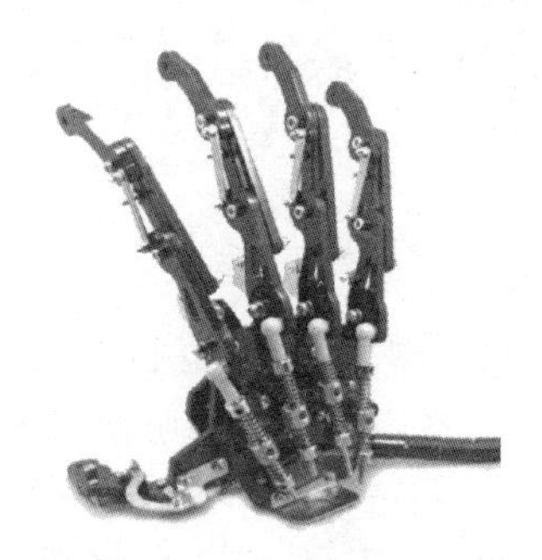

图 11-5　仿人型执行器手部

1）柔性手可对不同外形物体实施抓取，并使物体表面受力比较均匀。每个手指由多个关节串接而成。手指传动部分由牵引钢丝绳及摩擦滚轮组成，每个手指由两根钢丝绳牵引，一侧为握紧，一侧为放松。这样的结构可抓取凹凸外形并使物体受力较为均匀。

2）多指灵巧手机器人手部和手腕最完美的形式是模仿人手的多指灵巧手，多指灵巧手由多个手指组成，每一个手指有三个回转关节，每一个关节自由度都是独立控制的。这样，各种复杂动作都能模仿。

11.3 驱动系统

要使机器人运行起来，需给各个关节即每个运动自由度安置传动装置，这就是驱动系统。驱动系统的作用是提供机器人各部位和各关节动作的原动力。根据能量转换方式，将驱动器划分为液压驱动、气压驱动、电气驱动和混合驱动装置，如图 11-6 所示。

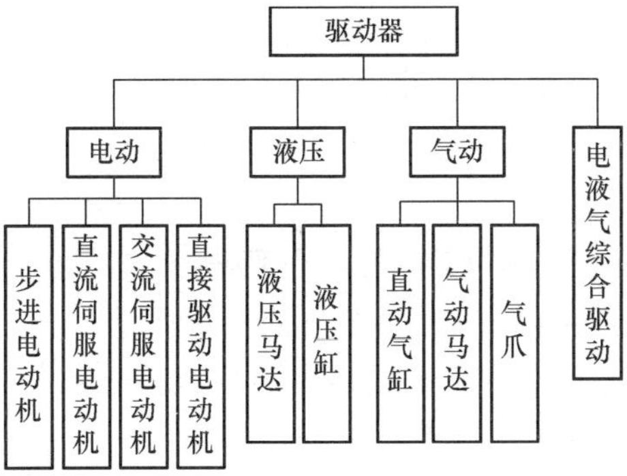

图 11-6　工业机器人驱动器分类

11.3.1　电动驱动

1. 步进电动机

在控制电路中，给电动机输入一个脉冲，电动机轴仅旋转一定的角度，称为“一个步长的转动”。这个旋转角的理论值称为步距角。因此，步进电动机轴按照与脉冲频率成正比的速度旋转。当输入脉冲停止时，电动机轴在最后的脉冲位置处停止，并产生相对于外力的一个反作用力。因此，步进电动机的控制较为简单，适用于开环回路驱动器。

2. 直流伺服电动机

直流伺服电动机最适合工业机器人的试制阶段或竞技用机器人。直流伺服电动机的运转方式有两种：线性驱动和 PWM 驱动。线性驱动即给电动机施加的电压以模拟量的形式连续变化，是电动机理想驱动方式，但在电子线路中易产生大量热损耗。实际应用较多的是脉宽调制方法，特点是在低速时转矩大，高速时转矩急速减小。因此，常用于竞技机器人的驱动器。

步进电动机是开环控制，而直流伺服电动机采用闭环实现速度和位置的控制。这就需要利用速度传感器和位置传感器进行反馈控制。在这种情况下，不仅希望有位置控制，同时也希望有速度控制。进行电动机的速度控制有以下两种基本方式：其中电压控制是向电动机施加与速度偏差成比例的电压，电流控制是向电动机供给与速度偏差成比例的电流。从控制电路来看，前者简单，而后者具有较好的稳定性。

3. 交流伺服电动机

常见的交流伺服电动机有以下三类：笼型感应电动机、交流换向器型电动机和同步电动机。机器人中采用交流伺服电动机，可以实现精确的速度控制和定位功能。这种电动机还具备直流伺服电动机的基本性质，又可以理解为把电刷和换向器换为半导体元器件的装置，所以也称为无刷直流伺服电动机。

4. 直接驱动电动机

在齿轮、皮带等减速机构组成的驱动系统中，存在间隙、回差、摩擦等问题。可以借助于直接驱动电动机来克服这些问题。该电动机被广泛地应用于装配 SCARA 机器人、自动装配机、加工机械、检测机器及印刷机械中。对直接驱动电动机的要求是没有减速器，但仍要提供大输出转矩（推力），可控性要好。

11.3.2 液压驱动

液压伺服系统主要由液压源、驱动器、伺服阀、传感器、控制器等构成。通过这些元器件的组合，组成反馈控制系统驱动负载。液压源产生一定的压力，通过伺服阀控制液体的压力和流量，从而驱动驱动器。位置指令与位置传感器的差被放大后得到电气信号，然后将其输入伺服阀中驱动液压执行器，直到偏差变为零为止。若传感器信号与位置指令相同，则负载停止运动。液压传动的特点是转矩与惯性比大，也就是单位重量的输出功率高。

液压驱动有以下几个优点：①液压容易达到较高的单位面积压力（常用油压为25～63MPa），体积较小，可以得到较大的推力或转矩；②液压系统介质的可压缩性小，工作平稳可靠，并可得到较高的位置精度；③液压驱动中，力、速度和方向比较容易实现自动控制；④液压系统采用油液作为介质，其有缓蚀性和自润滑性，可以提高机械效率。

液压驱动也存在不足之处：①油液的黏度随温度变化而变化，影响工作性能，高温容易引起燃烧爆炸等危险；②液体的泄漏难以克服，要求液压元器件有较高的精度和质量，故造价较高；③需要相应的供油系统，尤其是电液伺服系统要有严格的滤油装置，否则会引起故障，液压驱动方式的输出力和功率大，能构成伺服机构，常用于大型机器人关节的驱动。

11.3.3 气动驱动

气压驱动多用于开关控制和顺序控制的机器人。典型的气压驱动系统由气压发生装置、执行器件、控制器件和辅助器件四个部分组成。气压发生装置简称气源装置，是获得压缩空气的能源装置。执行器件是以压缩空气为工作介质，并将压缩空气的压力能转变为机械能的能量转换装置。控制器件又称为操纵、运算、检测器件，用来控制压缩空气流的压力、流量和流动方向等，以便使执行机构完成预定的运动规律。辅助器件是压缩空气净化、润滑、消声及器件间连接所需要的一些装置。

与液压驱动相比，气压驱动的特点是：①压缩空气黏度小，容易达到高速（1m/s）；②利用工厂集中的空气压缩机站供气，不必添加动力设备；③空气介质对环境无污染，使用安全，可直接应用于高温作业；④气动器件工作压力低，故制造要求也比液压器件低。

同时气压驱动也存在不足之处：①压缩空气常用压力为4～63MPa，若能获得较大的出力，其结构就要相对增大，空气压缩性大，工作平稳性差，速度控制困难，要达到准确的位置控制很困难；②压缩空气的除水是一个很重要的问题，处理不当会使钢类零件生锈，导致机器人失灵。此外，排气还会造成噪声污染。

11.4 机器人感知系统

机器人感知系统通常由多种机器人传感器或视觉系统组成，第一代具有计算机视觉和触觉能力的工业机器人是由美国斯坦福研究所研制成功的。目前使用较多的机器人传感器有位置传感器、力觉传感器、压觉传感器、接近觉传感器等。本节将介绍机器人常用的传感器及其工作原理。

研究机器人，首先从模仿人开始，人类是通过五种感官（视觉、听觉、嗅觉、味觉、触觉）接收外界信息的，这些信息通过神经传递给大脑，大脑对这些分散的信息进行加工、综合后发出行为指令，调动肌体（如手足等）执行某些动作。如果希望机器人代替人类劳动，则发现大脑可与当今的计算机相当，肌体与机器人的机构本体（执行机构）相当，五官可与机器人的各种外部传感器相当。也就是说，计算机是人类大脑或智力的外延，执行机构是人类四肢的外延，传感器是人类五官的外延。机器人要获得环境的信息，同人类一样需要通过感觉器官来得到信息。人类具有五种感觉，即视觉、嗅觉、味觉、听觉和触觉，而机器人则是通过传感器得到这些感觉信息的。其中，传感器处于连接外界环境与机器人的接口位置，是机器人获取信息的窗口。要使机器人拥有智能，对环境变化做出反应，首先，必须使机器人具有感知，将多个传感器获取的环境信息加以综合处理，控制机器人进行智能作业，则是提高机器智能程度的重要体现。因此，传感器及其信息处理系统，是构成机器人智能的重要部分，它为机器人智能作业提供决策依据。

传感器可分为内部传感器和外部传感器，如图 11-7 所示。

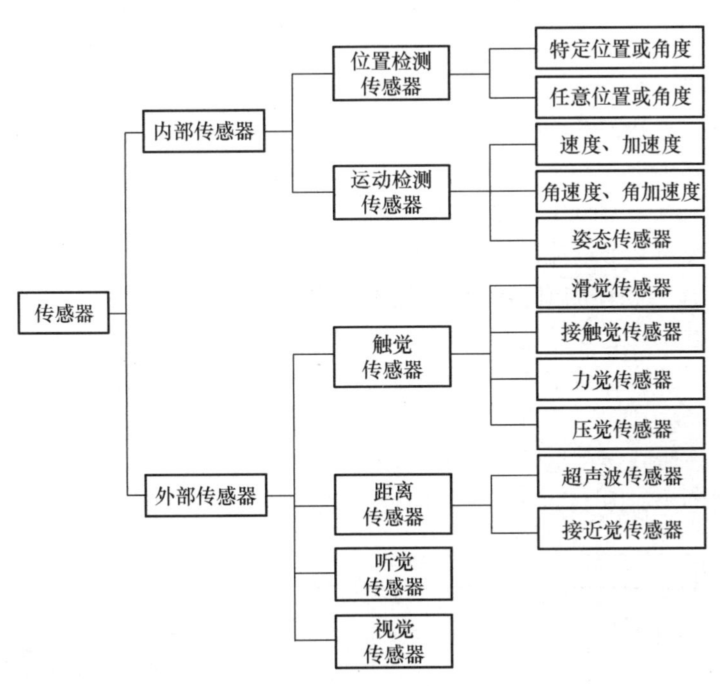

图 11-7　工业机器人传感器分类

内部传感器是用来确定机器人在其自身坐标系内的位置姿态的，如用来测量位置、速度、加速度和姿态的通用型传感器。而外部传感器则用于机器人本身相对其周围环境的定位。外部传感机构的使用使机器人能以柔性方式与环境互相作用，负责检验如接触程度和距离之类的变量，便于机器人的引导及物体的识别和处理。尽管滑觉、接触觉和力觉传感器在提高机器人性能方面具有重大的作用，但视觉被认为是机器人重要的感觉能力。机器人视觉可定义为从三维环境的图像中提取、显示和说明信息的过程。这过程通常也称为机器视觉或计算机视觉。使用传感技术使机器人在应付环境时具有较高的智能，这是机器人领域中一项活跃的研究和开发课题。

几乎所有的机器人都使用内部传感器，如为测量回转关节位置的编码器、测量速度以控制其运动的测速计。大多数控制器都具备接口能力，所以来自输送装置、机床以及机器人本身的信号，能够被综合利用来完成某一项任务。然而，机器人的感觉系统通常指机器人的外部传感器，如视觉传感器等，这些传感器使机器人能获取外部环境的有用信息，可为更高层次的机器人控制提供更好的适应能力，也就是使机器人增加了自动检测能力，提高机器人的智能。现在，视觉和其他传感器已被广泛应用于各种任务，如带有中间检测的加工工程、有适应能力的材料装卸、弧焊和复杂的装配作业等。

下面分别介绍几类典型的内部和外部传感器。

11.4.1 内部传感器

1. 机器人的位置传感器

位置传感器可用来检测位置，反映某种状态的开关，与位移传感器不同，位置传感器有接触式和接近式两种。

接触式传感器的触头由两个物体接触挤压而动作，常见的有行程开关、二维矩阵式位置传感器等。行程开关结构简单、动作可靠、价格低廉。当某个物体在运动过程中，碰到行程开关时，其内部触头会动作，从而完成控制，如在加工中心的 X、Y、Z 轴方向两端分别装有行程开关，则可以控制移动范围。二维矩阵式位置传感器安装于机械手掌内侧，用于检测自身与某个物体的接触位置。

接近开关是指当物体与其接近到设定距离时就可以发出“动作”信号的开关，它无须和物体直接接触。接近开关有很多种类，主要有电磁式、光电式、差动变压器式、电涡流式、电容式、干簧管、霍尔式等。霍尔式接近开关是利用霍尔现象制成的传感器。将锗等半导体置于磁场中，在一个方向通以电流时，则在垂直的方向上会出现电位差，这就是霍尔现象。将小磁体固定在运动部件上，当部件靠近霍尔器件时，便产生霍尔现象，从而判断物体是否到位。如图 11-8 所示，图中 H 指霍尔器件。

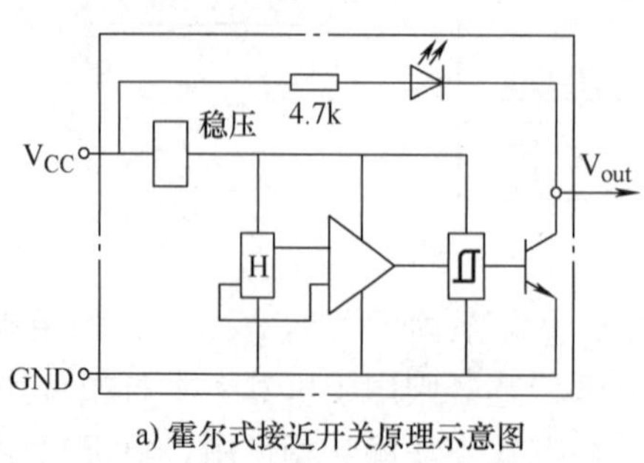

a) 霍尔式接近开关原理示意图

b) 霍尔式接近开关实物图

图 11-8　接近开关

2. 机器人的角度传感器

机器人的角度传感器有旋转编码器和光学编码器。其中应用最多的旋转角度传感器是旋转编码器。旋转编码器又称转轴编码器、回转编码器等，它把连续输入的轴的旋转角度同时进行离散化（样本化）和量化处理后予以输出。

把旋转角度的现有值，用 1bit 的二进制码表示进行输出，这种形式的编码器称为绝对值型；还有一种形式，是每旋转一定角度，就有 1bit 的脉冲（1 和 0 交替取值）被输出，这种形式的编码器称为相对值型（增量型）。相对值型用计数器对脉冲进行累积计算，从而可以得知从初始角旋转的角度。根据检测方法的不同，可以分为光学式、磁场式和感应式。一般来说，普及型的分辨率能达到 2^{-12} 的程度，高精度型的编码器分辨率可以达到 2^{-20} 的程度。

光学编码器是一种应用广泛的角位移传感器，其分辨率完全能满足机器人技术要求。这种非接触型传感器可分为绝对型和增量型。对前者，只要电源加到这种传感器的机电系统中，编码器就能给出实际的线性或旋转位置。因此，用绝对型编码器装备的机器人关节不要求校准，通上电，控制器就知道实际的关节位置。而增量型编码器只能提供与某基准点对应的位置信息。所以用增量型编码器的机器人在获得真实位置信息以前，必须首先完成校准程序。线性或旋转编码器都有绝对型和增量型两类，旋转型器件在机器人中的应用特别多，因为机器人的旋转关节远远多于棱柱形关节。直线编码器成本高，甚至以线性方式移动的关节，如球坐标机器人都用旋转编码器。

3. 机器人的姿态传感器

姿态传感器是基于 MEMS（微机电系统）技术的高性能三维运动姿态测量系统。它包含三轴陀螺仪、三轴加速度计、三轴电子罗盘等运动传感器，通过内嵌的低功耗 ARM 处理器得到经过温度补偿的三维姿态与方位等数据。利用基于四元数的三维算法和特殊数据融合技术，实时输出以四元数、欧拉角表示的零漂移三维姿态方位数据。

姿态传感器可用于检测机器人与地面相对关系。工业机器人大多限制在工厂的地面上工作，可以不用安装这种传感器。但是当机器人脱离了这个限制，并且能够进行自由的移动，如移动机器人，安装姿态传感器就成为必要的了。典型的姿态传感器是陀螺仪，它是利用高速旋转物体（转子）经常保持其一定姿态的性质制作而成的。转子通过一个支承它的、被称为万向接头的自由支持机构，安装在机器人上。当机器人围绕着输入轴以角速度 ω 转动时，与输入轴正交的输出轴仅转过角度 θ。在速率陀螺仪中，加装了弹簧。卸掉这个弹簧后的陀螺仪，称为速率积分陀螺仪，此时输出轴以角速度旋转，且此角速度与围绕输入轴的旋转角速度 ω 成正比。

姿态传感器设置在机器人的躯干部分，它用来检测移动中的姿态和方位变化，保持机器人的正确姿态，并且实现指令要求的方位。除此以外，还有气体速率陀螺仪、光陀螺仪，前者利用了姿态变化时气流也发生变化这一现象；后者则利用了当环路状光径相对于惯性空间旋转时，沿这种光径传播的光会因向右旋转而呈现速度变化的现象。

某姿态传感器如图 11-9 所示。

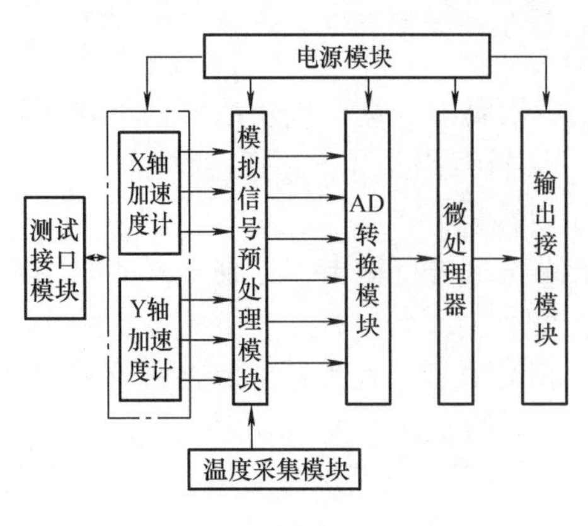

a) 姿态传感器原理图

b) 姿态传感器实物图

图 11-9　姿态传感器

11.4.2　外部传感器

1. 机器人触觉传感器

机器人触觉的原型是模仿人的触觉功能，通过触觉传感器与被识别物体相接触或互作用来完成对物体表面特征和物理性能的感知，包含的内容较多，通常指以下几种：

1）接触觉。手指与被测物是否接触，接触图形的检测。

2）压觉。垂直于机器人和对象物接触面上的力感觉。

3）滑觉。物体向着垂直于手指把握面的方向移动或变形。

4）力觉。机器人动作时各自由度的力感觉。

触觉传感器是用于机器人中模仿触觉功能的传感器，通过触觉传感器与被识别物体相接触或互作用来完成对物体表面特征和物理性能的感知。按功能可分为接触觉传感器、压觉传感器、滑觉传感器和力觉传感器等。

（1）接触觉传感器

接触觉传感器是一种用以判断机器人是否接触到外界物体或测量被接触物体特征的传感器，可以感知机器人与周围障碍物的接近程度，使机器人在运动中接触到障碍物时向控制器发出信号。例如，在机器人手爪的前端及内外侧面，相当于手掌心的部分装置接触觉传感器，通过识别手爪上接触物体的位置，可使手爪接近物体并准确地完成把持动作。

接触觉传感器主要有微动开关式、导电橡胶式、含碳海绵式、碳素纤维式、气动复位式等类型，如图 11-10 所示。

其中微动开关式接触觉传感器由弹簧和触头构成。触头接触外界物体后离开基板，使得信号通路断开，从而测到与外界物体的接触。导电橡胶式接触觉传感器以导电橡胶为敏感器件。当触头接触外界物体受压后，压迫导电橡胶，使其电阻发生改变，从而使流经导电橡胶的电流发生变化。含碳海绵式接触觉传感器在基板上装有海绵构成的弹性体，在海绵中按阵列布以含碳海绵。当其接触物体受压后，含碳海绵的电阻减小，测量流经含碳海绵电流的大小，可确定受压程度。这种传感器也可用作力觉传感器。碳素纤维式接触觉传感器以碳素纤维为上表层，下表层为基板，中间装以氨基甲酸酯和金属电极。接触外界物体时碳素纤维受压与电极接触导电。气动复位式接触觉传感器具有柔性绝缘表面，受压时变形，脱离接触时则由压缩空气作为复位的动力。与外界物体接触时其内部的弹性圆泡（铰铜箔）与下部触点接触而导电。

a) 微动开关式接触觉传感器

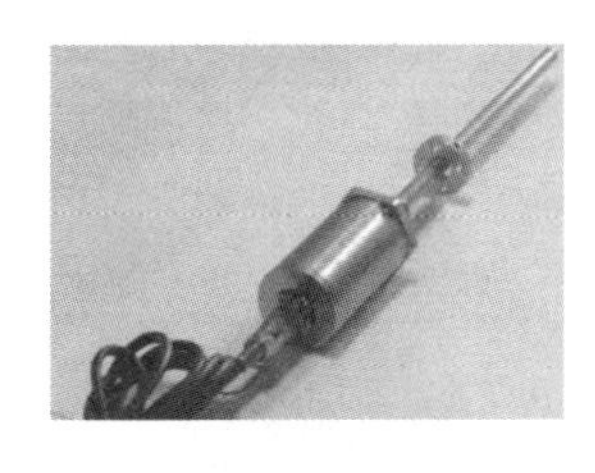

b) 导电橡胶式接触觉传感器

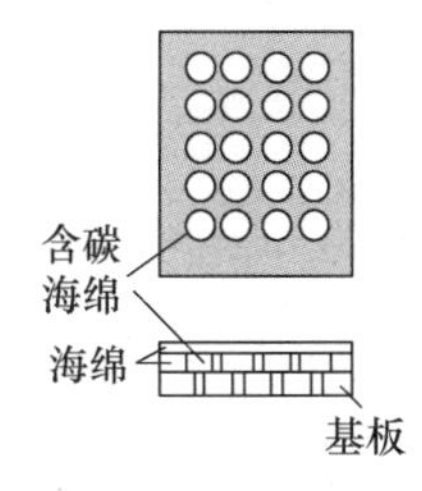

c) 含碳海绵式接触觉传感器

d) 碳素纤维式接触觉传感器

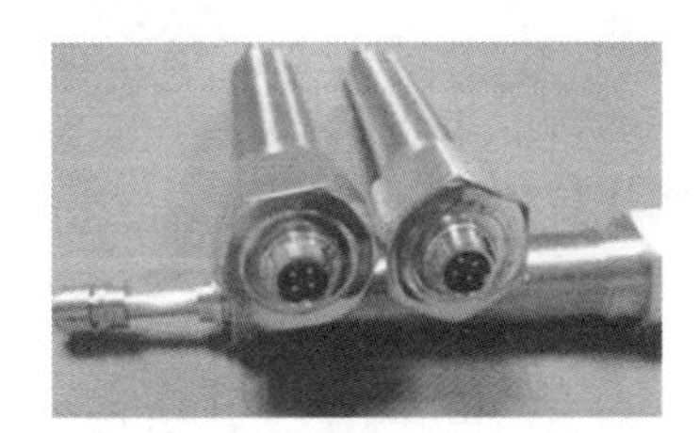

e) 气动复位式接触觉传感器

图 11-10　接触觉传感器

（2）压觉传感器

压觉传感器是安装于机器人手指上、用于感知被接触物体压力值大小的传感器。它有助于机器人对接触对象的几何形状和材质硬度的识别。压电器件是压觉传感器的重要组成部分，也就是产生压电现象的器件。压觉传感器的敏感器件可由各类压敏材料制成，常用的有压敏导电橡胶、由碳纤维烧结而成的丝状碳素纤维片和绳状导电橡胶的排列面等。

压电现象的机理是在显示压电效果的物质上施力时，由于物质被压缩而产生极化与压缩量成比例，如在两端接上外部电路，电流就会流过。如果把多个压电器件和弹簧排列成平面状，就可识别各处压力的大小以及力的分布。

通过对压觉的巧妙控制，机器人既能抓取豆腐及蛋等软物体，也能抓取易碎的物体。

压觉传感器可分为单一输出值压觉传感器和多输出值的分布式压觉传感器。

以压敏导电橡胶为基本材料的压觉传感器为例，导电橡胶上面附有柔性保护层，下部装有玻璃纤维保护环和金属电极。在外部压力作用下，导电橡胶的电阻发生变化，使基底电极电流产生相应变化，从而检测出与压力呈一定关系的电信号及压力分布情况。通过改变导电橡胶的渗入成分可控制电阻的大小。例如，渗入石墨可加大导电橡胶的电阻，而渗碳或渗镍则可减小导电橡胶的电阻。如图 11-11 所示。

（3）滑觉传感器

滑觉传感器是一种用来检测机器人与抓握对象间滑移程度的传感器。为了在抓握物体时确定一个适当的握力值，需要实时检测接触表面的相对滑动，然后判断握力，在不损伤物体的情况下逐渐增加力量，滑觉检测功能是实现机器人柔性抓握的必备条件。通过滑觉传感器可实现识别功能，对被抓物体进行表面粗糙度和硬度的判断。

a) 高密度分布式压觉传感器工作原理图

b) 压觉传感器实物图

图 11-11　压觉传感器

滑觉传感器实际上是一种位移传感器。两电极交替盘绕成螺旋结构，放置在环氧树脂玻璃或柔软纸板基底上，力敏导电橡胶安装在电极的正上方。在滑觉传感器工作过程中，通过检测正负电极间的电压信号并通过 ADC（模拟数字转换器）将其转换成数字信号，采用 DSP 芯片进行数字信号处理并输出结果，判定物体是否产生滑动，如图 11-12 所示。

滑觉传感器按被测物体滑动方向可分为三类：无方向性、单方向性和全方向性传感器。

1）无方向性传感器只能检测是否产生滑动，无法判别方向，主要为探针耳机式，它由蓝宝石探针、金属缓冲器、压电罗谢尔盐晶体和橡胶缓冲器组成。当滑动产生时，探针产生振动，由罗谢尔盐晶体将其转换为相应的电信号。缓冲器的作用是减小噪声的干扰。

2）单方向性传感器只能检测单一方向的滑移，主要为滚筒光电式。被抓物体的滑移会使滚筒转动，导致光电二极管接收到透过码盘（装在滚筒的圆面上）射入的光信号，通过滚筒的转角信号（对应着射入的光信号）而测出物体的滑动。

3）全方向性传感器可检测各个方向的滑动情况，采用表面包有绝缘材料并构成经纬分布的导电与不导电区的金属球。当传感器接触物体并产生滑动时，这个金属球就会发生转动，使球面上的导电与不导电区交替接触电极，从而产生通断信号，通过对通断信号的计数和判断可测出滑移的大小和方向。

此外，滑觉传感器还可以分为电容式、压阻式、磁敏式、光纤式和压电式等类型。其中，压电式应用较广，可同时检测触觉和滑觉信号，但触觉信号和滑觉信号的分离存在一定困难。

（4）力觉传感器

力觉传感器是通过检测弹性体变形来间接测量所受力的传感器。力觉传感器根据力的检测方式不同可分为：应变片式（检测应变或应力）、利用压电器件式（压电效应）及差动变压器、电容位移计式（用位移计测量负载产生的位移）。其中，应变片式压力传感器最普遍，商品化的力觉传感器大多是这一种。根据传感器安装部位的不同，力觉传感器可分为腕力传感器、关节力传感器、握力传感器、脚力传感器、指力传感器等。

在机器人上使用的力觉传感器通常根据其安装位置分为以下三类：

1）装在关节驱动器上的力觉传感器，称为关节力传感器。它测量驱动器本身的输出力和转矩，用于控制中的力反馈。

a) 球式滑觉传感器原理图

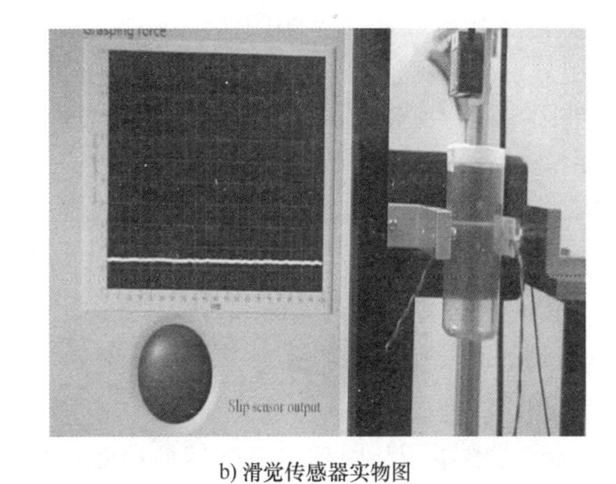

b) 滑觉传感器实物图

图 11-12　滑觉传感器

2）装在末端执行器和机器人最后一个关节之间的力觉传感器，称为腕力传感器。腕力传感器能直接测出作用在末端执行器上的各向力和转矩。

3）装在机器人手指关节上的力觉传感器，称为指力传感器。用来测量夹持物体时的受力情况。

机器人的这三种力觉传感器依其不同的用途有不同的特点，关节力传感器用来测量关节的受力（转矩）情况，信息量单一，传感器结构也较简单，是一种专用的力觉传感器；手（指）力传感器一般测量范围较小，同时受手爪尺寸和重量的限制，指力传感器在结构上要求小巧，也是一种较专用的力觉传感器；腕力传感器从结构上来说，是一种相对复杂的传感器，它能获得手爪三个方向的受力（转矩），信息量较多，又由于其安装的部位在末端执行器和机器人手臂之间，比较容易形成通用化的产品系列。腕力传感器大部分采用应变电测原理，将电阻应变片粘贴在被测构件表面，当构件变形时，电阻应变片的电阻值将发生相应的变化，然后通过电阻应变仪将此电阻变化转换成电压（或电流）的变化，再换算成应变值或者输出与此应变成正比的电压（或电流）的信号，就可得到所测定的应变或应力，如图 11-13 所示。

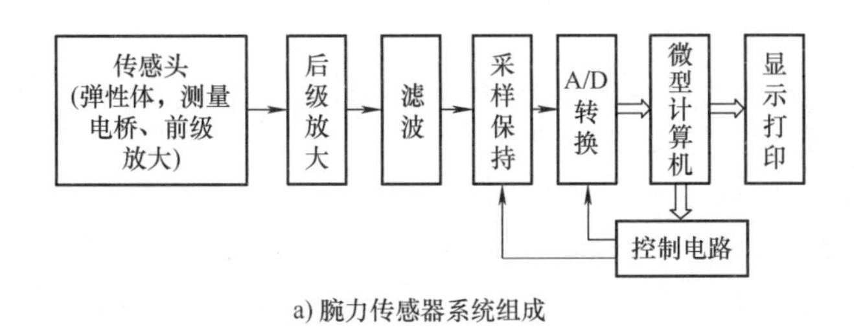

a) 腕力传感器系统组成

b) 力觉传感器实物图

图 11-13　力觉传感器

2. 视觉传感器

视觉传感器是指利用光学器件和成像装置获取外部环境图像信息的仪器，通常用图像分辨率来描述视觉传感器的性能。视觉传感器是整个机器视觉系统信息的直接来源，主要由一个或者两个图形传感器组成，有时还要配以光投射器及其他辅助设备。

视觉传感器可以从一整幅图像中捕获光线的数以千计的像素。图像的清晰和细腻程度通常用分辨率来衡量，以像素数量表示。在捕获图像之后，视觉传感器将其与内存中存储的基准图像进行比较，以做出分析。其精度与分辨率以及被测物体的检测距离相关，被测物体距离越远，其绝对的位置精度越差。

视觉传感器的主要功能是获取足够的机器视觉系统要处理的最原始图像。其工业应用包括检验、计量、测量、定向、瑕疵检测和分拣。

视觉传感器分为电荷耦合器件和互补性氧化金属半导体（CMOS）两种。

3. 机器人距离传感器

（1）超声波传感器

超声波传感器是利用超声波的特性研制而成的传感器。超声波是一种振动频率高于声波的机械波，由换能晶片在电压的激励下发生振动产生的，它具有频率高、波长短、绕射现象小，特别是方向性好、能够成为射线而定向传播等特点。超声波对液体、固体的穿透本领很大，尤其是在阳光不透明的固体中，它可穿透几十米的深度。超声波碰到杂质或分界面会产生显著反射形成回波，碰到活动物体能产生多普勒效应。因此超声波检测广泛应用在工业、国防、生物医学等方面。

超声波探头主要由压电晶片组成，既可以发射超声波，也可以接收超声波。小功率超声探头多作探测作用。它有许多不同的结构，可分直探头（纵波）、斜探头（横波）、表面波探头（表面波）、兰姆波探头（兰姆波）、双探头（一个探头反射、一个探头接收）等。

超声波传感器可以广泛应用在物位（液位）监测、工业机器人防撞、各种超声波接近开关，以及防盗报警等相关领域，工作可靠，安装方便，发射夹角较小，灵敏度高，方便与工业显示仪表连接，也提供发射夹角较大的探头。

（2）接近觉传感器

探测非常近物体存在的传感器称为接近觉传感器，相同极性的磁铁彼此靠近时斥力与距离的二次方成反比，所以探测排斥力就可知道两磁铁的接近程度，这是最为熟知的接近觉传感器。可是作为机器人用的接近觉传感器，由于物体大多数不是磁性体，所以不能利用磁铁的传感器。

只要物体存在，一种检测反作用力的方法是检测碰到气体喷流时的压力。气源送出一定压力的气流，离物体的距离越小，气流喷出的体积越窄小，气缸内的压力则越大。如果事先求出距离和压力的关系，即可根据压力测定该距离。

接近觉传感器主要感知传感器与物体之间的接近程度。它与精确的测距系统虽然不同，但又有相似之处。可以说接近觉传感器是一种粗略的距离传感器。接近觉传感器在机器人中主要有两个用途：避障和防止冲击，前者如移动的机器人如何绕开障碍物，后者如机械手抓取物体时实现柔性接触。接近觉传感器应用的场合不同，感觉的距离范围也不同，远可达几米至十几米，近可几毫米甚至1毫米以下。接近觉传感器根据不同的工作原理有多种实现方式，最常用的有感应式接近觉传感器、电容式接近觉传感器、超声波接近觉传感器、光接近觉传感器、红外反射式接近传感器等。

4. 机器人听觉传感器

听觉传感器是人工智能装置，是机器人中必不可少的部件，它是利用语音信号处理技术制成的。机器人由听觉传感器实现“人—机”对话。一台机器人不仅能听懂人讲的话，且能讲出人能听懂的语言，赋予机器人这些智慧和技术统称语音处理技术，前者为语言识别技术，后者为语音合成技术。具有语音识别功能的传感器称为听觉传感器。

听觉传感器是检测出声波（包括超声波）或声音的传感器，用于识别声音的信息传感器。在所有的情况下，都使用传声器等振动检测器作为检测器件。在识别输入的语音时，可以分为特定人说话方式及非特定人说话方式。特定人说话方式的识别率比较高。为了便于存储标准语音波形及选配语音波形，需要对输入的语音波形频带进行适当的分割，将每个采样周期内各频带的语音特征能量抽取出来。

听觉系统除了用于识别人的声音以外，还可以在工作现场利用传声器捕捉音响来证实一个工序的开始与结束、检测异常声音等。超声波听觉系统在工业机器人测量、检测等方面有广泛的应用。

11.5　控制系统

11.5.1　示教器

工业机器人示教器又叫示教编程器（以下简称示教器）是机器人控制系统的核心部件，是一个用来注册和存储机械运动或处理记忆的设备，该设备是由电子系统或计算机系统执行的。它属于人机交互设备的一种，操作者可以通过示教器操作工业机器人运动、完成示教编程、实现对系统的设定、故障诊断等。工业机器人示教器示意图如图 11-14 所示。

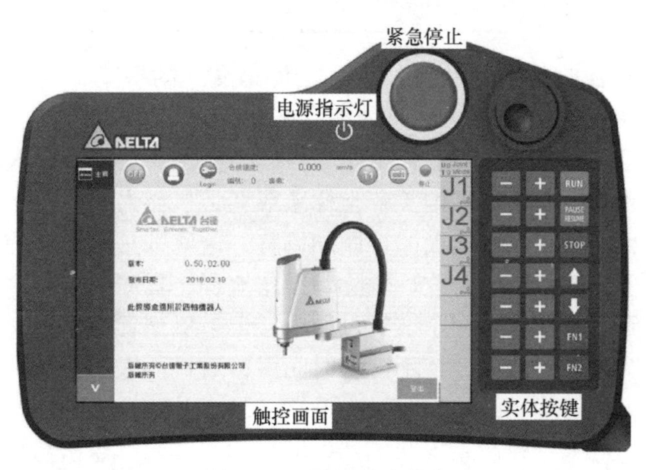

图 11-14　示教器示意图

示教器主要是通过控制台和编程器进行示教，操作者可以通过示教器上的按钮输入指令进而操作机器人，示教器常用按钮功能介绍见表 11-1。操作者在示教过程中可以观察到或者设置变量信息、集成系统数据、输入输出、时间信息、坐标系信息、动作运行的方式、程序点间的插补信息和速度信息等多种功能信息。操作员可以通过该人机界面操作机器人在工作时的轨迹，或者根据机器人的机械臂传递的力和力矩传感器，输入设置机械臂运动作业的位姿，控制运动方向等，但是其也有缺点，无法确定机械臂作业的最佳位姿和路径，所以必须要加入实时监测功能和急刹车功能，这主要也是保证操作者在作业时候的人身安全，避免不必要的损失。

表 11-1　示教器常用按钮功能介绍

按钮	功能
紧急停止开关	按下此键，伺服电源切断。切断伺服电源后，屏幕上显示急停信息
伺服起动开关	伺服上电开关打开，工业机器人示教器状态行上电状态
使能开关	电动机上电，示教器状态行使能状，在示教器背面，当轻轻按下时，电源接通，用力按下时或者完全松开时，电源切断
界面翻页按键	快捷功能菜单翻页，可以快速切换菜单页面
模式选择键	工业机器人“示教”“执行”模式选择键
主菜单按钮	示教模式，主菜单为：显示、选择、用户、功能、编辑；执行模式，主菜单为：选择、编辑
坐标系选择按钮	关节坐标、直角坐标、工具坐标、用户坐标的切换选择
执行速度设定按键	手动执行速度加减设定键。手动执行速度以微动 -> 慢速 -> 中速 -> 快速的方式循环设定，并且，执行速度图标随设定相应改变
确认按钮	执行命令或数据的登录，机器人当前位置的登录，与编辑操作等相关的各项处理时的最后确认键
删除按钮	在输入缓冲行中显示的命令或数据，按［回车］键后，会输入到显示屏的光标所在位置。完成输入、插入、删除、修改等操作。
修改按钮	程序编辑时用的修改。与［确认］键配合使用，可以修改光标所在的程序行指令参数

示教器的人机界面是机器人和操作者直接信息交互的桥梁，良好的示教器人机界面是实现操作者操作机器人的前提，并且能简化操作流程和提高在线示教、在线编程的效率，示教器人机界面如图 11-15 所示。设计全触摸屏操作，对友好的人机界面有着极高的要求，需要通过界面来操作机器人的关节坐标系或者是机器人关节的运动轨迹，对机器人关节进行位置调整和定位，以及速度的控制和调整，这些都是示教器的基本功能。示教器的友好界面，简化了文件编辑、修改、删除等操作流程，程序的再现，机器人关节的运动形式体现，离不开界面的操作。在示教的过程中，记录机械臂的位姿，通过机器人语言编写程序代码来实现。在不同的场合，不同的时间点，对机器人的机械臂动作和位姿数据的要求也是不尽相同，对于不同的用户登录、设置权限以及登录工具的设置都包含在示教器的界面。对各种操作过程中控制系统和机器人的运动本体的状态信息也都实时地显示在示教器上。人机界面是输入的重要方式，操作者通过示教器的交互界面切换多种操作模式，文件操作、程序编写、速度变化等。同时可以应变多种紧急情况，方便快捷、操作简单、人性化控制。

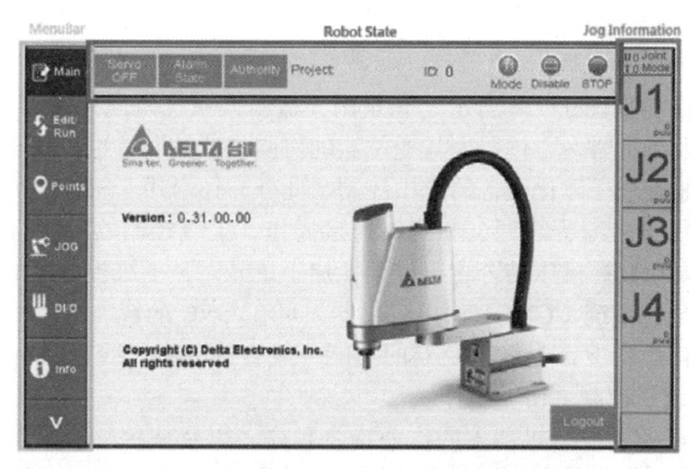

图 11-15　示教器人机界面

如今无线传输在多个领域得到应用，使用标准示教器与机器人控制单元连接，实现一配多安全技术，该技术不仅扩大了操作员控制的区域，而且还提高了作业的灵活性，不需要考虑连接电缆的长度和铺设，该技术实现了多点无线操作以及从机器到机器和人到机器的控制数据传输，只要在机器上安装了无线技术集成模块，就可以用示教器示教盒进行控制。

11.5.2　控制器

控制器是用于控制机器人坐标轴位置和运动轨迹的装置，输出运动轴的插补脉冲，其功能与数控系统非常类似。控制器常用的结构有工业计算机和 PLC 两种。

工业计算机型机器人控制器的主机和通用计算机并无本质区别，但机器人控制器需要增加传感器、驱动器接口等硬件，这种控制器的兼容性好、软件安装方便、网络通信容易。PLC 型控制器以类似 PLC 的 CPU 模块作为中央处理器，然后通过选配各种 PLC 功能模块，如测量模块、轴控制模块等，来实现对机器人的控制，这种控制器配置灵活，模块通用性好、可靠性高。

机器人控制器的基本功能见表 11-2。

表 11-2　机器人控制器的基本功能

功能	说明
记忆功能	作用顺序、运动路径、运动方式、运动速度等与生产工艺有关的信息
示教功能	离线编程、在线示教，在线示教包括示教盒和导引示教两种
与外围设备联系功能	输入 / 输出接口、通信接口、网络接口、同步接口
坐标设置功能	关节、绝对、工具三个坐标系
人机接口	显示屏、操作面板、示教盒
传感器接口	位置检测、触觉、视觉等
位置伺服功能	机器人多轴联动、云顶控制、速度、加速度控制、动态补偿等
故障诊断安全保护功能	运动时系统状态监视，故障状态下的安全保护和故障诊断

11.5.3 上层控制器

上层控制器架构如图 11-16 所示，它是用于机器人系统协同控制、管理的附加设备，它既可用于机器人与机器人、机器人与变位器的协同作业控制，也可用于机器人与数控机床、机器人与其他机电一体化设备的集中控制。此外，还可用于机器人的调试、编程。

对于一般的机器人编程、调试和网络连接操作，上级控制器一般直接使用计算机或工作站。当机器人和数控机床结合，组成柔性加工单元时，上级控制器的功能一般直接由数控机床配套的数控系统（CNC）承担，机器人可在 CNC 的统一控制下协调工作。在自动生产线等自动化设备上，上级控制器的功能一般直接由生产线控制用的 PLC 承担，机器人可在 PLC 的统一控制下协调工作。

控制系统的任务是根据机器人的作业指令程序，以及从传感器反馈回来的信号支配机器人的执行机构去完成规定的运动和功能，分为开环系统和闭环系统。

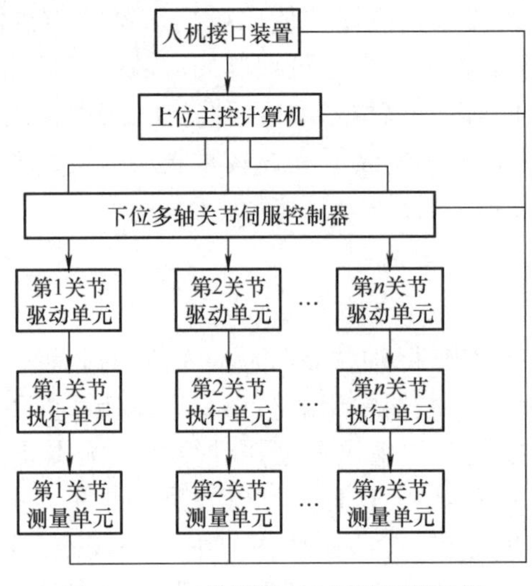

图 11-16　工业机器人上层控制器架构

1）控制计算机：控制系统的调度指挥机构。

2）示教盒：示教机器人的工作轨迹和参数设定，以及所有人机交互操作，拥有自己独立的 CPU 以及存储单元，与主计算机之间以串行通信方式实现信息交互。

3）操作面板：由各种操作按键和状态指示灯构成，只完成基本功能的操作。

4）硬盘和软盘存储器：是机器人工作程序的外围存储器。

5）数字和模拟量输入 / 输出：实现各种状态和控制命令的输入或输出。

6）打印机接口：记录需要输出的各种信息。

7）传感器接口：用于信息的自动检测，实现机器人柔顺控制，一般为触觉和视觉传感器。

8）轴控制器：完成机器人各关节位置、速度和加速度控制。

9）辅助设备控制：用于和机器人配合的辅助设备控制，如手爪变位器等。

10）通信接口：实现机器人和其他设备的信息交换，一般有串行接口、并行接口等。

11）网络接口：包括 Ethernet 和 Fieldbus 接口。Ethernet 接口：可通过以太网实现数台或单台机器人的直接 PC 通信，数据传输速率高达 10Mbit/s，可直接在 PC 上用 Windows 95 或 Windows NT 库函数进行应用程序编程，支持 TCP/IP 通信协议，通过 Ethernet 接口将数据及程序装入各个机器人控制器中。Fieldbus 接口：支持多种流行的现场总线规格，如 Device net、AB Remote I/O、Interbus-s 等。

习题与思考题

1. 完整的机器人包含五大系统，是哪些？
2. 说明机器人本体结构的组成部分。末端执行器指什么，有哪些种类？
3. 机器人的驱动系统指什么？
4. 简述机器人传感器的分类和功能。
5. 机器人的控制系统分成哪几部分？

第 12 章 工业机器人编程语言

12.1 工业机器人编程语言的基本功能

工业机器人编程语言的基本功能包括几何模型描述、机器人作业描述、运动功能、操作流程及响应功能、友好的程序开发环境、与外部信息交换功能等。

1. 几何模型描述

机器人编程语言应可以在三维空间中定义与机器人作业相关的坐标系，包括基坐标系、机器人关节坐标系、工具坐标系、工作台坐标系、工件坐标系，且具备坐标变换和基变换功能；可以描述关节变量、工具坐标系的位置和姿态，可以描述机器人在三维空间中的运动；可以建立 CAD 模型，并可以定义物体边缘、表面和几何形貌；可以对夹具、末端执行器以及机器人外围设备进行建模；具有机器人的正向运动学以及逆向运动学模型。

2. 机器人作业描述

机器人编程语言可以基于上述几何模型，根据工艺条件和作业环境条件，完整地描述机器人整个作业流程，包括位置描述，如作业的准备结点、开始结点、中间结点、终止结点和安全返回结点等；也包括动作描述，例如，搬运作业中的工件夹紧、工件放松等，焊接作业中的起弧、开保护气体等；还包括作业速度描述等。

3. 运动功能

机器人编程语言可以基于几何模型，在不同的坐标系中描述点到点的直线运动、坐标平面的圆弧运动、空间圆弧运动、样条曲线轨迹运动等，并具备插补功能；也可以按规划的轨迹实现相应的运动，还可以指定机器人各轴运动的速度和加速度以及机器人工具坐标系运动的速度与加速度。

4. 操作流程及响应功能

机器人编程语言除了有一般高级语言所具备的程序设计功能，如顺序结构设计、选择结构设计、循环结构设计功能外，还具备子程序调用、程序并行运行、查询、中断以及对外部触发做出响应的功能。此外，最重要的是具备控制机器人严格按照设定的时序完成相应操作的功能。

5. 友好的程序开发环境

机器人运动控制程序指令简单、含义直接，并便于记忆；机器人编程语言应具备友好的人机界面以及人机交互功能，应用程序开发效率高。

6. 与外部信息交换功能

机器人编程语言应具备较为完善的外部触发功能；具备接收外部力传感器、触觉传感器、视觉传感器、温度传感器等相关传感器信息的能力；并具备对这些信息变化做出响应的能力。

12.2　工业机器人编程语言的分类

如果说硬件构成了机器人的本体，那么机器人语言才赋予了机器人实际的功能，机器人语言不仅是机器人控制的关键，更是人机交互的基础。每一台机器人都拥有自己的机器人语言编程系统，无论是最基本的基于 PLC 构架的梯形图式编程，还是基于单片机为核心的 C/C++ 编程，以及基于手扶式示教编程，都属于机器人的一种编程方式。

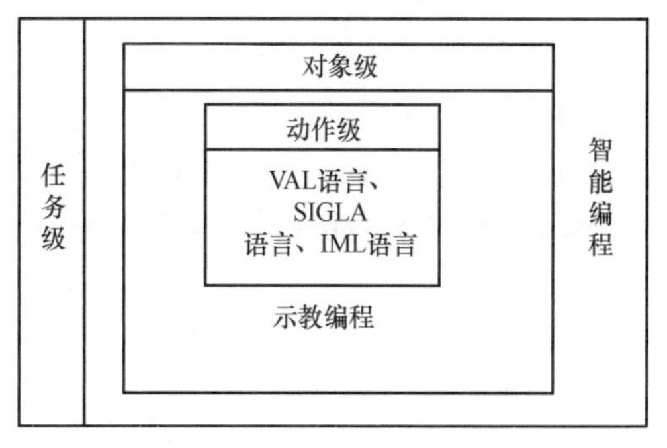

图 12-1　工业机器人编程语言

工业机器人编程语言如图 12-1 所示。从机器人发展史来看，从最开始的市场需求，需要机器人代替人完成重复烦琐的动作任务，于是较为简单的、功能单一的机械手诞生，其编程方式如同 PLC 梯形图一样，逐条运行，功能单一，因此称之为动作级指令。随后，因为生产线的柔性化和加工多样化，单一的动作级语言无法满足当时柔性自动化生产线的要求，针对任务性专一，但对象多变的任务需求，基于对象特性而提出的对象级语言诞生，或者说对象级语言因对象多变性需求，对动作级语言进行二次封装，发展成熟为现阶段广泛使用的一种编程语言，如现在较为高端的示教编程和示教盒编程等，都是基于动作级语言开发而成，相对于动作级语言，对象级语言的人机交互更为简单方便。在此基础之上，随着人工智能的发展，工业机器人也逐步智能化，机器人的定义不再是替代人完成单一烦琐的工作任务，而是能够智能化分析任务和解决任务的智能化设备，基于人工智能所提出的任务级编程语言赋予机器人思考问题和解决问题的能力。

1. 动作级编程语言

动作级编程语言主要描述机器人的运动，通常一条指令对应机器人的一个动作，表示机器人从一个位姿运动到另一个位姿。动作级编程语言的优点是指令简单、易学；缺点是功能有限，无法进行复杂的教学运算和逻辑运算，子程序中不含有自变量，只能接收外部的开关变量等。现在数控加工机床中的 G 指令就是动作级编程指令。

动作级编程语言分为关节级编程和末端执行器级编程。其中关节级编程通过简单的编程指令来完成，也可以通过示教盘示教和键盘输入示教来实现。末端执行器编程在机器人作业空间的直角坐标系中进行，通过给出机器人末端工具坐标系的位姿序列，连同其他辅助功能，如触觉、视觉等的时间序列，协调进行机器人动作的控制。

以门字形路径 AB 两点间抓取为例，如图 12-2 所示，假设机械手此时已抓取位于 pPick 处的物件 A，需要放置到 B 处，则其编程指令如下：

mDesc.blend=joint　开启多点自动混合模式
mDesc.leave=50　设置离开圆半径为 50 单位
mDesc.reach=200　设置接近圆半径为 200 单位
Movel（pDepart，tTool，mDesc）　直线运动到 pDepart 点
mDesc.leave=200　设置离开圆半径为 200 单位
mDesc.reach=50　设置接近圆半径为 50 单位
Movej（pAppro，tTool，mDesc）　圆弧混合方式运动到 pAppro 点
mDesc.blend=off　关闭混合模式
Movel（pPlace，tTool，mDesc）　直线运动到 pPlace 点

2. 对象级编程

如果说动作级语言实现机器人模仿人的动作，替代人去执行那些重复烦琐的工作任务，那么面向对象的编程语言即教会机器人去理解复杂的实物，去认识归纳和总结，由此，对象级语言引入类、对象、实例等概念。区别于动作级语言的逐条描述机器人基础动作，对象级语言需要编程人员告知作业中的过程顺序描述和整个过程的环境模型，当机器人明确各对象间的相互联系后，机器人能够知道接下来要执行的动作。

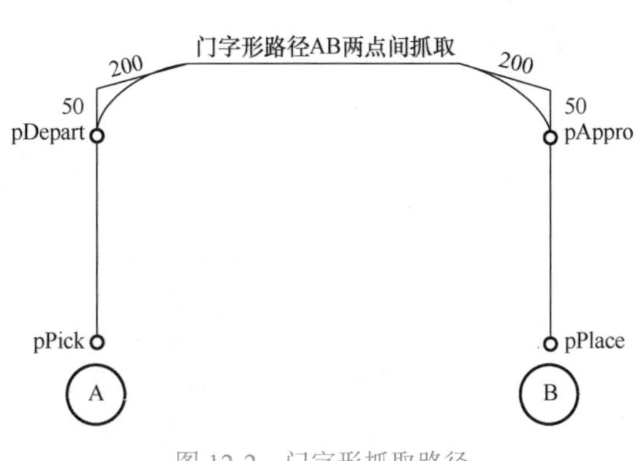

图 12-2　门字形抓取路径

同样以生产线门字形抓取为例，对于生产线上的物料其位置是不固定的，且其类型也是多样的，要求机器人按照不同类别，抓取后放置到不同位置，这类对象级任取需求无法通过固定的几个动作级指令实现，因此需要更高级的对象级编程，对于物料对象，通过计算推导，可以求得物料的位置信息参数，这些参数作为对象类信息的一部分，在机器人编程中可以实时调用，因此对象级编程能够有效解决多变复杂的环境任务。

3. 任务级编程语言

任务级编程语言只需要按照某种规则描述机器人对象物的初始状态和最终目标状态，机器人语言系统即可利用已有的环境信息、知识库、数据库自动进行推理、计算，从而自动生成机器人的路径，并实现运动控制目标。例如，某装配机器人欲完成销轴和轴孔的装配，螺钉的初始位置和装配后的目标位置已知，当发出抓销轴的命令时，语言系统从初始位置到目标位置之间寻找路径，在复杂的作业环境中找出一条不会与周围障碍物产生碰撞的合适路径，在初始位置处选择恰当的姿态抓取销轴，沿此路径运动到目标位置。在此过程中，作业方案的设计、工序的选择、动作的前后安排等一系列问题都由计算机自动完成。

任务级编程语言的结构十分复杂，需要人工智能理论和大型知识库、数据库作为支撑；它是机器人语言发展的主要方向，但目前功能尚不够完善。

4. 示教编程语言

“示教”就是操作人员手把手或者利用示教盘教会机器人的末端执行器完成某些动作，机器人的控制系统会以程序的形式将这些动作过程记录下来。示教完成之后，机器人可以“再现”这些动作过程。

示教编程是在动作级编程语言基础上进行二次封装，用户用程序对特定任务描述完毕后，对于任务中的相应参数，如位置信息和动作信息都可以由使用者更改。而更改过程一般在示教盒或者示教触摸屏上完成。如图 12-3 所示，以门字形路径抓取为例，其运动级描述为依次从 0 点运动到 5 点，然后循环运行，即可完成循环抓取操作。而如果需要改变抓取点或者放置点等参数，可以通过示教触摸屏面板，如图 12-4 所示，手动操作机械手运动到指定位置，然后将该点位置信息记录到 0 ～ 5 设定点之中，从而实现示教编程。其本质意义上还是动作级编程，其运动程序是固定的，使用者只是通过示教器更改程序中的位置参数信息，对使用者而言，无须接触程序层，仅仅通过示教触摸屏即可完成机器人编程。

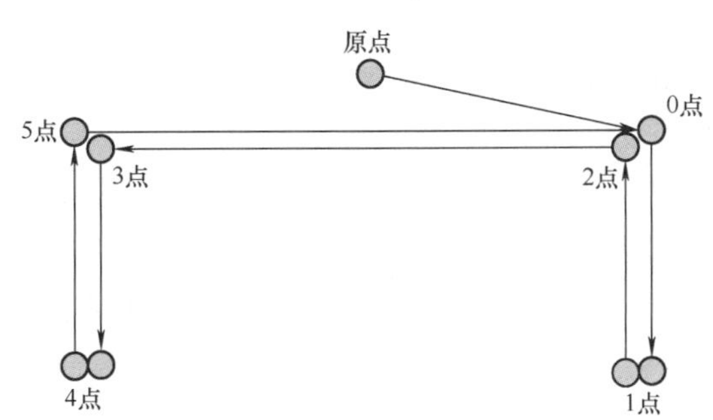

图 12-3　门字形路径示教点

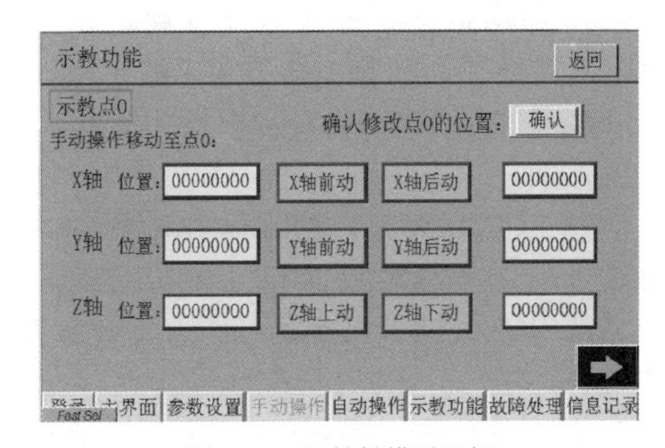

图 12-4　示教触摸屏面板

示教编程现阶段广泛应用于各大机器人系统中，因其编程便利，各大机器人厂家都研制设计出了各自的机器人示教系统，其本质都是建立在运动级语言的二次封装之上，如 ABB 公司生产的 IRC5 示教器，如图 12-5 所示。

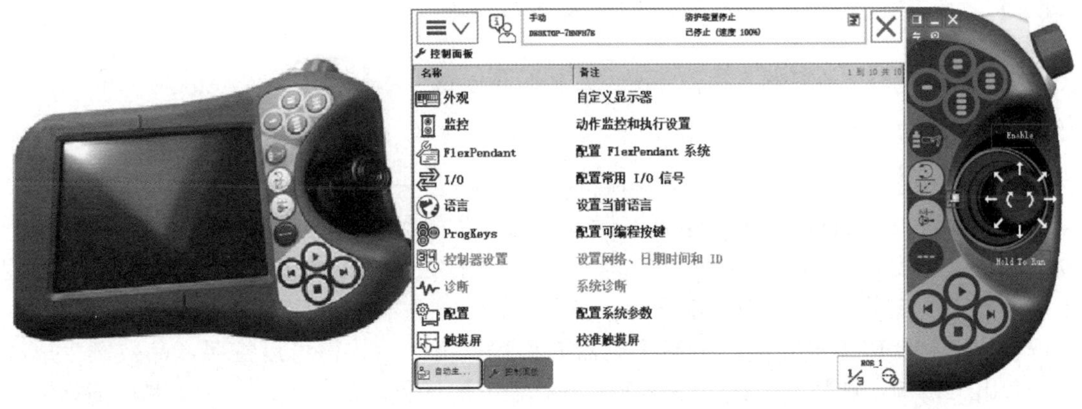

图 12-5　IRC5 示教器

5. 智能编程语言

在工业机器人编程中，智能编程语言是一种更高级别的编程语言，它提供了更高层次的抽象和自动化功能，以简化和加速机器人编程过程。这些智能编程语言通常结合了机器学习、人工智能和自动化技术，以实现更智能、自适应的机器人控制和操作。

以下是几个常见的智能编程语言。

1）Python 是一种通用的高级编程语言，也被广泛应用于工业机器人编程领域。Python 在机器人编程中可以用于任务规划、路径生成、机器人模拟和机器人控制等方面。Python 有丰富的机器学习和人工智能库，如 TensorFlow 和 PyTorch，可以用于开发机器人智能控制算法。

2）ROS（Robot Operating System）是一个开源的机器人操作系统，它提供了一套通用的工具和库，用于编写机器人应用程序。ROS 使用 C++ 和 Python 作为主要编程语言，并提供了丰富的机器人相关功能包和工具，如运动控制、传感器处理、路径规划等。ROS 提供了一种模块化的架构，可以方便地集成智能算法和传感器数据处理。

3）Matlab 是一种数值计算和科学工程软件，也被广泛应用于机器人编程领域。Matlab 提供了丰富的工具箱和函数，用于机器人的运动控制、路径规划、机器视觉等。Matlab 还具有强大的仿真和模拟功能，可以帮助开发人员在虚拟环境中测试和验证机器人控制算法。

4）LabVIEW 是一种流程图编程语言，主要用于控制和测量系统的开发。LabVIEW 通过可视化的编程界面和大量的内置函数，可以快速搭建机器人控制和监控系统。LabVIEW 还提供了机器学习和人工智能方面的工具箱，可以用于开发智能机器人控制算法。

这些智能编程语言提供了更高级别的抽象和自动化功能，使开发人员能够更快速、方便地开发智能机器人应用程序。它们可以结合各种机器学习和人工智能技术，为机器人带来更高的自主性、适应性和智能性。根据具体的应用需求和机器人平台，开发人员可以选择适合的智能编程语言。

12.3 主流工业机器人编程环境及分类

下面介绍主流工业机器人编程环境，如 RobotMaster、RobotArt、DRAStudio、ROBCAD、RobotStudio、Motosim 和 Robguide。

1. RobotMaster

RobotMaster 来自加拿大，由上海傲卡自动化公司代理，是目前全球离线编程软件中较好的一款，支持市场上绝大多数机器人品牌（KUKA、ABB、Fanuc、Motoman、史陶比尔、珂玛、三菱、DENSO、松下等），RobotMaster 在 Mastercam 中无缝集成了机器人编程、仿真和代码生成功能，提高了机器人编程速度。该软件可以按照产品数模生成程序，适用于切割、铣削、焊接、喷涂等。具有独家的优化功能，运动学规划和碰撞检测非常精确，支持外部轴（直线导轨系统、旋转系统），支持复合外部轴组合系统。软件主界面示意图如图 12-6 所示。

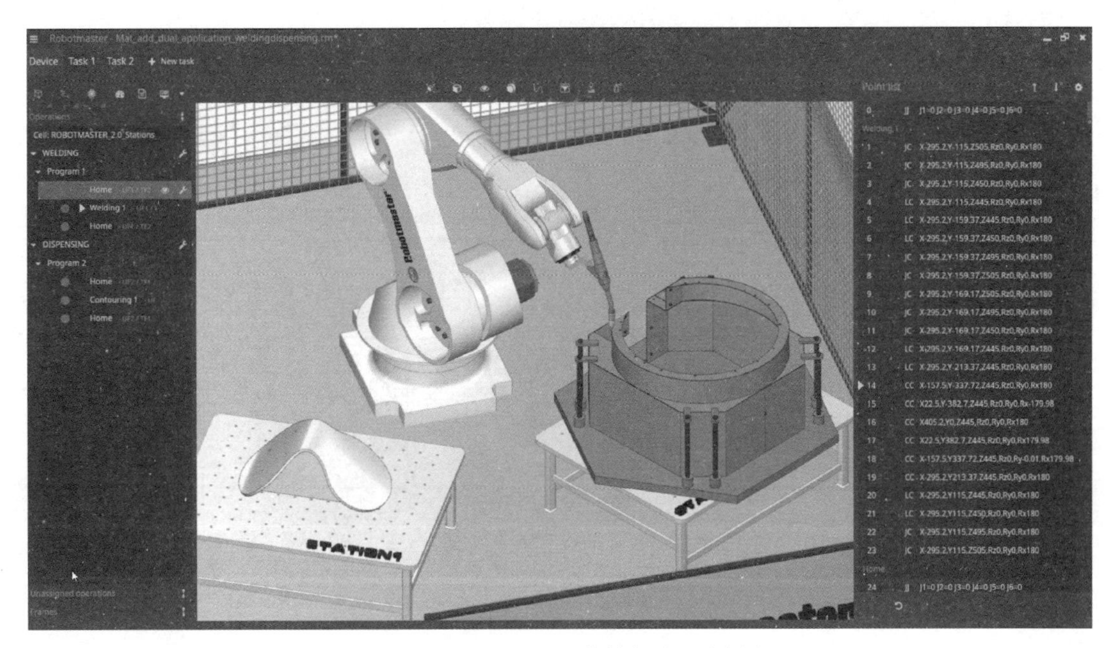

图 12-6　RobotMaster 软件主界面示意图

2. RobotArt

RobotArt 是国内开发的离线编程软件，支持多种品牌工业机器人离线编程操作，如 ABB、KUKA、Fanuc、Yaskawa、Staubli、KEBA 系列、新时达等。软件根据几何数模的拓扑信息生成机器人运动轨迹，之后轨迹仿真、路径优化、后置代码一气呵成，同时集碰撞检测、场景渲染、动画输出于一体，可快速生成效果逼真的模拟动画；广泛应用于打磨、去毛刺、焊接、激光切割、数控加工等领域；支持多种格式的三维 CAD 模型，可导入扩展名为 step、igs、stl、x_t、prt（UG）、prt（ProE）、CATPart、sldpart 等格式；拥有大量航空航天高端应用经验，自动搜索与识别 CAD 模型的点、线、面信息并生成轨迹，轨迹与 CAD 模型特征关联，模型移动或变形，轨迹自动变化，一键优化轨迹与几何级别的碰撞检测，支持多种工艺包，如切割、焊接、喷涂、去毛刺、数控加工，支持将整个工作站仿真动画发布到网页、手机端。但是软件不支持整个生产线仿真，对国外小品牌机器人也不支持。软件主界面示意图如图 12-7 所示。

3. DRAStudio

DRAStudio 是中国台达公司机器人离线编程仿真软件，在国内应用非常广泛。该软件具有强大的编程能力，从输入 CAD 数据到输出机器人加工代码只需四步；具有强大的工业机器人数据库。系统支持市场上主流的大多数的工业机器人，提供各大工业机器人各个型号的三维数模。可以进行接近完美的仿真模拟，独特的机器人加工仿真系统可对机器人手臂及工具与工件之间的运动进行自动碰撞检查，轴超限检查，自动删除不合格路径并调整，还可以自动优化路径，减少空跑时间。软件能对开放的工艺库进行定义，系统提供了完全开放的加工工艺指令文件库，用户可以按照自己的实际需求自行定义添加或设置自己独特工艺，添加的任何指令都能输出到机器人加工数据里面。软件主界面示意图如图 12-8 所示。

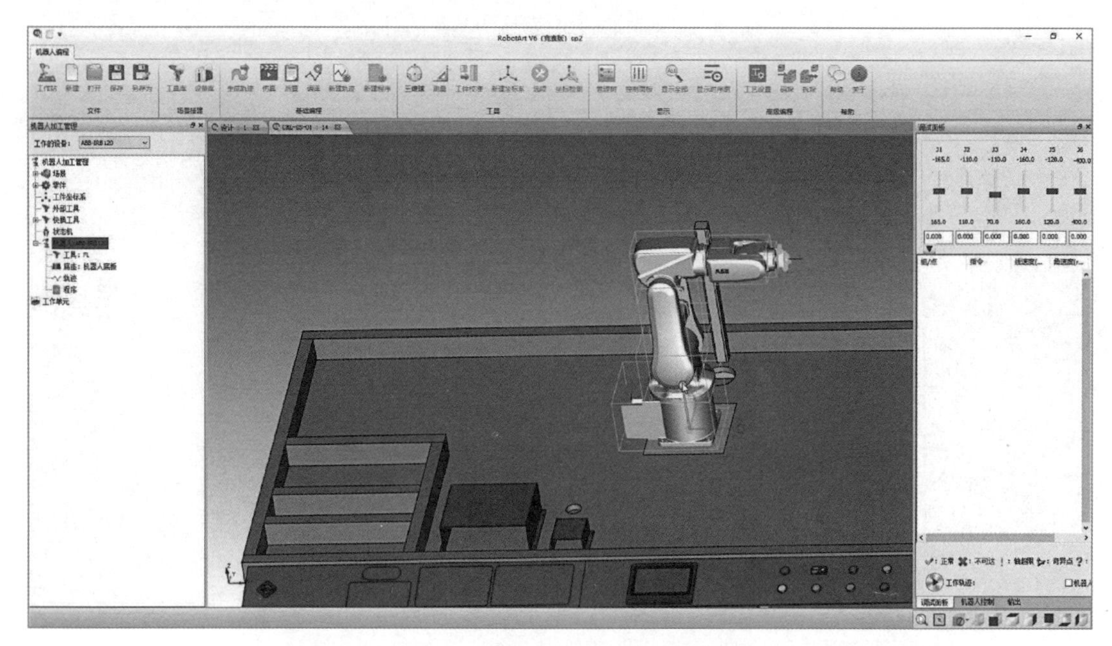

图 12-7　RobotArt 软件主界面示意图

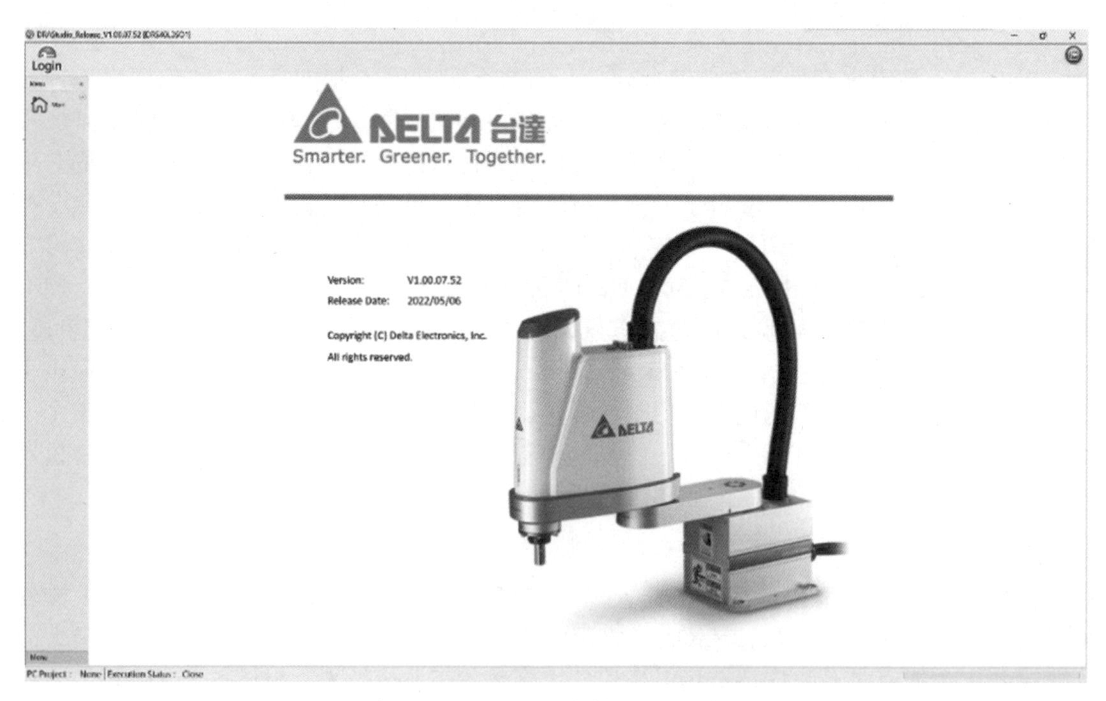

图 12-8　DRAStudio 软件主界面示意图

4. ROBCAD

ROBCAD 是西门子旗下的软件，软件较庞大，重点在生产线仿真。软件支持离线点焊、多台机器人仿真、非机器人运动机构仿真等，主要应用于产品生命周期中的概念设计和结构设计两个前期阶段，特别适合汽车行业生产线的布局设计、工厂仿真和离线编程。

该软件主要功能：Workcell and Modeling：对白车身生产线进行设计、管理和信息控制；Spotand OLP：完成点焊工艺设计和离线编程；Human：实现人因工程分析；Application 中的 Paint、Arc、Laser 等模块：实现生产制造中喷涂、弧焊、激光加工、绲边等工艺的仿真验证及离线程序输出；喷漆的设计、优化和离线编程包括：喷漆路线的自动生成、多种颜色喷漆厚度的仿真、喷漆过程的优化；与主流的 CAD 软件（如 NX、CATIA、IDEAS）无缝集成；实现工具工装、机器人和操作者的三维可视化；制造单元、测试以及编程的仿真。但是离线功能较弱，人机界面不友好，价格较为昂贵。软件主界面示意图如图 12-9 所示。

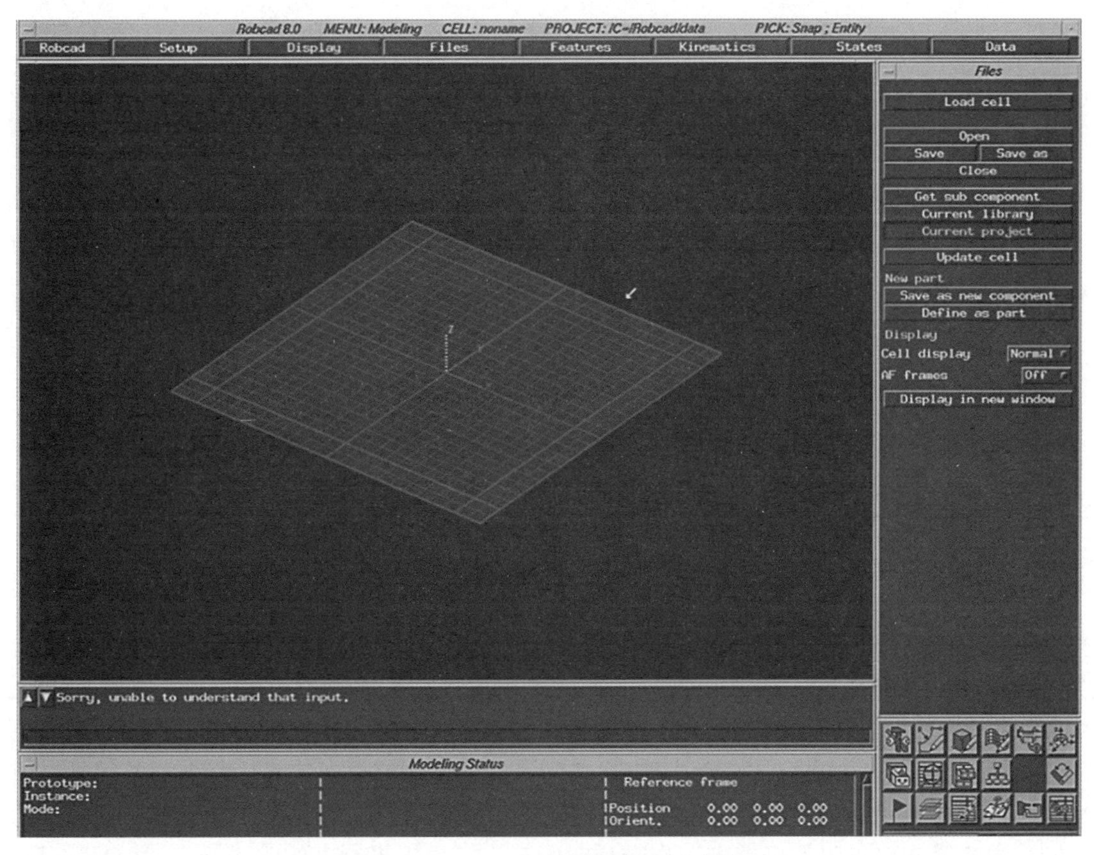

图 12-9　ROBCAD 软件主界面示意图

5. RobotStudio

RobotStudio 是瑞士 ABB 公司配套的软件，是机器人本体厂家中软件做得较好的一款。RobotStudio 支持机器人的整个生命周期，使用图形化编程、编辑和调试机器人系统来创建机器人的运行，并模拟优化现有的机器人程序。该软件可方便地导入各种主流 CAD 格式的数据，包括 IGES、STEP、VRML、VDAFS、ACIS 及 CATIA 等；通过 AutoPath 功能数分钟之内便可自动生成跟踪加工曲线所需要的机器人位置（路径），而这项任务以往通常需要数小时甚至数天；使用程序编辑器可生成机器人程序，使用户能够在 Windows 环境中离线开发或维护机器人程序，可显著缩短编程时间、改进程序结构；具有机器人运动优化的可视工具，以使机器人按照最有效方式运行。可以对 TCP 速度、加速度、奇异点或轴线等进行优化，缩短周期时间；通过 Autoreach 可自动进行可到达性分析，使用十分方便；具有直接上传和下载功能，整个机器人程序无须任何转换便可直接下载到实际机器人系统，该功能得益于 ABB 独有的 VirtualRobot 技术。但是仅支持 ABB 品牌机器人，机器人间的兼容性很差。软件主界面示意图如图 12-10 所示。

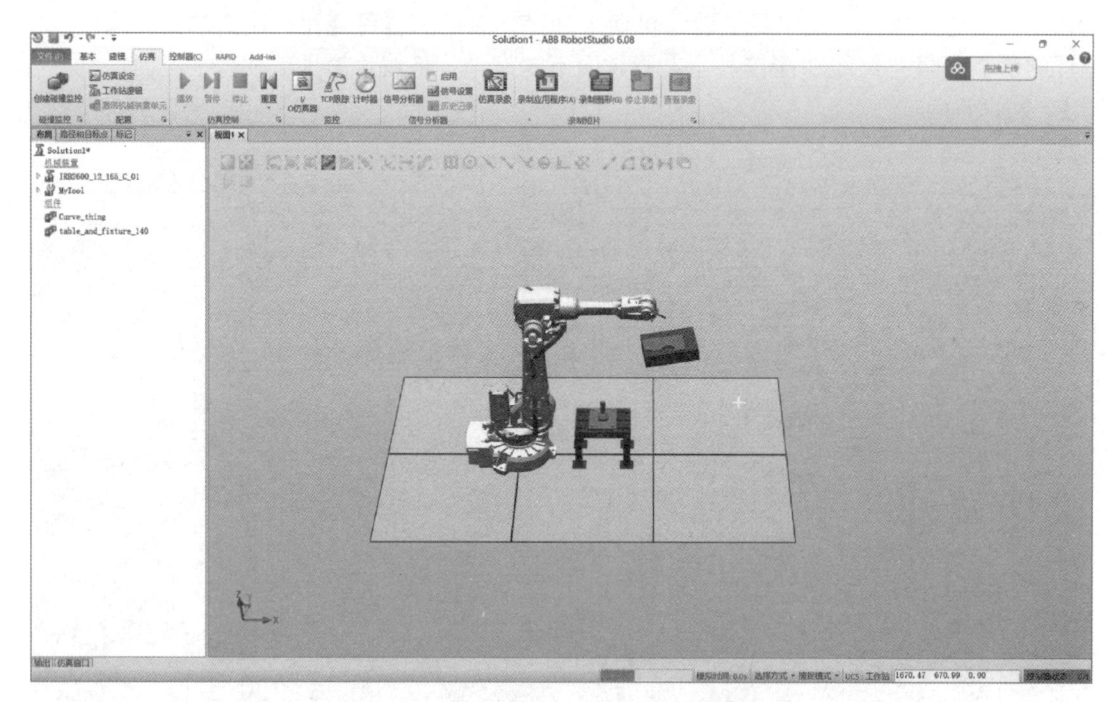

图 12-10　RobotStudio 软件主界面示意图

6. Motosim

Motosim 是对日系品牌安川的 Motoman 机器人进行离线编程和实时 3D 模拟的工具。Motosim 其作为一款强大的离线编程软件，能够在三维环境中实现 Motoman 机器人绝大部分功能，同时机器人的动作姿态可以通过六个轴的脉冲值或者工具尖端点的空间坐标值来显示，功能强大。机器人的动作超过设定脉冲值极限时，图像界面对超出范围的轴使用不同颜色来警告；可显示机器人动作循环时间；真实模拟机器人的输入输出（I/O）关系。具备机器人与机器人、机器人与外部轴之间的通信功能，能够实现协调工作；支持 3D CAD 文件格式建模，如 STEP、HSR、HNF 等；CAM 功能即自动示教功能，可结合三维数模及作业条件，自动生成机器人动作程序，即使工件由复杂的空间曲线组成也可以应对。但是对于复杂控制系统的应用灵活性稍显不够。软件主界面示意图如图 12-11 所示。

7. Robguide

Robguide 是日本发那科机器人公司提供的离线编程软件，它围绕一个离线的三维世界进行模拟，在这个三维世界中模拟现实中的机器人和周边设备的布局，通过其中的 TP 示教，进一步来模拟它的运动轨迹。通过这样的模拟可以验证方案的可行性，同时获得准确的周期时间。Robguide 是一款核心应用软件，还包括搬运、弧焊、喷涂等其他模块，它的仿真环境界面是传统的 Windows 界面，由菜单栏、工具栏、状态栏等组成。软件采用标准化编程，操作比较简单，上手较快；工程应用的性价比高，市场占有率较高。但是对于复杂控制系统的应用灵活性稍显不够。软件主界面示意图如图 12-12 所示。

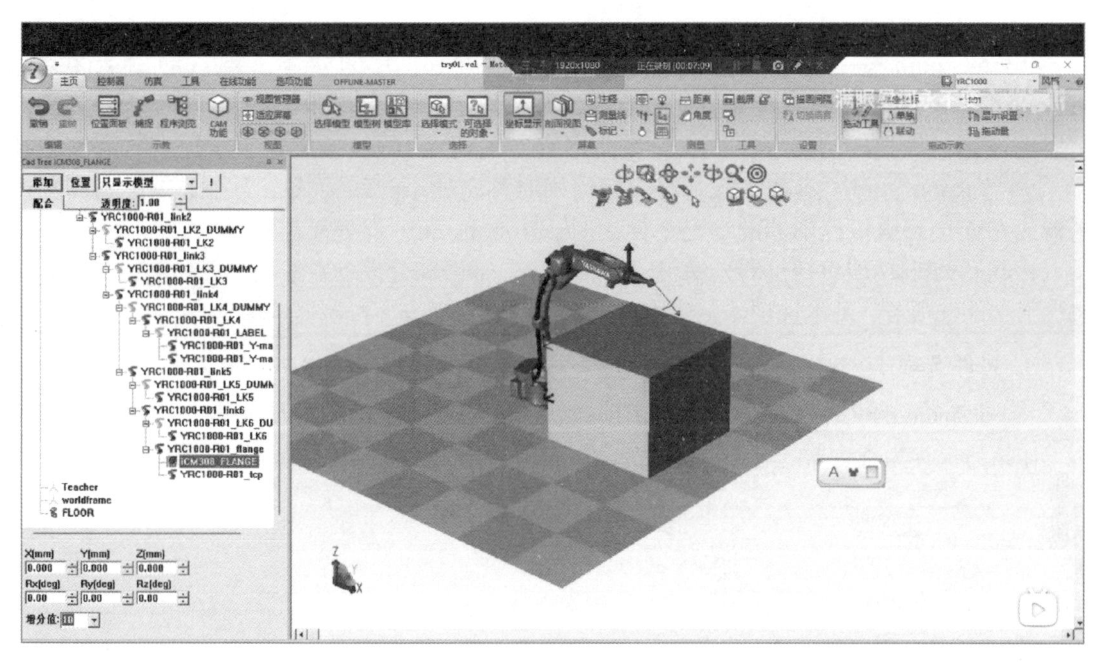

图 12-11　Motosim 软件主界面示意图

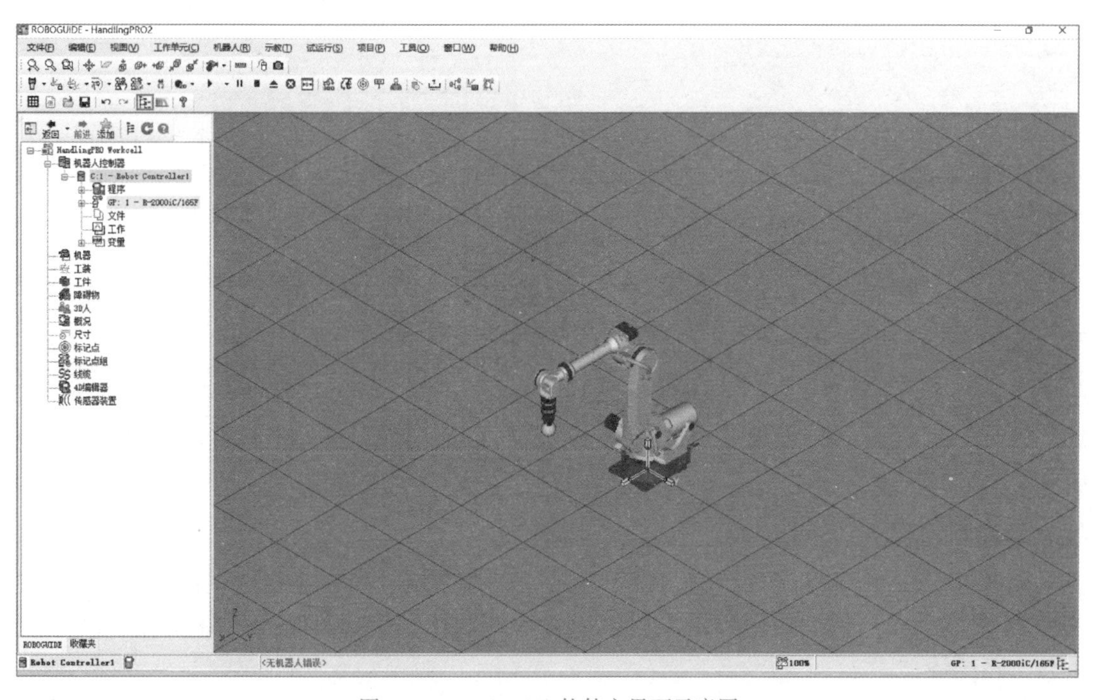

图 12-12　Robguide 软件主界面示意图

12.4 ABB机器人编程软件RobotStudio软件介绍

12.4.1 RobotStudio软件平台

RobotStudio是一款PC应用程序，用于机器人单元的建模、离线创建和仿真。RobotStudio允许使用离线控制器（即在PC上本地运行的虚拟IRC5控制器，这种离线控制器也被称为虚拟控制器VC），也允许使用真实的物理IRC5控制器（简称为“真实控制器”）。当RobotStudio随真实控制器一起使用时称它处于在线模式。当在未连接到真实控制器或在连接到虚拟控制器的情况下使用时，RobotStudio即处于离线模式。

RobotStudio功能包括机器人编程、仿真程序、部署和分发、在线操作等功能；在主界面包含了文件选项卡、基本选项卡、建模选项卡、仿真选项卡、控制器选项卡、RAPID选项卡。

1. 文件选项卡

RobotStudio的文件选项卡包含用于创建新工作站、创建新机器人系统、连接到控制器、将工作站另保存为查看器的选项以及RobotStudio选项。构建工作站界面如图12-13所示。

图12-13　构建工作站界面

2. 基本选项卡

RobotStudio的基本选项卡包含以下功能：创建系统、编辑路径以及摆放项目等，有ABB模型库、导入模型库、机器人系统、导入几何体、创建框架、工件坐标、目标点、工具、路径等功能。

1）ABB模型库：用于从相应的列表中选择所需的机器人、变位机和导轨，如图12-14所示。

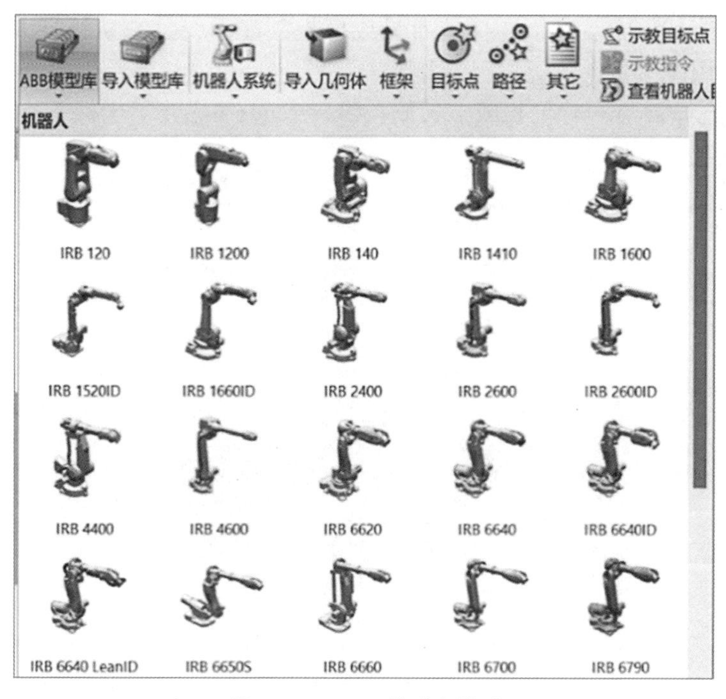

图 12-14　ABB 模型库界面

2）导入模型库：用于导入设备、几何体、变位机、机器人、工具以及其他物体到工作站库内。RobotStudio 可轻易地以各种主要的 CAD 格式导入数据，包括 IGES、VRML、STEP、VDAFS、ACIS 和 CATIA。通过使用此类非赏精确的 3D 模型数据，机器人程度设计员可以生成更为精确的机器人程序，从而提高产品质量。导入模型库界面如图 12-15 所示。

图 12-15　导入模型库界面

3）创建机器人系统：用于选择从布局或模板创建系统，或从机器人库中选择系统，然后设置传送带跟踪装置。

4）框架：选择要与所有位置或点关联的 Reference（参考）坐标系。框架包括创建框架和三点创建框架。如图 12-16 所示。

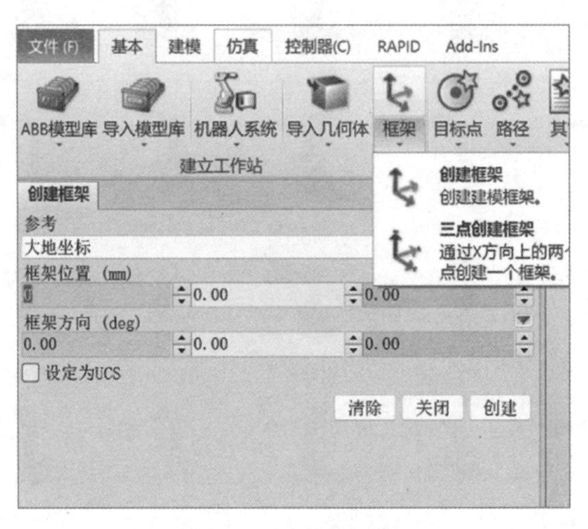

图 12-16　创建框架

5）目标点和路径：RobotStudio 拥有设置目标点和自动路径生成的功能。这是 RobotStudio 中最节省时间的功能之一。通过使用待加工部件的 CAD 模型，可在短短几分钟内自动生成跟踪曲线所需的机器人位置。

3. 建模选项卡

RobotStudio 的建模选项卡上的控件可以进行创建及分组组件，创建部件，创建机械装置，创建工具，测量以及进行与 CAD 相关的操作，如图 12-17 所示。

图 12-17　建模选项卡

4. 仿真选项卡

RobotStudio 的仿真选项卡上包括创建、配置、控制、监控和记录仿真的相关控件，如图 12-18 所示。

图 12-18　仿真选项卡

（1）创建碰撞监控

在 RobotStudio 中，可以对机器人在运动过程中是否可能与周边设备发生碰撞进行一个验证与确认，以确保机器人离线编程得出程序的可用性。碰撞集包含两组对象——Object A 和 Object B，将对象放入其中以检测两组之间的碰撞。当 Object A 内任何对象与 Object B 内任何对象发生碰撞，此碰撞将显示在图形视图里并记录在输出窗口内。可在工作站内设置多个碰撞集，但每一碰撞集仅能包含两组对象。

（2）配置

配置包括仿真设定和工作站逻辑。“模拟设置”对话框可用于执行以下两个主要任务：设置机器人程序的序列和进入点；为不同的模拟对象创建模拟场景。

（3）仿真控制

仿真控制包括对仿真程序进行播放、暂停、停止、重置的功能。

（4）监控

监控包括 I/O 仿真器、TCP 跟踪、计时器等功能，I/O 仿真器界面如图 12-19 所示。

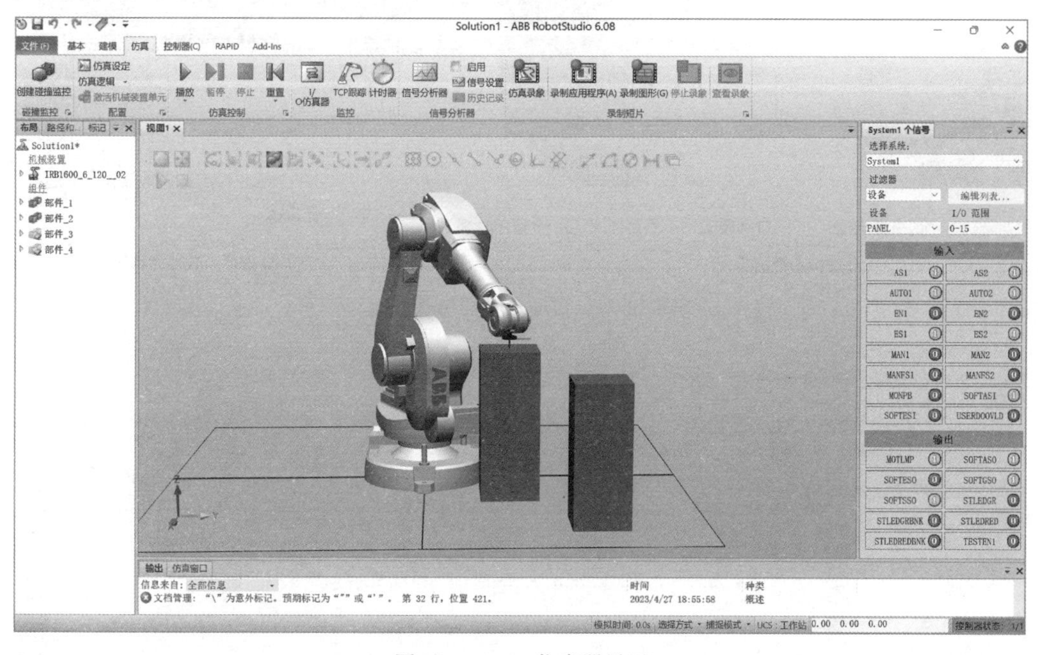

图 12-19　I/O 仿真器界面

5. 控制器选项卡

RobotStudio 的控制器选项卡包含用于管理真实控制器的控制措施，以及用于虚拟控制器的同步、配置和分配给它的任务的控制措施，如图 12-20 所示。RobotStudio 允许使用离线控制器，即在 PC 上本地运行的虚拟 IRC5 控制器，这种离线控制器也被称为虚拟控制器（VC）。RobotStudio 还允许使用真实的物理 IRC5 控制器（简称为“真实控制器”）。在线时使用 RobotStudio 与真实的机器人进行连接通信，对机器人进行便捷的监控、程序修改、参数设定、文件传送及备份恢复的操作，使得调试与维护工作更轻松。

使用虚拟示教器仿真界面如图 12-21 所示。

6. RAPID 选项卡

RobotStudio 的 RAPID 选项卡提供了用于创建、编辑和管理 RAPID 程序的工具和功能，如图 12-22 所示。可以管理真实控制器上的在线 RAPID 程序、虚拟控制器上的离线 RAPID 程序或者不隶属于某个系统的单机程序。

图 12-20　控制器选项卡

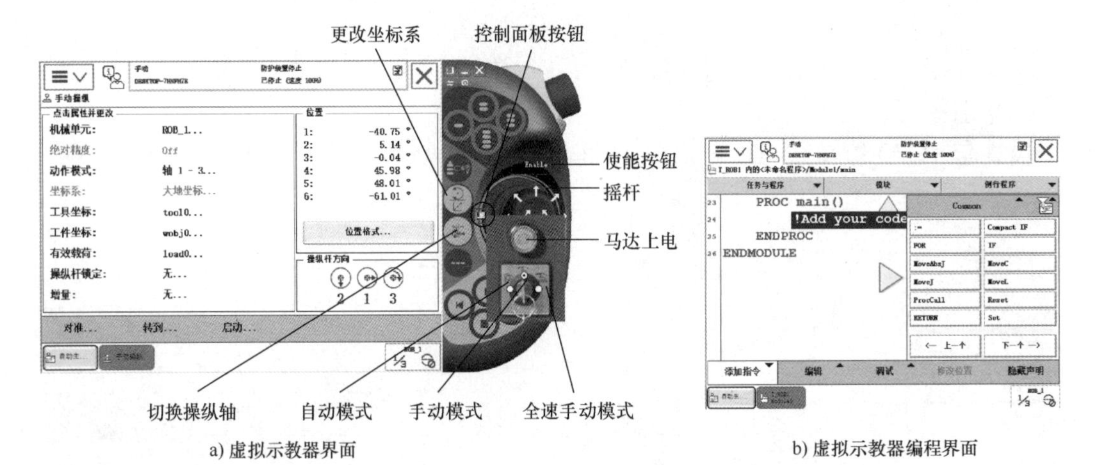

a) 虚拟示教器界面　　b) 虚拟示教器编程界面

图 12-21　虚拟示教器仿真界面

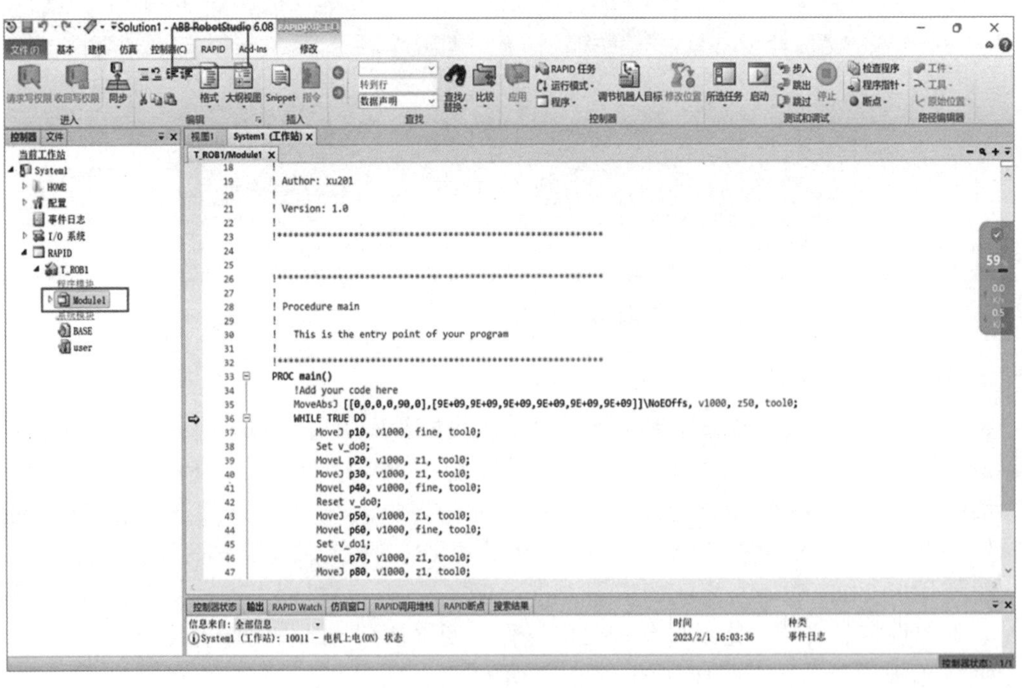

图 12-22　RAPID 编辑器

12.4.2　坐标系

坐标系从一个称为原点的固定点通过轴定义平面或空间。机器人目标和位置通过沿坐标系轴的测量来定位。机器人使用若干坐标系，每一坐标系都适用于特定类型的微动控制或编程。各坐标系之间在层级上相互关联。每个坐标系的原点都被定义为其上层坐标系之一中的某个位置。

1）基坐标系位于机器人基座。它是最便于机器人从一个位置移动到另一个位置的坐标系。

2）工件坐标系与工件相关，通常是最适于对机器人进行编程的坐标系。

3）工具坐标系定义机器人到达预设目标时所使用工具的位置。

4）大地坐标系可定义机器人单元，所有其他的坐标系均与大地坐标系直接或间接相关。它适用于微动控制、一般移动以及处理具有若干机器人或外轴移动机器人的工作站和工作单元。

5）用户坐标系在表示持有其他坐标系的设备（如工件）时显得非常有用。

1. 基坐标系

基坐标系又被称为“基座（BF）”。基坐标系在机器人基座中有相应的零点，这使固定安装的机器人的移动具有可预测性。因此它对于将机器人从一个位置移动到另一个位置很有帮助。对机器人编程来说，其他如工件坐标系等坐标系通常是最佳选择。

在正常配置的机器人系统中，当人站在机器人的前方并在基坐标系中微动控制，将控制杆拉向自己一方时，机器人将沿 X 轴移动；向两侧移动控制杆时，机器人将沿 Y 轴移动；扭动控制杆，机器人将沿 Z 轴移动。在 RobotStudio 和现实当中，工作站中的每个机器人都拥有一个始终位于其底部的基础坐标系。基坐标系如图 12-23 所示。

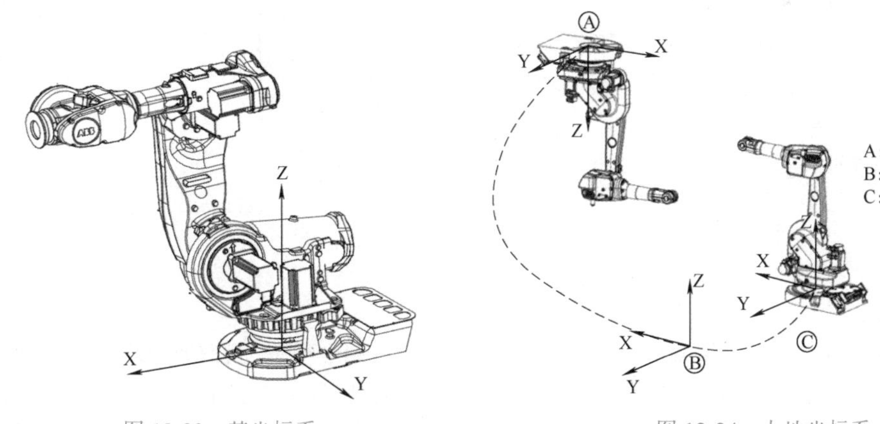

图 12-23　基坐标系　　　　图 12-24　大地坐标系

2. 大地坐标系

大地坐标系在工作单元或工作站中的固定位置有其相应的零点。这有助于处理若干个机器人或由外轴移动的机器人。在默认情况下，大地坐标系与基坐标系一致。

RobotStudio 大地坐标系用于表示整个工作站或机器人单元。这是层级的顶部，所有其他坐标系均与其相关（当使用 RobotStudio 时）。大地坐标系如图 12-24 所示。

3. 工件坐标系

（1）工件

工件是拥有特定附加属性的坐标系。它主要用于简化编程（因置换特定任务和工件进程等需要编辑程序时）。创建工件可用于简化对工件表面的微动控制。

使用夹具时，有效载荷是一个重要因素。为了尽可能精确地定位和操纵工件，必须考虑工件重量。

（2）工件坐标系

工件坐标系定义工件相对于大地坐标系（或其他坐标系）的位置。工件坐标系必须定义于两个框架：用户框架（与大地基座相关）和工件框架（与用户框架相关）。

机器人可以拥有若干工件坐标系，或者表示不同工件，或者表示同一工件在不同位置的若干副本。对机器人进行编程时就是在工件坐标系中创建目标和路径。这带来很多优点：重新定位工作站中的工件时，只需更改工件坐标系的位置，所有路径将即刻随之更新；允许操作以外轴或传送导轨移动的工件，因为整个工件可连同其路径一起移动。

工件坐标系通常表示实际工件。它由两个坐标系组成：用户框架和对象框架，其中，后者是前者的子框架。对机器人进行编程时，所有目标点（位置）都与工作对象的对象框架相关。如果未指定其他工作对象，目标点将与默认的工作坐标系 Wobj0 关联，Wobj0 始终与机器人的基座保持一致。如果工件的位置已发生更改，可利用工件轻松地调整发生偏移的机器人程序。因此，工件可用于校准离线程序。如果固定装置或工件的位置相对于实际工作站中的机器人与离线工作站中的位置无法完全匹配，只需调整工件的位置即可。

工件还可用于调整动作。如果工件固定在某个机械单元上（同时系统使用了该选项调整动作），当该机械单元移动该工件时，机器人将在工件上找到目标。工件坐标系如图 12-25 所示。

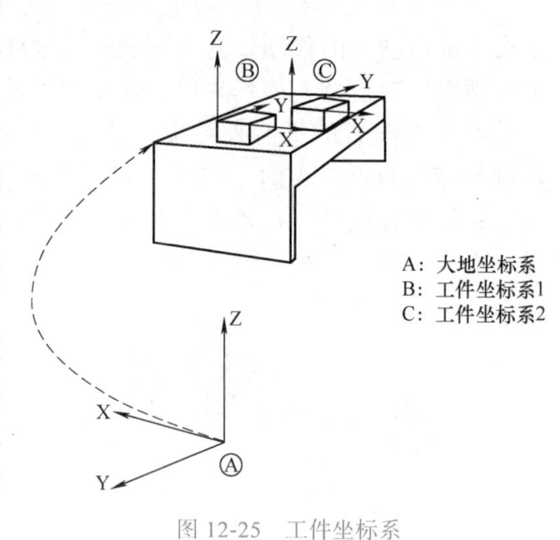

图 12-25　工件坐标系

4. 工具坐标系

（1）工具

工具是能够直接或间接安装在机器人转动盘上，或能够装配在机器人工作范围内固定位置上的物件。固定装置（夹具）不是工具。所有工具必须用 TCP（工具中心点）定义。

为了获取精确的工具中心点位置，必须测量机器人使用的所有工具并保存测量数据。

工具中心点（TCP）是定义所有机器人定位的参照点。通常 TCP 定义为与操纵器转动盘上的位置相对。TCP 可以微调或移动到预设目标位置。工具中心点也是工具坐标系的原点。

机器人系统可处理若干 TCP 定义，但每次只能存在一个有效 TCP。

TCP 有两种基本类型：移动或静止。

1）移动 TCP：多数应用中 TCP 都是移动的，即 TCP 会随操纵器在空间移动。典型的移动 TCP 可参照弧焊枪的顶端、点焊的中心或是手锥的末端等位置定义。

2）静止 TCP：某些应用程序中使用固定 TCP，如使用固定的点焊枪时。此时，TCP 要参照静止设备而不是移动的操纵器来定义，示意图如图 12-26 所示。

（2）工具坐标系

工具坐标系将工具中心点设为零位。由此定义工具的位置和方向。工具坐标系经常被缩写为 TCPF（Tool Center Point Frame），而工具坐标系中心缩写为 TCP（Tool Center Point），如图 12-27 所示。

执行程序时，机器人将 TCP 移至编程位置。这意味着，如果更改工具（以及工具坐标系），机器人的移动将随之更改，以便新的 TCP 到达目标。所有机器人在手腕处都有一个预定义工具坐标系，该坐标系被称为 tool0。这样就能将一个或多个新工具坐标系定义为 tool0 的偏移值。微动控制机器人时，如果用户不想在移动时改变工具方向（如移动锯条时不使其弯曲），工具坐标系就显得非常有用。

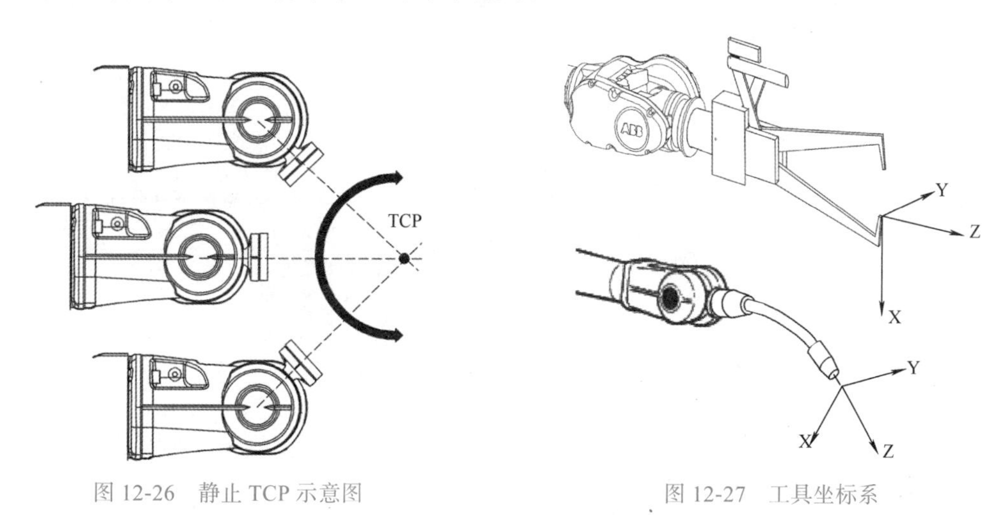

图 12-26　静止 TCP 示意图

图 12-27　工具坐标系

5. 用户坐标系

用户坐标系可用于表示固定装置、工作台等设备，这就在相关坐标系链中提供了一个额外级别，有助于处理持有工件或其他坐标系的处理设备，如图 12-28 所示。用户坐标系用于根据用户的选择创建参照点。例如，可以在工件上的策略点处创建用户坐标系以简化编程。

6. 位移坐标系

有时会在若干位置对同一对象或若干相邻工件执行同一路径。为了避免每次都必须为所有位置编程，可以定义一个位移坐标系。此坐标系还可与搜索功能结合使用，以抵消单个部件的位置差异。位移坐标系基于工件坐标系而定义，如图 12-29 所示。

7. 坐标系映射

如何将 RobotStudio 中的工作框映射到现实中的机器人控制器坐标系，例如，映射到车间中，如图 12-30 所示，其中各个坐标系缩写及含义见表 12-1。

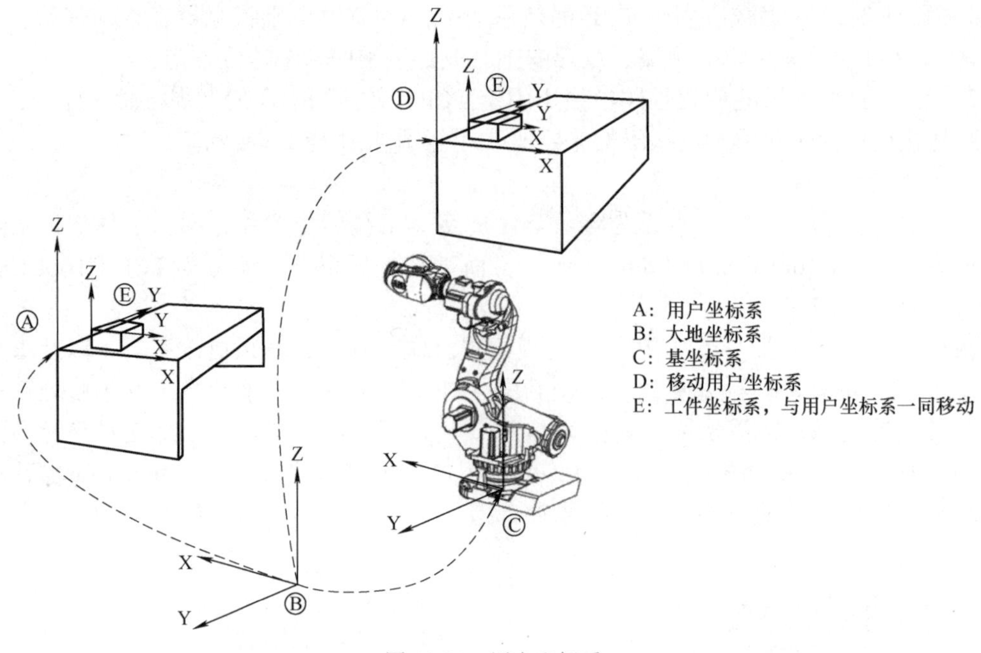

图 12-28　用户坐标系

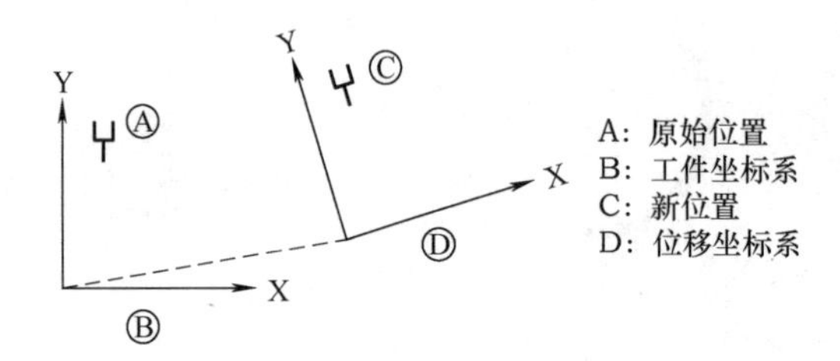

图 12-29　位移坐标系

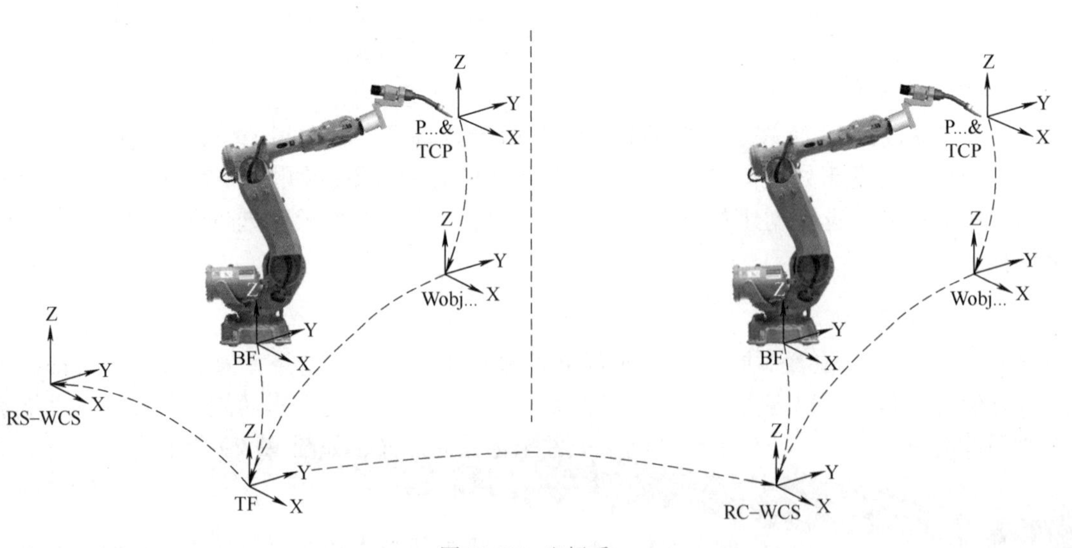

图 12-30　坐标系

表 12-1　坐标系标识

名称	含义
RS-WCS	RobotStudio 的大地坐标系
RC-WCS	在机器人控制器中定义的大地坐标系，它与 RobotStudio 中的任务框相对应
BF	机器人基座
TCP	工具中心点
P	机器人目标
TF	任务框
Wobj	工件坐标

12.5　ABB 机器人编程常用指令

12.5.1　常用指令

ABB 机器人编程常用指令见表 12-2。

表 12-2　ABB 机器人编程常用指令

指令类型	指令名称	作用
运动指令	MoveJ	通过关节运动移动机器人
	MoveL	让机器人做直线运动
	MoveC	让机器人做圆周运动
	MoveJDO	通过关节运动移动机器人并且在转角处设定数字输出
	MoveLDO	直线移动机器人并且在转角处设置数字输出
	MoveCDO	圆周移动机器人并且在转角处设置数字输出
	MoveJSync	通过关节运动移动机器人并且执行一个 RAPID 程序
	MoveLSync	直线移动机器人并且执行一个 RAPID 程序
	MoveCSync	圆周移动机器人并且执行一个 RAPID 程序
	MoveAbsJ	把机器人移动到绝对轴位置
	MoveExtJ	移动一个或者多个没有 TCP 的机械单元
计数指令	Add	增加数值
	Clear	清除数值
	Incr	增量为 1
	Decr	减量为 1
输入输出指令	AliasIO	确定 I/O 信号以及别名
	AliasIOReset	重置 I/O 信号以及别名
	InvertDO	转化数字信号，输出信号值
	IODisable	停用 I/O 单元

（续）

指令类型	指令名称	作用
输入输出指令	IOEnable	启用 I/O 单元
	PulseDO	机器人脉冲输出指令
	Reset	重置数字信号，输出信号
	Set	设置数字信号，输出信号
	SetAO	改变模拟信号，输出信号的值
	SetDO	改变数字信号，输出信号值
	SetGO	改变一组数字信号，输出信号的值
停止指令	Stop	停止程序执行
	Exit	停止程序执行并禁止在停止处开始
	Break	临时停止程序的执行，用于手动调试
	ExitCycle	中止当前程序的运行并将程序指针 PP 复位到主程序的第一条指令，如果选择了程序连续运行模式，程序将从主程序的第一句重新执行
计时指令	ClkReset	重置用于定时的时钟
	ClkStart	启动用于定时的时钟
	ClkStop	停止用于定时的时钟
中断指令	CONNECT	把中断连接到陷阱程序
	Ipers	恒变量的数值改变的时候发生中断
	IsignalAI	从模拟输入信号发生中断
	IsignalAO	从模拟输出信号发生中断
	IsignalDI	从数字输入信号中定制一个中断
	IsignalDO	从一个数字输出信号中发生中断
	IsignalGI	从组数字输入信号中发生中断
	IsignalGO	从组数字输出信号中发生中断
	Isleep	解除一个中断
	Itimer	定制一个定时的中断
	IvarValue	定制一个可变的数值中断
	Iwatch	激活一个中断
	IDelete	取消中断
	IError	调整关于错误的中断
	IEnable	启用中断
	IDisable	禁用中断
等待指令	WaitTime	等待一个指定的时间，程序再往下执行
	WaitDI	等待一个数字输入信号的指定状态
	WaitDO	等待一个数字输出信号指定状态
	WaitGI	等待一个组输入信号指定状态

（续）

指令类型	指令名称	作用
等待指令	WaitGO	等待一个组输出信号指定状态
	WaitAI	等待一个模拟输入信号指定状态
	WaitAO	等待一个模拟出信号指定状态
	WaitUntil	等待直至满足条件
	WaitLoad	将加载的模块与任务相连
	WaitRob	等待直至达到停止点或零速度
	WaitSensor	等待传感器连接
	WaitSyncTask	在同步点等待其他程序任务
	WaitTestAndSet	等待，直至变量 FALSE，随后设置
	WaitWobj	等待传送带上的工件
通信指令	SocketClose	关闭 socket
	SocketReceive	从远程计算机接收数据
	SocketCreate	创建新的 socket
	Socketsend	发送数据到远程计算机
	SocketAccept	接收输入连接
	SocketListen	监听输入连接
	SocketBind	将套接字与我的 IP 地址和端口绑定
	SocketConnect	连接远程计算机
逻辑控制指令（程序指令）	Compact IF	如果条件满足，就执行一条指令
	Label	跳转标签
	GOTO	跳转到例行程序内标签的位置
	Test	对一个变量进行判断，从而执行不同的程序
	IF	当条件不同的条件时，执行对应的程序
	For	根据指定的次数，重复执行对应的程序
	While	如果条件满足，重复对应的程序
视觉指令	CamFlush	从摄像头删除集合数据
	CamReqImage	命令摄像头采集图像
	CamLoadJob	加载摄像头任务到摄像头
	CamGetResult	从集合获取摄像头目标
	CamGetParameter	获取不同名称的摄像头参数
	CamReqImage	命令摄像头采集图像
	CamWaitLoadJob	等待摄像头任务加载完毕
	CamStartLoadJob	开始加载摄像头任务到摄像头
	CamSetRunMode	命令摄像头进入运行模式
	CamSetProgramMode	命令摄像头进入编程模式
	CamSetParameter	设置不同名称的摄像头参数
	CamSetExposure	设置具体摄像头的数据

（续）

指令类型	指令名称	作用
负载定义指令	GripLoad	定义机械臂的有效负载
	Load	执行期间，加载普通程序模块 负载 - 执行期间，加载普通程序模块
	LoadId	工具或有效负载的负载识别 加载 - 工具或有效负载的负载识别
	MechUnitLoad	确定机械单元的有效负载
速度设置指令	SpeedLimAxis	设置轴的速度限制
	SpeedRefresh	更新持续运动速度覆盖
	SpeedLimCheckPoint	设置检查点的速度限制
	VelSet	改变编程速率
	AccSet	降低加速度
赋值指令	: =	赋值
程序调用指令	ProcCall	调用例行程序
	CallByVar	通过带变量的例行程序名称调用例行程序
人机界面相关指令	TPErase	擦除在 FlexPendant 示教器上印刷的文本
	TPReadDnum	从 FlexPendant 示教器读取编号
	TPReadFK	读取功能键
	TPReadNum	从 FlexPendant 示教器读取编号
	TPShow	位于 FlexPendant 示教器上的开关窗口
	TPWrite	写入 FlexPendant 示教器
文件读取与写入指令	Open	用于打开文件或串行通道，以进行读取或写入
	Write	写入到基于字符的文件或串行通道
	ReadStr	从一个文件或串行通道读取一个字符串
程序注释指令	commet	对程序进行注释

下面介绍常用的运动指令。

12.5.2 移动指令 MoveJ

机器人以最快捷的方式运动至目标点，机器人运动状态不完全可控，但运动路径保持唯一，常用于机器人在空间大范围移动。指令格式如下所示。

MoveJ [\Conc], ToPoint [\ID], Speed [\V] | [\T], Zone [\Z] [\Inpos], Tool [\WObj];

指令各个参数含义见表 12-3。

表 12-3　MoveJ 指令参数含义

参数名称	参数含义
[\Conc]	协作运动开关（switch）
ToPoint	目标点，默认为 *（robotarget）
[\ID]	同步 ID（identno）
Speed	运行速度数据，单位为 mm/s（speeddata）
[\V]	特殊运行速度，单位为 mm/s（num）
[\T]	运行时间控制，单位为 s（num）
Zone	运行转角数据，单位为 mm（zonedata）
[\Z]	特殊运行转角，单位为 mm（num）
[\Inpos]	运行停止点数据（stoppointdata）
Tool	工具中心点（TCP)(tooldata）
[\WObj]	工件坐标系（wobjdata）

例 1：MoveJ p1，v500，z30，tool2；

工具 tool2 的 TCP 沿着一个非线性路径到位置 p1，速度为 500mm/s，转弯半径为 30mm。

例 2：MoveJ *，v500 \T：=5，fine，grip3；

工具 grip3 的 TCP 沿着一个非线性路径到目标点（用 * 标记），速度为 500mm/s。整个运动需要 5s。

12.5.3　直线运动指令 MoveL

机器人以线性移动方式运动至目标点，当前点与目标点两点决定一条直线，机器人运动状态可控，运动路径保持唯一，可能出现死点，常用于机器人在工作状态移动。指令格式如下所示。

```
MoveL[ \Conc ],ToPoint[ \ID ],Speed[ \V ] | [ \T ],Zone[ \Z ] [ \Inpos ],Tool[ \WObj ] [ \Corr ];
```

指令各个参数含义见表 12-4。

表 12-4　MoveL 指令参数含义

参数名称	参数含义
[\Conc]	协作运动开关（switch）
ToPoint	目标点，默认为 *（robotarget）
[\ID]	同步 ID（identno）
Speed	运行速度数据（speeddata）
[\V]	特殊运行速度，单位为 mm/s（num）
[\T]	运行时间控制，单位为 s（num）
Zone	运行转角数据（zonedata）
[\Z]	特殊运行转角，单位为 mm（num）

（续）

参数名称	参数含义
[\Inpos]	运行停止点数据（stoppointdata）
Tool	工具中心点（TCP）（tooldata）
[\WObj]	工件坐标系（wobjdata）
[\Corr]	修正目标点开关（switch）

例 1：MoveL p1，v1000，z30，tool2；

Tool2 的 TCP 沿直线运动到位置 p1，速度为 1000mm/s，转弯半径为 30mm。

例 2：MoveL *，v1000\T：=5，fine，grip3；

Grip3 的 TCP 沿直线运动到目标点（用 * 标记）。速度为 1000mm/s，整个的运动过程需要 5s。

例 3：见表 12-5。

表 12-5　例 3

示意图	指令
10mm p1 200mm/s 100mm/s 500mm/s p3 p2	MoveL p1，v200，Z10，tool1 MoveL p2，v100，fine，tool1 MoveJ p3，v500，fine，tool1

12.5.4　圆周运动指令 MoveC

机器人通过中间点以圆弧移动方式运动至目标点，当前点、中间点与目标点三点决定一段圆弧，机器人运动状态可控，运动路径保持唯一，常用于机器人在工作状态移动。指令格式如下所示。

MoveC [\Conc],CirPoint,ToPoint [\ID],Speed [\V] | [\T],Zone [\Z] [\Inpos],Tool [\WObj] [\Corr];

指令各个参数含义见表 12-6。

表 12-6　MoveC 指令参数含义

参数名称	参数含义
[\Conc]	协作运动开关（switch）
CirPoint	中间点，默认为 *（robotarget）
ToPoint	目标点，默认为 *（robotarget）
[\ID]	同步 ID（identno）

（续）

参数名称	参数含义
Speed	运行速度数据，单位为 mm/s（speeddata）
[\V]	特殊运行速度，单位为 mm/s（num）
[\T]	运行时间控制，单位为 s（num）
Zone	运行转角数据（zonedata）
[\Z]	特殊运行转角，单位为 mm（num）
[\Inpos]	运行停止点数据（stoppointdata）
Tool	工具中心点（TCP)(tooldata）
[\WObj]	工件坐标系（wobjdata）
[\Corr]	修正目标点开关（switch）

例 1：Move p1，p2，v500，z30，tool2；

Tool2 的 TCP 沿圆周运动到 p2，速度为 500mm/s，转弯半径为 30mm。圆由开始点、中间点 p1 和目标点 p2 确定。

例 2：MoveC *，*，v500 \T：=5，fine，grip3；

Grip3 的 TCP 沿圆周运动到 fine 点（第二个 * 标记)，中间点（第一个 * 标记)。速度为 500mm/s，整个运动需要 5s。

例 3：见表 12-7。

表 12-7　MoveC 例 3

示意图	指令
p1 p4　p2 p3	MoveL p1，v500，fine，tool1； MoveC p2，p3，v500，z20，tool1； MoveC p4，p1，v500，fine，tool1；

12.5.5　运动指令 MoveJDO

该指令用于通过关节运动移动机器人，在转角设定数字输出，也就是说机器人以最快捷的方式运动至目标点，并且在目标点将相应输出信号设置为相应值，在指令 MoveJ 基础上增加信号输出功能。指令格式如下所示。

```
MoveJDO ToPoint [ \ID ], Speed [ \T ], Zone, Tool [ \WObj ], Signal, Value;
```

指令各个参数含义见表 12-8。

表 12-8　MoveJDO 指令参数含义

参数名称	参数含义
ToPoint	目标点，默认为 *（robotarget）
[\ID]	同步 ID（identno）
Speed	运行速度数据，单位为 mm/s（speeddata）
[\T]	运行时间控制，单位为 s（num）
Zone	运行转角数据，单位为 mm（zonedata）
Tool	工具中心点（TCP）(tooldata）
[\WObj]	工件坐标系（wobjdata）
Signal	数字输出信号名称（signaldo）
Value	数字输出信号值（0 或 1）(dionum）

例：MoveJDO p2，v1000，z30，tool2，do1，1；

Tool2 的 TCP 沿着一个非线性路径移动到目标位置 p2，速度为 1000mm/s，转弯半径为 30mm。在 p2 的转角路径的中间位置，输出信号 do1 被置位，示意图如图 12-31 所示。

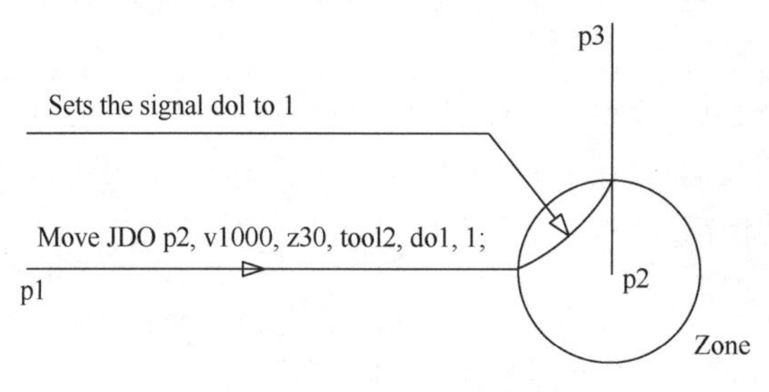

图 12-31　MoveJDO 实例

12.5.6　运动指令 MoveLDO

该指令用于直线移动机器人并且在转角处设置数字输出，也就是说机器人以线性运动的方式运动至目标点，并且在目标点将相应输出信号设置为相应值，在指令 MoveL 基础上增加信号输出功能。指令格式如下所示。

MoveLDO ToPoint [\ID]，Speed [\T]，Zone，Tool [\WObj]，Signal，Value；

指令各个参数含义见表 12-9。

表 12-9　MoveLDO 指令参数含义

参数名称	参数含义
ToPoint	目标点，默认为 *（robotarget）
[\ID]	同步 ID（identno）
Speed	运行速度数据，单位为 mm/s（speeddata）
[\T]	运行时间控制，单位为 s（num）
Zone	运行转角数据，单位为 mm（zonedata）

（续）

参数名称	参数含义
Tool	工具中心点（TCP）(tooldata)
[\WObj]	工件坐标系（wobjdata）
Signal	数字输出信号名称（signaldo）
Value	数字输出信号值（0 或 1）(dionum)

例：MoveLDO p2，v1000，z30，tool2，do1，1；

工具 tool2 的 TCP 直线运动到目标位置 p2，速度为 1000mm/s，转弯半径为 30mm。在 p2 的转角路径的中间位置，输出信号 do1 被置位，示意图如图 12-32 所示。

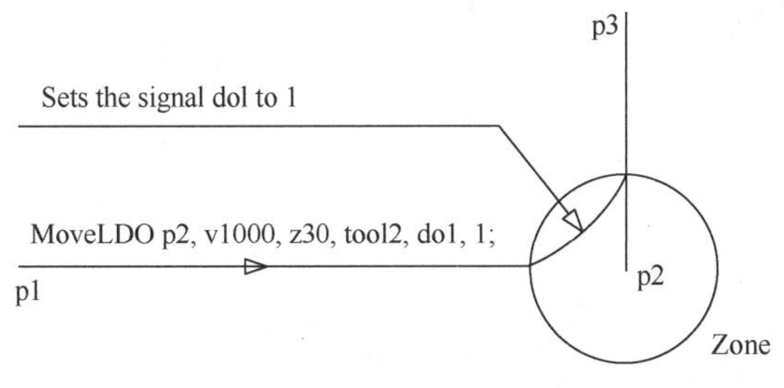

图 12-32　MoveLDO 实例

12.5.7　运动指令 MoveCDO

该指令通过圆周移动机器人并且在转角处设置数字输出，也就是说机器人通过中间点以圆弧移动方式运动至目标点，并且在目标点将相应输出信号设置为相应值，在指令 MoveC 基础上增加信号输出功能。指令格式如下所示。

MoveCDO CirPoint，ToPoint [\ID]，Speed [\T]，Zone，Tool [\WObj]，Signal，Value；

指令各个参数含义见表 12-10。

表 12-10　MoveCDO 指令参数含义

参数名称	参数含义
CirPoint	中间点，默认为 *（robotarget）
ToPoint	目标点，默认为 *（robotarget）
[\ID]	同步 ID（identno）
Speed	运行速度数据，单位为 mm/s（speeddata）
[\T]	运行时间控制，单位为 s（num）
Zone	运行转角数据，单位为 mm（zonedata）
Tool	工具中心点（TCP）(tooldata)
[\WObj]	工件坐标系（wobjdata）
Signal	数字输出信号名称（signaldo）
Value	数字输出信号值（0 或 1）(dionum)

例：MoveCDO p1，p2，v500，z30，tool2，do1，1；

Tool2 的 TCP 圆周移动到位置 p2，速度为 500mm/s，转弯半径为 30mm。圆周由开始点、圆周点 p1 和目标点 p2 确定。在转角路径 p2 的中间位置设置输出 do1，示意图如图 12-33 所示。

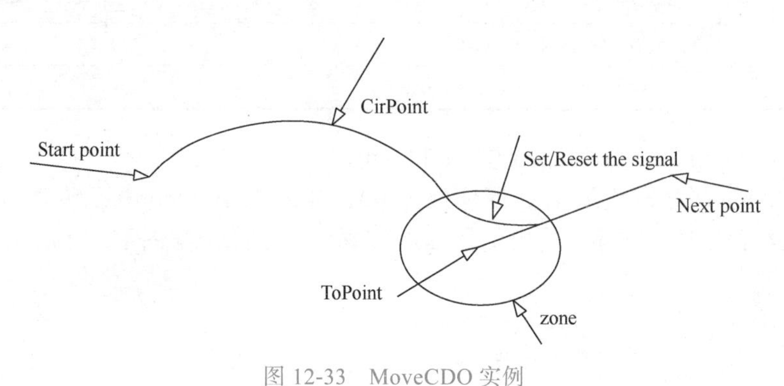

图 12-33 MoveCDO 实例

12.5.8 运动指令 MoveJSync

机器人以最快捷的方式运动至目标点，并且在目标点调用相应例行程序，在指令 MoveJ 基础上增加例行程序调用功能。指令格式如下所示。

MoveJSync ToPoint [\ID]，Speed [\T]，Zone，Tool [\WObj]，Proc；

指令各个参数含义见表 12-11。

表 12-11 MoveJSync 指令参数含义

参数名称	参数含义
ToPoint	目标点，默认为 *（robotarget）
[\ID]	同步 ID（identno）
Speed	运行速度数据，单位为 mm/s（speeddata）
[\T]	运行时间控制，单位为 s（num）
Zone	运行转角数据，单位为 mm（zonedata）
Tool	工具中心点（TCP）(tooldata）
[\WObj]	工件坐标系（wobjdata）
Proc	例行程序名称（string）

例：MoveJSync p2，vmax，z30，tool2，“my_proc”；

工具 tool2 的 TCP 沿着一个非线性路径移动到位置 p2，速度为 1000mm/s，转弯半径为 30mm。在 p2 转角路径的中间位置程序 my_proc 开始执行。

当 TCP 到达 MoveJSync 指令目标点的转角路径的中间位置时，指定的 RAPID 程序开始执行，如图 12-34 所示。

12.5.9　运动指令 MoveLSync

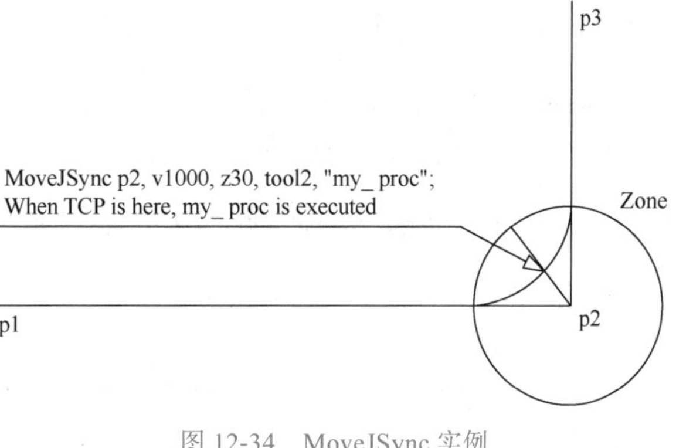

图 12-34　MoveJSync 实例

机器人以线性运动的方式运动至目标点，并且在目标点调用相应例行程序，在指令 MoveL 基础上增加例行程序调用功能。指令格式如下所示。

MoveLSync ToPoint [\ID], Speed [\T], Zone, Tool [\WObj], Proc;

指令各个参数含义见表 12-12。

表 12-12　MoveLSync 指令参数含义

参数名称	参数含义
ToPoint	目标点，默认为 *（robotarget）
[\ID]	同步 ID（identno）
Speed	运行速度数据，单位为 mm/s（speeddata）
[\T]	运行时间控制，单位为 s（num）
Zone	运行转角数据，单位为 mm（zonedata）
Tool	工具中心点（TCP）(tooldata）
[\WObj]	工件坐标系（wobjdata）
Proc	例行程序名称（string）

例：MoveLSync p2，v1000，z30，tool2，"my_proc"；

工具 tool2 的 TCP 沿线性移动到位置 p2，速度为 1000mm/s，转弯半径为 30mm。在 p2 的转角路径的中间位置程序 my_proc 开始执行。

当 TCP 到达 MoveJSync 指令目标点的转角路径的中间位置时，指定的 RAPID 程序开始执行，如图 12-35 所示。

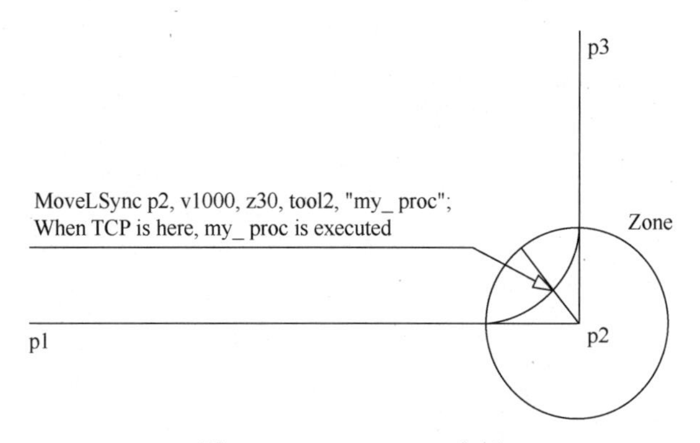

图 12-35　MoveLSync 实例

12.5.10 运动指令 MoveCSync

机器人通过中间点以圆弧移动方式运动至目标点，并且在目标点调用相应例行程序，在指令 MoveC 基础上增加例行程序调用功能。指令格式如下所示。

MoveCSync CirPoint，ToPoint [\ID]，Speed [\T]，Zone，Tool [\WObj]，Proc；

指令各个参数含义见表 12-13。

表 12-13 MoveCSync 指令参数含义

参数名称	参数含义
CirPoint	中间点，默认为 *（robotarget）
ToPoint	目标点，默认为 *（robotarget）
[\ID]	同步 ID（identno）
Speed	运行速度数据，单位为 mm/s（speeddata）
[\T]	运行时间控制，单位为 s（num）
Zone	运行转角数据，单位为 mm（zonedata）
Tool	工具中心点（TCP）(tooldata)
[\WObj]	工件坐标系（wobjdata）
Proc	例行程序名称（string）

例：MoveCSync p2，p3，v1000，z30，tool2，“my_proc”；

Tool2 的 TCP 圆周移动到位置 p3，速度为 1000mm/s，转弯半径为 30mm。圆周由开始点、圆周点 p2 和目标点 p3 确定。在转角路径 p3 的中间位置程序 my_proc 开始执行，如图 12-36 所示。

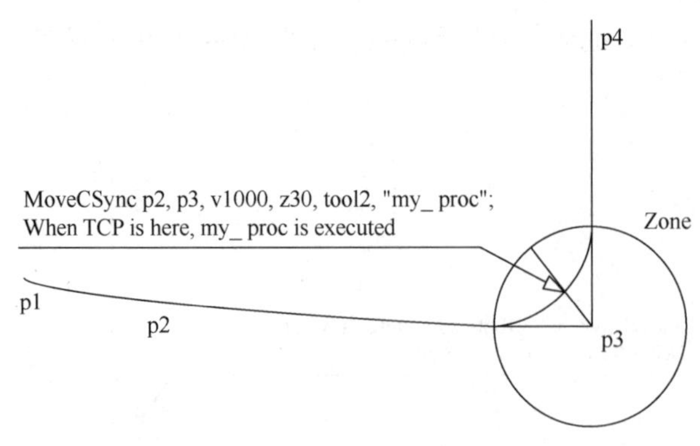

图 12-36 MoveCSync 实例

12.5.11 运动指令 MoveAbsJ

该指令用于把机器人移动到绝对轴位置。机器人以单轴运行的方式运动至目标点，绝对不存在死点，运动状态完全不可控，避免在正常生产中使用此指令，常用于检查机器人零点位置，指令中 TCP 与 Wobj 只与运行速度有关，与运动位置无关。指令格式如下所示。

MoveAbsJ [\Conc], ToJointPos [\ID] [\NoEOffs], Speed [\V] | [\T], Zone [\Z] [\Inpos], Tool [\WObj];

指令各个参数含义见表 12-14。

表 12-14　MoveAbsJ 指令参数含义

参数名称	参数含义
[\Conc]	协作运动开关（switch）
ToJointPos	到达的关节位置目标点，默认为 *（robotarget）
[\ID]	同步 ID（identno）
[\NoEOffs]	外轴偏差开关（switch），如果项目 \NoEOffs 设为 1，MoveAbsJ 运动将不受外部轴的激活偏移量的影响
Speed	运行速度数据，单位为 mm/s（speeddata）
[\V]	特殊运行速度，单位为 mm/s（num）
[\T]	运行时间控制，单位为 s（num）
Zone	运行转角数据，单位为 mm（zonedata）
[\Z]	特殊运行转角，单位为 mm（num）
[\Inpos]	运行停止点数据（stoppointdata）
Tool	工具中心点（TCP）(tooldata）
[\WObj]	工件坐标系（wobjdata）

例 1：MoveAbsJ p50，v1000，z50，tool2；

机器人将携带工具 tool2 沿着一个非线性路径到绝对轴位置 p50，速度为 1000mm/s，转弯半径为 30mm。

例 2：MoveAbsJ *，v1000\T：=5，fine，grip3；

机器人将携带工具 grip3 沿着一个非线性路径到一个停止点，该停止点在指令中作为一个绝对轴位置存储（用 * 标示）。速度为 1000mm/，整个运动需要 5s。

例 3：MoveAbsJ *，v2000\V：=2200，z40 \Z：=45，grip3；

Grip3 沿着一个非线性路径运动到一个存储在指令中的一个绝对轴位置。速度为 2000mm/s，转弯半径为 40mm。TCP 的速度大小是 2200mm/s，zone 的大小是 45mm。

例 4：MoveAbsJ p5，v2000，fine \Inpos：=inpos50，grip3；

Grip3 沿着一个非线性路径运动到绝对轴位置 p5。当满足关于停止点 fine 的 50% 的位置条件和 50% 的速度条件时，机器人认为它已经到达位置，其最多等待 2s 以满足条件。参看 stoppointdata 类型的预定义数据 inpos50。

例 5：MoveAbsJ \Conc，*，v2000，z40，grip3；

Grip3 沿着一个非线性路径运动到一个存储在指令中的一个绝对轴位置。当机器人运动的时候，也执行了并发的逻辑指令。

例 6：MoveAbsJ \Conc，* \NoEOffs，v2000，z40，grip3；

和以上指令相同的运动，但是它不受外部轴激活的偏移量的影响。

例 7：GripLoad obj_mass；

MoveAbsJ start，v2000，z40，grip3 \Wobj：=obj；

机器人把与固定工具 grip3 相关的工作对象 obj 沿着一个非线性路径移动到绝对轴位置 start。

12.5.12 移动外部关节指令 MoveExtJ

MoveExtJ（移动外部关节）只用来移动外部线性或者旋转轴。该外部轴可以属于一个或者多个没有 TCP 的外部单元。指令格式如下所示。

MoveExtJ [\Conc]，ToJointPos [\ID]，Speed [\T]，Zone [\Inpos]；

指令各个参数含义见表 12-15。

表 12-15　MoveExtJ 指令参数含义

参数名称	参数含义
[\Conc]	协作运动开关（switch）
ToJointPos	到达的关节位置目标点，默认为 *（robotarget）
[\ID]	同步 ID（identno）
Speed	运行速度数据，单位为 mm/s（speeddata）
[\T]	运行时间控制，单位为 s（num）
Zone	运行转角数据，单位为 mm（zonedata）
[\Inpos]	运行停止点数据（stoppointdata）

例 1：MoveExtJ jpos10，vrot10，z50；

移动旋转外部轴到关节位置 jpos10，速度为 10°/s，zone 数据 z50。

例 2：MoveExtJ \Conc，jpos20，vrot10 \T：=5，fine \InPos：=inpos20；

5s 把外部轴移动到关节位置 jpos20，速度为 10°/s。程序立即向前执行，但是外部轴停止在位置 jpos20，直到 inpos20 的收敛性标准满足。

12.6　台达机器人编程软件 DRAStudio 介绍

12.6.1　软件平台

台达机器人控制软件 DRAStudio 画面如图 12-37 所示。

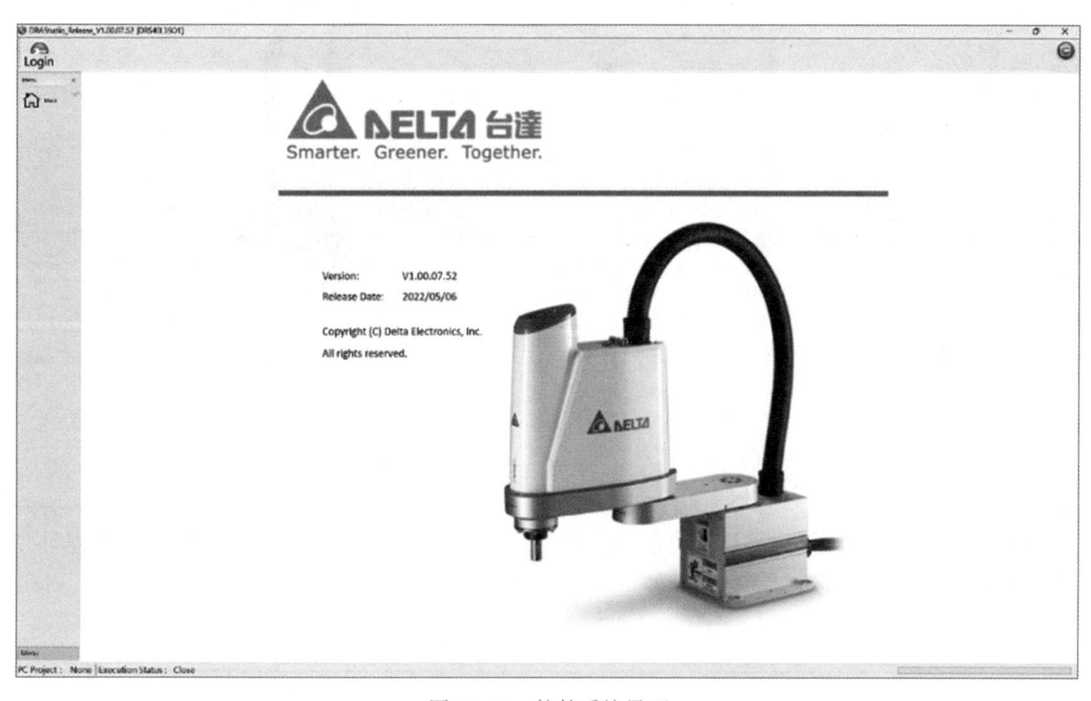

图 12-37　软件系统界面

此系统主要分为主要界面和辅助界面，主要界面分别为主界面、伺服设定专案管理、点位资料、机器语言编辑，其中状态监视、连线设置界面如图 12-38 和图 12-39 所示。

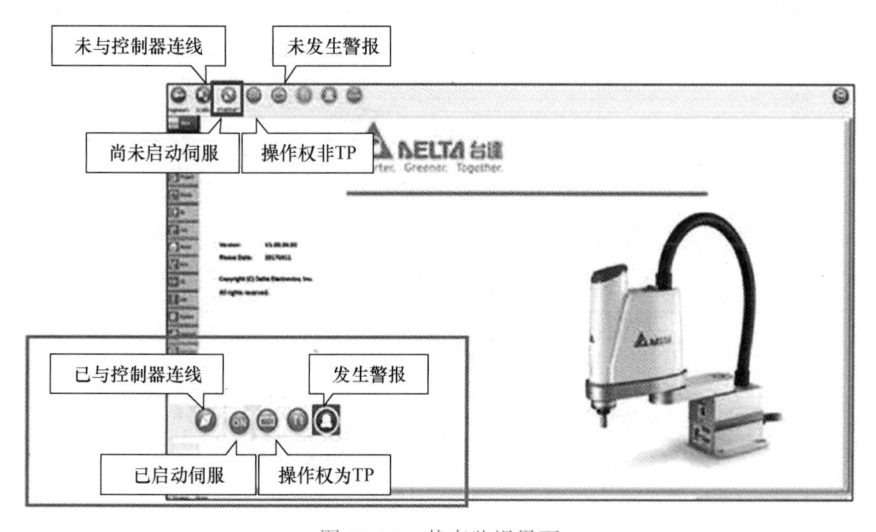

图 12-38　状态监视界面

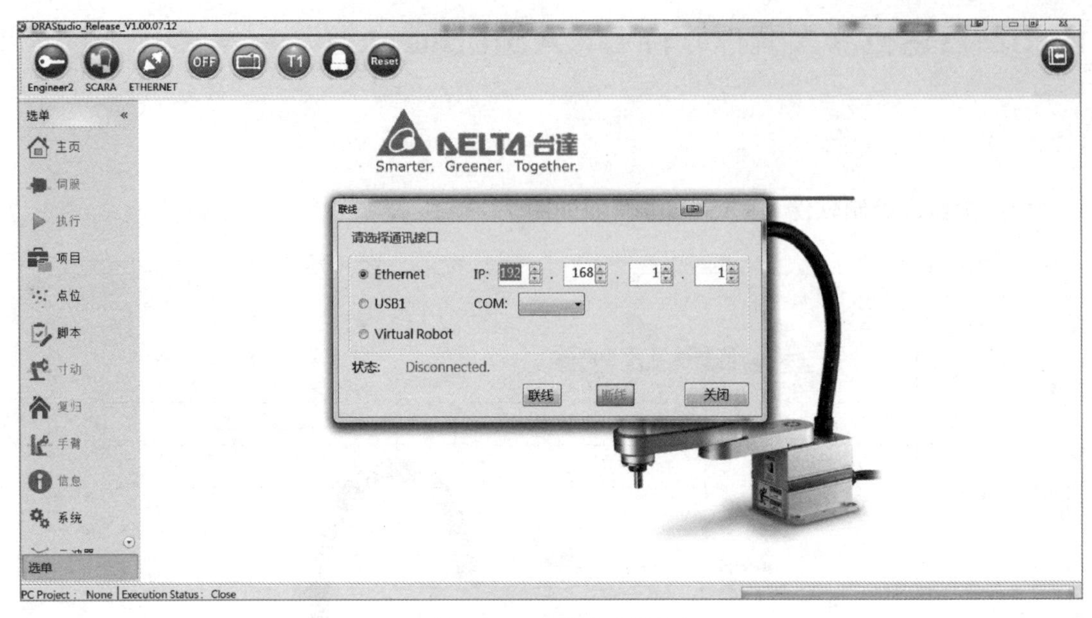

图 12-39　连线设置界面

12.6.2　DRAStudio 常用指令

DRAStudio 常用指令见表 12-16，将该表与表 12-2 对比可知，不同机器人编程环境虽然不同，但指令功能基本相似，读者只要学会其中一种便可触类旁通。

表 12-16　DRAStudio 常用指令

功能项目	指令符号	说明
运算符号	+	加
	-	减
	*	乘
	/	除
	^	次方
	AND	与运算
	OR	或运算
	XOR	异或运算
	>	大于
	>=	大于或等于
	<	小于
	<=	小于或等于
	=	等于
	～=	不等于

（续）

功能项目	指令符号	说明
运算指令	ABS	绝对值
	ACOS	反余弦函数，输入单位：度（degree）
	ASIN	反正弦函数，输入单位：度（degree）
	ATAN	反正切函数，输入单位：度（degree）
	ATAN2	x/y 的反正切值，输入单位：度（degree）
	CEIL	不小于 x 的最大整数
	COS	余弦函数，输入单位：度（degree）
	COSH	双曲线余弦函数
	DEG	弧度转角度
	EXP	计算以 e 为底的 x 次方
	FLOOR	不大于 x 的最大整数
	FMOD	x/y 的余数
	LOG10	计算以 10 为底的对数
	LOG	计算一个数字的自然对数
	MAX	取得参数中的最大值
	MIN	取得参数中的最小值
	MODF	把数分为整数和小数
	POW	x 的 y 次方
	RAD	角度转弧度
	SIN	正弦，输入单位：度（degree）
	SINH	双曲线正弦函数
	SQRT	二次方根
	TAN	正切，输入单位：度（degree）
	TANH	双曲线正切函数
基础指令	DELAY	设定延时的时间
点位管理指令	SetGlobalPoint	存储 global 点位
	CopyPoint	复制点位资料
	ReadPoint	读取点位资料
	WritePoint	写入点位资料
	RobotX	目前 X 方向坐标值
	RobotY	目前 Y 方向坐标值
	RobotZ	目前 Z 方向坐标值
	RobotRZ	目前 RZ 方向坐标值
	Robothand	目前机器人手坐标系状态（0 表示右手坐标系，1 表示左手坐标系）

（续）

功能项目	指令符号	说明
运动参数指令	AccJ	加速度，影响 MovP 和 MovJ 的动作指令
	DecJ	减速度，影响 MovP 和 MovJ 的动作指令
	SpdJ	最高速度，影响 MovP 和 MovJ 的动作指令
	AccL	加速度，影响 Movl、MArchL、Marc 和 MCircle 的动作指令
	DecL	减速度，影响 Movl、MArchL、Marc 和 MCircle 的动作指令
	SpdL	最高速度，影响 Movl、MArchL、Marc 和 MCircle 的动作指令
	Accur	经过点精度
运动控制指令	RobotServoOn	控制机器人伺服电动机起动
	ExtMotorServoOn	控制外部轴伺服电动机起动
	MovL	以绝对坐标方式进行直线运动
	MovLR	以相对方式进行直线运动
	MovP	以绝对坐标方式进行点对点运动
	MovPR	以相对方式进行点对点运动
	MovJ	控制电动机轴旋转到目标位置
	MArchL	机器人以直线运动方式做拱门运动
	MArchP	机器人以点对点运动方式做拱门运动
	Marc	机器人以绝对坐标方式做弧线运动
	Mcircle	机器人以绝对坐标方式做圆形运动
坐标系指令	SetUF	设定使用者坐标系
	ChangeUF	切换使用者坐标系
流程控制指令	if...then...elseif...then...else...end	if 判断式
	while...do...end	while 循环
	for...do...end	for 循环
	repeat...until	repeat 循环
	function...end	使用者定义子函数
输入 / 输出指令	DI	读取输入状态
	DO	读取或写入输出
	ReadModbus	读取寄存器位置
	WriteModbus	写入寄存器位置
程序执行指令	QUIT	停止程序
	PAUSE	暂停程序
应用功能指令	SafetyMode	功能性暂停
	SafetyStatus	功能性暂停触发状态

习题与思考题

1. 工业机器人编程语言的基本功能包括哪些？

2. 机器人的坐标系有哪些？

3. ABB 机器人编程指令：MoveJ p1，v500，z30，tool2 的含义是什么？

4. ABB 机器人编程指令中，如何实现 Tool2 的 TCP 圆周运动到 p2，速度为 400mm/s，转弯半径为 20mm。圆由开始点、中间点 p1 和目标点 p2 确定。

5. ABB 机器人编程指令中，如何实现 tool2 的 TCP 沿着一个非线性路径移动到位置 p2，速度为 2000mm/s，转弯半径为 40mm。在 p2 的转角路径的中间位置程序 my_proc 开始执行。

第 13 章

工业机器人工程应用及实例

13.1 常见工业机器人的工程应用

13.1.1 搬运机器人

搬运机器人是可以进行自动化搬运作业的工业机器人。搬运作业是指用一种设备握持工件，从一个加工位置移到另一个加工位置。搬运机器人可安装不同的末端执行器以完成各种不同形状和状态的工件搬运工作，大大减轻了人类繁重的体力劳动。世界上使用的搬运机器人逾 10 万台，被广泛应用于机床上下料、冲压机自动化生产线、自动装配流水线、码垛搬运、集装箱等的自动搬运。部分发达国家已制定出人工搬运的最大限度，超过限度的必须由搬运机器人来完成。

搬运机器人由执行机构、驱动机构和控制机构三部分组成。其中，执行机构由手部、腕部、臂部、基座组成。驱动机构大致可分为液压、气动、电动和机械驱动四类。执行机构中，手部为直接与工件接触的部分，一般采用回转型或平动型。手部多为两指，根据需要分为外抓式和内抓式两种，也可以用负压式或真空式的空气吸盘和电磁吸盘。驱动机构是搬运机器人的重要组成部分。根据动力源的不同，驱动机构大致可分为液压、气动、电动和机械驱动四类。液压传动具有较大功率体积比，常用于大负载的场合；气压传动的气动系统简单，成本低，适合于节拍快、负载小且精度要求不高的场合；电动包含异步电动机、直流电动机、步进或伺服电动机等多种电动驱动方式。

搬运机器人已成为现代机械制造生产体系中的一项重要组成部分。它的优点是可以通过编程完成各种预期的任务，在自身结构和性能上有了人和机器的各自优势，尤其体现出了人工智能和适应性。

对机械手的基本要求是能快速、准确拾放和搬运物件，这就要求它们具有高精度、快速反应、一定的承载能力、足够的工作空间和灵活的自由度及在任意位置都能自动定位等特性。设计机械手通常有以下原则：

1）充分分析作业对象（工件）的作业技术要求，拟定最合理的作业工序和工艺，满足系统功能要求和环境条件。

2）明确工件的结构形状和材料特性，定位精度要求，抓取、搬运时的受力特性，尺寸和质量参数等，从而进一步确定对机械手结构及运行控制的要求。

3）尽量选用定型的标准组件，简化设计制造过程，兼顾通用性和专用性，并能实现柔性转换和编程控制。

13.1.2 装配机器人

装配机器人是柔性自动化装配系统的核心设备，由机器人操作机、控制器、末端执行器和传感系统组成。其中操作机的结构类型有水平关节型、直角坐标型、多关节型和圆柱坐标型等；控制器一般采用多 CPU 或多级计算机系统，实现运动控制和运动编程；末端执行器为适应不同的装配对象而设计成各种手爪和手腕等；传感系统用来获取装配机器人与环境和装配对象之间相互作用的信息。常用的装配机器人主要有可编程通用装配操作手即 PUMA 机器人（最早出现于 1978 年，工业机器人的祖始）和平面双关节型机器人即 SCARA 机器人两种类型。与一般工业机器人相比，装配机器人具有精度高、柔顺性好、工作范围小、能与其他系统配套使用等特点，主要用于各种电器的制造行业。

装配机器人根据不同环境，分为普及型装配机器人和精密型装配机器人；根据臂部的运动形式不同，分为直角坐标型装配机器人、垂直多关节型装配机器人和平面关节型装配机器人。

直角坐标型装配机器人的结构在目前的产业机器人中是最简单的。它具有操作简便的优点，被用于零部件的移送、简单的插入、旋拧等作业。在机构方面，大部分装备了球形螺丝和伺服电动机，具有可自动编程、速度快、精度高等特点。

垂直多关节型装配机器人大多具有六个自由度，这样可以在空间上的任意一点确定任意姿势。因此，这种类型的机器人所面向的往往是在三维空间的任意位置和姿势的作业。

平面关节型装配机器人目前在装配生产线上应用的数量最多，它是一种精密型装配机器人，具有速度快、精度高、柔性好等特点，采用交流伺服电动机驱动，其重复位置精度达到了 0.025mm，可应用于电子、机械和轻工业等有关产品的自动装配、搬运、调试等工作，适合于工厂柔性自动化生产的需求。由于这种机器人所具有的各种特性符合用户的需求，因此需求量迅速上升。

13.1.3 焊接机器人

焊接作为与制造业密切相关的重要生产方式，随着工业生产的现代化发展逐步深入，正面临前所未有的挑战：在焊接质量、生产效率、制造成本、产品系列多样化、批量供给能力、现代化生产管理等方面，对焊接技术水平与焊接生产模式提出了新的要求，在我国乃至世界范围内均吸收发展并推广与自动化和智能化焊接相关的最新技术。国际焊接学会（IIW）将 2013 年的年会主题确定为“焊接中的自动化”（Automation in Welding），针对电弧焊、激光焊、搅拌摩擦焊等的机器人和自动化技术前沿进行探讨。

工业焊接机器人自 20 世纪 60 年代问世以来，在自动化与智能化生产中显示了极强的生命力，并逐步成为汽车制造、零部件生产、金属加工、电子电气等多个制造领域的关键力量。根据国际标准化组织（ISO）工业机器人术语的定义，工业机器人是一种多用途的、可重复编程的自动控制操作机（Manipulator），具有三个或更多可编程的轴，用于工业自动化领域。为了适应不同的用途，机器人最后一个轴的机械接口，通常是一个连接法兰，可接装不同工具或称末端执行器。焊接机器人就是在工业机器人的末轴部安装接焊钳或焊（割）枪的，使之能进行焊接、切割或热喷涂。

工业焊接机器人通常由三大部分和六个子系统组成，其中三大部分为机械本体、传感器部分和控制部分；六个子系统为驱动系统、机械结构系统、感知系统、机器人－环境交互系统、人机交互系统以及控制系统。

工业焊接机器人通常采用的传感器主要包括非接触式的视觉传成器与接触式的触觉传感器。此外，用于焊接过程传感的电弧传感器、声信号传感器、光谱传感器等也受到焊接机器人研发人员的关注。

焊接机器人单体是指由机器人本体、控制柜、示教器、焊接电源与接口电路、焊枪、送丝机、电力电缆、焊丝盘架、气体流量计、工频变压器、焊枪防碰撞传感器、控制电缆组成的整体，焊接机器人系统除机器人单体的各个部件外，还包括外部装置电气控制、工装夹具、扩展设备，如外部轴（变位系统、直线移动机构）等。除了以单台机器人为主构成的焊接系统外，还有采用多机器人协作方式的焊接工作站生产线。

下面介绍几种常用的焊接机器人。

1. 弧焊机器人

由于弧焊技术早已在诸多行业中得到普及，弧焊机器人在通用机械、金属结构等许多行业中得到广泛运用。弧焊机器人是包括各种电弧焊附属装置在内的柔性焊接系统，而不只是一台以规划的速度和姿态携带焊枪移动的单机，因而对其性能有着特殊的要求。在弧焊作业中，焊枪应跟踪工件的焊道运动，并不断填充金属形成焊缝。因此运动过程中速度的稳定性和轨迹精度是两项重要指标。一般情况下，焊接速度约取 5 ～ 50mm/s，轨迹精度约为 ±0.2 ～ 0.5mm。

2. 点焊机器人

汽车工业是点焊机器人系统一个典型的应用领域，在装配每台汽车车体时，大约60% 的焊点由机器人完成。最初，点焊机器人只用于增强焊作业（在已拼接好的工件上增加焊点），后来为了保证拼接精度，又让机器人完成定位焊接作业。对于点焊机器人，运动速度是一个重要指标，要求能够快速完成小节距的多点定位（如每 0.3 ～ 0.4s 移动30 ～ 50mm 节距后定位）；为确保焊接质量，定位精度要求较高（一般为 ±0.25mm）；并具有较大的持重（50 ～ 100kg），以便携带内装变压器的焊钳。

3. 搅拌摩擦焊机器人

搅拌摩擦焊接是利用工件端面相互运动、相互摩擦所产生的热，使端部达到热塑性状态，然后迅速顶锻，完成焊接的一种方法。摩擦焊接可以方便地连接同种或异种材料，包括金属、部分金属基复合材料、陶瓷及塑料。目前生产中对如六方形断面的零件、八方钢、汽车操作杆、花键轴、拨叉、两端带法兰的轴等均要求采用相位摩擦焊。因其焊接过程中产生的振动、对焊缝施加的压力、搅拌主轴尺寸、垂向和侧向的轨迹偏转等原因对机器人提供的正压力、转矩以及机器人的力觉传感能力、轨迹控制能力等都提出了较高的要求。

4. 激光焊机器人

激光焊接是激光加工技术中发展最迅速的领域。激光焊接是将高强度的激光束辐射至金属表面，通过激光与金属的相互作用，金属吸收激光转化为热能使金属熔化后冷却结晶形成焊接。使用激光焊接机器人可省去大量的样板和工装设备，使车间面积减半，节省投资。在汽车工业中，作为汽车关键部件的车身，其价值约占整辆车的 20%，采用激光焊接，可以减少搭接宽度和一些加强部件，还可以压缩车身结构件本身的体积。同样，对于车身转配中的大量点焊，如果把两个焊接头夹在工件边缘上进行焊接，凸缘宽度需要 16mm，而激光焊接是单边焊接，只需要 5mm，把点焊改为激光焊，每辆车就可以节省钢材 40kg。除了能实现较高的精度要求，还常通过与线性轴、旋转台或其他机器人协作的方式，以实现复杂曲线焊缝或大型焊件的灵活焊接。

13.1.4　喷涂机器人

古老的涂装行业，施工技术从涂刷、揩涂发展到气压涂装、浸涂、辊涂、淋涂及最近兴起的高压空气涂装、电泳涂装、静电粉末涂装等，涂装技术高度发展的今天，企业已经进入一个新的竞争格局，即更环保、更高效、更低成本，才更有竞争力。加之涂装领域对从业工人健康的争议和顾虑，机器人涂装正成为一个在尝试中不断迈进的新领域。而且，从尝试的成果来看，前景非常广阔。

喷涂机器人又叫喷漆机器人，是可进行自动喷漆或喷涂其他涂料的工业机器人，具有工件涂层均匀，重复精度好，通用性强，工作效率高，能够将工人从有毒、易燃、易爆的工作环境中解放出来的优点，已在汽车、工程机械制造、3C 产品及家具建材等领域得到广泛应用。归纳起来，涂装机器人与传统的机械涂装相比，具有以下优点：

1）最大限度提高涂料的利用率，降低涂装过程中的 VOC（挥发性有机物）排放量。

2）显著提高喷枪的运动速度，缩短生产节拍，效率显著高于传统的机械涂装。

3）柔性强，能够适应多品种、小批量的涂装任务。

4）能够精确保证涂装工艺的一致性，获得较高质量的涂装产品。

5）与高速旋杯静电涂装站相比，可以减少 30% ～ 40% 的喷枪数量，降低系统故障率和维护成本。

喷涂机器人主要由机器人本体、计算机和相应的控制系统组成，多采用五或六自由度关节式结构，手臂有较大的运动空间，并可做复杂的轨迹运动，其腕部一般有 2 ～ 3 个自由度，可灵活运动。系统操作控制台的主要功能是集成整个喷房硬件，实现系统自动化功能，包含系统所有与管理喷涂机器人活动相关的硬件及整合到每个喷房的相关硬件。该软件的人机界面上显示了整个区域内机器人系统的实时状态和用户操作菜单，可查询相关的生产信息、报警等。大部分的设备操作都可通过操作按钮或选择开关及人机交互界面上的菜单完成。

按照手腕结构划分，涂装机器人应用中较为普遍的主要有两种：球形手腕涂装机器人和非球形手腕涂装机器人。

1. 球形手腕涂装机器人

球形手腕涂装机器人与通用工业机器人手腕结构类似，手腕三个关节轴线相交于一点，即目前绝大多数商用机器人采用的 Ben-dix 手腕。该手腕结果能保证机器人的运动学逆解析解存在，便于离线系统的控制，但是由于其腕部第二关节不能实现 360° 旋转，故工作空间相对较小。球形手腕涂装机器人多为紧凑型结构，其工作半径多在 0.7 ～ 1.2m，多用于小型工件的涂装。

2. 非球形手腕涂装机器人

非球形手腕涂装机器人，其手腕的三个轴线并非如球形手腕机器人一样交于一点，而是相交于两点，非球形手腕机器人相对于球形手腕机器人来说更适合涂装作业。该涂装机器人每个腕关节转动角度都能达到 360° 以上，手腕灵活性强，机器人工作空间较大，特别适用于复杂曲面及狭小空间内的涂装作业，但由于非球形手腕运动学逆解没有解析解，增大了机器人控制的难度，难以实现离线编程控制。

非球形手腕涂装机器人根据相邻轴线的位置关系又可分为正交非球形手腕和斜交非球形手腕两种形式。Comau SMART-3S 型机器人所采用的即正交非球形手腕，其相邻轴线夹角为 90°，而 FANUC P-250iA 型机器人的手腕相邻两轴线不垂直，而是成一定的角度，即斜交非球形手腕。

现今应用的涂装机器人中很少采用正交非球形手腕，主要是其在结构上相邻腕关节彼此垂直，容易造成从手腕中穿过的管路出现较大的弯折，堵塞甚至折断管路。相反，斜交非球形手腕若做成中空的，各管线从中穿过，直接连接到末端高转速旋杯喷枪上，在作业过程中内部管线较为柔顺，故被各大厂商所采用。

涂装作业环境中充满了易燃、易爆的有害挥发性有机物，除了要求涂装机器人具有出色的重复定位精度和循径能力及较高的防爆性能，仍有特殊的要求。在涂装作业过程中，高速旋杯喷枪的轴线要与工件表面法线在一条直线上，且高速旋杯喷枪的端面要与工件表面始终保持一个恒定的距离，并完成往复蛇形轨迹，这就要求涂装机器人要有足够大的工作空间和尽可能紧凑灵活的手腕，即手腕关节要尽可能短。其他的一些基本性能要求如下：

1）能够通过示教器方便地设定流量、雾化气压、喷幅气压及静电量等涂装参数。

2）具有供漆系统，能够方便地进行换色混色，确保高质量、高精度的工艺调节。

3）具有多种安装方式，如落地、倒置、角度安装和壁挂。

4）能够与转台、滑台、输送链等一系列的工艺辅助设备轻松集成。

5）结构紧凑，减小密闭涂装室（简称喷房）尺寸，降低通风要求。

13.2 工业机器人典型应用实例

13.2.1 基于 SCARA 机器人的免编程系统开发实例

1. 任务要求

本实例设计出了一款基于视觉的机器人免编程系统。该系统相较于传统示教器编程就如同 Windows 系统相较于早期 DOS 系统编程，操作界面人性化，操作方式多样化，因此免编程系统对于用户来说是一种全新的编程体验，能够大大地缩短编程时间，并且对于机器人复杂的运动轨迹有其独到的编程优势。

整体设计思路如下：方案通过图形方式控制机器人运动，利用单目相机捕捉机器人的工作空间，通过对采集到的视觉信息的处理，使得机器人能根据工作空间位置的变化，相应地改变运动轨迹，实现运动轨迹的精准复现。搭建的系统采取图形编辑方式，用户只需在图形编辑界面中画出运动轨迹（二维或三维轨迹），即可完成机器人的运动轨迹规划，机器人可以精准复现轨迹，解决了机器人编程的瓶颈，实现了人机交互“所见即所得”。同时该机器人系统与双目视觉技术相结合，基于双目空间定位，实现对机器人运动状态的监测，将采集到的运动状态数据与实际规划轨迹进行对比，从而实现对机器人运动轨迹的反馈校正。整个系统通过简单的操作即可完成各种工业生产作业，从而使得机器人更加智能，使用更加简单，应用更加广泛和安全。

2. 硬件

工业机器人通用免编程系统技术路线如图 13-1 所示。免编程系统主要包括空间定位、运动跟踪、代码转换三种理论技术的支撑，空间定位技术能够检测出目标在空间中的三维信息，运动跟踪技术目的是实现图像处理中的目标检测和跟踪，代码转换技术将空间离散轨迹转换为机器人可识别和执行的动作指令。

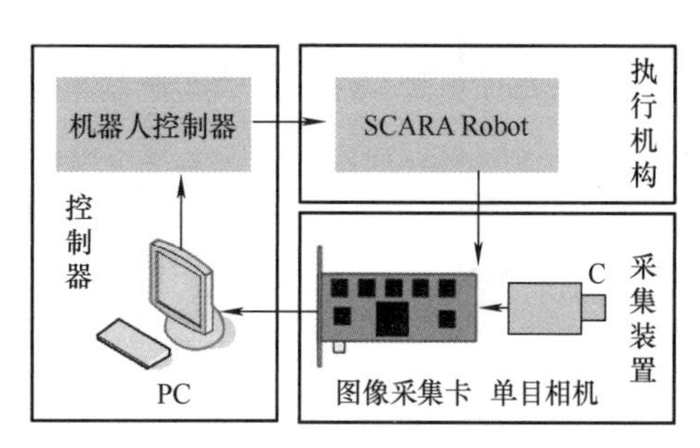

图 13-1　机器人免编程系统技术路线

系统基于双目空间定位，实现机器人运动状态监测及产品状态信息的采集，通过 MATLAB 仿真建模对图像进行预处理、目标识别及位姿计算，同时实现对硬件的仿真和控制。由于接触式示教的不便因素和机器人编程的普及度不高，本方案搭建的编程系统采取非接触方式和图形编辑方式，用户在不接触机器人且无须编程的情况下，依旧可以完成各种工业生产作业，从而使得机器人的应用场合更加广泛和安全。系统架构图如图 13-2 所示，系统电路图如 13-3 所示。

系统采用 SCARA 工业机器人（型号：DRS40L3SS1BN002），如图 13-4 所示，单目摄像机如图 13-5 所示，机器人控制驱动一体机型号为 ASD–MS–0721–F，如图 13-6 所示。

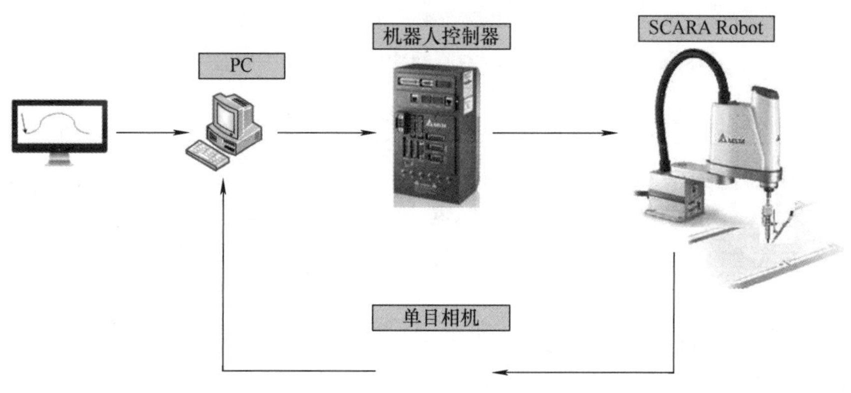

图 13-2　免编程控制系统硬件架构图

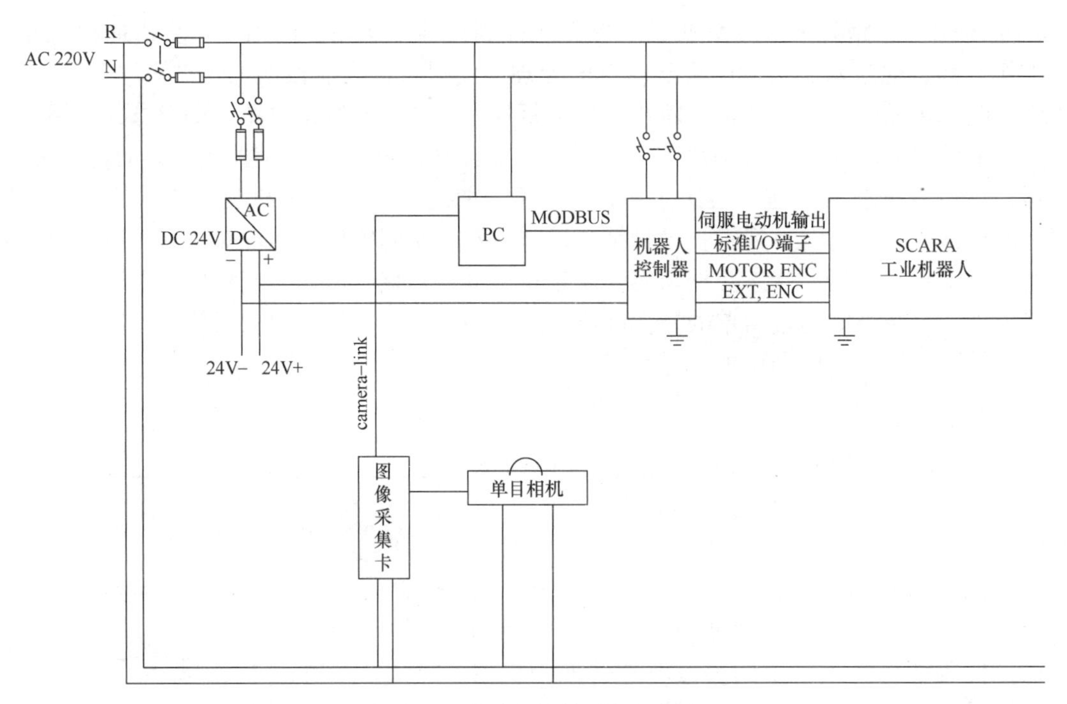

图 13-3　免编程控制系统电路图

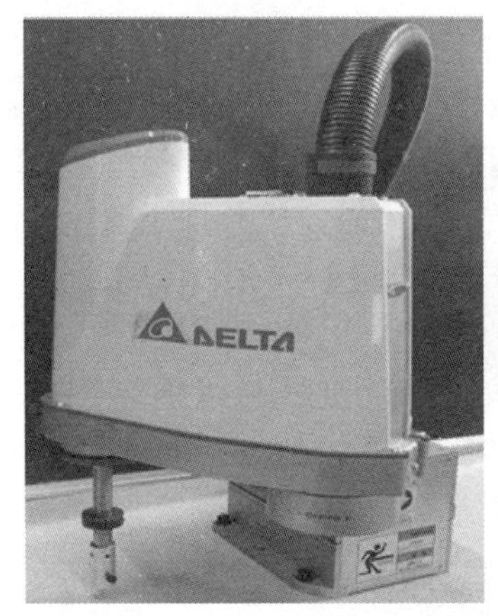

图 13-4　SCARA 工业机器人

图 13-5　单目摄像机

图 13-6　机器人控制驱动一体机

3. 软件

该系统利用台达提供的 DRAS（Delta Robot Automation Studio）开发平台，通过 IEC 61131—5 中 PLC 语法、PLCopen 运动功能模块、DRL（Delta Robot Language）等工业型机器人语言，自行编写系统程序与 Robot 运动结合，从而达到机器人高精度控制，部分源程序如图 13-7 所示。

同时系统使用 MATLAB 软件进行图像识别、拟合曲线和制作人机交互界面。其中，图像识别主要包括运用图形处理函数，对摄像头拍到的图像进行灰度、二值、腐蚀、膨胀等处理，部分程序如图 13-8 所示。

```
--写点位数据
--点位数据 X,Y,Z,RZ 都是双字，一个点位占 8 个字
function PointWrite(pointName,startaddress)
        PointTable=MultiReadModbus(startaddress,4,"DW") --从起始位读取 4 个双字
        WritePoint(pointname, "X", (PointTable[1])/1000)
        WritePoint(pointname, "Y", (PointTable[2])/1000)
        --WritePoint(pointname, "Z", (PointTable[3])/1000)--预留 Z 和 RZ 的数据位置，暂
不使用
        --WritePoint(pointname, "RZ",(PointTable[4])/1000)
end
--接收数据
function CalData()   --calculate 计算
    for i=1,PointSum do
        PointWrite("Pos"..i,0x1000+8*(i-1))--..字符串连接符，调用点位名称
    end
end
--动作
function Motion()
    --CalData()  --获取传输过来的点位数据，没有数据时手动教点，屏蔽这行指令
    for i=1,PointSum do
       MovL("Pos"..i,"PASS") --加 Pass 动作比较流畅
    end
end
--速度功能块
function speedMode(mode)
    if mode=="High" then
        SpdJ(90.0)
        AccJ(90.0)
```

图 13-7　部分机器人运动控制源程序

```
A=imread('1.jpg');
GRAY = rgb2gray(A);
%灰度化处理
thresh=graythresh( GRAY);
%确定二值化阈值
BwImage=im2bw( GRAY,thresh);
%对图像二值化
EageImage=edge(BwImage,'canny');
%提取candy算子
imshow(BwImage);
%形态学处理
```

```
359      %    plot(xr,yr,'g')
360 -      [~,lsnum]=size(xl)%取点的个数（维度）
361 -    for i=1:lsnum
362 -          pixl=xl(i)/160;
363 -          pix2=(xr(i)-160)/160;
364 -          [lsx,lsy]=DIS_caculator3(pixl,pix2);%函数，对所取的x，y点的处理计算
365 -          piyl=yl(i)/120;
366 -          sita3=76/(180*pi);
367      %        sital=19.8/(180*pi);
368 -          lsz=lsy*(1-2*piyl)*tan(sita3);
369      %        tsx=(lsx+lsy*tan(sital))+50;
370 -          tsz=(lsz+lsy*tan(sita3))*2;
371 -          savx=[savx  lsx];
372 -          savy=[savy  tsz];
373 -          savz=[savz  lsy];
```

图 13-8　部分图像处理程序

曲线拟合主要使用贝塞尔算法，在空间中给定任意的点，通过拖动点的位置来改变曲线的形状，即可得到一条三维的曲线，部分程序如图 13-9 所示。

```
1   using UnityEngine;
2   using System.Collections.Generic;
3   using System.IO;
4
    0 个引用
5   public class Bezier : MonoBehaviour
6   {
7       //用多少个球确定一条曲线
8       public int SphereNum = 3;
9       //球随机的范围大小
10      public float RandRange = 100f;
11      //曲线的粒度 就是最后输出多少个点
12      public int OutPointCount = 100;
13      //控制球的大小
14      public float Scale = 5f;
15
16      private List<Transform> controlPoints;
17      private LineRenderer lineRenderer;
18      private int layerOrder = 0;
19      private List<Vector3> v1;
20
        0 个引用
21      void Start()//启动函数，主要负责初始化一些参数
22      {
23          controlPoints = new List<Transform>();
24          if (!lineRenderer)
25          {
26              lineRenderer = GetComponent<LineRenderer>();
27          }
28          lineRenderer.sortingLayerID = layerOrder;
29
30          for (int i = 0; i < SphereNum; i++)
31          {
```

图 13-9　部分曲线拟合程序

在 MATLAB-GUI 中搭建的系统人机交互界面如图 13-10 所示，用户只需在图形编辑界面中画出运动轨迹（二维或三维轨迹），即可完成机器人的运动轨迹规划。

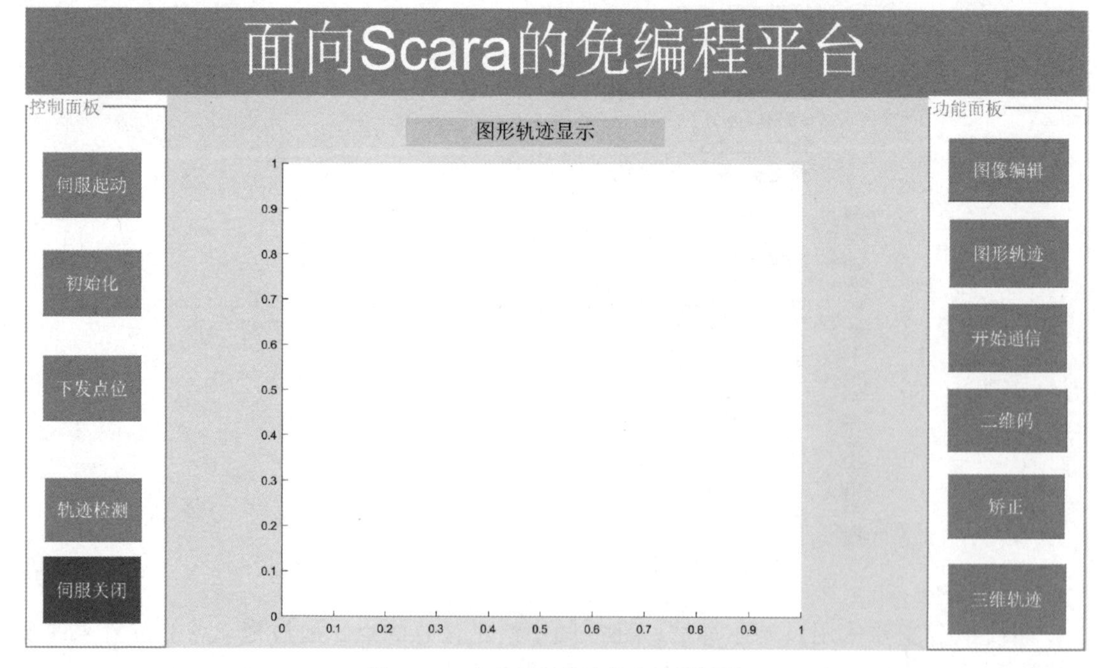

图 13-10　免编程系统人机交互界面图

4. 效果

在机器人执行运动控制代码之前，用户还可以通过系统中的机器人在线模拟仿真平台对实际工业中机器人的运动过程进行模拟，如图 13-11 所示，降低企业产品更新换代的周期。

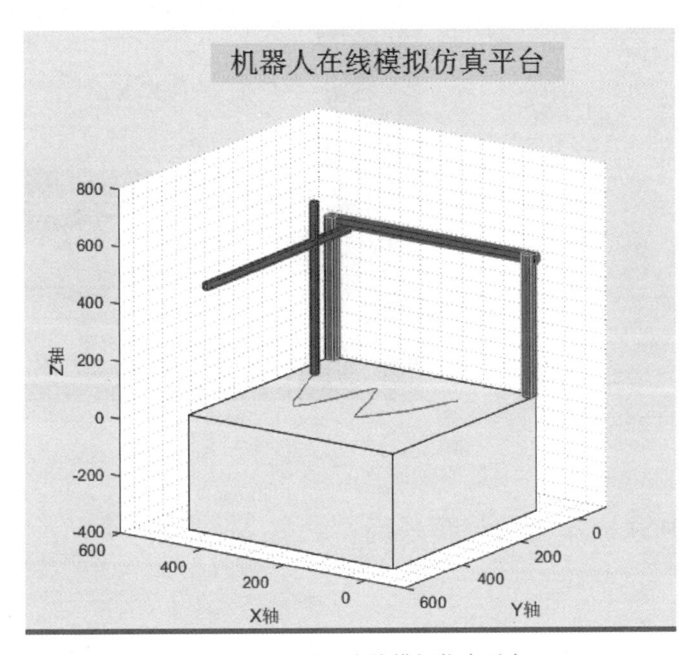

图 13-11　机器人在线模拟仿真平台

对于三维轨迹，利用 unity 画三维图，如图 13-12 所示。

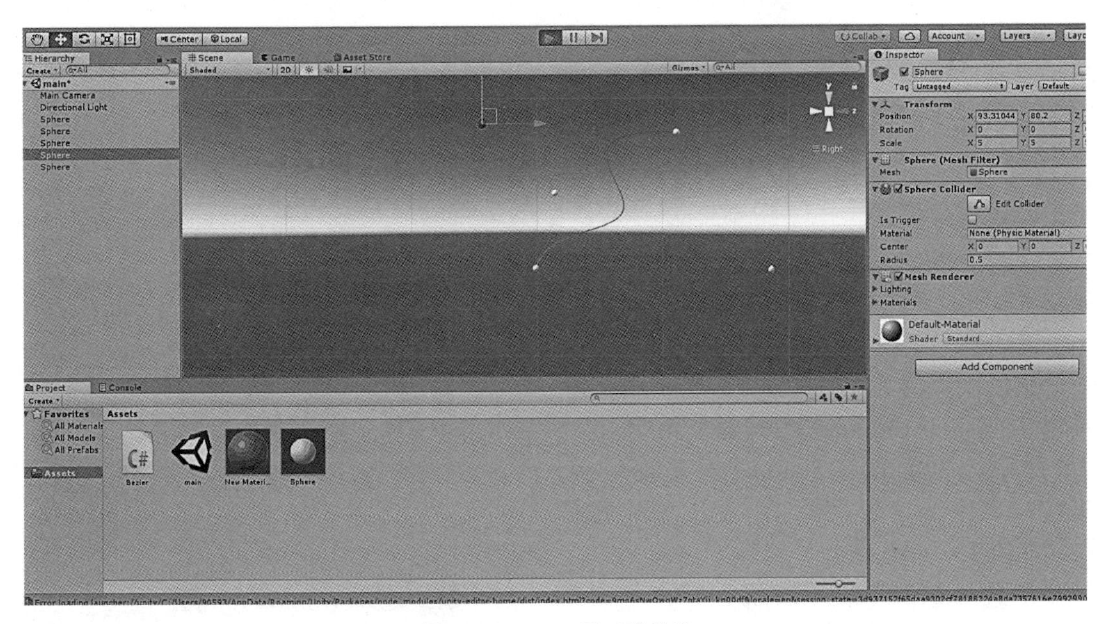

图 13-12　unity 画三维轨迹

将该轨迹通过程序转成的点位写入到 Excel 表格中，然后发送到控制器控制机器人运动，免编程系统实际效果如图 13-13 所示。

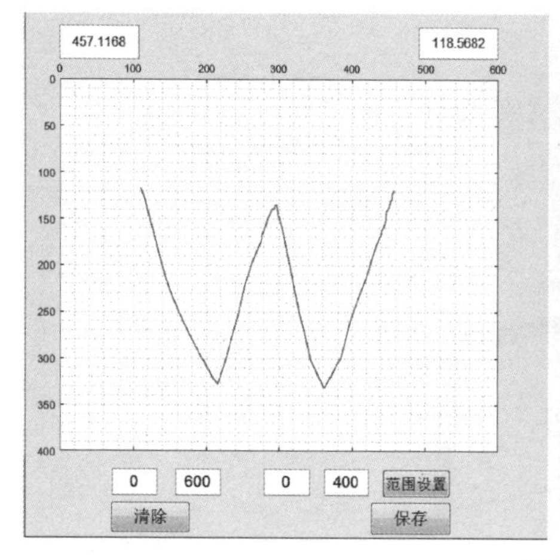

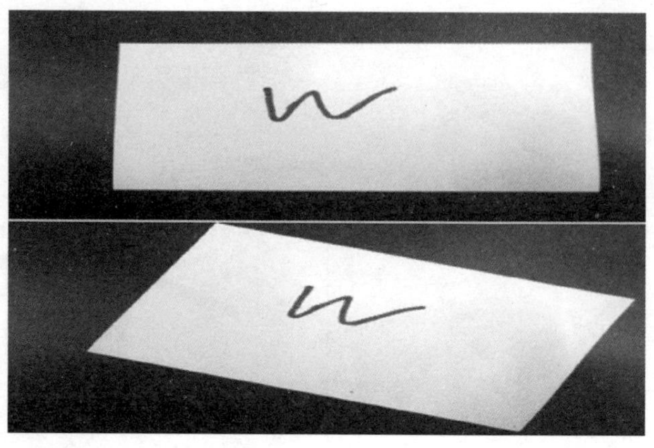

图 13-13　实际效果图

13.2.2　基于并联机器人的装箱系统

1. 任务要求

目前在伺服驱动器零部件的放置定位和组装中，大多数仍然采用的是传统的人力进行操作，工人每天需要频繁地弯腰，劳动强度大，同时在操作过程中存在着一定的安全隐患，另外人工操作的稳定性较差，工作效率低，难以实现大批量生产的需求，同时人工需求量大，生产效率低，而且该工作单调枯燥，随着国内劳动力的成本越来越高，愿意干这种工作的人越来越少，工厂请工用工困难，不能满足厂家的生产需求。因此需要开发一款带有多功能装配上下料夹具的机器人来代替人工并提高生产效率。

2. 系统设计

主要介绍机器人系统设计中的物料摆放、机器人选型、夹具设计及支架设计。

（1）物料摆放

该机械手用于将物料放置到箱子中，物料内袋尺寸为 150mm × 120mm，箱子尺寸为 420mm × 300mm × 180mm（未开盖），一箱装 40 袋。为达到该要求，设计物料摆放尺寸如图 13-14 所示。

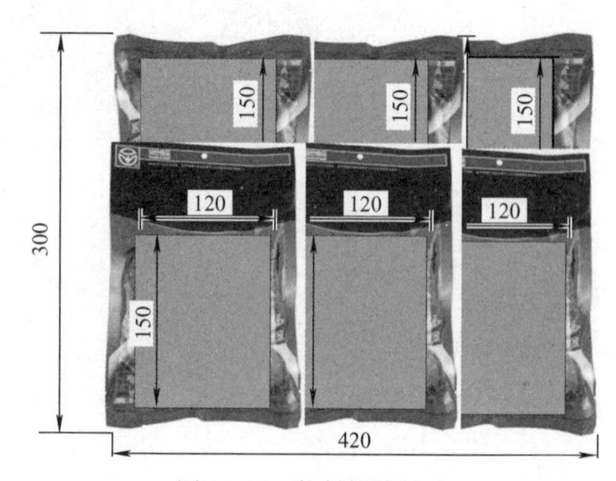

图 13-14　物料摆放尺寸

夹具一次吸 3 袋，摆放方案：一行 3 袋，一层 2 行（一层共 6 袋），前 6 层每层 6 袋，最后一层 4 袋，共 40 袋。

（2）机器人选型

为了能达到抓取 120 包 /min 的目的，选择了 IRB360 RB 360–8/1130 机器人，该机器人速度快、柔性强、节拍时间短、精度高，非常适合拾料和包装应用，工作范围如图 13-15 所示。主要参数有：负载能力达 8kg，自重 120kg，臂长 1130mm，重复定位精度 0.1mm；电源电压 200 ～ 600V，60Hz，功率 0.477kW；IRB 360 机器人本体工作环境温度为 0 ～ 45℃；工作效率为完成高达 100 个 /min 标准取放动作循环。

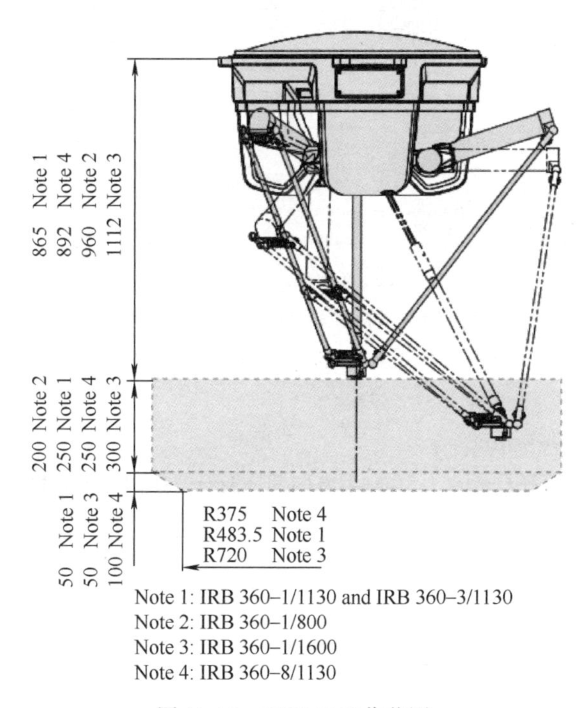

图 13-15　IRB360 工作范围

（3）机器人夹具设计

为了达到该目标，吸盘需放置 3×3 个，布局如图 13-16 所示，图中深色圆圈所示的为吸盘，直径为 30mm。

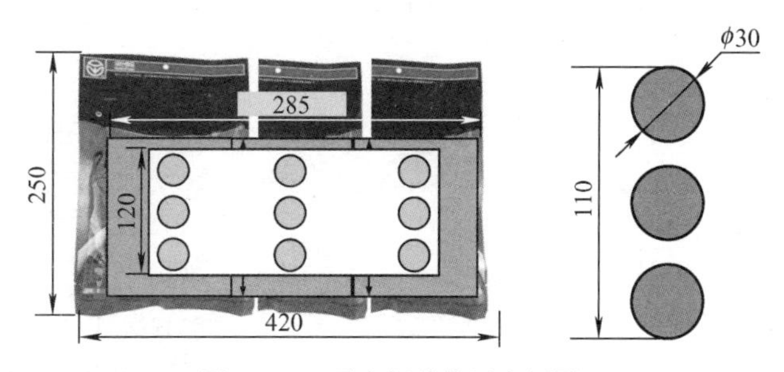

图 13-16　吸盘摆放位置布局图

为此设计夹具如图 13-17 所示，吸盘高度 $H1$=44mm，$H2$= $L1$+$L3$+$L4$=（47+14+10）mm= 71mm，夹具尺寸为 285mm×120mm×115mm。

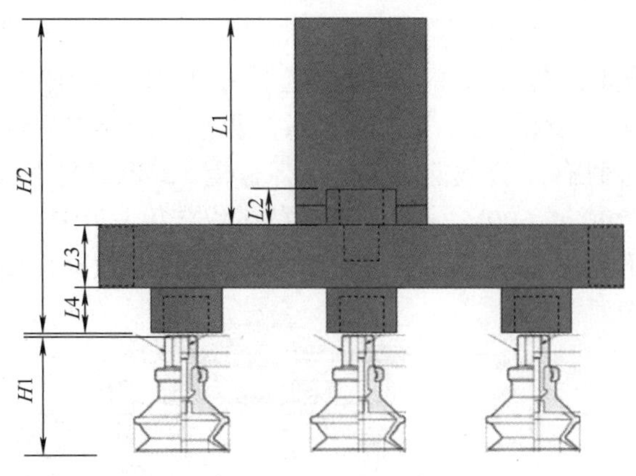

图 13-17　夹具设计

（4）机器人支架设计

支架高度及宽度设计图如图 13-18 所示。

物料输送线的高度 $F=K+T-Z=$（470+340−20）mm=790mm。

支架的高度 $=A+B+C+D+E+F$ ± 50mm=（80+865+115+75+40+790）mm ± 50mm = 1965mm ± 50mm。

支架最终高度为 1965mm。

支架的长度 $=A+B+C+D+E=$（500+400+150+350+100）mm=1500mm。

宽度为 1400mm。

支架最终长宽为 1500mm × 1400mm。

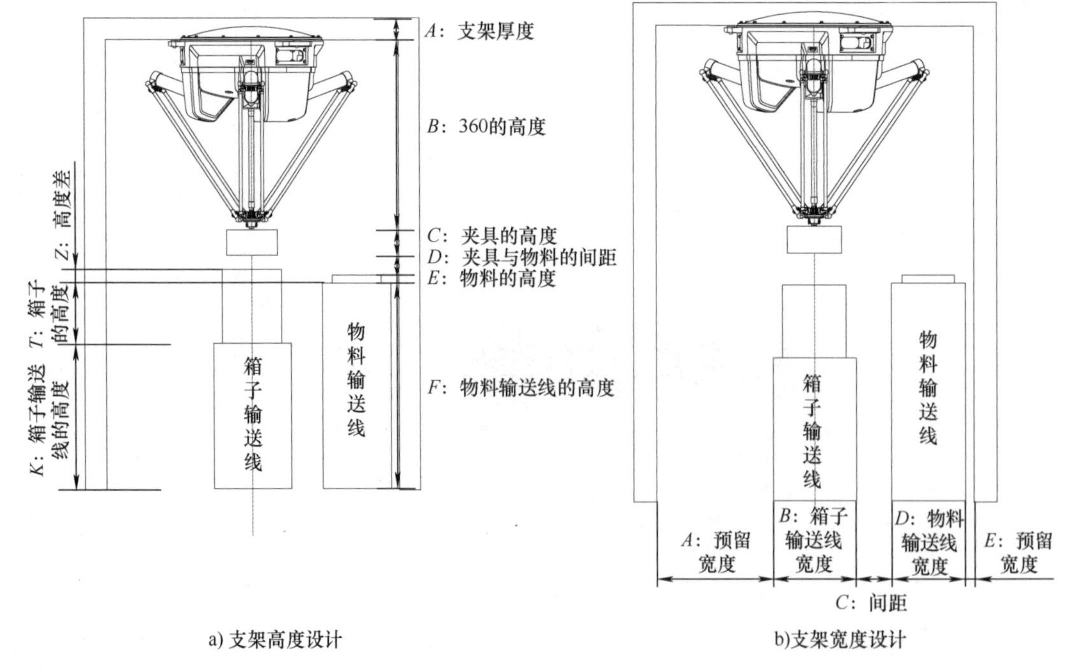

图 13-18　支架设计

3. 效果

机器人仿真系统及实物如图 13-19 所示。

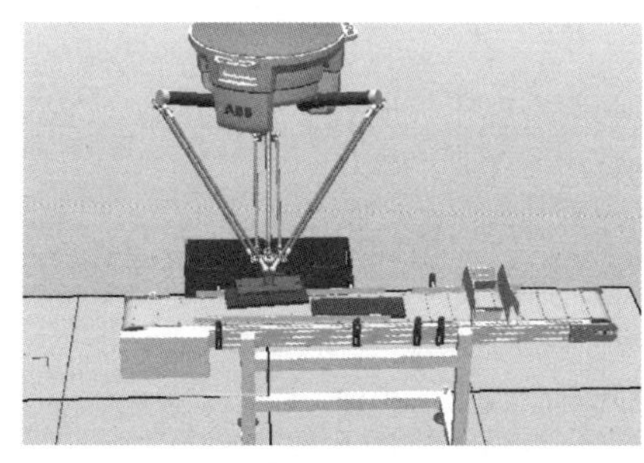

a) 机器人仿真系统

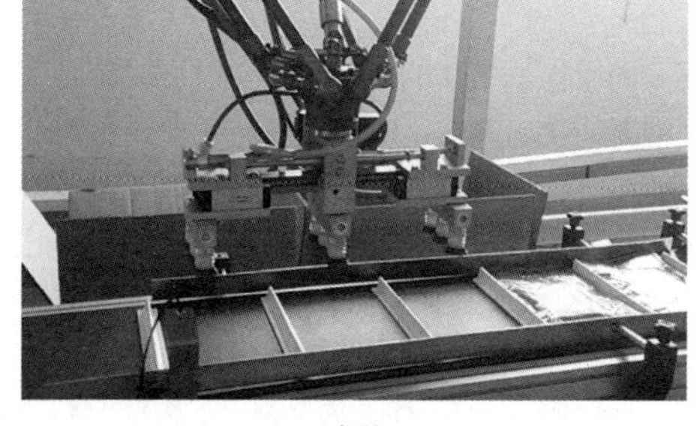

b) 实物

图 13-19　机器人装箱系统

习题与思考题

1. 简述工业机器人常见应用。
2. 免编程系统硬件部分由哪些组成?
3. 列举身边用到的机器人及其应用。
4. 对于基于并联机器人的装箱系统，你有什么想法和建议?

参考文献

[1] 陈先锋 . 伺服控制技术自学手册［ M ］. 北京：人民邮电出版社，2010.

[2] 钱平 . 伺服系统［ M ］. 北京：机械工业出版社，2011.

[3] 黄志坚 . 电气伺服控制技术及应用［ M ］. 北京：中国电力出版社，2016.

[4] 姚晓先 . 伺服系统设计［ M ］. 北京：机械工业出版社，2013.

[5] 王德吉 . AMK 伺服控制系统原理及应用［ M ］. 北京：机械工业出版社，2013.

[6] 田宇 . 伺服与运动控制系统设计［ M ］. 北京：人民邮电出版社，2010.

[7] 颜嘉男 . 伺服电动机应用技术［ M ］. 北京：科学出版社，2010.

[8] 王威力，栗文雁 . 高精度伺服控制系统［ M ］. 北京：知识产权出版社，2016.

[9] 孙冠群，蔡慧，李璟 . 控制电机与特种电机［ M ］. 北京：清华大学出版社，2012.

[10] MENG KING，李幼涵 . 机器设计中伺服电动机及驱动器的选型［ M ］. 北京：机械工业出版社，2012.

[11] 蔡自兴，等 . 机器人学基础［ M ］. 2 版 . 北京：机械工业出版社，2018.

[12] 张宪民 . 机器人技术及其应用［ M ］. 2 版 . 北京：机械工业出版社，2019.

[13] 荆学东 . 工业机器人技术［ M ］. 上海：上海科学技术出版社，2018.

[14] 刘隽宏 . 浅谈工业机器人的发展趋势［ J ］. 新型工业化，2022，12（4）：190-193；198.

[15] 刘媛 . 智能制造时代工业机器人的应用前景研究［ J ］. 电脑知识与技术，2022，18（14）：61-63.

[16] 邓伟 . 交流伺服系统的发展状况［ J ］. 电器工业，2018（7）：20-23.

[17] 赵显峰 . 伺服系统的现状及发展趋势分析［ J ］. 居舍，2017（22）：161.

[18] 斯庞，哈钦森，维德雅瑟格 . 机器人建模和控制［ M ］. 贾振中，等译 . 北京：机械工业出版社，2016.